U0881466

SKYLINE

天 际 线

望远 知新

BRIGHT EARTH

THE INVENTION OF COLOUR

明亮的泥土

颜料发明史

[英国] 菲利普·鲍尔 著
何本国 译

译林出版社

图书在版编目（CIP）数据

明亮的泥土 : 颜料发明史 / (英) 菲利普·鲍尔 (Philip Ball) 著 ; 何本国译. -- 南京 : 译林出版社, 2025. 8. --（译林自然科普经典）. -- ISBN 978-7-5753-0807-6

Ⅰ. TQ620.7-49

中国国家版本馆CIP数据核字第2025BW9807号

著作权合同登记号 图字：10-2021-418号

明亮的泥土：颜料发明史 [英国] 菲利普·鲍尔／著 何本国／译

责任编辑 杨雅婷
装帧设计 孙逸桐
校 对 孙玉兰
责任印制 董 虎

原文出版 Vintage, 2008
出版发行 译林出版社
地 址 南京市湖南路1号A楼
邮 箱 yilin@yilin.com
网 址 www.yilin.com
市场热线 025-86633278
排 版 南京展望文化发展有限公司
印 刷 江苏凤凰新华印务集团有限公司
开 本 652毫米×960毫米 1/16
印 张 30.75
插 页 16
版 次 2025年8月第1版
印 次 2025年8月第1次印刷
书 号 ISBN 978-7-5753-0807-6
定 价 98.00元

序 言

细菌以阳光为食的壮举，创造出神奇的眼睛，五光十色的新世界，灿然展现。这一空前的奇迹也是对环境的新发现，对学习、对知识、对价值的新发现。伟大的科学与伟大的艺术由此诞生。然而，贡布里希认为，艺术与科学的命运不同，科学在进步，而艺术只有当目标锁定后才有进步可言，西方的绘画可以一步一步地向写实的目标进步，可轻视这个目标的中国文人画同样精微伟大。在西方，我们尤其会看到，艺术在一个方向上有所得也会在其他方面有所失，况且艺术家还常常偏爱原始性。

本书的作者身为科学家，不同意此论，他在艺术与科学的演进中看出：艺术其实更是一门科学，而科学也更是一种艺术。这是一个有雄心有魄力的假说，我们通过阅读可以检验这个假说，从而更深刻地看待艺术的历史。但是，不论这个假说成功与否，这部书都竭力用科学和艺术的精工去绘制金碧山水，从而创造一套色彩的语言，帮助眼睛重新观看色彩的绘画和色彩的世界。

这就是作者的抱负，他教我们观看颜色的杰作，用一段评论米勒

《拾穗者》的文字开篇，这段对画面色彩的描述直接触及我们的感官和情感，有点儿类似中国17世纪审美大师冒襄对色彩的感受：宣炉最妙在色，假色外炫，真色内融，从黯淡中发奇光，正如好女子肌肤柔腻可掐。然而，作者要换一个视角，去关注颜色的物质，并把颜料当作材料来欣赏。以此为出发点，作者窥测火神的熔炉，潜身炼金术士的密室，深入艺术家的工坊，为追寻颜色的语言，下足了功夫。他裒集的颜色词汇，也让译者斟酌译名，费尽了心力；这是作者的敬业，也是译者的严肃。

曩年读《颜色的故事》(*Color: A Natural History of the Palette*)，曾想起《历代名画记》论及的颜料：武陵水井之丹，磨嵯之沙，越雟之空青，蔚之曾青，武昌之扁青，蜀郡之铅华，始兴之解锡，林邑、昆仑之黄，南海之蚁铆，云中之鹿胶，吴中之鳔胶，东阿之牛胶……日月其徂，时光已流逝约一千二百年之久，不知哪位有心人还会对这段古老的记述去探赜索隐。

三联版的中译本《颜色的故事》，有王天兵先生的精彩序言，落笔潏潏淈淈，光彩、激情和智慧，闪闪而出，益人良多。对色彩有兴趣的读者当把《明亮的泥土》和《颜色的故事》，还有商务印书馆即将出版的《色彩与文化》(*Colour and Culture*)，置案并读，那是一片彩虹在天、上下辉耀的世界，让人恍然山阴道上，风回月落之时还味之不尽。

范景中

中文版序

我看过长城、故宫，看过杭州那美妙的西湖，看过苏州园林，也看过四川都江堰的古代水利工事。由于一些原因，我在中国却从未游历过西安，去看看秦始皇的陵墓和他的兵马俑。它们毫无疑问是我一直想参观的。

我明白，那些纵横排列的陶土士兵，现在已无人得见其巅峰时期的辉煌。昔日装扮它们的颜料，早已从表面纷纷剥落。如我在本书正文中写到古希腊那些神庙和雕像时所说的，它们留给今人一种印象，似乎古代世界单调黯然。事实并非如此。在西安发掘出土的陶俑上，仍然黏附着一些色料碎片，从中能够看出这些雕像也曾色彩鲜明。

在这些色料中，有一些也常见于古代世界的其他地方。比如红辰砂——硫化汞的矿物形态——在秦汉两朝就遍布于亚洲和中东地区。辰砂在中国矿藏丰富，仅陕西一省藏量就占全国的五分之一，开采之后不仅用作色料，还可入药。中国的神话传说中讲到一个名叫黄安的人，靠食用辰砂延年益寿，活了一万多年；*据说，秦始皇也服用过加了这种矿物的酒和蜂蜜，想要长生不老。（有些历史学家推想，这么做可

* 出自《太平广记》。——译注

能恰恰折了他的寿，毕竟，摄取水银无论如何都是不明智的。）汉代史家司马迁称，秦始皇陵中有秦帝国的缩微模型，其中的河流就是水银做的。这些水银也许就来自陕西南部旬阳县的古矿山。

不过，兵马俑身上的那些色料，有一些只有中国才有。这没什么值得惊讶的，众所周知，中国古代的化学工艺（那时叫炼金术）相当复杂，可用来制备多种药物及其他日常用品。在古埃及，情况同样如此，人们靠化学制得玻璃、化妆品、药膏及绘画颜料。埃及人留下了一种极受推崇的颜色，今人径称为埃及蓝，本书正文中讲到，它可能是制备玻璃时衍生出来的。这是一种蓝色硅酸盐材料，其色调来自铜元素。中国在秦汉两朝，以及时间更早的战国时期（约公元前479—前221），并未使用埃及蓝，但中国也有属于自己的蓝色，今人称为汉代蓝，（由于其出现时间早于汉代）也称为中国蓝。埃及蓝的化学名称是硅酸铜钙，中国蓝则以钡元素代替了钙。

中国古代的化学家们还发现，在制作这种蓝色色料时，可以把颜色调成紫色，两者化学成分相同，只是配比有别。这项创新很难得，毕竟在人类的整个“颜料发明”史上，紫色色料都很难制备；在西方，直到19世纪才有了好用、稳定的紫色色料。更令人惊喜的是，中国紫包含两个铜原子，由一个化学键连接，从而成为人类已知最早的具有所谓“金属–金属键”的合成物质，这种单元对现代化学家来说极为重要。

我虽未亲见过兵马俑，多年前却在瑞士拜访过苏黎世大学的海因茨·贝尔克教授，教授一直在研究兵马俑身上残存的斑驳色料。海因茨慷慨地送给我一块中国蓝的颜色样品，那是他在自己的实验室里制成的。写本篇序言的时候，这块样品就在我的面前。海因茨曾写道：“从工艺和化学方面来看，中国蓝和中国紫的发明是一项非凡的功绩，

[也是]科学和技术对社会产生积极影响的出色范例。”

到这里，读者大概能够看出，为何我对《明亮的泥土》中文版的面世如此欣喜。这本书凝聚着我在三个主题上的激情：化学、色彩和中国。一直让我引以为憾的是，没能在书中更多地谈论西方世界以外的艺术，也许未来某天，我会决心一试。在中国，颜料的发明有着迥异的故事，尤其是，中国的山水画传统轻色彩而重形式、重构图、重笔法。我自年少时便对此种传统心驰神往，1992年起我开始探究中国，主要原因正在于此。当然，这种艺术传统丝毫没有降低色彩在中国文化中的重要性；毕竟，它是五行学说所蕴含的对应关系的一个方面。造访中国的人，很难忽视中国传统文化中色彩的灵动鲜活，尤其是在织造丝绸所用的斑斓染料中。我期待，也深信，《明亮的泥土》会在中国读者中引发广泛共鸣。

菲利普·鲍尔

2017年于伦敦

目 录

i · 图目

1 · 前言

1 · 第一章 注视者的目光
——画室里的科学家

28 · 第二章 撷取彩虹
——关于颜色的物理学和化学

59 · 第三章 火神的熔炉
——古代的颜料技术

85 · 第四章 秘方
——炼金术的艺术遗产

123 · 第五章 光影大师
——文艺复兴的荣光

154 · 第六章 古老的黄金
——简朴调色板的复兴

177 · 第七章 多彩的金属
——合成色料与颜色化学的黎明

203 · 第八章 光的统治
——印象派的明亮效应

239 · 第九章 对紫色的激情
——染料，以及颜料的工业化

279 · 第十章 午夜暗影
——关于蓝色

304 · 第十一章 时间这个画家
——不停变化的画布

327 · 第十二章 捕捉颜色
——艺术如何在复制中显现

366 · 第十三章 心胜于物
——在现代主义中作为形式的颜色

384 · 第十四章 纯粹的艺术
——新的材料，新的视野

413 · 注释

431 · 参考书目

439 · 索引

图　目

正文图表

图2.1　彩虹的形成　33
图2.2　蝴蝶翅膀上的脊状微结构（纽约拉蒙特-多尔蒂地球观测中心，迪伊·布雷杰）　34
图2.3　艾萨克·牛顿的色轮　46
图2.4　19世纪的颜色之星　47
图2.5　人眼的视觉系统　52
图4.1　工作中的炼金术士　87
图4.2　被圣母马利亚画像所救的画家（《圣母马利亚歌曲集》109叶正面：马德里国家文化遗产委员会）　102
图8.1　奥格登·鲁德的色轮　214
图9.1　合成有机着色剂　278
图11.1　图拉的《寓言人物》，清洗之后，复原之前（伦敦国家美术馆）　310
图11.2　通过侧光照亮的画作（伦敦泰特美术馆）　316
图12.1　乌戈·达·卡尔皮的《农神萨杜恩》（1604）（伦敦维多利亚和阿尔伯特博物馆）　331
图12.2　19世纪中叶的摄影师，以及用达盖尔银版摄影法拍照所需的设备　344
图12.3　摄影胶片　351
图12.4　印刷油墨的光谱　355
图12.5　电视屏幕上的磷光体的色域，以及处理落在色域之外的颜色的方式　360

插页彩图

1.1 阿尼什·卡普尔:《仿佛为了庆祝，我发现了一座红花盛开的山》(1981)(伦敦泰特美术馆)

1.2 康定斯基:《黄色伴奏》(1924)(纽约古根海姆博物馆)

2.1 米歇尔–欧仁·谢弗勒尔的色轮(1864)

2.2 CIE 色品图

2.3 阿尔伯特·孟塞尔的颜色图集(伦敦维多利亚和阿尔伯特博物馆)

3.1 来自西班牙阿尔塔米拉的洞穴艺术，年代为约公元前15000年

3.2 埃及彩陶(约公元前1290年)(伦敦大英博物馆)

3.3 埃及壁画，可能来自内巴蒙墓(约公元前1350年)(伦敦大英博物馆)

3.4 “亚历山大”镶嵌画，来自庞贝的“牧神之家”(公元79年前)(那不勒斯国家考古博物馆)

3.5 来自庞贝“神秘别墅”(约公元前50年)

4.1 《圣哲罗姆和施洗者圣约翰》(约1423—1428)，归为马萨乔和马索利诺作品

4.2 女画家塔马尔和她的助理(引自1403年的一份彩饰手抄本，ms 12.420号，86叶：巴黎国家图书馆)

4.3 乔托：帕多瓦的阿雷纳礼拜堂壁画(约1305)

4.4 圣巴塞洛缪大师:《圣彼得和圣多萝西》(约1505—1510)(伦敦国家美术馆)

4.5 乔瓦尼·达·蓬特:《福音传道者圣约翰升天》(约1410—1420)(伦敦国家美术馆)

5.1 乔托:《背叛基督》(约1305)(帕多瓦阿雷纳礼拜堂)

5.2 纳尔多·迪·乔内:《施洗者圣约翰、福音传道者圣约翰(?)和圣雅各》(约1365)

5.3 达·芬奇:《岩间圣母》(约1508)(伦敦国家美术馆)

5.4 拉斐尔:《大公爵圣母》(约1505)(佛罗伦萨皮蒂宫)

5.5 扬·凡·艾克:《阿尔诺芬尼夫妇像》(1434)(伦敦国家美术馆)

5.6 卡洛·克里韦利:《画有圣埃米丢斯的圣母领报》(1486)(伦敦国家美术馆)

5.7 提香:《酒神巴库斯与阿里阿德涅》(1523)(伦敦国家美术馆)

5.8 提香:《男子肖像》(约1512)(伦敦国家美术馆)

6.1 凡·戴克:《骑马的查理一世》(约1637—1638)(伦敦国家美术馆)

6.2 保罗·委罗内塞:《三王来朝》(1573)(伦敦国家美术馆)

6.3 丁托列托:《圣乔治和龙》(约1560)(伦敦国家美术馆)

6.4 彼得·保罗·鲁本斯:《参孙和大利拉》(约1609)(伦敦国家美术馆)

6.5 安东尼·凡·戴克:《慈善》(约1627—1628)(伦敦国家美术馆)

6.6 伦勃朗:《亨德里克耶·施托费尔斯肖像》(约1654—1656)(伦敦国家美术馆)

7.1 J. M. W. 透纳:《尤利西斯嘲弄波吕斐摩斯》(1829)(伦敦国家美术馆)

7.2 威廉·霍尔曼·亨特:《凡伦丁从普洛丢斯之手拯救出西尔维娅》(1850—1851)

（伯明翰博物馆和美术馆）
8.1 欧仁·德拉克洛瓦:《公寓里的阿尔及利亚女人们》（1834）（巴黎卢浮宫）
8.2 威廉·霍尔曼·亨特:《英国海岸》（后称为《迷路的羊》，1852）（伦敦泰特美术馆）
8.3 克劳德·莫奈:《阿让特伊的赛舟会》（1872）（巴黎奥赛美术馆）
8.4 印象派的调色板（伦敦国家美术馆）
8.5 奥古斯特·雷诺阿:《泛舟塞纳河》（1879—1880）（伦敦国家美术馆）
8.6 莫奈：《雪下的拉瓦格》（约1879）（伦敦国家美术馆）
8.7 乔治·修拉:《大碗岛的星期天下午》（1884—1885）（芝加哥艺术学院）
8.8 保罗·塞尚:《普罗旺斯的山坡》（约1885）（伦敦国家美术馆）
8.9 保罗·塞律西埃:《护身符》（1888）（巴黎奥赛美术馆）
8.10 文森特·梵高:《夜间咖啡馆》（1888）（耶鲁大学美术馆）
9.1 扬·凡·艾克:《圣母与洛林大臣》（约1437）（巴黎卢浮宫）
9.2 阿瑟·休斯的《四月之爱》（1856）（伦敦泰特美术馆）
9.3 约1862年的一件丝绸连衣裙，用珀金的锦葵紫染色（伦敦科学博物馆/科学与社会图片库）
10.1 青金石（伦敦自然历史博物馆）
10.2 杜乔:《圣母子与圣徒》（约1315）（伦敦国家美术馆）
10.3 提香:《圣母子与施洗者圣约翰和亚历山大的凯瑟琳》（约1530）（伦敦国家美术馆）
10.4 阿尼什·卡普尔:《万物内心之翼》（1990）（伦敦泰特美术馆）
10.5 伊夫·克莱因:《IKB 79》（1959）（伦敦泰特美术馆）
10.6 伊夫·克莱因:《圣丽塔神龛的祈愿奉献物》（1961）（卡西亚女修道院）
11.1 提香:清洗前的《酒神巴库斯与阿里阿德涅》（伦敦国家美术馆）
11.2 柯西莫·图拉:《寓言人物》（约1459—1463）（伦敦国家美术馆）
11.3 杰勒德·大卫:《教士贝尔纳迪诺斯·德·萨尔维亚蒂斯和三圣徒》（1501年后）颜料层横截面（伦敦国家美术馆）
11.4 康平的追随者:《炉栏前的圣母子》（约1440）（伦敦国家美术馆）
11.5 安东尼奥·德尔·波拉约洛:《阿波罗和达芙妮》（约1470—1480）（伦敦国家美术馆）
11.6 扬·凡·海瑟姆:《陶土花瓶里的花》（1736）（伦敦国家美术馆）
12.1 雅各布·勒布隆，彩印的女性头部的图像（伦敦维多利亚和阿尔伯特美术馆）
12.2 乔治·巴克斯特:《蜀葵花》（1857）（伦敦维多利亚和阿尔伯特美术馆）
12.3 扬·维米尔:《德尔夫特远眺》，用不同“查色表”进行的电子复制（图片由布朗大学安妮·摩根·斯帕尔特进行数字处理）
13.1 安德烈·德朗:《伦敦桥水域》（1906）（伦敦泰特美术馆）
14.1 帕特里克·考尔菲尔德:《陶器》（1969）（伦敦泰特美术馆）
14.2 马克·罗斯科:《红色上的赭色和红色》（1954）（华盛顿菲利普美术馆）

14.3 莫里斯·路易斯：《VAV》（1960）（伦敦泰特美术馆）
14.4 肯尼斯·诺兰德：《干旱》（1962）（伦敦泰特美术馆）
14.5 弗兰克·斯特拉：《六英里尽头》（1960）（伦敦泰特美术馆）
14.6 斯特拉：《瓜达卢佩岛》（1979）（伦敦泰特美术馆）

前 言

在过去的两年里，我一直在学习说一门新的语言。或者，也可以说是“想”而不是“说”，毕竟绘画颜色*是一种难以通过言辞来传达的语言。比如，下面是德国艺术评论家洛伦佐·迪特曼对让-弗朗索瓦·米勒的《拾穗者》(*The Gleaners*, 1857) 的评论：

> 那些极为克制的颜色……遵循着细致安排的序列：中间的人物是淡红色调，以近于铜红和棕色的明亮胭脂红为基础；右边站立的人物则是有细致差别的各种丰富的灰色：带银色的明亮的蓝灰、鸽子灰以及蓝灰加绿松石灰……中景里的田野浮现的近于棕色的色调几乎无法定义，在背景人物灰度的映衬下，微微显示出粉紫色调，同时又再次在微暗的前景中得到呼应。

你看到图像了吗？当然没有，虽然这些词语已经开始描绘属于它们自己的画面。和音乐一样，颜色通过一条捷径触及我们的感官和情感。

---

* 原文为colour，该词为本书核心关键词，有“颜料”“颜色”“色彩”等义，中译文依上下文和中文表达习惯区别处理。——译注

中世纪的教会谙熟这一点，绘画巨匠以及宣传家、广告商和设计师对此同样深知。难怪哲学家和语言学家如此热衷于在颜色上耗费唇舌：颜色引诱他们、戏弄他们、迷惑他们，同时又允诺着奇迹和深藏的秘密。

那么，应该从哪里着手学习这门语言呢？我确信没有最好的答案。我是通过呈现颜色的**物质**(substance)入手的，如果说这样做的部分原因在于我是一名职业化学家，那么另外的原因则在于，我把颜料和色料[*]作为材料来欣赏，它们有诱人又醉人的外观、气味、质地和名称。这门颜色的语言我已经能够读懂：酞菁染料向我显示的是叶绿素
xii 和血液，朱砂在我心里唤起的是炼金术士的硫黄和水银。然而，画家们对颜色的运用不仅有独特的化学原理，还有其历史传统、心理原因、偏见、虔诚以及神秘之处。

在我的想象中，若有机会熟练掌握一门外语，在走进说这门语言的那个国度时，我会体验到为了写作本书而在数月之中多次前往国家美术馆后获得的那种感受。经由色彩这个媒介，我开始理解遍布馆内的那些墙上都在诉说着什么，至少能够抓住一鳞半爪。此前，那里不过是镶有镀金画框的二维图像，现在则是一个鲜活的世界。每幅图画看起来都像是刚刚走出艺术家的工坊或画室，颜料从调色板到画板或画布的过渡还能从画笔的留痕中窥见。当然，时间也留下了痕迹：随着绿色变暗成为黑色、红色变浅成为粉色，画作往往需要更复杂的解读，超过了艺术家的本意。到头来，颜色这门语言实际上最主要的就是学会去看。

* 原文分别为paint和pigment。Paint既有“颜料”又有“涂料”“油漆”等义，pigment既有“色料”又有“色素”等义，这两个词在本书中多处出现，译法依上下文区别处理。——译注

在这一学习过程中，我极为幸运地受惠于一些人的指点，他们在颜色这门语言上的熟练程度，我永远也无法企及。我要感谢泰特美术馆的汤姆·勒纳、国家美术馆的乔·柯比、剑桥大学的约翰·盖奇、牛津大学的马丁·肯普、利兹大学的海伦·斯凯尔顿和戴维·刘易斯；特别要感谢泰特美术馆的乔伊斯·汤森，他不仅帮忙寻找资料、提供信息，还不辞辛劳通读了本书初稿。感谢皇家艺术学院惠允我使用备受称道的色彩参考资料库 (Colour Reference Library)；感谢本书编辑安德鲁·基德和约翰·格卢斯曼，在他们的帮助下，这本书得以渐渐成形。许多友人和同僚表现出持久的兴趣和热情，这无疑是每一位写作者都不可或缺的精神养分，令人感激不尽。

菲利普·鲍尔

2001年于伦敦

说明　在泛指20世纪以前的画家时，我往往使用男性第三人称。这不过
是想与历史事实保持一致：女性画家通常只是极为罕见的例外，用“他的或她 xiii
的”会与上下文不协调。我们可以叹惜早先时代的这种不平等，但不必加以
否认。不过，如彩图4.2所示，即使在大男子主义最为盛行的时代，也有女性能
成为画家。 xiv

第一章

注视者的目光

——画室里的科学家

我们的出发点是研究颜色及其对人的影响。

—— 瓦西里·康定斯基,《论艺术中的精神》
(*Concerning the Spiritual in Art*,1912)

于是穿蓝色套装的那个人把手伸进口袋，掏出一大张纸，小心地展开后递给我。纸上是毕加索的笔迹，不那么飘忽，比平常更为用心。乍一看上去,像是一首诗。大约20句排成一列,周围是疏朗的空白。每一句都以一个破折号拉长，有时破折号还很长。但它其实不是诗,而是毕加索最近的颜料订单……

仅此一次，毕加索调色板上所有的无名英雄从暗影中列队走出，走在最前面的是永固白。其中的每一位都曾在某场大战中让自己脱颖而出，比如在蓝色时期、玫瑰色时期、立体主义、《格尔尼卡》*中……每一位都可以说："还有我，那时在场……"毕加索回望着老战友们，给每个人挥上一笔，那长长的破折号像是兄弟般的致敬："欢迎波斯红！欢迎翡翠绿！天蓝、象牙黑、钴紫，纯色的和深色的，欢迎！欢迎！"

—— 布拉萨伊,《毕加索谈话录》
(*Conversations avec Picasso*,1964)

"我相信未来人们会开始只用一种颜色作画,除了颜色不用别的。"法国艺术家伊夫·克莱因于1954年如是说,随后他就开启了一段"单彩画"时期,每幅作品只由一种华丽的色相完成。这种大胆尝试

* 毕加索于20世纪30年代创作的一幅反战壁画。——译注

在1955年达到高潮，当时克莱因与巴黎的颜料零售商爱德华·亚当合
1 作，制作了一种新的蓝色颜料，色彩极为鲜明。1957年，他通过一次名为“蓝色时代公告”的画展发表了自己的宣言，展品中包括以克莱因的新蓝色完成的11幅画作。

说伊夫·克莱因的单彩艺术源自化学技术，我的意思不只是说他的颜料是现代化学的产物。这种艺术的**观念**本身就受到了技术的启发。克莱因不只是想向我们展示某种纯色，他想做的是表现**新**色彩的华丽，陶醉于它的物质性 (materiality) 。他那些醒目的橙色和黄色都是合成色，是20世纪的发明。克莱因的蓝色是群青，不是中世纪那种来自矿物的天然群青，而是化学工业的产物；克莱因和亚当用了一年的时间进行试验，把它变成了具有艺术家梦寐以求的迷人特质的颜料。克莱因为这种新的颜料申请了专利，他不只是在保护自己的商业利益，也是在为一种创造性观念的真实存在打上印记。可以说，这项专利就是他的艺术的一部分。

只有当化学技术达到了一定的成熟阶段，伊夫·克莱因对颜色的运用才成为可能。这并不是什么新鲜事。只要画家们将想象和梦想落实成了形象，他们就借用了工艺方面的知识和技巧来提供材料。随着19世纪早期化学研究的繁荣，有一个事实已无法忽视：化学就展示在艺术家们的调色板上。艺术家对此欢欣不已。“让我们赞美调色板带来的愉悦……那本身就是一幅‘作品’，事实上比许多作品还要美。”瓦西里·康定斯基于1913年如是说。印象派画家卡米耶·毕沙罗在《有风景的调色板》(*Palette with a Landscape*, 1878) 中有力地说明了这一点：这幅田园风光画，是通过把散布在调色板边缘的明亮颜料推倒，而直接在调色板上完成的。

印象派画家及其后继者，包括梵高、马蒂斯、高更、康定斯基，都充

满激情地探索化学开启的新的色彩维度，其力度可以说从此以后无出其右者。欣赏他们画作的人不仅震惊于对规则的突破，即对“自然主义”着色方式的背离，也震惊于眼前看到的此前从未出现在画布上的颜色：鲜艳的橙色、天鹅绒般的紫色、鲜明的新绿色。梵高让他的弟弟 2
去找一些市面有售的最明亮、最醒目的新色料，把它们组合成了令人不安的作品，那刺眼的色调几乎令人难以直视。许多人对这种新的视觉语言感到无话可说或者勃然大怒：保守的法国画家让-乔治·维贝尔就曾批评印象派画家作画时“只用激烈的色彩”。

这句抱怨在过去的数个时代中都有回音，每当化学（或者对外贸易，它也能扩展某个文化中可用材料的总量）为画家们提供新的或品质更好的颜料时便能听到。提香被亨利·詹姆斯称为“着色之王”，当他凭借对运送到威尼斯那些繁荣港口的色料所拥有的优先选择权，在画布上泼洒浓艳的红色、蓝色、粉红和蓝紫时，米开朗琪罗颇为不屑地说，很遗憾威尼斯人没能学会更好的作画技巧。普林尼为明亮的新色料从东方涌入而哀叹不已，认为它们污染了罗马从古典时期的希腊继承的简朴的着色风格：“现在印度献出了她河底的软泥，以及龙和象的血液。”

新化学色料的发明和制作，无可争辩地影响着颜色在艺术领域的运用。如艺术史学家恩斯特·贡布里希所说，艺术家“无法转录眼中所见；他只能把所看到的转化成他所应用的媒介的语言。他也严格地受缚于媒介所产生的色调范围”。[1]因此令人吃惊的是，相比于艺术家们如何运用颜色，对于他们如何获取这些颜色几乎无人关心。对于画家技艺中材料方面的忽视，可能源于西方的一种文化倾向，即将灵感从物质中分离出来。艺术史学家约翰·盖奇坦言：“在艺术史研究中，受到关注最少的方面之一就是艺术家的工具。”印象派画家技法研究专家安西娅·卡伦对此提出了更为强烈的批评：

> 讽刺的是，写艺术评论的人总是无视艺术家技法的实际方面，在讨论绘画时眼里往往只看到风格、文学或形式方面的特征。结果，艺术史领域便生出不必要的错谬和误解，
> 3 随后继起的一批又一批写作者只不过原样重述而已。任何艺术作品，首先并且最主要地都是由艺术家所能获得的材料，以及艺术家运用那些材料的功力决定的。这样一来，只有在充分考虑到由艺术家所用的材料和社会状况所施加的限制时，美学的专注对象以及艺术在历史上的地位才能得到恰当的理解。[2]

当讨论的主题是颜色的运用时，有人可能认为艺术的"技艺"方面不会受到如此忽视，原因是否在于材料的性质必定会自然而然地引人注意？情况并非总是如此。费伯·比伦在经典作品《绘画色彩史》(*History of Color in Painting*) 中承认，"单块或多块调色板上颜料的选择，无论从哪方面来说都无关乎化学，无关乎耐久性、透明性、不透明性或者艺术中与**材料**相关的任何方面"。有了对于颜料实质内容的这一不同寻常的疏忽，无疑才有某些荒唐之事，比如比伦把钴蓝归入鲁本斯及其同时代画家的调色板，而这一颜料要到将近两个世纪以后才发明出来。[3]鉴于比伦十分关注"平衡的调色板"所要求的色相，他竟然如此无视不同时代的艺术家们是否有可能获得它们，就着实令人纳罕了。

颜料与画家

每位画家都要面对一个问题：颜色是用来**做什么**的？作为一位极为关心颜色关系问题的现代艺术家，布里奇特·赖利相当清晰地道

出了这种困境：

> 对画家来说，颜色不仅是我们任何人都能看到的一切，最不寻常的是，它还是调色板上展开的色料，在那里，它们非常独特地就是颜色且只是颜色。要理解画家的艺术，这是要明白的头等重要的事实。不过，这些明亮的、带着光泽的色料不会一直躺在调色板上，作为单纯的颜色保持原样；它们要派上用场，供画家来作画，因此颜色的运用就不得不受制于作画这一功能……画家要面对两套颜色系统：一套由大自然提供，另一套是艺术所要求的；一套是感知的色彩，另一套是图画的色彩。两套色彩都会呈现，画家的作品就取决于他们首先在一套色彩、其次在另一套色彩上所突出的东西。[4] 4

这并不是当代才出现的难题，而是所有时代的艺术家都曾面对的。但赖利对艺术家境况的总结，漏掉了一些什么。色料并非“就是颜色且只是颜色”，而是具有明确特征和属性的物质，尤其是，它们是有成本的。如果蓝色比等重的金子还要费钱，你还那么想要它吗？黄色看起来相当华丽，但如果指尖的一点残留就会在晚餐时让你中毒呢？某种橙色像从阳光中提取出来一般诱人，但谁知道它明年会不会褪色，变成脏兮兮的棕色呢？简而言之，你和材料之间是什么关系？

原始的颜色提供的并不仅仅是让艺术家去构筑图像的有形媒介。“材料影响着形式。”美国艺术家莫里斯·路易斯于20世纪50年代如是说。但是，当我们面对提香的《酒神巴库斯与阿里阿德涅》(*Bacchus and Ariadne*，1523)、安格尔的《土耳其宫女与奴隶》

(*Odalisque with a Slave*, 1839—1840) 或马蒂斯的《红色画室》(*Red Studio*, 1911) 中那爆发性的鲜明色彩时，"影响"这个词表达得就远远不够。这样的艺术直接来自色彩的冲击，来自由现有的化学技术限定的可能性。

话说回来，尽管技术使伊夫·克莱因的单彩画第一次成为可能，说鲁本斯是因为无法获取那些颜色而没有用它们作画是没有意义的。同样荒谬的是去假定，要是对解剖和透视在技术上有一定的了解，在化学上又有技艺来扩展色料的范围，古埃及人也能按提香的风格作画。艺术中对颜色的运用，受艺术家个人倾向和文化背景的影响，至少与受可用的材料影响一样大。

因此，认为艺术中颜色的历史就是与色料的累积相称的可能性的累积，这是错误的。艺术家所做的每一次选择，都既是容纳也是摈弃。在明确理解技术上的考虑是在什么地方进入这种选择的之前，我们必须领会对艺术家的态度产生影响的社会和文化因素。归根结底，每个
5 艺术家都与他或她那个时代的颜色有一份属于自己的约定。

达·芬奇的要求

恩斯特·贡布里希断言"艺术与科学截然不同"，但他给出的理由却会让许多科学家只能苦笑。他说："很难说艺术本身能够以科学取得进步的方式获得进展。在一个方向上的每一个发现都会在其他地方引起新的困难。"可以看出，贡布里希从未涉猎过科学。

探究艺术与科学之间的关联又变成了一种风尚，但主导相关讨论的是一种设想，即两者的灵感来自相同的观念和资源。我们可能会

发现，当今怀着各种信念的艺术家都在开采丰富的缔合 (association) 矿层，那是从我们的遗传基因中结出来的晶体，就像我们可以在相对论和立体主义、在量子力学和弗吉尼亚·伍尔夫的作品之间进行类比一样。

这样固然很好，只要它说的是亟须的对科学观念从文化上进行吸收（虽然通常是以一种扭曲的或半生不熟的形式）。但是我们似乎更乐意沉溺于思想王国，而不是有形的世界。

不过，这种笛卡尔式的物质和心灵的二分法，并不总是能反映职业艺术家的态度。只是在过去半个世纪左右的时间里，对彩虹的每一种能够想到的分割和混合，才能在现成的颜料管中获得。直到18世纪，大多数艺术家还要自行研磨和混合色料，或者至少要在自己的画室里完成这个过程。意大利的琴尼诺·琴尼尼这样的中世纪匠人在颜色的构成材料中唤起了一种近乎情欲的快乐，这表明与他同代的艺术家和颜料之间关系亲密，他们像应用化学家那样身怀某种绝技。

而且，在理性时代以前，“艺术”和“科学”之间的区别并不等同于直觉和理性之间的区别。在中世纪，从事科学的人就是古代知识和理论的记录者，这项工作并不必然要求具有探索精神。另一方面，“艺术”则暗示着技术或手工方面的技巧，化学家和画家一样，都是艺术家。艺术家的价值不在于他的想象、激情和创造，而在于他能够完成 6
匠人的工作。

这就是莱奥纳多·达·芬奇所生活和工作的世界。弗拉基米尔·纳博科夫曾说，C. P. 斯诺提出的著名的“两种文化”之间的断裂，在他看来更像是沟渠而非深渊；若非如此，他会对斯诺的讨论更感兴趣。达·芬奇看来甚至连沟渠都不曾注意到。他在艺术家、技术专家和自然哲学家之间轻松地转换身份，即使考虑到这些身份之间的区别在文艺复兴时期绝不像在今天那么壁垒森严，这一点也仍然令人惊叹。

达·芬奇身处的15世纪的佛罗伦萨，学者圈子里都在积极讨论理性、几何和数学在艺术中扮演的角色。达·芬奇本人坚决提倡，艺术家需要尽可能准确地模仿自然，这就要求去学习掌控着自然界的数学规则："那些投身于［艺术］实践却不懂科学的人，就像是水手置身大海却没有船舵或罗盘，永远不知道自己在前往何处。"[5]但是从现代的眼光来看，我们会觉得达·芬奇的身份转换是如此容易接受。在强调科学对艺术的重要作用时，达·芬奇头脑里有一系列构想，它们在很大程度上是当时那个时代的产物。强调数学的作用时，他是想把绘画的地位提升为与几何、音乐、修辞和天文学平起平坐的博雅艺术（Liberal Art）。这些艺术被视为值得在大学里进行严肃的智力探究，而绘画自中世纪以来就被视为一项技艺，一种低下的手工技巧。这样的活动在以往的古典时代通常都由奴隶完成，达·芬奇时代的画家们拼命想甩掉这个耻辱的标记。他们主张把绘画纳入博雅艺术，试图以此提升自己的社会地位。

为了给自己的事业正名，艺术家会强调许多古代的伟人也从事同样的职业，并且国王们和（更晚近的）教皇们向他们表达了青睐。佛罗伦萨建筑师兼艺术家莱昂·巴蒂斯塔·阿尔贝蒂（1404—1472）在《论绘画》（*Della Pittura*，1435）一书中提醒读者：

> 那时候，王侯和平民、文人和白丁都从绘画中获得愉悦，画家和雕塑家数量庞大……最后，保卢斯·埃米利乌
> 7 斯*和其他许多罗马公民在博雅艺术中择绘画教子，以追求

* 原文如此。似应为"埃米利乌斯·保卢斯"，古罗马执政官。——译注

良善而幸福的生活。希腊人特别遵循的优良传统是，那些身为自由人、接受自由教育的年轻人除了文学、几何和音乐，也学习绘画艺术。[6]

达·芬奇、阿尔贝蒂和他们的画家同行发问：为何诗可以被接受为博雅艺术，不用语言而是用颜料来创造美丽图像就不行。达·芬奇说："在一个地方写下上帝的名字，在背面画一个代表他的形象，看看哪个更受尊崇。"[7]

艺术家的事业要求他们把自己与匠人区分开，让自己的技艺与数学和抽象思想关联起来。阿尔贝蒂说："绘画在我们的祖先那儿享受着特殊的尊荣：其他所有的艺术家都被称为匠人，只有画家不在此列。"[8]这样的说法只会鼓励艺术家们轻视绘画的材料方面，比如创造和研磨色料。相应地，这无疑也使佛罗伦萨的画家们想要强调素描和线条［线构（*disegno*）］比色彩（*colore*）的运用更重要，从而开启了一场持续数个世纪的争论。16世纪的埃奎科拉所发出的那种轻蔑评论，只会让他们更加固执己见；他说："绘画唯一关心的，就是用各种恰当选择的颜色去模仿自然。"

到15世纪末，达·芬奇和他的画家同行们基本上已经获胜了，但也付出了代价：他们从古典时期继承下来的偏执加深了。在任何地方，达·芬奇都没有挑战那种重视智识甚于手工的深层等级结构。相反，他试图在抽象的层面上为中世纪画家的技艺寻找新的位置。就这样，艺术开始分化为"纯粹的"和"实用的"，这种区别在19世纪以前一直未受到真正的挑战。在《两条道路》（*The Two Paths*，1859）中，约翰·拉斯金对艺术自身的"两种文化"深感痛惜，主张装饰性的工艺美术不该被视为"低等艺术或一类独立的艺术"。拉斯金联合威廉·莫

里斯和其他一些人，在工艺美术运动中努力将手艺人和美术家重新结
8 合在一起。至于他们是否大获成功，就不得而知了：新艺术运动来而
复往，艺术方面的精英情怀却难以消除。

化学与艺术

在达·芬奇的时代，绘画与博雅艺术之间的关联，完全类似于化学与自然哲学，或者我们现在所说的科学之间在地位上的关联。那些探究化学艺术，沉浸于烟雾缭绕的实验室、想鼓捣出一点有用之物的人，是被排除在巍峨的科学殿堂之外的。科学史学家劳伦斯·普林西比如此评价这种科学时代以前的化学（chemistry，古体拼作 chymistry）：

> 人们早就意识到，化学在18世纪以前面临的“问题”之一，就在于它作为一门实用的或技能方面的艺术，而不是作为自然哲学一个分支的地位。运用化学的是低端的技术应用者，这就决定了化学地位低下，让许多自然哲学家无法接纳它。[9]

于是，在引起争议的《怀疑的化学家》(*Sceptical Chymist*, 1665) 一书中，英裔爱尔兰化学家罗伯特·波义耳谴责了“粗俗的化学家们”的无知；他们当中不仅包括想要从伪炼金术转化过程中牟利的十足骗子，还包括理论知识不足的“实验室货”，比如染色的、蒸馏的、做药剂的。达·芬奇若把自己的事业向这群人看齐，将一无所获，于是他掩饰绘画艺术的化学方面也就顺理成章了。

不过，这一点并不能消除以下观念中持续存在的不得体的感觉，

即科学为艺术不仅赋予了观念，而且提供了材料。包豪斯学派的建筑师勒·柯布西耶（夏尔-爱德华·让纳雷）和他的搭档阿梅代·奥藏方，在1920年说的一段话表现出明显的势利和无知，让人透不过气来：

> ……最重要的是形式，其他一切都应该从属于它……塞尚的模仿者们正确地看出了乃师的失误：他不加鉴别地接受了颜料贩子们提供的诱人货物，那段时期颜料化学风行一时，而这门学问对伟大的绘画不可能产生影响。我们还是把颜料管带来的感官快乐留给染布匠吧。[10] 9

这段话暗示塞尚——不是印象派或者野兽派，而是塞尚！——只是一个对原始颜料毫无眼力的拙劣画家。我们还是不要为这个荒谬的说法过于分心。更能说明问题的是勒·柯布西耶诋毁手工技巧和物质愉悦、偏爱“形式”和抽象空间的方式。这段话几乎像是16世纪末认为线构重于色彩的意大利学者中，最为刚愎自用的一位写下的。否认颜料化学能对“伟大的绘画”产生任何影响，归根结底就等于声称伟大的艺术只存在于头脑中，如果遗憾地被迫仅通过现实材料来进行重构，就会掉价。

19世纪时，与化学的牵连看起来或许不那么令人讨厌了，那时化学家们正受到前所未有的尊敬（即使歌德也借用了他们的比喻*）。1810年，一位匿名作者在评论艺术技巧时谨慎地说：“化学之于绘画正如解剖学之于素描。艺术家对它们应该有所了解，但不该在任何一方面付出太多时间。”但即便是这样的说法，也可以被视为一个时代的

* 歌德的小说《亲和力》以化学术语命名，用化合反应隐喻人与人之间的情爱分合。——编注

挽歌，在这个时代，画家在某种程度上得是一个化学家，艺术中的训练要求对机械和实践层面给予对审美和智识层面同样多的关注。到19世纪末，艺术家已经完全离不开具有科学造诣的专业人士，即“颜料商”，要靠他们来解决其职业所涉及的化学方面的问题。这种断裂的一个后果是，该时期某些画作的颜色没有扬·凡·艾克那些宝石般的15世纪画作耐久。

化学这个话题让很多人心生恐惧，想要逃避此事实似乎也没有什么意义。制陶专业的学生通常也算是艺术家，该群体仍然需要学习一些真正的化学，即这个领域的系统知识：平衡方程式、元素周期表、原子重量等。从我的经验来看，这并没有让他们对化学感觉更好一些。物质是由元素混合而成的，其混合方式多得令人晕眩——这一点看起来有些令人生畏；坦白地说，这些混合物在当今是在一些灰色的金属尖塔和管道内以工业方式调制的，那些尖塔和管道让人隐约感到一丝
10 不祥和不安。要把这些丑陋的工厂以及陌生或让人不安的名字，如镉、砷、锑，与涂抹在画布上、让我们在艺术画廊里屏息的那些东西联系起来，还真要有一些想象力。这样的恶棍（化学工业犯下的罪完全不是想象中的）真能带来如斯之美？

事实是，或者说肮脏的事实是，为艺术家提供的新颜色长久以来都是化学工业过程的副产品，它们流向了相当广阔的市场。没有商业引擎的驱动，这些新色料的制造简直无法实现。人工合成的铜蓝，也叫“碳酸铜颜料”，以其低廉成本成为15世纪至18世纪那些昂贵的蓝色色料的主要替代物，它们就是白银开采的副产品。铜蓝后来基本上被普鲁士蓝取代，后者的生产主要是为了满足大规模的纺织品染色工业的需要，而不是着眼于小小的艺术家颜料市场。马尔斯色料（合成氧化铁）之所以能造出来，就是因为能够获得成本低廉的硫酸，后者主

要是作为纺织品漂白剂生产的。被称为“专利黄”的色料是苏打工业的一个分支，铬黄的生产则是由于在棉布印花中的应用而得到激励。纺织品染色也使人们能够更好地理解金属在染料固着（媒染）方面的用途，从而推动了19世纪早期“色淀”颜料制备水平的提升。作为20世纪几乎随处可见的白色色料，二氧化钛几乎完全是作为商业涂料生产的，转化为艺术家材料的数量微乎其微。

不仅看到艺术的历史，而且看到一种反映出这些关联的艺术，会不会令人兴奋？颜料生产的商业方面的确影响了20世纪的部分艺术家。但是，作为技巧和创造力的产物，同时作为极优雅而又华丽的物质，未经修饰的色料难道不已经是艺术品了？英裔印度艺术家阿尼什·卡普尔认为是（彩图1.1），伊夫·克莱因也这么认为。

人们通常声称，艺术和科学之间的互动是单向的；但化学和艺术之间的关系却是互惠的。现代化学制品工业主要就是由对颜色的需 11
求促发和孕育的。合成化学在19世纪取得的重要进步，就是由对人造颜料的需求激励的。世界上许多大型化学制品公司，如巴斯夫、拜耳、赫斯特、汽巴–嘉基，都是以生产合成染料起家的。摄影和印刷中对美术作品和色彩的复制，则造就了施乐和柯达这类大型技术公司。

与此同时，由克莱因和业当所体现的艺术和化学之间的合作也有大量先例。迈克尔·法拉第在色料方面为J. M. W. 透纳提过建议。20世纪20年代，德国诺贝尔化学奖得主威廉·奥斯特瓦尔德与德国颜料行业有过合作，他的色彩理论在克利和康定斯基任教的包豪斯受到热议。在更遥远的时代，画家还与炼金术士联手获取颜料。在这段关于科学、技术、文化和社会的历史中，没有鸡生蛋或蛋生鸡的顺序问题。化学方面的科学和技术以及颜色在艺术中的应用一直以共生的方式存在着，此种关系决定了它们在整个历史上的发展过程。与通常只从一边看问题相比，回望它们共同的演进历程，我们就既能看出艺术其实更是一门科学，又能看出科学也更是一种艺术。[11]

对色彩的恐惧和厌恶

伊夫·克莱因鼓励我们深入体会原始色彩之美。这与我们所受的训练背道而驰。什么是明亮的着色？是孩子们的玩具，是奥兹国[*]。因此，色彩对我们来说有衰退的危险，还有幼稚病的危险。文化理论家朱莉娅·克里斯蒂娃认为："色彩方面的体验构成了对'自我'的一种威胁……色彩意味着统一性的破碎。"[12]其他还有什么会着色？庸俗的事物，粗俗的人。色彩表达的是强烈的情感，甚至像语言一样，同时也表现着情欲。普林尼心怀恐惧地把强烈的色彩视为一种堕落的东方主义，像他这样的人不在少数。勒·柯布西耶断言，色彩"适用于头脑简单的种族、农民和野人"。不用说，在他的"东方之旅"中，他一定遇见了很多这样的人，而且深感厌恶："多么光亮的丝绸，多么奇巧、
12 瑰丽的大理石，多么充裕的青铜和黄金……我们来做个了断吧……是时候发起征讨了，为了石灰水和第欧根尼。"[13]——也就是说，是出于冷静的考虑，超越了所有这些不恰当的激情。

19世纪艺术理论家夏尔·勃朗（名字中有什么含义？[**]）坚称："结构（design）必须保持其对于颜色的优势。否则绘画就会加速走向毁灭：它会在色彩中堕落，正如人类从夏娃身上堕落。"[14]这里提出了不信任色彩的另一个原因：它是女性化的。当代艺术家大卫·巴彻勒声称，对色彩的恐惧，即恐色症，在西方文化中普遍存在。[15]伊夫·克

* 美国童话作品里的国度，由黄、红、蓝、紫四块土地组成。——译注

** 勃朗（Blanc）意为"白色"。——编注

莱因则说："人从他那着色的灵魂中被远远地放逐了。"[16]

不过，化学家们与颜色的物质特征关系密切，他们目睹了锰在其不同状态的氧化物中五彩缤纷的壮观变化，也观察过氨性硫酸铜的纯蓝从其碱式沉淀物那晦暗的浅蓝中浮现——或许他们尤其适应并且能够欣赏不含杂质的颜色。奥利弗·萨克斯曾如此回忆化学药品的液态颜色在他的童年时代所产生的诱惑：

> 我爸爸的诊所就开在家里，药房里面有种类齐全的药物、洗剂和酏剂，看起来就像一个老派化学家的微型工场；此外还有一间小实验室，里面有一盏酒精灯，有试管，还有为病人验尿的试剂；那些试剂就像蓝莹莹的费林溶液，一遇尿中的糖就变成黄色。还有樱桃红和金黄的魔力饮剂与兴奋药物，以及五颜六色的搽剂，比如龙胆紫的和孔雀绿的。[17]

对化学家来说，颜色是探究物质成分的丰富线索，如果测量得足够细致，还能够揭示分子结构的细部情况。人的大脑必须具有特殊的禀赋，才能看出深藏于茜素和靛蓝的分子结构中的颜色之美，从对这些染料分子的生硬、粗糙的描述中感受到丰富的色相。意大利化学家兼作家普里莫·莱维提示了颜色和结构之间的这种关系如何加深化学家对色彩的敏感：

> 我发现自己比其他作家掌握的词汇更丰富，对我来说， 13
> 像"明亮"、"暗沉"、"厚重"、"浅淡"和"蓝色"这样的词在意义上更为广阔也更为具体。对我来说，"蓝色"不仅是天空的蓝，我有五六种蓝色可以调用。[18]

为颜色命名

在充分探究颜色对于艺术家的意义之前，必须弄清我们用颜色本身意指什么。这一点看起来似乎完全没有争议。尽管古老的唯我主义会说，我永远不知道自己所体验的“红色”与你体验到的是否相同，我们还是一致同意，“红色”这个词什么时候用合适、什么时候用不合适。但是，在大多数当代语言中还有大把大把描述颜色的“次级”词语，在指代范围上引起了无数争论：紫褐是什么时候变成赤褐、紫红和铁锈红的？这部分地是一个感知心理学问题，但是关于颜色的语言很好地展现了我们对世界形成概念的方式。从语言角度进行的考察，对解释颜色在艺术中的历史应用往往具有核心作用。

普林尼声称，古典时期的希腊画家只用四种颜色：黑色、白色、红色和黄色。他说，这一组高贵而节制的常用色是所有严肃画家的恰当选择。毕竟，那个黄金时代最著名的画家阿佩利斯，不就是有意把自己限定在这一朴素的颜色范围内吗？

我们无法验证该说法的准确性，阿佩利斯所有的作品都遗失了，他身处的那个文化所孕育出的几乎所有其他画作也一同消失了。但我们的确知道，希腊人所拥有的色料，要远比以上四种丰富。至于罗马人，从庞贝古城的废墟中，已经确认了至少29种色料。对于阿佩利斯的调色板之精简，普林尼是否夸大其词了？如果是，原因何在？部分原因可能是形而上学的：四种“原色”规则地对应着亚里士多德的四元素——土、气、火、水。不过，古典时期画作中颜色应用的广度也可能因为语言的原因被掩盖了。比如，在解释古代那些关于颜色在艺术中的应用的著作时，就很可能混淆红色和绿色。中世纪的*sinople*一词

来自普林尼的*sinopis*，再往前可以从地理学方面追溯到一种来自黑海
边的锡诺普（Sinope）的红色土质色料；至少在15世纪之前，*sinople*这 14
个词既可以指红色也可以指绿色。拉丁语中的*caeruleum*一词词义同样模糊，既可以指黄色也可以指蓝色（其词源是希腊语中的*kuanos*，在某些语境下指大海的深绿色）。拉丁语中没有表示棕色和灰色的词，但这并不意味着罗马的艺术家们不了解或不使用棕色的土质色料。

为何红色和绿色竟然会被混为一谈？从今人的眼光来看这似乎是荒谬的，毕竟我们的大脑中已经有了艾萨克·牛顿的彩虹光谱及其对应的颜色名称，七条光带严格依序排列。希腊人看到的却是不同的光谱，一端是白色，另一端是黑色，或者更准确地说，一端是亮色，另一端是暗色。所有颜色都位于两个极端之间的标尺上，由亮色和暗色以不同的程度混合而成。黄色离亮色一端较近（由于心理学原因，它看起来是最明亮的颜色）。红色和绿色都被视为中间色，位于亮色和暗色的中间地带，因此在某种意义上它们是对等的。中世纪学者倚重古典时期的希腊文本，从而确保了这一色彩标尺在雅典的神庙成为废墟之后，仍然沿用了数个世纪。在公元10世纪，修道士赫拉克利乌斯仍把所有的颜色归为黑色、白色和“中间色”三类。

蓝色和黄色的混淆可能仅仅是因为语言，追根溯源的话，原因或许在于按提供这些颜色的材料来为颜色命名这种方式（见第264页[*]）。出于一些相当模糊的原因，蓝色和黄色在许多语言和文化中被归为一类，比如在一些斯拉夫语、日本北部的阿伊努语、尼日利亚东部的达萨（Daza）语以及加利福尼亚北部美洲土著梅乔普人（Mechopdo）的语言中。拉丁语中的*flavus*意指黄色，却是*blue*、*bleu*和*blau*几个词的词

---

* 正文中提及的页码均为原书页码，参见本书边码。——编注

根。蓝色位于颜色标尺上的暗色一端，使我们又有了一个理由对它明显被排斥在普林尼的名单之外保持警惕：蓝色被视为黑色的一种变化形式，希腊语中表示这两种颜色的是同一个词。

如此看来，艺术家是把两种色相看成不同的颜色，还是看成同一种颜色的不同形式，主要就是个语言学的问题。凯尔特语中的*glas*一词表示山间湖的颜色，涵盖的范围从棕绿色直到蓝色。日语中的“青”一词依语境不同，可以指“绿色”、“蓝色”或“暗色”；越南语和朝鲜语也无意将绿色和蓝色区别开来。某些语言只有三到四个表示颜色的词。

既然对基本颜色的观念都依赖于文化，似乎就不可能为讨论颜色的运用建立一个普遍基础。然而在1969年，人类学家布伦特·伯林和保罗·凯试图为这些彼此冲突的大量分类方式理出一个头绪，提出了一种颜色层级 (colour hierarchy) 观念；根据此种层级，随着一个文化中颜色术语的复杂程度增加，色相也会以一种普遍适用的秩序呈现。他们说，首先出现的是亮色和暗色，或者说白色和黑色之间的区别。澳大利亚土著和新几内亚说杜戈丹尼语 (Dugerm Dani) 的人只有两个表示颜色的词，这两个词基本上表示的就是这些意思。红色紧随其后被确定为一种特征明显的色相。接下来，绿色和黄色加入其中，可能是绿色在先，也可能是黄色在先。之后加入的是蓝色，逐渐地，更为复杂的二次色和三次色*也被纳入：先是棕色，之后 (次序不确定) 是紫色、橙色、粉色和灰色。因此，根据伯林和凯的看法，无论哪种语言，都不可能只有表示黑色、白色和绿色，或者只有表示黄色和蓝色的词。他们说，颜色词汇是按照严格的次序展开的。

---

* 二次色即间色，是由两种原色混合而成的颜色；三次色即复色，是由间色混合而成的颜色。——编注

伯林和凯的这种观点主要是从人类学和语言学的角度，对当代尚未进入技术时代的文化进行的研究，其有效性广受质疑。比如，在菲律宾，一个马来–波利尼西亚语族的民族所说的汉努诺语 (Hanunoo) 中有四个表示颜色的词："暗色" 和 "亮色"，我们可以把它们与黑色和白色完全对应；但还有 "鲜色" (fresh) 和 "干色" (dry) (如果它们能够与英语词意思匹配的话)。有人更倾向于把这两种颜色与绿色和红色联系起来，但它们似乎既指色相也指质地。汉努诺语中没有哪个词意思是指 "颜色"。

不过，伯林和凯这种轮廓性的体系还是提供了某种基础，让我们可以讨论许多世代以来 "颜色" 一词所指的意义；似乎我们也很有理由认为，该体系至少是部分正确的。应用这一理论的部分困难在于，它假定存在着 "基本" 的颜色词语，即那些独立于环境的表示色相的词。即使在复杂的现代语言中，情况也并不总是如此。比如，法语中 16
的 *brun* 一词就并不与英语中的 brown (棕色) 完全对应，在某些情形下它可以被 *marron* 或 *beige* 取代，在其他情形下它又表示 "暗色" 而不是某种具体色相。

在伯林和凯所指的意义上，几乎不可能从古希腊找出基本的颜色词语。一些论者由此假定，希腊人对颜色没有什么意识。莫里斯·普拉特瑙尔于 1921 年声称："颜色在他们的感官中留下的印象远不够生动……或者……他们对分解开的且部分被吸收的光在性质上的区别基本没有兴趣。"[19] 1968 年，色彩工艺学家哈罗德·奥斯本重述了这一点，声称古希腊人 "不习惯对色相做细致区分"。

不过，没有理由假定我们区分颜色的能力取决于颜色词汇的结构。我们能够把无法命名的色相区分开来——事实上，任何语言都没有对能够识别的大量色相逐一命名。所以不妨换一个结论：对于古希腊人来说，“颜色”的意义略有不同［虽然他们的*chroma*（也作*chroia*）一词通常被译为“颜色”］。既然他们的各种颜色位于亮色和暗色之间的标尺上，鲜明度（brilliance）或光泽度（lustre）就可以和色相一起，成为有效的区别特征。普拉特瑙尔提出，“能够吸引古希腊人注意力的是光泽或表面效果，而不是我们所称的颜色或色泽（tint）”；这种说法可能失之简单，但或许说到了点子上。他指出，在希腊文献中，形容变暗的血和形容乌云的是同一个词，形容金属的光芒和形容树的也是同一个词。这样或许就能解释荷马在《奥德赛》中那个令人困惑的著名比喻：“像酒一样暗”的海（*oinopos*）。维特根斯坦在《关于颜色的评论》（*Remarks on Colour*）中表达了同样的看法：“亮黑和暗黑难道不可能有不同的颜色名称？”（在20世纪60年代的黑色单彩画系列中，美国极少主义艺术家阿德·莱因哈特就把这两种黑色作为实际上不同的颜色来使用。）

古希腊人当然有表示颜色的词语，但没有任何一个明显是“基本的”。“红色”大致对应于*eruthos*（两者有语源上的关联），不过并没有充足的理由认为该词比*phoinikous*或*porphurous*更为重要，就像没有理由认为红色比猩红或绯红更重要。类似地，依情形的不同，绿色可
17 以分别表示为*chloros*、*prasinos*或*poödes*。

语言学家约翰·莱昂斯提出，最稳妥的结论是仅仅认定，颜色“是语言在文化的影响下得出的产物”。鉴于表示颜色的术语变幻不定，人们在讨论艺术家对颜色的运用时，往往以材料，而不是关于色相的抽象概念为基础。普林尼的四种古典时期的颜色并不单纯是“黑色”“白色”等，而是“来自米洛斯的白色”和“来自黑海边的锡诺普的红色”——它们是以特定的色料来体现的。若没有确定的理论作为分类基础，谈论颜色时就需要植根于提供它们的有形物质。但这不过是

为出现新的歧义创造了可能，因为物质本身可能会转变成表示颜色的词语。比如，猩红就曾指中世纪的一种染了色的布，这种布可能完全不是红色的。

真实的颜色

人们往往认为，是现代派和抽象派画家首先自觉地下定决心，不只要画出“眼中所见”。然而，对文艺复兴或巴洛克时期任何一幅画作轻轻地一瞥便可看出，这样的作品是如此地既遵循着某些传统，又受到想象和阐释的指引，而不是在尽可能忠实地描绘自然。世世代代以来，许多艺术家都谈论过“忠于自然”地作画，但此种说法有多重含义，摄影的出现只不过激发我们挑出了其中的一种。

例如，一直到19世纪晚期，至少从以下这一点来看，用颜色来描摹自然还不得不依赖于技巧：几乎所有的画作都在画室内完成，靠的是画家对“恰当”的构图和对比的把握。要到室外完工成品（与作为参考依据的习作相对）的画法由法国现实主义画家开创，并随后由印象派画家继承，艺术家们才开始把自己从学院派的明暗概念中解放出来，看出阴影区的紫色和蓝色，以及“白色”阳光中的黄色和橙色。

不过，我们不妨接受一个看法，即从古代到抽象派出现这个时段的西方艺术，一直想以一种主要是具象的方式来描绘自然的各种形式。 18
那么，是否可以由此想见，艺术家们就在追求用充足的色料来准确地传达自己的视觉印象？呃，事实要是这么简单就好了！既然（如古人所认为的）世界单靠娴熟的素描技巧就可以得到描绘，色彩难道不就成了冗余的虚饰？亚里士多德说：“纵然是最漂亮的颜色，如果只是胡乱地抛洒，也比不上在白色背景上画下一个简单的图案令人悦目。”

更何况，古典时期的艺术并非盲目地模仿，而是以象征为主。普林尼的四色体系与形而上学联系紧密，与大自然的色相则无甚关联；在晴好的天气里，希腊的小山上随处可见该体系所遗漏的颜色——绿色和蓝色。

而且，古希腊人有理想化和智识抽象的倾向，这让他们形成一个观念，即混合的颜色不仅比“纯”天然色料低一等，而且比自然的“真实”颜色低一等。所以，试图将艺术家使用的颜色与大自然的颜色混合在一起，从而使两者相匹配，这样做没有什么意义。古典时期的学者们不赞成此种做法：“混合导致冲突。”公元1世纪的普鲁塔克如是说。色料的调和通常被称为“蹂躏”(deflowering)，即失去贞操。亚里士多德把混色称为一次“终结”。

不过，对于混色，也有技术上的限制。由于可以获得的颜料并非纯粹的原色，混色就会导致色调减弱，偏向灰色和棕色，因此实际上是一个色度降低的过程。这种不愿将色料混合起来的倾向，或许可以解释古典文献中关于绘画的一些奇怪主张（它们可能很容易就曾被试验推翻过），比如声称红色和绿色可以产生黄色，或者（如亚里士多德所说）任何色料的混合都不会产生蓝紫色或绿色。古希腊的画家们惯于用半透明的颜色为不透明的颜色罩色，但是说到“在调色板上”混色，通常仅限于在制造高光或阴影时对白色或黑色的运用。

认为古代和中世纪的艺术是在试图通过不完善的技术和有限的调色板，以自然主义的方式表现世界，这种看法为何是不正确的？对
19 于能够获得的颜色范围自我施加的限制，只是其中一个原因。如恩斯特·贡布里希所说，“中世纪的画家们不关心事物的‘实际’颜色，就像他们不关心事物的实际形状一样”。中世纪早期的画家对于比例的理

解没有困难，他们只是认为比例没有那么重要。他们是典型的无名修士，其任务就是画出福音书中的故事，表达信仰和虔诚。图画是示意性的，甚至是公式化的，是一种用图画写出的文字。到了中世纪晚期，与在神圣罗马帝国疆域内的所有方面一样，寻求美感和展示财富在宗教艺术中也变得重要起来，但是这并不要求任何自然主义。相反，人们开始中意于在平涂、连续的色域，包括朱砂色、群青和金色中，展现最为昂贵而美妙的色料。这些颜色铺陈在画板上，只不过是为了在观看者心中激起钦佩和敬畏。

因此，中世纪对颜色的运用很少是复杂的。表现技巧的地方不在于制造细致的颜色渐变，而在于在场景中和谐地安排好原始色料。这就解释了为何像琴尼诺·琴尼尼这样的中世纪晚期匠人，能够在他的《艺匠手册》(*Il Libro dell' Arte*，约1390) 中，为艺术家不仅提供关于色料和画板的准备或湿壁画和干壁画的画法这样的实用建议，而且提供了描绘肉体、衣纹和水的指导方法，似乎绘画只不过是一种机械技艺而已。与之类似的是，莱昂·巴蒂斯塔·阿尔贝蒂在讨论颜色的并置时，几乎像在排列一系列涂了色的木块——在他的情形下是一众仙女的长袍。

> 如果红色位于蓝色和绿色之间，它会以某种方式既提升后两者的美，也提升自身的美。白色能带来愉悦，不仅是放在灰色和黄色之间时，而是几乎能将愉悦感赋予任何颜色。暗色若位于亮色之间，会产生某种高贵感；亮色若放在暗色之间，同样会产生良好的效果。[20]

这个建议暗示着色彩和谐的观念，从文艺复兴到20世纪的艺术理论中，此类观点一再出现。但在阿尔贝蒂那里，问题就成了将某一色域 20

(colour-field) 放置在另一色域旁边——这让人想起蒙德里安这样的现代主义画家，而不是威尼斯古代大师们的那些调和和对比的色相。不仅如此，阿尔贝蒂还对纯净色料的完整性表现出持续的关注——关注原始颜色的保存，并避免会让这些颜色沾染泥土或使其失去光彩的做法。他建议，高光和阴影应该只通过增加白色和黑色来实现，而且要极为克制，以免颜色的优点退化：

> 那些滥用白色且乱用黑色的画家应该受到严厉谴责。如果白色和黑色是用克娄巴特拉溶于醋中的那些珍珠做的就好了，这样画家们用起来就会尽可能节约，因为此时他们的作品会更令人愉悦，同时也更真实。[21]

这里，"真实"是指忠实于材料的光彩，而不是捕捉自然在人的眼前展现的东西。尽管如此，阿尔贝蒂关于颜色的评论更多反映的是文艺复兴时期的人文主义，而不是中世纪的象征性物质主义 (symbolic materialism)。他的书只关心世俗题材的画作，而琴尼诺却多次提及宗教作品，就像一个工匠描述如何在建造教堂时摆放砖块。对阿尔贝蒂来说，运用最精致的颜色不是为了取悦上帝，而是为了使赞助人满意，毕竟画是受赞助人委托而绘制的，而且十有八九也以契约的方式规定了要用到的色料。

跃入虚空

在阿尔贝蒂对颜色的讨论中，其核心是所有画家在中世纪的规定性方法被摒弃之后都要解决的一个问题：如何**组织颜色**。20世纪的艺术家们面对的是相同的问题，虽然规则已经大大改变了。文艺复兴时期的画家们虽然在**如何画**这一点上莫衷一是，在**画什么**方面却少有分歧。而到了20世纪早期，画家们先是放弃了“自然主义”的着色方式，随即又抛弃了自然主义的形式。

接下来的问题类似于同时代的无调性音乐作曲家们所遇到的：如果树可以是蓝色，天空可以是粉红色，人脸可以是黄色，那么究竟应 21
该如何选择颜色？没有“自然”的参照——具有音乐般和谐的数学规则，或者大自然的色相——如何能够避免这种多样的选择可能带来的不连贯性？怎样才是“真实”地配置颜色的恰当的组织方式？

阿诺德·勋伯格从序列主义，即十二音作曲法中找到了音乐上的答案。但是，现代着色家并没有得出如此普遍的结论。瓦西里·康定斯基 (1866—1944) 几乎是怀着恐惧承认，抽象派艺术家有义务发现指导性原则：“那是所有类型问题的一个可怕深渊，大量的责任显示在我面前。最重要的是，用什么来替代遗失的目标？”[22]他的答案非常私人化，也很主观。他觉得颜色具有象征性的和精神上的隐含意义。这种看法似乎受到一个事实的深刻影响：康定斯基体会过联觉 (synaesthesia)，在这种感知状态下，同一种刺激因素会同时引起两种感官知觉。这种情况最常见地显示为“色—听”联觉：将特定的颜色与音色或音高知觉相关联。作曲家亚历山大·斯克里亚宾也受到过同样状态的影响：他听出C大调是红色，D大调是黄色，于是用颜色为“色光键盘” (*clavier à lumière*) 谱曲。

康定斯基深受神智学 (Theosophy) 的影响，这是一种精神哲学，来自沃尔夫冈·冯·歌德对世界过于简单的极化划分。荷兰画家皮特·蒙德里安 (1872—1944) 也深受神智学吸引，他努力将原色的长方形排放在沉重的黑色网格上，引发了一种数学上的焦虑。他是神智学家M. H. J. 苏恩梅克尔的支持者，后者声称，除三原色之外的其他所有颜色都是多余的；蒙德里安由此得出了自己对颜色问题的独特回答。

神智学的教条分类反映于康定斯基的一个信念，即颜色充当着灵魂的通用语言。当然，颜色的确与我们的情感交谈，但是看起来不是以每个人都一致赞同的方式，不受文化背景的约束。但康定斯基相
22 信，存在着具体的、客观的颜色关联，因此通过对颜色的精心运用，抽象的构图能够激起非常独特的情感反应。这不过就是一个破解密码的问题，或者用更接近于康定斯基风格的比喻来说，就是机械地用颜色来拨动情感的弦：

> 一般来说，颜色直接影响着灵魂。颜色是键盘，眼睛是音槌，灵魂则是有着许多弦的钢琴。艺术家是弹奏的手，有意识地触碰一个又一个琴键，在灵魂中引起震颤。[23]

康定斯基在《论艺术中的精神》(1912) 一书中解释了他的有色语言，在此我们可以看到这样的主张：

> 黄色是典型的土质色，不可能有什么深刻的意义。与蓝色混合后，黄色就会变成一种病态的颜色……朱砂色是给人锐利感的红色，就像可以用水冷却的灼热钢铁……橙色像一个对自己的力量充满信心的人……蓝紫色……则相当悲伤而痛苦。[24]

他试图通过在德国的包豪斯艺术与设计学校进行的“科学”试验，来确立颜色的这些“意义”。他向“社区内具有代表性的各色人物”发

放了一千张测试卡片，受访者被要求在卡片上将三原色与三种几何图形，即正方形、圆形和三角形相匹配。部分人一致认为三角形是黄色，但对于蓝色属于正方形还是圆形存在分歧。

颜色和音乐之间的关联并不是联觉所独有的，而是自古希腊时期以来就被感知到了。康定斯基本人就同时是一位小提琴手和大提琴手，他与勋伯格合作，希望能发现一种将“不和谐音”纳入现存的“和谐”体系的方法，从而将颜色组织起来。康定斯基觉得艺术品应该有一种交响乐的结构，他的“颜色音乐”作品通常被视为堪称最早的真正抽象的画作，不涉及任何可以识别的对象（彩图 1.2）。

与颜色语言学的纠缠混乱一样，康定斯基对于颜色的情感语言
的徒劳探索提醒我们，对颜色过于教条是无用的。对于颜色的“意 23
义”是什么，以及如何“真实”地运用它们，不可能形成共识。色彩理
论——后面我们会遇到许多——有助于确立好的艺术，但并不界定这
样的艺术。归根结底，现代艺术家为颜色寻找形式的努力只是一种个
体的追求。对于布里奇特·赖利来说，正是这一点使颜色成为艺术表
达的一个如此有力的媒介：

> ……正因为没有指导原则，没有色彩绘画传统能够牢
> 固确立于其上的坚定的观念基础，每一种个体的艺术敏感
> 性都有机会发现独特的表达方式。[25] 24

第二章

撷取彩虹

——关于颜色的物理学和化学

没有颜色这种东西，只有带颜色的材料。

——让·杜布菲（1973）

无机自然只有颜色这种语言。仅通过颜色，一块石头就能告诉我们它是蓝宝石还是绿宝石。

——夏尔·勃朗，《绘画艺术基本原理》（*Grammar of Painting and Engraving*，1867）

颜料到底是什么？有色的泥土罢了。

——菲利普·古斯顿

在艺术和科学之间的激烈竞争中，艾萨克·牛顿的“解析彩虹”(unweaving the rainbow) 流传甚广。因此，在《拉米娅》(*Lamia*, 1819) 中，约翰·济慈通过诗歌悲叹了科学知识对世上的神秘和奇迹的 (他所理解的) 不利影响。然而，在牛顿阐明其色序后很久，这道亮弧的丝线在艺术中仍然相互缠绕。像歌德这样的反牛顿者会逆着自然来重新安排颜色，一点也不令人惊讶；但是，如我们所知，即使像约翰·康斯太勃尔这般敏锐的自然观察者，也弄错了霓的顺序 (色序颠倒了)。前拉斐尔派艺术家约翰·埃弗里特·米莱斯在《盲女》(*Blind Girl*, 1856) 中也犯了同样的错误，经指出后不得不匆忙更正。

牛顿的成就绝不在于证明日光是由彩虹中各不相同的多种色相

所织成的。长期以来，在很大程度上，那已经由阳光穿过玻璃时从中获
取的光谱清楚表明了。表明阳光如何在潮湿空气中的小水滴内部折射 25
而聚焦成环形光带的，也不是牛顿：勒内·笛卡尔已经在1637年解释了彩虹形成的基本原理。但是牛顿确认出彩虹中那些必不可少的颜色，并表明它们是以略有差异的角度折射的，从而为笛卡尔的白弧赋予了颜色。在1665年或1666年进行的“判决性实验”（*experimentum crucis*）中，牛顿推断“光本身是各种可折射的光线的混杂”，并表明这些光线在暗室中通过棱镜被分解后，变成了无法由第二道棱镜进一步分开的“非混合色”。通过一道透镜，它们又混合成一束白光。

科学家们热切地称颂牛顿的简化法，艺术家们则急切地加以谴责，双方都忽视了牛顿实验中那强韧的神秘丝线——今天，当数个世纪的时光透镜让我们得以将科学与魔术分离开后，这样的丝线就显得反常了。不过，与那个时代的普遍精神相当契合的是，牛顿认为，纯粹为了确立一种与音乐和谐观念的协调性而从棱镜光谱中识别出七个任意细部，是妥当的：

> 多种光线形成多重大幅度的振动，以自身的亮度激起对多重颜色的知觉，难道不就像空气的振动以多重大幅度激起对多种声音的知觉？[1]

因此，在牛顿的彩虹获得靛蓝和蓝紫的地方，我斗胆认为任何人看到的只是由蓝色加深形成的紫色。

颜色就是从这道彩虹上撷取的。牛顿所做的音乐类比在任何具体意义上都会形成误导，但作为一个比喻却相当有用。物质会在颜色的标尺中，对着许多不同的音符与和弦嗡嗡吟唱。如果共鸣是在阳光

这样的白色“声响”的强光中发出的，这些音符就会从多种音高的刺激中被吸引，在回声中落入寂静。我们所看到的颜色，是材料吸收了自己独有的谐音后残余的东西。红色浆果对着绿色和蓝色的曲调吟唱，黄色花朵则对着蓝色和红色的旋律吟唱。

26 就关于颜色的科学理论的价值，艺术家们已经表达了多种意见。有些人看不出有什么必要从科学的角度来理解颜色。法国学院派艺术家让-乔治·维贝尔的《绘画的科学》(*The Science of Painting*, 1891)一书，尽管取了这样的书名，仍然对19世纪那些声称发现了颜色“真相”的科学家们大加嘲讽。维贝尔说，委罗内塞、鲁本斯和德拉克洛瓦比任何科学家都更有资格就颜色问题给艺术提供指导，因为“通过颜色，他们创造了一种与灵魂对话的语言，使情感和生活实现了沟通”。

我认为维贝尔或许是对的。德拉克洛瓦对他那个时代的色彩理论表示过兴趣，但是古代大师们通过对颜色的直观感受创造了他们的奇迹，这种直观感受是牛顿的那些发现所未曾触及的。后印象派画家乔治·修拉和保罗·西涅克渴望在绘画中完全科学地运用颜色，但结果连西涅克自己也承认，所完成的作品可能是“昏暗而无趣的”。画家能从关于有效运用颜色的某些教导中获益，但这就等于是在获取一些不需要以牢固的颜色物理学理论知识为基础的经验法则。实际上，印象派画家基于深入了解、经过深思熟虑所用的那些花招，在文艺复兴时期艺术家们的某些作品中也能找到，后者凭借经验得出了相同的结论。保罗·克利说，试图根据颜色的科学法则来作画，“意味着抛弃了心灵的财富”。

然而，关于颜色科学的这一章之所以对于后续内容必不可少，有许多原因。在本书中，我们主要关注的是材料，即颜色是如何制成的，而不是科学在艺术中的抽象的、理论的角色；对于铜能产生蓝色和绿色、白色和红色可能得自铅化合物之类的事，我可以任它们保持神秘。不过，只有领会了“原因”，我们才能真正理解将这些颜色带到调色板上的社会和技术因素。更何况，关于颜色混合的一些基本事实，对于画家们如何应用纯粹的、光亮的色料（不论他们是否了解这些色料）有着重要影响。为避免这听起来像是逻各斯在向厄洛斯*道歉，我重申
我的主张，即到最后两者之间的区别只是一个较为现代的观念。我 27
敢确定，达·芬奇会谴责任何一本声称要谈论颜色，却又不解释颜色的书。

颜色的多种成因

“颜色总是会回应由光组成的那一类或许多类光线，在目前为止能够探究的任何颜色现象中，我总是能够发现这一点。”[2]牛顿使光不像亚里士多德认为的那样是颜色的触发原则，也不像中世纪的思想家感受的那样是颜色的载体，而是颜色本身的媒介；他想引人探究的是：那么，什么是光？

直到又过去了两个世纪，苏格兰物理学家詹姆斯·克拉克·麦克斯韦才给出了答案。麦克斯韦于19世纪70年代声称，光是一种振动的电磁场，即自足的电场和磁场的一种结合，同步振荡但是彼此垂直相对，像系在一根木杆上、分别向垂直方向和水平方向摇摆的两根绳子。振动的频率决定着光的颜色，从可见光谱的红色一端到蓝色一端，频率逐渐增加。比红色光频率更低的电磁辐射叫红外线，频率再

---

* 逻各斯象征着理性和逻辑，厄洛斯象征着爱欲和情欲。——译注

低一些的则是微波和无线电波。蓝色和蓝紫色以外的高频对应于紫外线，接下来又对应于X射线和伽马射线。

振动的波长则与频率反向相关：频率增加，波长变短。频率和波长是牛顿的“多重大幅度振动”在现代的一对关联物。

20世纪初，这一理论图景得到了修正，当时人们认识到，在量子理论众所周知的反常特征下，光并不只是波，同时也是粒子。光以包或“量子”的形式出现，每个包或量子所含的能量与频率成正比。这些光的量子被称为光子。阿尔伯特·爱因斯坦于1905年提出了这个异端概念，随后凭借它获得了诺贝尔奖。

28 物质的颜色可能由对光的吸收产生，这种现象由材料的共振频率决定。你可以想象一根未受阻的钢琴琴弦与一个吟唱出的音符共同和谐发声；同样，物质也与阳光一起嗡嗡作响。共振吸收了光在这个频率上的能量，因此从光谱里拿走了特定的颜色。那些与材料的某种共振频率不一致的光线，要么正好通过了材料（材料是透明或者半透明的），要么被反射回来（材料不透明）。只有这些“遭到拒绝”的光线，才到达了我们的眼睛。因此颇为矛盾的是，正是基于材料的频率，即它们在可见光谱中的位置，我们才归给它们一种颜色。

为了吸收可见光，在这些共振中有电子云环绕着微小、密集的原子核，就像蜜蜂云集于蜂巢四周。光如果能把电子从一种能量状态提升到另一种，就有可能被吸收，正如钢琴琴弦如果在声波的带动下形成共振，其能量就会增加。电子的能量受量子物理学原理支配，像汽车换挡那样是一步一步增加的，因此，只有某些频率的光线拥有恰当的能量来推动这些引出颜色的“电子跃迁”过程。

并非所有的颜色都是以这种方式产生的。例如彩虹那色彩斑斓的弧，就不是雨滴吸收光的结果，而是由于折射：不同波长的光线以不同的角度弯曲（图2.1）。这是光散射的一个例子，也是产生颜色的一个主要**物理**途径。与此相对，光的吸收则依赖于物质的**化学**成分。

在光进入雨滴时，光线发生弯曲（产生折射）。弯曲的角度由光的波长决定，波长越短，角度越小。因此，蓝色光比红色光偏转更多，阳光中的各种颜色被拆解开来。每一种颜色从彩虹的弧中略为不同的区域到达人的眼睛。由此，光的散射就能根据波长来分离出各种颜色。天空之所以是蓝色的，是因为相比于红色光，蓝色光经由大气中的分子和灰尘而得到更强的散射，看起来像是来自四面八方。远山呈蓝色也是相同的道理：反射光在到达人眼之前被各个方向的蓝色强化了。（在艺 29
术上，按达·芬奇的说法，对远处风景涂以蓝色被称为空气透视。）随着太阳在天空中西沉，光线在到达观察者之前要穿越更厚的大气，光的蓝色成分有可能被强烈散射，到达不了人的眼睛。歌德对此有过模糊的暗示："太阳最终即将落山的时候……它的光线在浓厚的水汽中大为缓和，开始在我周围的整个场景中散布最为美丽的红色。"[3]

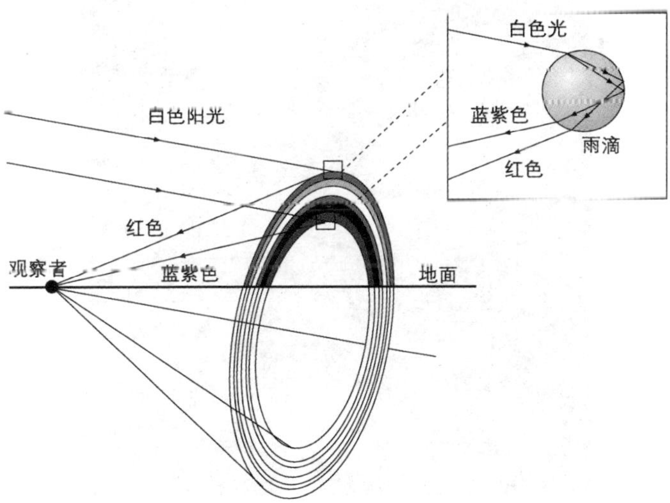

图2.1　彩虹的形成。不同波长的光在雨滴中以不同的角度折射，于是白色光束被分离成构成它们的光谱成分。

天然色素通过吸收光获得它们的颜色。但是，大自然中的某些颜
色却来自物理的散射过程。尤其是，脊椎动物身上都没有蓝色素：它
们的蓝色斑点是由光的散射产生的。蝴蝶翅膀上的蓝色是由每个鳞
30 片的脊状微结构产生的（图2.2）。这些脊状突起互有间隔，能引起蓝
色光的优先散射。这种散射以及由此形成的色相，在一定程度上依反
射的角度（也可以说是观察的角度）而有所不同，因此其色彩光辉夺
目，似乎随着翅膀的扇动而闪烁、变化。蓝色的昆虫表皮以及孔雀尾
部万花筒般的色彩也是如此：孔雀的羽毛上有黑色条纹组成的小网
格，这些小网格像蝴蝶翅膀鳞片上的脊状突起那样散射着光。这些羽
毛一如彩虹般的色彩变化长久以来让艺术家们着迷。公元7世纪的一
位拜占庭作家问道：

图2.2　蝴蝶翅膀上光辉夺目的蓝色和绿色，是由鳞片上微小的脊状突起对光的散射形成的。

> 那些看到孔雀的人，看到金色与宝石蓝交织，看到紫色与翡翠绿的羽毛，看到许多样式的色彩组合全部混合在一起但并不彼此混淆，谁又能不感到惊奇？[4] 31

亚历山大·蒲柏《鬈发遇劫记》(*The Rape of the Lock*) 中的空气精灵，明显地与昆虫们同样拥有由光的散射形成的夺目景象：

> 新的转瞬即逝的颜色抛下了每一个光束，
> 它们每次扇动翅膀，色彩就变化一番。

当散射对象的体积与辐射波长相当时，光的散射强度最大。云中水滴有恰当的尺寸来散射所有可见光，在天空中产生乳白色的波涛。玻璃绒和毛玻璃与窗玻璃构造相同，出于同样的原因呈现为白色且不透明。碾碎的彩色玻璃若继续被研磨，就会变白：更小的颗粒有更大的总表面积来进行散射，于是散射（对可见范围中的波长不加选择）就比吸收（选取特定的波长）更有优势。这就解释了为何研磨有色粉末可以改变其色相——中世纪的艺术家们利用了这一现象，通过研磨程度来控制色料的色度。

来自泥土的颜料

在“现代”合成色料于19世纪出现之前，许多艺术家以细致研磨的矿物为颜料，这些矿物即从地下挖出的包含金属元素的化合物。它们的颜色通常取决于所包含的金属原子的属性；许多新的合成颜料情形大抵也是如此，其中铬、钴和镉化合物表现得尤其明显。色彩鲜明的矿物通常含有所谓的过渡金属，在化学界为元素所绘的群像，也就是元素周期表中，这些金属占据着核心位置。

古代和中世纪的学者们曾努力想为亚里士多德的四“元素”赋予特定的颜色，然而这不过是徒劳的游戏。现在我们知道，一种元素的颜色取决于它所处的环境。不过，还是有某些元素反复显示出相同的颜色特征。让一位化学家为那些最常见的过渡金属指定颜色，他或她
32 立即就能心领神会。铁是红色的，在血液和铁锈中，在石器时代以来的画家们涂抹的红赭石中，都有着夺目的红色。铜为自己选定的是与铜这种矿物相近的绿松石色，这一点从老化的铜器上微绿的铜锈中便可窥见一斑。富丽的深蓝色让人想到钴，镍是海绿色；铬则让人有些拿不准，它是元素中的变色龙，并以此著称。

这些颜色特征并非一成不变，比如，铜可以形成锈红色的盐，铁会呈现绿色和黄色，甚至发出普鲁士蓝的深色光泽。不过话说回来，这些金属在不同颜色间的变化绝不是随意的。原因何在？

在结晶矿物和盐这样的无机化合物中，金属原子是**离子**，它们缺少电子，因而带正电荷。周围的非金属元素，如氧、氯、硫等，则以所带的负电荷对其加以补偿。这些离子在晶体中像水果店橱窗中展示的苹果和橘子那样整齐地排列着，但是在排法上更有创意。相反的电荷之间的电引力像强力胶水一般，把整个离子群聚合在一起。离子晶体作为一个整体相当结实，艺术家在工坊中研磨它们时可没少流汗。

过渡金属之所以能生成颜色，是因为它们的离子容易实现电子跃迁，这种跃迁的共振频率处于可见光的范围之内。但推动这种跃迁所需的精确波长，取决于金属离子所处的原子层面的环境。周围离子结合起来所形成的电场，即所谓晶体场，限定着电子作用于金属离子

的能量。金属离子的这些邻居们，不仅是化学成分，就连它们的几何排列都很重要。因此，单一的金属离子并不是只传递一种特定的颜色，关键要看在晶体中和它一起组成化合物的其他化学组分及其排列方式。

有时一种物质和另一种物质之间晶体场的变化，只给金属离子吸收光的频率带来很小的差别。比如，铜离子通常吸收光谱中的红色部分，于是铜盐显出偏蓝的绿色，但具体有多蓝或多绿，则要看其他离 33
子的化学属性。另一些情形下，晶体场的不同则会引起颜色的显著变化。铬杂质可以为各种宝石着色：在红宝石中它们是深红色，在绿宝石中则是海绿色，因为绿宝石中的晶体场比红宝石中强得多。红宝石和蓝宝石的基质材料氧化铝，又称刚玉，其中若掺入铁和钛，则变成蓝色蓝宝石。

矿物的化学成分和结构在加热后可能会发生改变，从而导致颜色的变化。蓝色的硫酸铜若进行加热以从晶格中逐出水分子，则会变成近乎白色。一种名为白铅的色料，加热后先是变为红色，再变成黄色。白铅是“碱式”碳酸铅，其晶体结构中锁入了水（更准确地说是氢氧离子）。白铅加热后，水和二氧化碳（由碳酸离子形成）以气体的形式从晶体中排出，留下四氧化三铅这种化合物。这种“铅丹”是一种相当古老的颜料。现在，所有的铅离子都由氧离子环绕，这种不同的环境使它们从光谱的绿色和蓝色部分吸收光子，红色则被反射回去。不过，白铅如果只是轻微加热，则会形成一种不同的化合物，即一氧化铅。它仍然只包含铅离子和氧离子，只不过比例和排列有所不同，因此铅也是在不同的频率上吸收光。这种物质呈黄色，在过去产出过另一种以铅为基础的色料，那时被称为“铅黄”。

在许多金属化合物中，由光吸收引起的电子的重新排列基本上只限于金属离子本身。但在某些情形下，电子位移的幅度更大。铁的标志性红色是由一个电子从氧离子移动到相邻的金属离子上生成的，这就是所谓的电荷转移过程，在我们这个例子中，它降低了铁所带的正电荷。普鲁士蓝这种色料身上也发生着同样的过程，而且呈现得更为详尽。它的晶格中混合着带不同电荷的两种铁离子，其中还散布着氰离子。吸收红色光以后，就可以使电子越过带不同电荷的金属离子之
34 间的氰“桥”。

某些重要矿物色料的颜色，来自在相当长的波长范围内对电子的重新排列：对光的吸收将电子从它们环绕特定离子的轨道中完全解放出来，让它们自由地在固态物质中游动。此时，原来的材料导电性更强。半导体物质只需要很少的一点额外能量，就能把电子推入这样的游动状态。其中就包括19世纪时被用作色料的硫化镉，它吸收蓝紫色光和蓝色光，根据调制方式的不同，会呈现出从黄到橙不等的颜色。用硒代替部分硫，就能制成色调更深的“镉红”。硫化汞也是一种显示为红色的半导体，辰砂是它的天然矿石。它的一种人工合成的对应物是著名的色料朱砂。朱砂的一个风险在于，构成它的离子能够从通常的位置上被打乱重排到新的位置，形成黑辰砂这种化合物。这种形式既吸收蓝光和绿光，也吸收红光，因此呈现为黑色——如果发生在画布上，结果当然是灾难性的。

在铁、铜、银和金这样的纯金属中，某些电子具有游动的本性，金属之所以导电能力强，原因就在这里。这些游动的电子与光之间的相互作用生出一种反射性的、属于金属的光泽。光没有被吸收，也没怎么散射，而是被反射回去，看起来像是照在镜子上一般。不过，铜和金这样的金属的确吸收了部分照到它们身上的短波（浅蓝色）光线，因此

显出淡红色。对于中世纪的艺术家来说，这使纯金箔与红色色料结下了不解之缘。

有机颜料

蔷薇石英从钛或锰杂质中获取颜色，但并没有这样的金属来为蔷薇本身着色。生物的着色剂是有机化合物，即分散的分子，每个分子大约包含数十个原子，以相互连接的碳原子为骨架。直到19世纪，几乎所有的染料都是“天然产物”，也就是说，是从动物或植物身上提取 35
的有机物质。除了用来为织物着色，它们也用于制作各色墨水，并且在固定于不带颜色的无机粉体颗粒时，能够充当所谓“色淀颜料”的着色剂。

罗马帝国所推崇的推罗紫是从贝类动物中获取的，蓝色靛蓝是从一种杂草中得出的泡沫状提取物，茜草红来自一种根茎，胭脂来自一种昆虫。今天，几乎所有染料都是合成的有机分子，它们的碳骨架是由工业化学家们根据要求专门制成的。在古代和中世纪，只有区区十几种天然染料具有足够的稳定性而适于应用，到了今天，已有超过4000种合成染料在我们的工业社会中发挥着色功能。

大自然的绿意盎然要归功于天然色素中最丰富的一种，即叶绿素，它吸收红色和蓝色的太阳光线，将能量导入细胞的生化过程。位于叶绿素分子中心的是镁离子，在阳光的照耀下，镁离子会发生电子跃迁。血液中血红蛋白分子结合氧气的那部分，与叶绿素捕捉光的眼睛具有类似的分子结构，只不过铁以醒目的红色代替了镁。在合成的蓝色染料单星蓝中，意外地出现了极为相近的结构，点缀着一个铜离子，这种染料在旧版“鹈鹕丛书”封面上的应用我们都很熟悉。[*]约翰·邓恩的话已经不再能反映我们的无知状态：

> 草是青色，血是红色；
> 此中神秘，无人窥见。

玫瑰为何是红色、洋水仙为何是黄色也是同一类问题，虽然答案必然涉及不同种类的色素。和胡萝卜、西红柿、甜玉米一样，许多花所显现的黄色、橙色和红色都由类胡萝卜素这种分子产生。被称为类黄酮的植物色素负责产生蓝色、紫色和红色。类胡萝卜素在某些动物身上也能找到。在龙虾身上，这些色素近乎黑色，蒸煮后则降解为红色。如塞缪尔·巴特勒在讽刺诗《休迪布拉斯》(*Hudibras*) 中怀着自信写
36 下的：

> 像一只被煮的龙虾，黎明
> 从暗黑渐渐转向泛红。

有机色料对光的吸收在根本上与无机矿物所做的并无不同，两者都要对电子进行重新排列。这一过程往往发生在碳骨架上涂布的松软的电子云中。比如，19世纪中期合成的苯胺染料就是这种情况，电子在其中分布为甜甜圈状的电子云，环绕着由六个碳原子组成的“苯环”。

---

* “鹈鹕丛书”是英国企鹅出版社推出的一套非虚构图书，封面以蓝色为基调。旧版的出版自1937年延续至1984年。2014年，在时隔三十年后，丛书重新回归，推出新版。——译注

媒介问题

颜色的欺骗性我们从孩提时代起就已领教。从海边水洼里捞起的卵石光彩夺目，但回到家里从袋子里拿出来时则变成了干巴巴的寻常石块。

造成这种变化的原因是，光通过一种传播媒介，比如空气，进入另一种媒介，比如水时，会受到影响。光在水里比在空气中的前进速度慢，这就是为何光线在进入清澈的石潭时会发生弯曲，让我们看错水深。[5]此种速度上的变化用材料折射率这个量来表示，它决定着光散射的强度：折射率变化越大，散射强度越高。由于光在干卵石的表面从空气进入岩石时，其折射率的变化要大于在卵石潮湿时光从水里进入岩石，更多的光就被散射了，而不是直接反射到我们的眼睛。这就使干卵石比湿卵石看起来更苍白、更像白垩。

不幸的是，同样的效果也会破坏色料可能具有的明亮效果：干粉虽然光鲜，与亚麻籽油这样的黏合剂混合后却会变暗或呈半透明。色料与某种涂料的液体媒介相遇后光亮度的降低让伊夫·克莱因颇为沮丧，也让他开始从化学上寻找一种新的黏合剂，这种黏合剂不会破坏原始色料的鲜亮。15世纪以前，主要的黏合媒介是水（用于湿壁画）、 37
树胶或蛋白（用于手抄本中的彩饰）以及蛋黄（用于画板上的坦培拉绘画）。当艺术家们开始使用折射率更高的油料时，他们发现一些最受珍视的色料不再那么具有美感。群青变暗，朱砂更为透光，白垩色几乎变得透明。其他变化则是向着有利的方向。在油料中，像红色色淀这样的半透明颜色不仅更为透明，而且更趋向暖色，在其他颜色之上以薄层罩色后，会产生丰富的效果。

因此，颜料的色彩不仅取决于色料的颜色，而且取决于液体黏合剂——还取决于它所施用的表面的反光特征和吸光能力、成品表面的肌理，以及颗粒本身的形状和尺寸，更不用说老化效果（这一点将在第十一章探讨）。正因为如此，虽然我主要关注的是经发掘、合成、碾碎、提纯来为颜料赋予色彩的物质，要考察绘画颜料的制造这个主题，却不得不偶尔也研究一下作为整体的颜料技术，包括黏合剂。

光之轮

“……在光线中，[颜色] 的本质就是其所具有的将这种或那种运动扩散至感官系统的倾向，在感官系统中，它们是以颜色的形式表现出来的对那些运动的知觉。”[6] 牛顿对于我们如何看待颜色的论述有些模糊，这一点或许情有可原，毕竟他在解释颜色的产生过程方面有很大贡献。但是，对牛顿看不上眼的歌德强调颜色并不只是与光有关，却是对的。它还与我们的感知方式有关，这是最微妙的一个方面。

例如，颜色取决于我们寻找它时所处的环境。在某种意义上，我们可以认为叶子拥有的是**潜伏的**绿色，因为它们包括一种化合物（叶
38 绿素），能从白色光中吸收红色和蓝色。无疑，绿叶并非在所有环境下都是“绿色”，比如在星光下，或者透过红色滤镜来看。颜色是光照的一种功能。

这一点看起来足够明显，但如果我们和古希腊人一样，把颜色视为一种内在本性，像电点亮灯泡那样只要有光就能被激发，就会引起彻底混乱。这种混乱在亚里士多德关于颜色和光的关系的看法中表现得很明显：

> 物体是在阴影中还是在阳光下，是在强光中还是在柔光中，是以哪种角度被观察的，这些因素都会导致它们显出不同的样子……那些在火光或月光中，以及通过照明用具的光线被观察的物体，由于每种情形下光的不同而有所不同；也会由于不同颜色彼此混合而有所不同，因为在彼此交错时它们被着色了；也因为光照到另一种颜色上时，再次与之混合，便具有了另一种混合色。[7]

换句话说，他主张颜色是一种能对光发生作用的特征。对笛卡尔和牛顿来说，颜色被等同于光本身，而不是被照亮的物体。牛顿的棱镜实验有助于阐明，看起来没有色彩的光内部其实包含着颜色。

19世纪，关注重点再度变化。严格说来，不存在什么色光，只有不同波长的电磁辐射。颜色不过是一个感知问题，是光作用于眼睛和大脑的结果。牛顿对此有一个暗示，他说“光线……没有颜色”。令人惊讶的是，波长的一点小小变化就能让我们感受到色相的大幅度（且不均匀）变化，就像风一减弱、浪一变长，大海就从绿色变成红色。

只是在过去两个世纪人们才真正认识到，与吸光能力这样的可测量的材料特征不同，颜色本身在很大程度上是一个依条件而定的现象。当“颜色”在不同背景下呈现时，我们的视觉系统所玩的那些花招便证明了这一点。

任何人，如果在孩提时代曾经带着儿童那天性与经验的迷人结合 39
把颜料混合起来，在第一次看到红色光和绿色光混合产生的不是棕色光而是黄色光时，都会感到惊讶。多了解一些，再思考几分，困惑却加深了。黄色光的波长约为580纳米（1纳米为百万分之一毫米），而红色光和绿色光的波长通常约为620纳米和520纳米。莫非后两者以某种方式结合起来，产生了一种不同波长的电磁辐射？完全不是。“黄色性”(yellowness)并不是这种光信号所固有的，而是从我们的感知中产生的。牛顿显然是对的：我们去体验黄色，光线并不一定要“着上”这种色相。

但我们得到的信息是，黄色是一种原色，无法通过混合其他颜色来获得。我们被误导了吗？究竟需要多少种基本颜色就足以混合出所有其他颜色，这些基本颜色包括哪些？长期以来，“不可分解”的原色这一问题在艺术和科学两个领域都是色彩理论家们关注的焦点，从概念和语义方面决定着人对颜色的整个看法。牛顿关于光的实验如果说有什么效果的话，那就是看起来使这个问题变得前所未有地模糊。

绘制颜色空间的地图

从古代起就存在一种观念：颜色和化学物质一样，有一些构成它们的基本成分。对古希腊人来说，颜色空间只有两个大的主要领域，与之严格对应的完全不是“颜色”，而是明与暗。蓝色是暗加上一点明，红色是明和暗各占一半，依此类推。

直到17世纪，三种现代原色，即红色、黄色和蓝色，才得到确立。1601年，意大利一位名叫圭多·安东尼奥·斯卡米廖内的医学教授提出，组成所有其他颜色的大概是五种“简单”色，即白色、黄色、蓝色、红色和黑色。一般认为，化学家罗伯特·波义耳确立了化学元素的现代概念，他在1664年更有权威性地支持了这种“五色说”，声称有了这五种颜色，“熟练的画家就能随心所欲地配色，还能配出远超过我们能
40 叫出名字的许多颜色”。

不过，这些与牛顿彩虹中那些“不可分解”的颜色有何相关？白色阳光显然不止由那三种原色构成，它还包括绿色、橙色以及（如果我们承认牛顿的最后两次细分有些随意）紫色的光。但这三种是**二次色**，每种都可以由画家从两种原色中混合出来。在彩虹中，绿色规则地落在黄色和蓝色之间，橙色落在黄色和红色之间。而由红色和蓝色混合成的紫色，却以蓝紫色的假象落在蓝色之外，位于与红色相对的一端。这显然是在鼓励我们把光谱连成一个环，一个**色轮**（彩图2.1）。在《光学》（*Opticks*，1704）一书中，牛顿正是这么做的，他通过一种“不属于棱镜分色，而是一种偏向红和蓝紫的紫色”的颜色，把红色和蓝紫结合起来。

从物理学角度看，这个色轮完全是人为发明，因为它所表示的光在越过中断处回到红色之前，从红色到蓝紫之间频率是增加的。但色轮将颜色空间组织成赏心悦目的对称形式，原色和二次色在其中交替出现，两者间的混合关系得到了清晰界定。牛顿却不是从这个角度看的：他并没有格外突出我们如今称为原色的色相，他的轮子由七根辐条组成，每根辐条宽窄不等（图2.3）。后来的色彩理论家们则喜欢强调对称性（图2.4）。

尽管对于细分部分的数量还没有完全达成一致，在19世纪以及20世纪初，色轮还是在色彩理论中成为标志，极少有艺术家不熟悉对他们躬耕的领域所做的这种象征性表示。这些色轮中极为引人注目的一个，是法国理论家兼化学家米歇尔–欧仁·谢弗勒尔在《颜色及其在工艺美术上的应用》（*Des couleurs et de leurs applications aux arts industriels*，1864）一书中给出的。在这里，从一种颜色到相邻颜色的平滑渐变（彩图2.1）将当时的彩印技术推到极限，印刷商M. 迪容因为这部作品而获得了法国全国工业促进协会的一个奖项。它当之无愧：

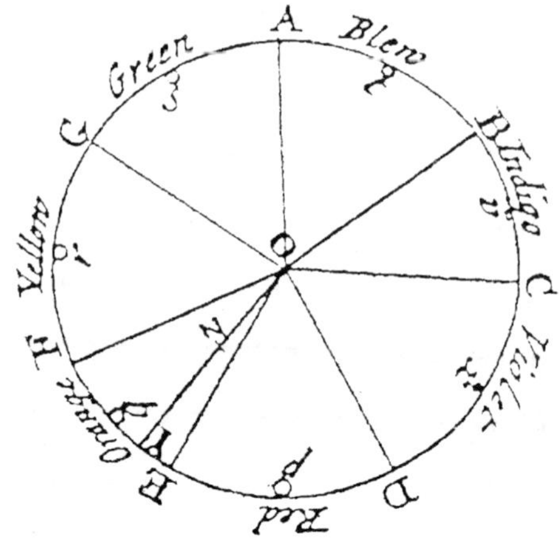

图2.3 艾萨克·牛顿的色轮根据诸色在彩虹中的比例来划分光谱色。

那时印出的色轮在今天仍一如既往地令人赞叹。

41 色轮为艺术家们提供了一项组织原则，但并没有帮助我们解决混合色料中的原色与混合光中的原色之间的明显矛盾。在前一种情形中，黄色是原色，绿色是二次色；在后一种情形中，情况正好相反。此外，红色、黄色和蓝色颜料混合起来形成黑色（或接近于黑色），而牛顿声称整个彩虹的色相混合起来形成白色。歌德及其追随者们敏捷地揪住了牛顿理论中的这个明显矛盾。再笨的人也能看出，色料怎么混合都无法获得纯白，也无法获得与纯白有丝毫近似的任何颜色。

詹姆斯·克拉克·麦克斯韦消除了以上混乱——至少在科学家中消除了：他于1855年表明，要产生几乎任何一种颜色，有三种色光便足够了，即橙红、蓝紫和绿色。（这个三色组合通常简化表示为红色、蓝色和绿色。）

麦克斯韦解释说，光的混合与色料的混合不同。调和不同波长的光线时，我们是在通过添加各种成分来**合成**颜色，这些成分共同刺激人眼中的视网膜，产生出一种特定的颜色知觉。这被称为**加色混**

合。加色混合不需要用到光线，而是通过迅速改变视野中各种互相分离的颜色来实现。麦克斯韦的最初实验由苏格兰色彩理论家兼室内设计师D. R. 海协助完成，实验中用到了涂着三种加色法原色的旋转圆盘。圆盘由互相锁定并彼此重叠的多个部分组成，使麦克斯韦能够调整比例，直到它们混合成消色差的银灰色。1860年，麦克斯韦发明了一种仪器，让他可以通过以不同比例混合三种不同波长的光线（“红色”“蓝色”和“绿色”），直接由光合成多种多样的颜色。

42

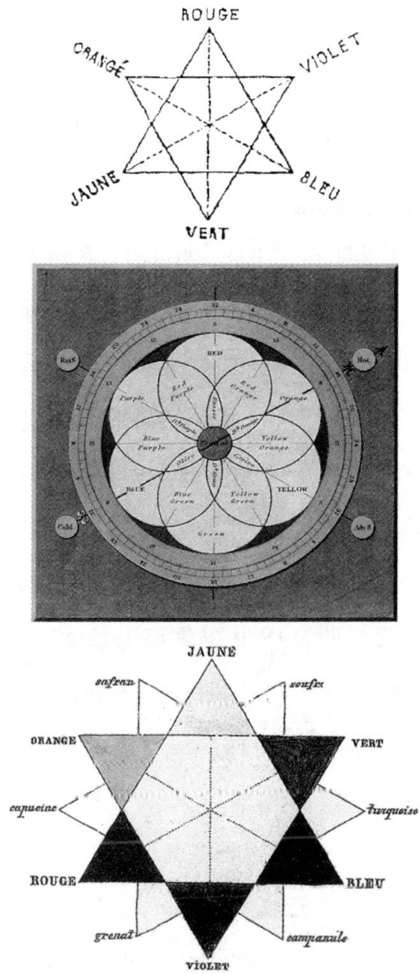

另一方面，色料的混合又从白色光中减去波长。也就是说，色料本身并不是引发颜色知觉的光的源头，而是作用于单独光源的媒介。红色色料能剔除蓝色和绿色光线以及大部分的

图2.4　19世纪组织颜色的多种体系，比如奥古斯特·洛热尔《光学与艺术》（*L'Optique et les arts*，1869）中的颜色之星（a），意在支持对称排列以强调原色和二次色的关系以及互补色的并置。乔治·菲尔德《色谱法》（*Chromatography*，1835）中的色轮（b）和夏尔·勃朗《绘画艺术基本原理》中的色星（c），也为三次色留出了位置。

黄色光线，只有红色光被反射。黄色色料可能会去掉红色、蓝色和大部分绿色光线。因此红色和黄色色料的混合物只反射很小范围内的光线，在此范围内这两种材料的吸收作用都不太强——它位于光谱的橙色部分。每次向混合物中加入一种色料，光谱中就另有相当大的一部分从反射光中被减去，于是，颜色变得更为浑浊、更为暗沉。另一方面，每次向混合物中加入一种光线，更多的光子就被射入新生成的光线，组合而成的光束就变得更为明亮。[8]因此，通过混合色料来产生颜色被称为**减色**混合。

减色混合不可避免地要影响色料的亮度，因为更多的光照被混合物吸收了。例如，大多数红色和黄色色料不可避免地会吸收一点橙色光，于是从这两种色料的混合物中产生的橙色就不太鲜明——部分橙色光从照亮图像的白色光中丢失了。相反，真正的橙色色料实际上并不从光谱的“橙色”部分吸收光，因而并不受这种缺陷的困扰。这就解释了为何真正的橙色色料可能比红色和黄色的混合物色彩更为鲜明。19世纪色彩工艺学家乔治·菲尔德在《色谱法》一书中解释了这一点，同时提到了混合的化学风险（色料有可能彼此发生
44 反应，见第十一章）：

> 现在，色料越混合，它们的颜色就越败坏，越被稀释，在化学方面越不相容。原始色料，比如不是由两种或两种以上颜色构成的那种，色相更纯，通常也比化合形成的更为耐久……比如镉橙，它天然就是一种橙色色料，而不是由红色和黄色组成，它从化学上来讲优于许多由这些颜色构成的混合物，从艺术上来讲则比所有这类混合物都好。[9]

因此，古代关于颜色混合的禁忌（见第19页）在19世纪仍然相当严

格；直到此时，艺术家们连一种优质、纯粹的橙色色料也无法获得，蓝紫色的同样得不到。

受到召唤的颜色

由六个部分组成的色轮抓住了另一组颜色关联，这种关联对艺术家来说至关重要。每一种原色都与由另两种原色构成的二次色处于相对的位置：红色与绿色相对，蓝色与橙色相对，黄色与蓝紫色相对。可以说，这些成对颜色中的每一个，就颜色来说，都包含着另一个所没有的一切。它们彼此互补，就像摄影图像的正片和负片。（这个类比事实上很精确。）

歌德意识到，强烈的色相往往在附近的区域产生出它们的互补色的印象，就像一个形成鲜明对比的光晕。当我们盯着某种颜色看很长一段时间后把目光移开，这时形成的“余像”也是同样的效果。歌德讲述了在一间被夕阳照亮的小酒馆里，他如何把一个皮肤白皙的红衣女孩的余像，看成了一个面色黧黑、身着“漂亮的海绿色”长袍的人。他把这种对立的色彩称作“受到召唤”的颜色，仿佛每一个都需要有另一个来与之互补。

这种说法并非完全首创：18世纪那些曾经论述过余像现象的人中，就包括法国博物学家布封伯爵、色彩理论家摩西·哈里斯，以及科学家约瑟夫·普里斯特利和本杰明·汤普森（拉姆福德伯爵）。但是歌德觉察到，对互补关系的这种知觉是视觉系统的产物，与那个时刻到
达人眼的光无关。“每一种明白无误的颜色都对眼睛产生一种暴力，把 45
它推向相反的方向。”他不无正确地提出。出于同样的生理学原因，当一种颜色与其互补色并置时，看起来会更为鲜明：两种颜色彼此强化，

在相交的界面产生一种共鸣。这一观点之后将成为19世纪所有偏爱着色的艺术家，尤其是印象派画家思考的核心问题。

某些颜色组合表现出色，这同样不是歌德的发现。此类观点最迟到15世纪就已经普遍流传，莱奥纳多·达·芬奇的敏锐目光让他能够预见到歌德的成对互补色：

> 同样完美的不同颜色，在靠近与其直接相反的颜色时，将显得最为出色。……蓝色在黄色附近，绿色在红色附近：因为每种颜色，当与其相反色对立时，将比与它的任何类似色对立显得更清楚。[10]

心灵的透镜

红色光和绿色光加色混合后得到的黄色，以及红色色料与绿色色料并置时获得的鲜亮，两者都与颜色知觉在人眼中产生的方式相关联。正如歌德正确提示的，对颜色的充分科学的理解既有物理维度，也有生物学维度。麦克斯韦强烈赞同这一说法：“颜色科学必须……在本质上被视为一门精神科学。”

牛顿在《光学》一书中自始至终假定光有一种微粒性：这与他把宇宙看作一系列按他的运动定律相互碰撞的天体是相符的。但是，荷兰物理学家兼天文学家克里斯蒂安·惠更斯于1678年声称，光不是由粒子而是由波组成的，通过无所不在的以太传播。19世纪初，英国科
46 学家托马斯·杨为惠更斯的理论推断出令人信服的证据。（最终，由于量子物理学能够同时支持两种解释，牛顿和惠更斯都被证明是对的。）

杨的兴趣不仅限于物理学，也包括医学。1801年，他把两者结合起来，提出了一种色觉理论。他假定视网膜，即人眼中受光刺激的部分，含有光感应器，通过共振对光线做出反应。这些振动发出一个信号，从视网膜经视神经传递到大脑。但杨认为，颜色在可见光谱中的无限渐变不可能在视网膜的每一点上都有相对应的无限多的共振器。他留意到，当时被视为原色的三种颜色，也就是红色、黄色和蓝色，可以混合起来产生几乎任何颜色，于是他提出只需三个感受器就足以让眼睛感受到全部范围的颜色："[视] 神经的每一条感光纤维都可能由三部分组成，每个部分对应一种主要颜色。"他设想，色盲是由于眼睛中的三组颜色感受器少了一组。

杨的理论由德国物理学家兼心理学家赫尔曼·冯·亥姆霍兹详加阐释，后者为三种颜色感受器的存在提供了间接证据。麦克斯韦在19世纪60年代关于光的加色混合的研究强有力地支持一个看法，即视网膜可以通过对应着三种原色 (即便是加色法原色：红色、蓝色和绿色) 的感受器发展出完整的色觉。但是，要再过一百年才有直接的实验来证实这个观点。

人眼中的感光部分，即杨的共振器，分为两个等级，由于形状不同，在显微镜下可以被分辨开来。它们位于视网膜中，处于视神经的数百万根纤维的末端，或者是杆状，或者是锥状 (图2.5)。每一个人类视网膜中有1.2亿个杆状细胞和500万个锥状细胞。锥状细胞大多数位于视网膜中的一个凹处，它叫作中央凹 (*fovea centralis*)，处于眼睛晶状体的焦点上。这个小小的凹坑中没有杆状细胞，而在视网膜的其他地方，杆状细胞都多于锥状细胞。

杆状细胞和锥状细胞在受到光照时会刺激神经信号。杆状细胞从整个可见光谱中吸收光，对蓝绿色光的吸收最为强烈 (也就是说，这 47

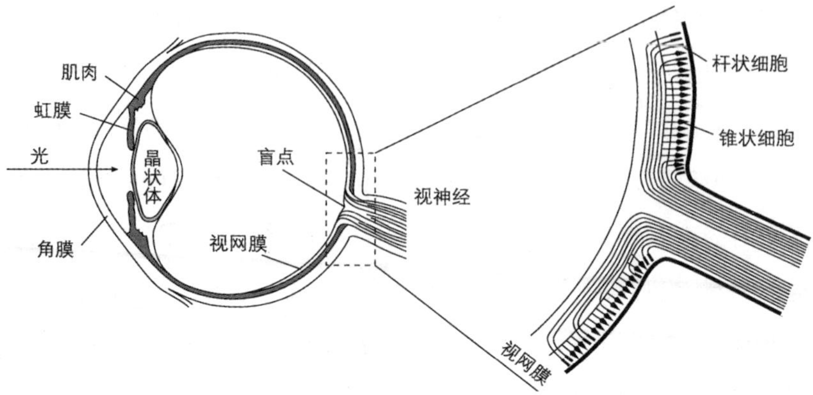

图2.5　人眼的视觉系统，感光杆状细胞和锥状细胞排列在视网膜上。

种光被吸收的概率最大）。杆状细胞对光的吸收激起一种同步的神经反应，这与光的波长无关。因此杆状细胞并不区分颜色，只区分明与暗。它们极为敏感，被我们用作极为昏暗的照明环境中（如星光下）的主要光感受器。由于它们对蓝绿色光反应最为强烈，反射这些波长的物体（例如树叶）在晚间就比红色物体显得更亮。

在明亮的阳光下，对颜色敏感的锥状细胞向大脑提供着视觉信号。在这些情形下，杆状细胞被“漂白”了，即被光浸透，无法吸收光子。只有当亮光消失，杆状细胞才能恢复到初始状态，敏于吸收光子并激起神经冲动。这种恢复耗时数分钟，这就是我们晚上离开灯光明亮的房间后，只能逐渐看清物体的原因。如果我们身处黄昏时分的室外，随着太阳的最后一抹光线消失，夜晚的视觉就得以平缓地接班了。随着暮色渐浓，杆状细胞和锥状细胞之间颜色敏感性的差异导致蓝色/绿色物体被感知的强度相对于红色物体发生变化。该效应于1825年
48 首先由波希米亚生理学家J. E. 普尔基涅明确提出，虽然艺术家们此前就已注意到它了。[11]

杨关于色觉的假设于20世纪60年代由实验证实，这些实验测定

了单个锥状细胞的吸光特征，确认它们分属对颜色具有不同敏感度的三类。感应蓝色光的锥状细胞敏感度最低，这就解释了为何完全饱和的蓝色看起来较为深暗。因此，蓝色之所以与某种黑色不同，作为一种真正的色彩在颜色史上姗姗来迟，完全是由于生物学上的原因。

眼睛对光谱中颜色的整体敏感度是对所有三种锥状细胞的反应的集合，它从红色平稳地上升到黄色，再从黄色平稳地回落到蓝紫色。因此，黄色在人的感知中是最明亮的颜色。彩虹中的黄色光带之所以最为夺目，不是因为它的光更强烈（也就是说，不是因为黄色的光子比其他光子数量更多），而是因为黄色光子从人眼中触发了最大的视觉反应。说来古怪，黄色在许多文化中被视为最没有吸引力的颜色，它的比喻和象征意义往往具有侮辱意味。它通常笼罩着背叛和懦弱的阴影，服装设计师们也承认，黄色衣服极不好卖。黄色在中国很受欢迎（那是帝王的颜色，“黄”“皇”同音），但在西方，最好还是称它为金色。

每一种“被看见”的颜色，都是在视觉系统中由三种类型的锥状细胞施加的联合刺激所构成的。红色基本上刺激的是“红色”锥状细胞。但是，红色光线和绿色光线的混合能够像纯黄色光那样，以相同的比例刺激红色和绿色锥状细胞，其颜色知觉因此也是一致的。如果加入蓝色光，就能看到白色。（三种类型的锥状细胞通常与麦克斯韦的红色、绿色和蓝色三原色相联系，但这不过是便于记忆的粗略关联。它们最强的敏感度事实上分别是在黄色、绿色和蓝紫色中。）

杆状细胞和锥状细胞中散布着数以千计的单独的光感受器，它们被称为感光色素。每个感光色素都是一个单独的蛋白质分子，嵌在细胞膜那层层堆积的褶皱中。所有的感光色素都包含一个吸收光的分子单位，它叫作视黄醛，其中有“之”字形的、被涂抹的电子云，与植物的类胡萝卜素中的情形非常相似。视黄醛的作用类似于开关。比如，

49 我们站在伊夫·克莱因的蓝色雕塑前，反射的蓝色光包围着我们。一个对蓝色敏感的感光色素吸收一个蓝色光的光子，作为回应，它的视黄醛单位的形状由扭结变为平直。这就使感光色素能将一系列分子事件整理出关联，这些事件在锥状细胞所附着的神经中造成了电脉冲的变化。大脑视觉皮层中的某个区域苏醒，我们便记录下“蓝色”。从那里去向何处，则是我们自己的事了。

测量颜色

自牛顿以来，色轮已经转过了长长的一段路程。它在当代最为常见的化身看起来不那么令人愉悦，提供的信息却丰富得多：那是由国际照明委员会（CIE）绘制的一份色品图（彩图2.2），被古板地称为CIE色品曲线。牛顿光谱的“纯粹”波长位于舌形的边缘地带，位于此地带之内的颜色是由这些光线的各种加色混合形成的。连接边缘上的两点可得到一条线，任何位于这条线上的颜色，都可以由这些光谱颜色混合而成。如果线穿过中心的白色区域，两种边缘地带的颜色就可以混合成白色。因此，白色光可以单由蓝色和黄色生成（就像在黑白电视机屏幕上那样），而不是由红色和绿色生成。

色轮中红色和蓝紫色的人为联合，由“舌头”的平坦底部突显出来——如牛顿所承认的，即使对彩虹各条光带进行最细致的拆解，也不会发现沿着这个底部分布的颜色。

CIE的色品图虽然壮观，却没有展示所有的颜色。棕色在哪？粉红色在哪？色彩空间显然比色轮所能容纳的要宽敞得多。

一种有色材料的区别特征，并不在于它的色相离红色区域是否比离蓝色区域或任何其他区域更近，而在于它的全部光谱成分：它如何在可见光谱连续区中吸收并反射光。因此，颜色最具识别能力的标 50
志就是一条左右摇摆的线，它随着波长的变化追踪着反射光的强度变化。[12]“纯”白色（虽然不是来自阳光）的识别标志是一条直线：所有波长都被充分反射。黑色也是一条直线，但强度不是“满”，而是零：每一种波长都被取消了。灰色呢？它有时与黑色、白色一起被归为听来矛盾的“无彩色颜色”——我们可以说灰色本身没有“色彩”，但也不只是亮和暗之间的一个中间色。灰色就是当所有波长从白色光中部分地又大概相等地被吸收时，我们所感知到的颜色。你可以说，灰色就是调小了音量的白色光。

棕色是又一种难以说清的颜色。它处于真正的颜色和无彩色颜色之间，是一种与灰色类似的“脏”色。棕色实际上是一种偏向黄色或橙色的灰色。棕色表面在一定程度上吸收所有的波长，但对橙色/黄色的吸收能力比对其他色光略差。换句话说，棕色是一种亮度更低的黄色或橙色，是当这些波长的低强度光照到人的眼睛上时产生的知觉。从生理学和语言学角度来看都令人好奇的是，我们会把低强度的蓝色、绿色和红色仍然归为蓝色、绿色和红色，但对于低强度的黄色，我们会觉得有必要找一个新的表示基本颜色的词（伯林和凯那种意义上的）。

棕色和灰色在CIE色品图中并不显眼，因为这份图表没有显示由亮度变化产生的颜色。要显示这些颜色，就要有一整套分层级的CIE色品图，在其中白色的中间地带逐渐变成灰色，同时图表的橙色/黄色部分逐渐变成棕色。

这表明一个事实，即色彩空间——你在商业涂料目录中看到的那种——事实上是三维的。CIE色品图显示的只是三个颜色参数中的两个，即二“维”，描绘在一个平面上。其中一个参数是色相，也就是我们口语中所说的“颜色”。严格说来，色相是颜色中占主导地位的波长，正是色相让我们能把颜色大致归为红色、绿色等。在此意义上，棕色的色相是黄色或橙色；灰色则没有色相，即没有主导的波长，因此可被视为无色。在CIE色品图中，舌形周界附近的色相是变化的。紫色
51 沿着底边的斜坡伸展，位于左下角的蓝紫色和右下的红色之间。这份图表有力地将一个奇特现象清楚地表现出来：在英语和多数其他欧洲语言中，对于黄色和绿色之间的色相，或者绿色和蓝色之间的色相，仍然没有普遍接受的颜色术语来表示，尽管这些色相占据着周界区域相当可观的部分。

CIE色品图中的第二个颜色参数是饱和度，有时也称作纯度或（容易引起误导的）强度。它指的是白色（或者黑色和灰色）与某种纯粹的色相混合的程度。粗略地讲，颜色的饱和度是沿着位于此图边缘的“纯”色相和中心区域的纯白点之间的那条线变化的。顺便注意一下白色区域有多大：白色的范围很广。真正的白色在CIE的体系中被定义为“能量均等”的白色，即位于端点的三种原色平均混合得出的白色：波长为770纳米的红色光位于右下角，波长为380纳米的蓝紫色光位于左下角，波长为520纳米的绿色光位于上部曲线的最高点。阳光所在的位置略偏向于真正白色的黄色一边。

CIE色品图中遗漏了第三个颜色参数，即亮度，它可以大致被视为颜色在黑白照片中产生的灰色色度。到19世纪早期，色彩理论家们早已开始领会，平面的色轮只描绘了色彩空间的部分图景，只是大片风景中的一小块。一些理论家扩展了自己的色轮，把三次色包含进去，三次色是由三种原色按不同的比例混合而成的（图2.4b）。德国浪漫派画家兼色彩理论家菲利普·奥托·伦格走得更远，他在《色

球》(*Colour Sphere*, 1810) 一书中给出了一个彩色的**球体**，粗略地说，它让牛顿的光谱颜色有了不同的亮度。完全饱和的原色和二次色位于这个类似地球的球体的赤道附近。朝着球体的一极，颜色变得越来越亮，朝向另一极则变得越来越暗。因此，一极是纯白，另一极是全黑。

即使如此还是不够，因为它没有在饱和度和亮度中恰当地纳入独立的变化：该球体的任何地方都没有出现灰色。它的表面仍是二 52
维的，而真正的色彩空间是三维的。在20世纪头十年的早期，美国艺术家兼教师阿尔伯特·孟塞尔属于最早一批试图把这整个空间编集起来的人之一。孟塞尔希望自己的体系能够对从大自然中感知到的颜色进行分类，以便在画室中把它们准确地复制到画布上。他的第一份色标发布于1905年，后来于1915年扩展成《孟塞尔颜色系统图集》(*Atlas of the Munsell Color System*，彩图2.3)。孟塞尔的整个体系有点像3D版的CIE色品图，只不过它的轮廓更像一只多色的蜘蛛，而不像舌头。和CIE色品图一样，色相在外围区域变化，饱和度则沿着朝向中心地带的白色的辐射线变化。亮度在垂直方向上变化，就像在我们想象中的多层CIE图表里那样，这样中心点就从纯黑色穿过灰色到达纯白。

1929年，孟塞尔更新了他的颜色表示法，将色彩空间分成彼此独立的板块，旨在让这些板块在所有方向上越过同等的感知级别。美国光学学会进行了细致的心理测试，试图确保孟塞尔的色彩空间已经尽可能地“均衡”。

做成着色的塑料计数器或薄片形式的孟塞尔色标，被心理学家和人类学家广泛用来进行颜色感知研究。但是这种色标在该领域的价值是有限的：它试图对颜色的概念进行科学的量化，而颜色概念不可避免地背负着许多文化包袱。约翰·盖奇曾有几分幸灾乐祸地讲述过，丹麦的一些人类学家于1971年到达波利尼西亚的一座岛上，准备在当地人身上测试他们的孟塞尔薄片，却只得到了令人沮丧的回答："我们这里不怎么谈论颜色。"社会学家M. 萨林于1976年相当准确地一语中的："关于颜色普遍特质的符号学理论，必须确切地把颜色在人类社会中的真正含义看作'意义'(significance)。它们所指的不是孟塞尔的薄片。"[13]

出于同样的原因，颜色也不是指牛顿的彩虹，或者(如《牛津英语词典》所说的)材料吸收光的一种倾向，或者由刺激视神经产生的知
53 觉。颜色是所有这些东西，但是对于艺术家来说，它们只是些抽象概念。画家需要的是颜色能体现在**素材**(stuff)中，让他们能够买到，能在罩衫上涂抹。那就是最重要的内容，我不想看到它(如有时出现的情形那样)在有多种色相的色轮、球体或图表上变得晦涩。画家需要的是颜料。颜色是他们表达和交流的介质，但要让他们的梦想成形，
54 还需要实物。下面我们就来看看他们如何获取实物。

第三章

火神的熔炉

——古代的颜料技术

连紫色也装饰着我们的墙，没有绘出什么著名的画作。我们必须相信，当画家的工具不那么齐备时，每个方面的结果都会更好一些。

—— 普林尼，《博物志》
（*Natural History*，公元 1 世纪）

我猜你从来都不曾想过，绘画与化学和烹饪会有那么大关联。

—— 罗伯逊·戴维斯，《坏到骨子里》
（*What's Bred in the Bone*，1986）

就我来说，我无法相信古人的四种主要颜色能混合起来，形成我们在提香和鲁本斯的作品中看到的那种惊人的完美。对于活在上个世纪的人，我们如果连他们的着色方法都没有一定了解，又怎能理解活在两千年前的人如何着色？

—— 托马斯·巴德韦尔，《绘画实践》
（*The Practice of Painting*，1750）

1851年伦敦世界博览会上最令人难忘的展品并非任何艺术品或贸易品，而是举办展览的建筑物——水晶宫，它带着一身的珠光宝气屹立在海德公园内。这座壮观的“玻璃动物园”由约瑟夫·帕克斯顿设计，据说在外形上受了睡莲的启发；它在伦敦东南部锡德纳姆一座小山居高临下的山脊上重建后，1936年，一场大火又吞噬了它。

为迎接世博会而装饰这栋建筑的艰巨任务，落在了威尔士室内设
计师欧文·琼斯肩上。他深感要想不辜负这般雄伟气象，只有向古人 55
求助。他说：“细看古代建筑的遗迹，我们到处都会发现，在早先时代，

装饰中用得最多的颜色是蓝色、红色和黄色这些原色。”[1]

这么说基本上是对的。庞贝古城的城墙所涂的颜色在现代人看来近于花哨，墙上饰以鲜亮的朱砂，打磨得光彩照人。希腊人的多数石雕，包括石柱、浮雕和雕像，都会进行涂饰。人物形象会在丰富的红色、黄色、蓝色和黑色底子上描绘。随着19世纪早期的考古学家明确地认识到这一点，西方的建筑师对于鼎盛时期的神庙（其表面的苍白石块现在暴露于天光之下）的大概模样进行了色彩明亮的复原。包括琼斯在内的一些人开始将古典时代的特征，即以强烈的原色为涂饰，纳入自己的设计。

不过，琼斯的水晶宫装饰方案与其说基于古代人崇尚的颜色组织原则，不如说基于他的同代人、英国颜料制造商乔治·菲尔德提出的原色系统。琼斯规定，黄、红、蓝三种颜色应该按3∶5∶8的特定比例分布，这正是菲尔德提出的和谐着色的理想比例。其他建筑师对此观念颇感犹豫，认为其与朴素的维多利亚时代的审美风格多少有些不合。如实际发生的那样，琼斯贯彻了自己的想法，不过受限于材料，只在一定程度上实现。他别无选择要用的那些工业涂料绝不像当时艺术家所用的色料那么明亮，所以，水晶宫上装饰的尽是脏兮兮的黄色、发白的蓝色和沉闷的棕红色。[2]

颜色在古代艺术中是一种奇异的混合。在数千年中，早期埃及人比尼罗河以西的任何其他文明都要投入更多的努力和技巧来制作艺术家所用的颜料。古希腊人和古罗马人在室内装饰上表现出的审美情趣，即使今天看来也无疑是大胆和现代的，但遗留下来的许多绘画碎片显示，他们的颜色范围比某些洞穴艺术的大不了多少。古典时期的希腊画家阿佩利斯备受文艺复兴时期的主要色彩画家提香推崇，然
56 而如我们在第一章所见，据说他只使用四种颜色。不过，古希腊人毫

不犹豫地用奢侈的黄金作为色料。与埃及缺乏层次的象形文字不同，古希腊艺术的吉光片羽在我们面前显现的图像，其绘画方面的工艺和精致程度让人想到文艺复兴的全盛时期——不过，他们所用的艺术技巧要到14世纪初才被重新创造出来。对文艺复兴时期的大师们来说，古典时期的希腊象征着艺术的黄金时代；对我们来说，它则几乎完全成了一页白纸。对于那个年代所用的绘画方法和材料，我们所拥有的点滴知识基本上来自古罗马的作家们，他们现在不仅是回望古代艺术，也是窥看古人们重排化学元素的能力的主要窗口。

第一批化学家

在各门科学中，化学的不同寻常之处表现在，它既由实用性也由理论认识来界定，即既通过它所做的也通过它所说的来界定。这是一门对物质进行转化的科学；需要指出的是，要实现这一点，与基于认知来设计步骤相比，按部就班地遵从配方书同样有效。但是，在这两极之间画一条线将“真正的科学”与技术区分开来，只不过是修正主义的想法，是把现代准则强加到历史上的世界。[3]古埃及人的化学研究与至少四千年后的欧洲化学家们几乎同样精细，这一事实让人不得不直面一个问题：为何我们执意要将其中一个而不是另一个视为定量的、可重复的科学。

名为埃及玻璃料 (Egyptian frit) 或埃及蓝的蓝色色料，是从年代为公元前2500年左右的人工制品中发现的，它并非纯粹巧合的产物，即不是随意熔合天然材料所偶然获得的。它的锻造需要精确和筹划：石灰 (氧化钙)、氧化铜和石英 (二氧化硅) 以1∶1∶4的比例混合。原始成分是矿物：白垩或石灰石，像孔雀石这样的铜矿物，以及沙子。它们被放在窑内，以800℃至900℃的温度烧制。温度很关键，可以想见57 古埃及人能够相当精确地掌控烧制条件。最后的成品是一种不透明的、脆性的蓝色材料，经研磨成粉便成为色料。这是最古老的合成色料，是青铜时代的蓝色。

在古埃及，要将原始成分转化为艺术家的材料，要求具有极为专业的知识和高超的操作技巧。比如，在合成色料锑酸铅之外，他们的画家还有可能获得什么？这种淡黄色物质的名称一直较为混乱——和中世纪的*giallolino*或*giallorino*（意为“黄色”，见第112页）一样，它从未能与其他几种含铅的黄色色料明确区分开来，17世纪的“那不勒斯黄”在今天指的是某种特定的色相而不是化学成分。[4]我们并不知道埃及人如何称呼它，但他们知道如何制作：使用本身就是合成物的试剂，即氧化铅或碳酸盐和氧化锑，两者都是通过对矿物进行化学转化得来的。

对天然材料的这种操作表明，古埃及是一个真正掌握了化学的文明。[5]我们甚至怀有一种观念，即这样一种组织有序的技术——也有理由称其为一项产业——**定义**了一个文明。旧石器时代的艺术家们至少在三万年前就在装饰洞壁，此时距冰期结束还有很长时间，对于那时可以获得的干巴巴的土质色料，他们并不缺乏精湛的技艺。拉斯科、阿尔塔米拉和比利牛斯山脉的洞穴壁画所显示出的优雅线条，与几千年后埃及的壁画一样精细。但是，不论人类学家可能对这些痕迹作何解读，它们并不以同样方式显示我们在埃及看到的社会等级和劳动分层。它们并不来自这样一种文化，在此文化中，社会成员都参与交易。

最为远古的科学创新者，那些能与牛顿、拉瓦锡和达尔文比肩的人，所处的时代还没有任何手段能把他们的英名传诸后世，这当然是历史的不公。现在，我们永远无法建立丰碑，来纪念在公元前3500年前后发现如何从矿石中提取铜，从而实现由物理方法到化学方法制造物品这一飞跃的人。发明了从锡矿石和铜矿石的共熔中获得青铜的 58
人也没有获得应有的荣誉，甚至略早于荷马的时代，在公元前1000年从铁的氧化矿物中获取铁的人也是如此。科学史所能告诉我们的，不过是诸如此类的发现并非偶然。好运气或许能给人提供成败未定的机会，但是正如路易·巴斯德所说，只有洞察力强、善于接受的人才能把它变成一项发现。是否把这些创新看作早期科学，并不是问题的关键。对于早期的艺术家来说，制造颜料是艺术这项活动的应有之义。

原 始 泥 土

化学本身的诞生要等到中东有了第一批定居者，但是为了艺术的目的对天然材料进行有意识的处理则要早得多。洞穴壁画的绘制者从周围环境中获得常用色。红色和黄色的“泥土”来自赤铁矿氧化铁与不同温度的水结晶，绿土来自铝硅酸盐黏土，即绿鳞石和海绿石；黑色来自木炭；棕色来自氧化锰；白色来自白垩和磨碎的骨头。在阿尔塔米拉和拉斯科，甚至有一种蓝紫色色料，由一种锰矿物制成。除绿色和蓝紫色，这些物质到处都能获取。因此，在法国和西班牙的岩洞里，我们能看到黑色、白色、红色和黄色等“古典”光谱的土质形式（彩图3.1）。伯林和凯的原始色相正是能从泥土中大量获取的那些——令人惊讶的是，从这一事实中似乎无法得出什么。

然而，我们不该低估这些无名的狩猎–采集者利用大自然的色相时表现的独创性。在洞壁上用木炭胡乱画一条线是一回事，用研钵和杵有条理地把赤铁石磨成细粉，与植物油等有机黏合剂混合，再应用于某个表面，则完全是另一回事——后者活脱脱就是在画一幅石器时代的油画。是谁凭空想象出来，把色料通过管子吹气进行喷绘？

这还不是全部。例如，约公元前12000年，旧石器时代晚期（所谓
59 马格德林文化中期）那些在比利牛斯山脉尼奥克斯岩洞创造形象的艺术家们，从大自然的慷慨赠予中发明了新的配方。此时还没有进行化学转化，只是将色料以物理方式混合于“填充剂”，即促使珍贵色料进一步发挥效用、在颜料中提高性能的中性材料。与钾长石混合后，赤铁矿变得更暗，但能更好地附着于岩石表面，不易破裂。马格德林文化晚期（约公元前10500年）的配方则更好，在这种配方中，长石填充剂包括一些黑云母——一种很容易从磨碎的花岗岩中获得的混合物。这样一来，基于风格上的理由把旧石器时代的岩洞艺术视为同质化的倾向，就受到了技术创新的证据的挑战，这种创新以千年为时间尺度，从古生物学角度看绝对是快速的。

颜料的技术

古代化学家基本上只有一种单一的转化中介：火。加热可能会催化反应，只要有了热就能激活黄色的锑酸铅或蓝色的玻璃料。它会排出气体，通过驱逐二氧化碳把白垩和孔雀石这样的碳酸盐矿物变成氧化物。

无疑，加热是一种相当呆板的转化工具，但是尼罗河流域的文明把它提炼到一种令人叹服的程度。巴比伦和亚述的熔炉显示了一系列设计，证明那里就曾在用火加热的条件下进行过相当多的试验。

然而很明显的是，古代埃及、希腊和罗马的技师们也精通一些复杂的化学方法。他们初步使用了酸和碱——虽然直到强“矿物”酸

(硫酸和硝酸) 在中世纪早期由阿拉伯的炼金术士们发现之前，酸处理用到的效力最强的东西也不过是醋。不过，这已足以将铅金属和铜金属分别腐蚀成白铅 (见第70页) 和绿色色料铜绿 (见第71页)。发酵 (使用酵母从食糖中制酒)、升华 (把固体加热到气体状态)、沉淀 (从溶液中提取固体) 和过滤 (在悬浮液中获取固体小颗粒) 这些化学过程 60
都是古代世界的常用技术。

但是，古代制造颜料的化学技术并不是专门为此目的而开发的。必要的成分和技能是由更为平淡无奇的工艺，如玻璃制造、陶瓷上釉和肥皂生产等孕育的。换句话说，古代的色料制造是规模庞大又蓬勃发展的化学工业的分支，这项工业将原材料转变为日常生活所需的物质。我们将在随后的章节中看到，这种情况在世世代代中持续存在：由于嵌入范围广泛得多的实践科学图景中，色料制造变得不仅在经济上可行，在技术上也是可能的。艺术的倾诉对象是精神，却以世俗庸众为衣食父母。

玻璃和肥皂的制造都需要碱。在古代世界，这样的碱主要是苏打 (碳酸钠) 和钾碱 (主要是碳酸钾)。碳酸钠天然呈现为一种矿物，这种矿物在17世纪的欧洲根据其阿拉伯语名称 (*natrun*) 被称为泡碱 (natron)。但这种矿物资源并不丰富，在古代和中世纪使用的苏打和钾碱多数来自草木灰。它是通过过滤来提取的：让水滤过灰分，溶解掉碱。大多数灰分都会产生钾碱，但从沿海植物中得来的灰分包含更多的苏打。

是谁首先认识到，沙子和苏打加热到熔点时就能制成玻璃？普林尼就此发现讲了一个动人的故事，把它归功于居住在地中海沿岸、迦密山北部贝鲁斯河周围的腓尼基人。他说：

> 有这么一个传说：曾经，一些泡碱贩子的一艘船在那

> 里搁浅，他们沿着海岸分散开来准备饭食。由于没有适合架起大锅的石头，他们从货物中取出苏打，把锅放在上面。这些苏打受热并且与海岸边的沙子完全混合后，一种奇怪
> 61 的半透明液体成股流出；据说，这就是玻璃的起源。[6]

这个场景很美妙，但肯定是杜撰的，因为营火无法达到熔化沙子和苏打所需的约2500℃的温度。此外，玻璃在普林尼的描述之前两千年就有制造了——不是在腓尼基，而是在美索不达米亚，现在被伊拉克和叙利亚占领的地方。

真正的玻璃最初就是在这里发现的，时间可追溯到约公元前2500年。玻璃的发现当然是偶然的，但也许不像普林尼想让我们相信的那么随意。这可能是另一个实践工艺，即有色陶器釉料制作的实验衍生出的结果。

公元前4500年左右，在中东地区，通过粉碎石头表面并将其与蓝铜矿或孔雀石等铜矿物一起加热，制造出了模仿珍贵的蓝色矿物青金石的蓝釉皂石装饰品。这种蓝色玻璃状物质后来被称为埃及彩陶（彩图3.2），虽然在发展成为埃及的产业之前很久，它就在美索不达米亚有过生产。彩陶首先出现在底格里斯河和幼发拉底河流域，到公元前3000年时在下尼罗河地区有了制作，一千五百年后贸易活动使它遍布欧洲各地。

为了在彩陶制造中获得熔化矿物所需的高温，必须扇动或吹旺火头。这些人工制品被放置在有盖的容器或窑室中，以免受到烟和灰的损害；美索不达米亚的陶窑可追溯到公元前4000年。似乎极有可能的是，早期制造蓝釉物品所提供的窑炉技术的发展，导向了从其矿石中熔炼的铜的发现。对颜色的热爱开创了青铜时代。

可以想象，在彩陶烧制期间，沙子可能经常与灰烬混为一体并相互融合；而且，在冷却下来的熔炉内，困惑或欣喜的工匠必定发现了坚硬、透亮的粗糙玻璃块。

美索不达米亚人发现，若放入少许石灰，玻璃质量就会改善。一份古老的楔形文字文本给出的配方是："拿60份沙子、180份海洋植物的灰烬、5份白垩，全部放在一起加热，就能制成玻璃。"[7]如果用制造 62
彩陶得到的铜矿石染色，玻璃就会变成蓝色。毫无疑问，埃及蓝玻璃料是这种实验的另一个偶然产物，因为它有着相同的成分。

在古埃及，玻璃在公元前3千纪[*]中期前后成为一项重要的技术产品。色彩把它变成一种材料，适合放置法老王和王后的油膏。钴矿物产生的蓝色比铜产生的更深；绿色来自氧化铁或氧化铜，黄色和琥珀来自氧化铁，而紫色来自二氧化锰。一些金属化合物产生不透明的颜色：黄色来自氧化锑，白色来自氧化锡。这些配方一直用于制作中世纪辉煌的大教堂窗户，几乎一成不变。[8]

事实上，制造无色玻璃难度更大，因为氧化铁天然成分中的杂质会留下近于绿色或棕色的色调。（玻璃的拉丁语词*vitrium*来自表示蓝绿色的词语，凯尔特语词汇*glas*也表示这种色相。）中世纪的工匠们发现，加入少量的二氧化锰可以去除颜色，后来，二氧化锰被称为"玻璃匠的肥皂"。

由沙子和苏打灰或泡碱制成的玻璃后来取代了皂石，成为埃及彩陶上釉技术的载体。黏土物品也以这种方式着色：在黏土念珠的外表发现了一些年代最早的埃及釉料，它们是由苏打和铜矿物的混合物烧制而成的。

---

* 原文millennium，与century（世纪）相对，译为"千纪"。——译注

然而，真正的釉料是应用于人工制品成品的表面，而在彩陶中，铜矿物则混合到其着色物品的质地中。有更多的机会来调控在此之后施用的釉的厚度和颜色。最早的陶器釉料基本上是一层层纤薄的彩色玻璃，即苏打和沙子的混合物，用一些黏土黏附。埃及陶器的许多釉料着色所用的矿物，与玻璃着色所用的矿物相同；至于是陶匠还是玻璃匠先采用它们，我们只能去推测了。

这些“碱性釉料”（之所以如此称呼，是因为其中含有苏打）难以施用，并且冷却后容易收缩，导致破裂和剥落。约从公元前1500年起，整个中东的釉料中通常加入铅，这样就减少了收缩。以铅上釉的砖和
63 瓦约从公元前1000年起在美索不达米亚广泛应用。巴比伦人简单地通过将矿物方铅矿（硫化铅）磨成细粉并涂在陶土上来制作铅釉。加热后，铅化合物熔化，生成平滑、光亮的涂层。这样的涂层可以通过添加铜、铁或锰的氧化物来着色。

希腊和罗马文明特有的红色和黑色器皿用黏土泥浆着色，这种泥浆含有红色黏土和有机物质，或是氧化铁。模仿东方陶瓷的欲望带来了灵感，这种上釉技术显然是在公元前1500年前后在迈锡尼发明的，后于公元前6世纪由雅典的希腊人大大改进。公元4世纪前后罗马衰落后，红色和黑色器皿的制作秘诀在西方便失传了。

约七百年后，欧洲人酝酿出对摩尔人的“虹彩陶器”的雅好，这种陶器的彩虹色釉面闪闪发光，含有纯金属或其硫化物。它们的制作过程相当复杂，要用到硫化铜或硫化银、赭石和醋，印证了阿拉伯化学家们令人肃然起敬的高超技艺。这种白色陶器被称为马约利卡（*maiolica*），用不透明的含锡釉料涂覆，也是一种东方的创新。可能早在12世纪，它经由马略卡岛引入意大利，并在随后的四百年中于意大利中部催生了一门主要产业。

古代颜色创新的另一个主要引擎是纺织品贸易，因为彩色服装具有昭示社会等级体系的重要功用（可以说它们现在仍有这种功用）。

传统上，把染料结合到布中的是媒染剂，这种物质有助于将着色剂（通常是天然有机化合物）附着到织物纤维上。普林尼以赞赏的口吻写到埃及人的媒染技巧：

> 在埃及，他们同样为织物着色采用了非凡的工艺。先是压制材料（一开始是白色的），再浸透它们，不是用颜料，而是用经过计算以吸收颜色的媒染剂。这道工序完成后，织物外观上还没有变化，于是被投入装有沸腾染料的大锅中，片刻之后又被从锅中拿出，此时已完全着色。同样令人诧异的一个事实是，平底锅中的染料颜色均匀，但是材料从 64
> 中取出后，依所施用的媒染剂的性质而具有了不同的颜色：这些颜色同样永远经得住水洗。[9]

普林尼没有详细说明这里使用的媒染剂，不过，它们通常是明矾（硫酸铝）。[10]他在其他地方说，从亚美尼亚到西班牙的许多地方都发现了明矾，一种“咸土”。明矾是从公元前3千纪初开始开采的，其用于固着染料至少可以追溯到公元前2千纪初。明矾的止血功能也使它成为一种珍贵的药物。

明矾生产在中世纪是一项规模庞大的产业。在13世纪和14世纪，明矾大多数来自希腊群岛和近东。土耳其人于1453年攻下君士坦丁堡后，切断了这项贸易，导致明矾短缺，直到后来在意大利的教皇领地发现明矾石（钾矾的一种矿物形式）矿层才得到缓解。矿物形式的明矾应当最好在用作媒染剂之前加以净化，以去除通常作为杂质存在并会损害染料的铁盐。阿拉伯的炼金术士们早在13世纪就知道这一点，当时他们描述了一种净化过程，其中要用到含氨的陈旧尿液来进行处理。

染匠们从苛性苏打（氢氧化钠）的发现中受益——普林尼在公元1世纪的《博物志》中首先提到了这一点。苛性苏打在中世纪被视为碱液，是由苏打和生石灰（氢氧化钙）制成的。后者是通过加热白垩或石灰石（以制造石灰，即氧化钙），然后加水“熟化”得来的。碱液是一种比苏打或钾碱更为烈性的碱，有助于从天然来源中提取染料。它也用于制造肥皂，肥皂似乎不是“文明”的罗马人，而是“野蛮”的高卢人发明的一种东西。通过在苛性苏打中煮沸脂肪或植物油制成的硬皂，到公元800年时似乎已广泛应用于整个欧洲。

接下来就是颜色本身。在古代染料的上等品中，就包括蓝色靛蓝（将在第九章中讨论）和一种深红色着色剂（从某种昆虫中获得）。先
65 知以赛亚在以雷霆之势警告上帝对犹大王国的愤怒时，告诉了我们8世纪圣地*的染红技术：

> 你们的罪虽像猩红，
> 必变成雪白；
> 虽如绯红，
> 必白如羊毛。[11]

这里选用了猩红和绯红来唤起血液的色相，两千年后琴尼诺·琴尼尼承认了这种染料的“血红色”。在中世纪，它被称为“胭脂虫红”

---

* Holy Land，即巴勒斯坦。——译注

(kermes)，来自梵语词*kirmidja*，意即“提取自一只蠕虫”。它的希伯来文的名字是*tola’at shani*，意即“蠕虫猩红”。其红色化合物提取自一种无翅蚧虫*Kermes vermilio*，该昆虫栖息在近东、西班牙、法国南部和意大利南部的猩红栎上。这种染料主要是化学家们称为胭脂酮酸的有机化合物，通过压碎以树脂结壳的胭脂虫并在碱液中煮沸来提取。

胭脂虫红 (kermes) 是英语中绯红 (*crimson*)、胭脂红 (*carmine*) 和法语中绯红 (*cramoise*) 的词根。但由于胭脂虫这种昆虫在树枝上结的壳类似于一束浆果，亚里士多德的学生泰奥弗拉斯托斯 (约公元前300年) 等希腊作家便称之为*kokkos*，意思是“浆果”。在拉丁语中又变成了*coccus*，这是在普林尼关于胭脂虫红染料的著作中发现的一个词。[12]然而普林尼也使用了*granum*（“谷粒”）一词，再次暗示了这些昆虫令人迷惑的植物性外观。“谷粒”因此成为这种绯红色染料在中世纪欧洲广为人知的令人困惑的名字之一。乔叟提到过一种布，“用谷粒染色”，意思是说染成绯红色。由于这种颜色具有强烈、持久的性质，这句话渐渐变得只是指深深染色或永久染色。英语单词“根深蒂固”(ingrained) 就是从这里来的。在《第十二夜》* 中，奥利维亚说她的肤色“根深蒂固，风雨不浸”——这可远胜于莎士比亚时代的许多染料。

术语用法在中世纪早期的欧洲变得更加混乱。在4世纪，圣哲罗姆将胭脂虫红染料同时称为*baca*（“浆果”）和*granum*。不过，他知道 66
其原料根本不是浆果，而是一种动物；于是他使用同义词*vermiculum*，意思是“小虫”。从这里又衍生出“朱砂”(vermilion) 一词，它是一种

---

* 莎士比亚的一部喜剧。——译注

由硫和汞制成的合成红色色料。用来指代从昆虫身上提取的有机染料的术语，如何又应用于由炼金术制成的无机颜料？这个谜题只有放在中世纪着色观念的背景下才好理解，在这种观念下，着色相近但来源迥异的物质最终可能共用一个名称，因为色相被认为与成分密切相关。

颜料配方

从这口由实际应用（甚至可以说家庭应用）驱动的化学大锅中，出现了制作古代画家可用色料的配方。19世纪初，瑞典驻亚历山大副领事约翰·达纳斯塔西购买了一套希腊语的古代纸莎草纸文本（可能是盗墓掳来的），为这些遥远的工艺开启了两扇最有价值和启发性的窗口。达纳斯塔西向斯德哥尔摩的瑞典文物科学院提交了这些手稿中的一部分；其余手稿他卖给了荷兰政府，随即被存放在莱顿大学。这些手稿的翻译进度慢慢悠悠，直到1885年，莱顿手稿中编号为10号纸莎草纸的那一份，才被发现包含许多制作色料的化学配方。1913年，同一作者的另一份类似手稿从斯德哥尔摩合集中现身（此后被转藏到乌普萨拉）。其作者被认为是公元3世纪的一名埃及工匠，但其中无疑汇集了年代更为久远的信息。

莱顿大学和斯德哥尔摩的纸莎草纸文本，显然是工坊操作手册的摘录。不论作者是谁，他们显然希望同行能够看懂。文本中有不清楚的地方，更有可能是因为作者认为某些知识无须赘言，而不是因为蓄
67 意隐瞒（同时期的炼金术文献通常就是如此）。斯德哥尔摩纸莎草纸文件中包含染色、媒染和制作人造宝石的配方。莱顿纸莎草纸文件则

专门讲述冶金：它的101种配方讲解的是为金属镀金、镀银和着色的方法，包括“让铜器看起来像黄金”之类的小花招。

这些文件显示了数量惊人的化学技能，是许多个世纪积累、提炼出来的知识精华。19世纪的法国化学家马塞兰·贝特洛从莱顿纸莎草纸中发现了一座关于古代化学知识的矿藏，于是把它们译为法语出版，同时附以全面的评论性分析。

然而，这些配方在多大程度上是基于对化学原理的真正理解？人们会禁不住认为，它们和石头工具的制作一样，都无关乎科学。毕竟，亚述人难道不是认为，工艺化学容易受到巫术和占星术的影响？

如果有人坚持从这些古代文本中寻找与现代化学概念相近的东西，那他们看起来确实有些孤陋寡闻。不过，古代那些原始化学家们为造出新色彩所做的努力，在化学理论的发展过程中确立了一些关键思想。转化 (transformation) 这个观念本身的重要性再怎么强调都不为过。地球上物质的成分并非固定不变，它们在人类影响下是可变的：这是一个惊人的认识。作为物质的基本组成部分，元素若非在人们看来可以相互转换，其概念本身就远不会那么威力无穷并结出硕果。人们若非坚信贱金属可以转化为黄金，就不会进行大量的应用化学研究。在西方自然哲学中，长期以来关注的重点一直是那些性质恒定的东西：几何学、数学、物理学和天文学中那些绝对、不变的原理。即使在今天，这种偏见还在继续蒙蔽着我们对科学事业的认知。一些论者主张从公元前600年前后米利都的泰勒斯试图（用生物学家刘易斯·沃尔珀特的话来说）“在自然中发现根本统一”的努力中，去确定科学的起源。但泰勒斯意识到，任何这样的统一只能借助变革和转化 68
的力量来获得。对泰勒斯创立的古典哲学中的爱奥尼亚学派来说，“一切都在变化之中”。泰勒斯的统一原则——水——凭借其在当时看起来独一无二的能力，即呈现为固体、液体和气体的物质形式，扮演了这种角色。

如果说莱顿和斯德哥尔摩的纸莎草纸携带着一条科学的信息，那就是：我们可以**创造**。我们可以改变物质的形状、形式和外观。在这样做的时候，我们使世界变得更美。

诸神的颜料

这些纸莎草纸文件的作者不仅是在为前世的古人，也在为后世的来者发声。他那个时代的埃及不同于第一王朝（约公元前3100年），但在色彩技术方面两者旗鼓相当。早期的埃及文明在它的国民看来是伟大的创造者——孟菲斯的神普塔的杰作。正如普塔为水的原始世界的元素混乱带来了秩序，埃及身兼祭司职责的国王们把艺术和工艺视为日常生活的合理化。普塔的大祭司被称为最伟大的工匠，而工匠的技能备受尊崇。

埃及绘画最引人注目的方面之一是其世俗性，字面意义上的世俗性。这是一种纪录片式的艺术，对人类学家来说真是一大幸事。画中，人们做着自己的日常工作：钓鱼、洗涤、建造、狩猎、向法老纳贡（彩图3.3）。它给人的总体印象是一个平静、有序的社会。埃及人的真实世界不一定符合这种和谐的画面；确切地说，艺术家们描绘的是一种理想，是希望混乱服从于秩序和理性。作为手段，艺术是达此目的的一种工具，因为它被赋予了魔法力量来改变世界。艺术作品的完成伴随着一种仪式，通过仪式它获得了这种神圣的影响。

埃及艺术的社会价值反映在这种文化对明亮色料的系统积累上。这些色料大多数不过就是碾碎的天然矿物：铜矿石孔雀

石（绿色）和蓝铜矿（蓝色），硫化砷雌黄（黄色）和雄黄（橙色），再 69
加上赭石（氧化铁）之类的晦暗的土色，以及煤烟黑和石灰白。埃及人偶尔通过混合蓝色和黄色色料（例如蓝玻璃料和黄赭石）来制成绿色。天然硅酸铜提供了另一种绿色；希腊人称这种矿物为 *chrysocolla*，即“金色的胶”，并用它作为金箔的黏合剂。

在纸莎草纸上作画时，这些色料通常与水溶性树胶混合，水彩画的原始版本就是从这里来的。胶料是一种由兽皮煮沸制成的胶水，它和蛋白也用作黏合剂。因此，埃及绘画技法基本上就是我们所谓的坦培拉画法（见第101页）。

不过，埃及人知道，大自然的调色板可以通过化学“艺术”变得更为生动。除了蓝玻璃料和锑酸铅，还有一些发现特别值得一提：铅白和红铅的制造，以及由有机染料产生的色淀色料。

持久的白色

铅可能早在公元前3千纪就已经从矿石中解放出来；有广泛的证据表明，在公元前2300年前后安纳托利亚就开始冶炼铅了。从金属中制造白铅之所以非同寻常，部分是因为其有条不紊和耗时漫长的特点，还有部分则是因为它经久不衰：由泰奥弗拉斯托斯、普林尼和维特鲁威描述的极有可能在数个世纪前应用于埃及的工序，19世纪初几乎无甚变化地仍在使用。这种方法很可能从公元前300年前后开始也在中国得到应用。

白铅是碱式碳酸铅（见第34页）。它是通过一种中间物质——乙酸高铅盐制成的，铅金属与乙酸反应就形成乙酸高铅盐。乙酸是醋的主要成分，而埃及作为一个遍植葡萄的社会，多的就是乙酸。

转化是通过如下过程实现的：铅条被放置在黏土坩埚中，坩埚中有放醋的单独隔间。这些坩埚成堆地放在铺有动物粪便的密封棚中。
70 醋的烟气把铅转化成它的乙酸盐，由粪便发酵产生的二氧化碳气体则与水结合产生碳酸。这种酸会促进乙酸铅转化成碳酸铅。确实，这个过程不过就是酸对金属的腐蚀。但铅是一种惰性金属，反应迟钝，其白色色料可能需要一个月甚至更长时间才能成熟。

蓝绿色色料铜绿（乙酸铜）也是通过类似工序，用醋的烟气腐蚀铜金属制成的。泰奥弗拉斯托斯对该方法的描述是目前所知最早的。在描述了铅白（他称之为*psimythion*）的制造之后，他说："铜绿也是以某种程度上相类似的方式制成的，因为铜被放置在葡萄酒［渣］上，通过这种方式获取的锈被取下使用。"[13]

普林尼重复了这一描述，称这种色料为*aerugo*，即"铜锈"。他说，铜锈也可以从天然铜矿石中刮取，这意味着他没有区分严格意义上的铜绿（乙酸盐）与具有类似外观的天然存在的碳酸铜。

从白铅中可以制成红铅，红铅在中世纪手稿中被称为红丹（*minium*）。在描述罗马颜料制作艺术的一份10世纪文本中，修士赫拉克利乌斯描述了转化是如何通过受热实现的。维特鲁威声称，该过程是因为白铅意外暴露于火而发现的，这看起来完全可能。普林尼称红铅为"假山达脂"——真正的山达脂是罕见的橙红色雄黄。红丹在中世纪手稿彩饰那小而精致的场景中被大量应用，我们由此得到"微型画"（miniature）一词，它来自拉丁语*miniare*，意即"用红丹着色"。因此，微型画在当代所具有的小尺幅作品的含义与拉丁语的*minimus*，即"最小的"一词完全无关。

红铅在东方艺术中被大肆应用。公元前5世纪的一份中国手稿中描述了红铅的制造，在汉代（公元前2世纪至公元2世纪），它为人

所知的名称是“铅丹”——丹砂*是另一种红色矿物。从15世纪到19
世纪，红铅在印度和波斯的“细密画”中表现得尤为突出，这些“细密 71
画”细节精致，尺寸却并不微小。

很难想象艺术史上没有白铅，毕竟，作为其早期替代品的白垩和碎骨不能提供任何艺术家需要的象牙色不透明效果。直到19世纪，白铅才被新的合成产品取代；在此之前，它是欧洲用油料进行架上绘画的调色板中唯一的白色色料。但是，除了用这种化学制造的物质，还有其他什么能够实现文艺复兴时期明暗对照的强光部分吗？巴洛克时代的荷兰大师们在哪里可以找到一种白色来与他们的深黑色相比肩？作为一项额外的好处，这种色料的普遍存在使我们看出了古代大师们的含糊其词。铅能强烈吸收X射线，因此X射线显示出作品在预备阶段的白色底层色（见第290页）。

色淀颜料

辰砂和红铅带一些橙色，红赭石则色彩黯淡。古埃及的染匠们能用上色彩更丰富、色相更深的胭脂虫红，但偶尔也有如靛蓝这样的例外，它们作为染料过于透明，无法用作木材、石头或石膏的涂料。埃及人知道如何克服这个缺点，虽然我们无从得知解决办法是不是他们发明出来的。将能溶于水的绯红色染料附着到无机的无色“载体”粉末上，就产生一种不那么透明的固体材料，它被称为色淀色料。

“色淀”现在是任何以染料为基础的色料的通用标签，但是它曾经只与红色相关。在中世纪，红色色淀不仅可以由胭脂虫（后来称为

---

* 丹砂即辰砂。——编注

胭脂红色淀）的胶状分泌物制成，也可以由一种被称为紫胶（*lac*、*lak*或*lack*）的相关树脂制成。这种树脂包裹着印度和东南亚土生土长的树木上的千枝万条，是从紫胶虫（*Laccifer lacca*）这种蚧虫的身体中渗出的。现代虫胶漆是紫胶树脂的一种加工过的形式。从13世纪早期开始，紫胶被大量进口到欧洲，由此成为所有以染料为基础的红色色料（包括胭脂红这样的已经在流通的色料）的总称。

72 从胭脂虫染料中制造胭脂红色淀色料是早期化学的一项绝技。中世纪的配方极为详细，没有理由认为古埃及人所用的程序有很大的不同。常见的方法是走一条迂回路线：首先用从压碎的昆虫中提取的原始染料为布或丝染色，然后煮沸泡在碱液中的余料以重新溶解染料。于是，通过加入明矾，染料就从滚烫的碱性溶液中提取出来了；明矾的作用是在溶液冷却后，使细晶氧化铝（水合氧化铝）沉淀。染料被吸附到氧化铝颗粒的表面，干燥后成为暗红色粉末。

如此看来，色淀色料通常是染匠们的贸易活动的副产品，由一些边边角角的余料制成。不过，对于这种二手产品，琴尼诺提出了警告，说"它完全不经用……很快就会掉色"。

埃及人还用茜草属植物的根部制成了深红色染料，这一点第九章中将会详述。从赫拉克利乌斯10世纪的文字来看，制作茜草色淀的艺术为罗马人所熟知。

希腊的四种颜色

埃及的化学艺术属于实用性极强的一种。但是，古希腊的哲学家们更长于理论总结而不是动手试验。正是由于这个原因，古典时期希腊的化学乏善可陈，甚至是一种矛盾的说法——希腊人的大多数实践知识都是从东方输入的，由社会地位低下的工匠实际操作。正是在这里，我们发现了对手工技能的偏见的根源，此种偏见普遍渗透于中世纪思想中，影响了文艺复兴时期艺术家们的观点，甚至直至今天仍存在于“纯粹”科学和“应用”科学，或者说科学与技术之间的分野中。

柏拉图和亚里士多德的著作中提出的关于混色的奇思妙想，工匠们大有可能不屑一顾；除了对实验的厌恶，我们还可以作何解释？“原子之父”德谟克利特坚定地认为淡绿色（*chloron*）可以由红色和 73
白色混合而成。柏拉图断言韭葱绿（*prasinon*）可以由“火焰颜色”（*purron*，大概是橙色）和黑色（*melas*）制成，并用一份傲慢的免责声明作为防御：“谁若妄图通过实验验证这一切，那就是忘记了人神之别。”

亚里士多德并不完全厌恶实验，但也偏爱理论，这就是他的作品《论颜色》（*On Colours*）很难称得上画家手册的原因。[14]他强调，要想真正研究颜色，不是“通过像画家那样调和色料”，而是要比较反射的光线，实际上就是通过去除有形物质（在这一点上后来的牛顿做得很出色）。

关于颜色混合关系的看似奇怪的信念，这些学者是从哪里得到的？要理解一种文化对颜色运用的先入之见，我们必须考察它的色彩理论和术语。比如，第一章描述的希腊由亮色到暗色的标尺，就揭示了为什么柏拉图认为红色可以通过增加一点“亮色”（白色）转向绿色。

很难说希腊人对色料混合的厌恶在多大程度上是由理论偏见激起的，也很难说实际经验——色料混合后会失去鲜明度（见第44页）——在多大程度上起了作用。无论如何，它突出了画家对材料的依赖。对古代艺术家来说，自然中有大量的色相都没有纯净的色料可用，尤其是用来画肖像画的令人信服的肉色。泰奥弗拉斯托斯说发现过一种叫作*miltos*（来自米利都）的红赭石，色度深浅不一，其中一些接近皮肤的玫瑰色。但是，在古代世界的艺术中，大多数肉色以及其他渐变色是通过色调的交叉影线而不是色料的混合来实现的。

希腊画作留存下来的极少，我们只能根据古代著述来对希腊人的颜色运用进行推断；这些著述主要来自罗马帝国的作家，如普鲁塔克、维特鲁威和普林尼，不同于古典时期的希腊人，他们的艺术写作更为纯粹。有一种直到维多利亚时代中期仍然盛行的看法，认为希腊雕塑并不着色，而是一任其保持白垩之色。这可能是误入审美偏见（认为
74 白色即“纯”）而对古典艺术形成现代误解的一个最著名的例子。对希腊人来说，平常的石头身上可没有什么神圣的东西，以致不能用涂料加以点染。对于石头他们也不含蓄：胡子是深蓝色的（记住，这是黑色的一种），如果从罗马雕像和浮雕作品得出的判断可靠的话，众神的脸庞往往也是明亮的红色。

有充分的理由假定，埃及人所知的大多数甚至所有色料，希腊画家们都能获得。然而不论是普林尼还是西塞罗都坚持认为，四色绘画（见第14页）在古典希腊艺术的鼎盛时期，即公元前4世纪前后，是一种强大传统。随着时光流逝，幸存的希腊和罗马艺术中的许多色料褪色，无疑容易让人认为其调色板是沉闷的。不过，还不止这些。普林尼从该时期中提出了几个著名四色艺术家的名字：杰出的阿佩利斯，以及阿埃蒂翁、墨兰提俄斯和尼科马库斯。西塞罗的名单涵盖的时间范围略广，既包括公元前4世纪初的宙克西斯和提曼忒斯，也包括公元前5世纪初的画家波利格诺托斯。限制调色板的传统似乎始于公元前5世纪中期，当时恩培多克勒正在完善四元素观念，而德谟克利特正在提出原子假定。

尼采曾颇具争议地提出，希腊画家之所以避免使用蓝色和绿色，是因为这两种颜色“使自然失去人性的程度，胜过所有其他颜色”。但是，真正的原因可能是实用方面的，而不是形而上层面的。公元前5世纪期间，希腊艺术家们开始画三维画，使用明暗对照法（“高光和阴影”）描绘纵深。这一进展可能推动了四色技法，使其在艺术家们思索如何处理明暗问题时，成为掌控颜色的手段。正如文艺复兴时期的艺术家们将要发现的，调色板范围越大，就越难实现色相和色调的和谐，使得没有任何一种颜色与其他颜色格格不入。通过限制色相的范围，再进一步以低调的土质色料而不是明亮色料来呈现色相，光线和阴影的三维世界就更容易把握了。

一旦该系统就位，它可能就已经从一种技法上的必要转变成审美原则。普林尼毫不掩饰自己在颜色方面偏爱“朴素”甚于“华丽”。 75
罗马对这种传统的继承，可见于（比如）庞贝古城“牧神之家”中的四色“亚历山大”镶嵌画（实际上是尼科马库斯的学生——埃雷特里亚的菲洛克塞诺斯的一幅画的摹本）（彩图3.4）。

然而，纯粹、明亮的色彩在装饰艺术中并没有被回避。它们被希腊人用来修饰建筑物，这一点在奥林索斯古城的红色和黄色中表现得很明显，时间可追溯到公元前5世纪至前4世纪。埃及蓝玻璃料发现于克里特岛克诺索斯的壁画中，时间可以追溯到公元前2100年前；也发现于古希腊迈锡尼时期（约公元前1400年）的建筑物上，以及希腊文明整个盛衰期的人工制品上。泰奥弗拉斯托斯声称人造的蓝色色料是从埃及进口的，这表明希腊人不知道如何（或不愿费心）制作它。伊特鲁里亚人在公元前6世纪使用埃及蓝，他们之后的罗马人也是如此。这种蓝色不仅发现于庞贝古城的墙壁上，也尘封在这座城市的颜料铺以及罗马画家的墓葬中。欧文·琼斯选用古时的调色板是有充分理由的，尽管普林尼的颜色列表在形式上没有蓝色。

当西方与东方在希腊化时期亚历山大的坩埚中相遇时，化学被点燃了，由此使古典希腊重逻辑思考的世界观与东方偏动手试验的倾向相遇了。同样，当亚历山大帝国在东方发现新的审美和材料时，西方艺术中对色彩的运用也变得更有创意、更为华丽。

例如，明亮的红色矿物辰砂（硫化汞）在西方出现之前很久，在中国就已经用作色料。甚至连埃及人可能都不知道它，在泰奥弗拉斯托斯的时代之前，罕有证据表明辰砂出现在希腊艺术中。靛蓝（indigo）是从印度进口的：希腊人称它为*indikon*，维特鲁威讲述了罗马人在公元前1世纪如何把它用作艺术家的色料。

印度的“龙象之血”颇不入普林尼法眼，它是从亚洲植物中提取的红色树脂：据某种描述，它来自黄藤属植物血竭（*Calamus draco*）的果实，不过艺术史学家丹尼尔·汤普森把它归于灌木龙血紫檀
76 （*Pterocarpus draco*）的树汁。龙作为传说中的源头，在两种情况下都留下了印记。在中世纪，着色剂被称为龙血，并且真被当作龙的血液。普林尼是第一个提到该神话的人。后来它被附加了令人惊骇的意味，正如让·科比丘在他翻译巴塞洛缪·安格里克斯13世纪所著的《论物质的性质》（*De Proprietatibus rerum*）时指出的：

> 根据阿维森纳［一位阿拉伯炼金术士］的说法，龙将尾巴绕在大象腿上，大象跌坐在龙身上，龙血染红了地面；血流之处，地面即变成辰砂，阿维森纳称之为龙血。[15]

但是，比输入新的“华丽”色料更重要的，或许是波斯和印度色相明亮的艺术美学，它与希腊人的简朴风格恰成对比。正是这种影响导

向了拜占庭艺术的绮丽、丰富，后来随历次十字军东征被带到西方后，又激励欧洲人更为大胆地使用颜色。

希腊化时期的文化对混色的态度更为随和，基于经验主义而不是带有误解的教条。公元3世纪阿伏罗底西亚的亚历山大解释了（与亚里士多德认为的相反）绿色如何从黄色和蓝色中得出，蓝紫色又如何从蓝色和红色中得出。不过，他又说，这些“人造”（混合）颜色无法与大自然中看到的相对应的纯净色相媲美。事实也的确如此，因为混色要想避免鲜明度的损失，就需要有很好的原色。材料的限制抑制了艺术家的能力。

蜡制作品

古典时期的艺术家不用画架，没有调色板，也不是只把画笔应用于平面就创作出一幅作品。对于在木板上绘画，希腊和罗马艺术家用的是蜡画法（encaustic，来自希腊语*enkaustikos*，意即“烧入”）。蜂蜡被置于煤上加热并与色料（有时是与树脂）混合，再用耐热刮刀将熔融混合 77
物施用到表面上。最后，颜色通过紧贴在绘画表面的热铁被烧入木板。

这种方法有着惊人的生命力，此后的时代一直有人试图恢复它，特别是德国人J. H. 明茨在18世纪通过《蜡画法：凯吕斯伯爵的古人风格绘画方法》（*Encaustic: Or Count Caylus's Method of Painting in the Manner of the Ancients*, 1760）一书所做的努力。德国艺术学者马克斯·德尔纳讲述了一位费恩巴赫先生如何在1845年为“庞贝式”蜡画法吹捧一种详细但伪造的配方，其中涉及“蜡、松节油、威尼斯松节油、琥珀上光油和印度橡胶”。

德尔纳说，尽管如此，用蜡画法完成的画有可能“毫无疑问是耐久的”。蜡不变色，并能产生一道质地坚硬、着色强烈的成品表面。它在热而干燥的地中海气候中足够稳定，但转移到北欧的潮湿环境下就不太适应了。据说阿佩利斯发明过一种深色的保护漆，普林尼说，这种漆使他的画色调更为柔和，看起来更自然。

不过，蜡画法不太适用于壁画（普林尼的说法是“与这种用法格格不入”），庞贝的内墙或外墙都不曾发现用过这种画法。（不过，在罗马的图拉真圆柱这样的石制品上照样能看到蜡颜料，蜡层也经常应用于涂饰墙壁，提供保护。）壁画的绘制通常是把色料与一点水和树胶混合起来，涂到潮湿、“新鲜”的灰泥上：这种技术现在以其意大利名字*fresco*（湿壁画）而为人所知。壁画上用到的灰泥通常由沙子和石灰制成。石灰在干燥过程中与沙子结合，随后在空气中缓慢转化为白色的碳酸钙。色料被当成涂层施用于湿灰泥的倒数第二层上，最后一层薄薄的灰泥则施用于最上面。干燥后，色料便分散并固着于灰泥中。该方法也容易产生略带白垩外观的颜色。

维特鲁威描述的庞贝湿壁画技术非常详细。施用的灰泥有六层：前三层采用越来越细的沙子，里面三层转而采用研磨过的大理石，
78 以形成坚硬、光泽的表面。墙壁干燥后，被抛光得如同镜面般光滑。这种费力的程序没有虚掷：庞贝的许多壁画历时久远而完好如初（彩图3.5）。其他的壁画则草草完成，用料低廉，所用的色料与胶水混合在一起（胶画颜料：见第102页），施用于干燥的灰泥墙壁（*a secco*，如意大利人所说）。以这种方式施用的颜色，手指沾点水就能轻易地擦掉，暴露于阳光和空气后也无法持续很长时间。20世纪的瑞士艺术家阿诺德·勃克林曾在罗马广场参加了一些湿壁画的发掘工作，碎片刚挖出时，其颜色一如新近涂绘，一旦带到露天场所便迅速褪色。有时
79 候，往昔太脆弱了，无法承受我们的注视。

第四章

秘方

——炼金术的艺术遗产

每一件用汗水求取并以极高代价获得的珍品，人们通常看得最重、守得最紧，但如果类似的或更好的东西不时出现，或者得来全不费工夫，它们就会以类似或更高的警觉被守护。

—— 西奥菲勒斯，《论多种技艺》

（*De diversis artibus*，约 1122）

简单的物质，有植物的，有矿物的，有黏性的。放在那里慢慢沸腾，在出身高贵的工匠心中的坩埚里，好好搅拌，注意添火。

—— 乔治·迪蒂，《野兽派画家》

（*The Fauvist Painters*，1950）

本·琼森的戏剧《炼金术士》于1610年在伦敦的环球剧院首演，如果我们从这部剧来判断，会认为炼金术在莎士比亚时期的英国并不怎么受待见。剧中的炼金术士萨布托是一个不知害臊的“逍遥骗子”，一个用东拉西扯把轻信的人弄得晕头转向，再诈取其钱财的大忽悠。毫无疑问，萨布托是一个伪炼金术士，但琼森有可能是想对那些声称自己是真炼金术士的人发出类似的中伤。这样的嘲笑更加一针见血，因为琼森并不是乱竖稻草人的无知门外汉。据说他的炼金术知识“可能除了乔叟和邓恩，比其他任何英国文学大家都要丰富”。当萨布托用难以理解的炼金术语言说话时，他使用的大体上就是与真正炼金术士相同的术语，且并无误用。他很可能是以西蒙·福曼为原型创作出来的，身为一个同时代的伪炼金术士，福曼几次由于诈骗遭到 80

监禁，却设法过着滋润的生活，向伦敦社交界那些轻信女士们兜售春药、魅力以及“许多奇技淫巧”。

乔叟和琼森持相同的怀疑主义。他的《坎特伯雷故事》(约1387)中的教士是一个典型的“吹工”，在烟雾弥漫的实验室里徒劳地制造哲人石，这种石头能将贱金属转化为黄金。在这样的身份下，他看上去衣衫褴褛，外表邋遢：“外套不值一个小铜币……满是污秽。”正如他的助手在《自由农的故事》中所说的，同行业的其他人比萨布托也好不到哪儿去：这个自由农从前的雇主，通过作假表演贱金属变白银，欺骗了一个贪婪的牧师。

炼金术士作为骗子和江湖郎中的这种流行形象，让化学急于撇开与其前身的关联。但在近代，炼金术开始摆脱污名，因为学术研究已经呈现了一幅有血有肉的图景，让人们更为真实地看到其目标、实践者和遗产。毫无疑问，有许多盗贼和骗子在妄称对炼金术的忠诚；还有一些无知的吹捧者，驱动他们的主要是贪婪而不是好奇心。但是，对于这种秘术的大多数真正的、博学的“熟手”来说，财富不是目标。他们的目标在于对世界本性的探究，其中物质的性质及其转化与人的属性和人的精神生活是不可分割的。

17世纪之前，受过教育的人对炼金术有一些了解是极为常见的。伟大的13世纪学者大阿尔伯图斯*和罗杰·培根不仅熟悉炼金术的传统和文献，而且熟悉其实际操作方法；培根的实验技能使他能够改善火药的配方。马丁·路德承认：“炼金术这门艺术……让我着迷……原因在于它的寓意和隐藏的内涵，相当美。”路德的同时代人、瑞士医生帕拉塞尔苏斯经常被视为化学治疗药品之父，他是16世纪最有影响力

---

* 托马斯·阿奎那的老师。——译注

的炼金术士之一。相比于那些改变了18世纪科学的物理理论，艾萨克·牛顿花在炼金实验上的时间可能更多；但到他那个时代，这种兴 81
趣已经有些被人轻视，牛顿只好极力加以掩饰。

许多艺术家也深谙炼金术之道。奥格斯堡画派的木刻插图师汉斯·威德茨是阿尔布雷希特·丢勒和卢卡斯·克拉纳赫的同时代人，他在1520年的一幅画作中（图4.1）让我们看到了炼金术士最引人入胜的工作场景。丢勒本人还让炼金术的象征主义充满他的铜版雕刻作品《忧郁》（*Melancolia*, 1514）中；这也是克拉纳赫、格吕内瓦尔德和扬·凡·艾克作品的显著特征。它的影响力不仅限于北方：意大利艺术家乔尔乔内、坎帕尼奥拉和帕尔米贾尼诺似乎也将炼金术寓意编织进他们的图画中。

然而，炼金术对艺术的主要影响，并不是作为一种神秘的象征主义的来源。它的起源不在形而上学，而在于古代的实践工艺。炼金术在根本上是一种转化的艺术。它提供了一个理论框架，使实验者能够

图4.1　在实验室工作的炼金术士，来自汉斯·威德茨1520年的木刻。用于提高炉火温度的风箱，提醒着人们为什么炼金术士经常被蔑称为“吹工”。

82 略为了解火、水、空气、蒸汽和时间等媒介在材料上造成的变化。因为，正如我们已经看到的，这些变化往往伴随着色彩的改变，实际的炼金术成为向艺术家提供人造颜色的手段就不足为奇了。作为一个一贯务实的人，琴尼诺·琴尼尼一次又一次在《艺匠手册》中提到用炼金术来制备色料；没有理由假定，他认为自己不是在告诉读者，他们的材料能通过工业方式制造。

但是，正如"化学家"今天可以表示从事学术研究的科学家或出色的配药师，"炼金术士"也包含许多意思。中世纪艺术家从药材商或药剂师那里购买材料，这些生意人可能是亲手制造了那些色料。他们作为一个群体不同于"制金熟手"(chrysopoeian adepti)，后者寻求使铅转化成黄金的秘术，或者纠缠于艺术的哲学和宗教方面。在开创性作品《怀疑的化学家》中，化学家罗伯特·波义耳清楚地表明，在偏于实务的"实验者"和注重理论的"熟手"之间应该画一条线，前者是乔叟所说的吹工，波义耳说他们的大脑里"进了自己炉子里冒出的烟"。波义耳断言，骗子和傻瓜挤满了前一个群体，而后者是态度严肃的业内同行。

至少，这是波义耳想让我们相信的，他自己就渴望成为一个熟手。[1]但是，这种界限肯定更接近于今天经常在制图和美术或技术和科学之间画下的：实验者可能怀有愿望，想获得熟手的地位；熟手把实验者看成粗俗的唯配方是从者。这两种人可能没有共同的目标，但他们依赖着相同的智识资源。在炼金术中，颜色是理论与实践之间的关键连接。这是制金艺术的关键，很难想象在这些努力中获得的发现不会向下过滤，进入色料制造这种平淡无奇的层面。艺术家和炼金术士使用相同的材料不是巧合。

我们必须记住，对于中世纪的普通民众来说，魔法就像在炼金熟

手眼中那样真实。魔法被编织进西方文化的质地中，在漫长的数个世 83
纪中，若没有它们，丝线将会散开。它与宗教信仰相融合，这偶尔会让教会感到不快。绘画首先也是一件与宗教相关的事：既是世俗工艺，也是灵修活动，可以投入与古埃及艺术中类似的精神力量。于是，就难怪画家的颜色可以超越自己的材料特征，具有近乎神圣的意义了。当16世纪威尼斯作家保罗·皮诺把画布上的颜色组合称为“真正的绘画炼金术”时，我们心里得明白，他并不是在以今天流行的肤浅和轻贱的方式使用“炼金术”这个词。他是在有意暗示一种真正的响应，正如艺术史学家马丁·肯普所写的，经由这种响应，材料“神秘地超越了它们各自部分的性质”。

伟大的作品

> 取铜*矾……向其中加入元素水和空气。分解，然后根据说明书开始一个月的腐化过程……分离后，很快会看到两种颜色，即白色和红色。红色在白色之上。矾的红色极为强烈，映红了所有白色物体，又染白了所有红色物体，真是太奇妙了。通过蒸馏罐来加工这种色泽，会感觉到出现一种黑色。再次用蒸馏罐处理，重复操作，直到它发白……精馏，直到找到真正的、清晰的“绿狮”……[2]

之前，或者说自中世纪以来，颜色对于化学来说从未如此重要过。

* 原文为Venus，在炼金术中指铜。——译注

我们可以通过颜色变化来识别转化过程（尽管被炼金术士的隐秘术语弄得若隐若现），这些转化正由原始化学家在他们精密的蒸馏器和鹈鹕嘴蒸馏装置上完成。尽管引起了那么多神话般的联想，铜矾不过是蓝色硫酸铜，在很多中小学实验室里都很常见。

颜色是炼金术关于嬗变（transmutation）的信念基础。物质的颜
84 色被视为其内在性质的外在表现。若缺乏这种表面特征以外的许多信息，炼金术士就有充分的理由假定，具有金的外观的金属只能是金子本身。因此我们面临着一个风险，即把真正的确信误认为不诚实。科学家兼历史学家约瑟夫·尼德汉姆指出，伪造黄金和嬗变黄金之间的区别是文化上的，取决于你如何看待自己正在做的事。在古代的化学手册中，欺诈往往不加掩饰：莱顿纸莎草纸（见第67页）中一个用铜伪造金的配方，以宽慰的口吻谈到其难以被识破，而另一个伪造银的配方则警告称，银匠可能会注意到其不同于真银。

染色和着色方面的用语在炼金术文献中随处可见。石头和金属可能像纺织品一般容易"染色"。哲人石本身通常就被称为"染料"（Tincture）。

有人曾提出，这种又名"红色之王"的奇妙的红色物质，不过就是朱砂，是中世纪画家最上等的红色色料。朱砂是硫化汞的合成形式；正如我们之前看到的，其天然形式（矿物辰砂）自古以来就是一种色料。根据颇有影响的8世纪阿拉伯炼金术士贾比尔·伊本·哈扬（西方人熟知的格尔）的传统，硫和汞（中世纪作家称之为"水银"）是所有金属形成的基本"要素"（principle）。在贾比尔的体系中，铅这样的贱金属与金的区别，仅在于它们当中这两种要素的相对比例，因此贱金属可以通过调整混合方式而提升为金。大阿尔伯图斯写道："不妨说，在金属的构成中，硫像是男性精液这种物质，水银像是月经液，两

者共同凝固成胚胎物质。”[3]在黄金中，两种要素达到了完美的平衡，其黄色色调归因于硫的存在。因此，朱砂显然包含实现所有金属嬗变所必需的两种成分。

但我们必须小心，朱砂的硫和汞与贾比尔的硫和水银完全不一 85
样。这些要素是“微妙”的、无形的物质，来自泥土的硫和汞不过是其腐化的幻影。因此，朱砂是否曾在任何时候真正被视为染料，是高度存疑的，特别是考虑到它比较容易制造。事实上，一些哲人石的配方，仅使用辰砂作为初始材料。

作为基本物质的结合物，朱砂依然对炼金术士有着无可争议的吸引力，而关于其合成的知识就来自这些炼金术士的著作。这项工艺可能是在中国发明的，公元300年前后，希腊化时期的炼金术士——帕诺波利斯的佐西莫斯暗示他知道此工艺。不过，对此工艺的首次清晰描述出现在公元8世纪或9世纪初的手稿《着色配方》(*Compositiones ad tingenda*) 中。被归于贾比尔名下的作品还提到汞和硫如何结合，形成一种红色物质，而9世纪文本《绘画小窍门》(*Mappae clavicula*) 中包括了制作该物质的两种配方。

所有这一切必然为画家提供了便利，这些画家认为合成的硫化汞优于辰砂。琴尼诺说，色料“是由炼金术制成的，在蒸馏罐 [一种封闭器皿] 中制备”。但他并不关心这个过程引起的象征性联想，并且拒绝将技术细节与斥之为“太冗长乏味”的轻蔑评论联系起来。他建议买现成的，而且要买一整块的，因为不择手段的药剂师会用红铅或砖粉稀释这种珍贵物质。

本笃会修士西奥菲勒斯 (赫尔玛绍森的罗杰) 在技术手册《论多种技艺》中更为豪迈，描述了一种更为激烈的炼金术合成方式，其中硫和汞被放置在密封的锅内，埋没于“燃烧的煤”中。他说：“汞和燃烧的硫黄融合时，能听到里面猛烈的碰撞声。”也许让西奥菲勒斯更为心驰神往的是神秘的事物：朱砂的制造在12世纪的欧洲仍然是新生事物，而到琴尼诺生活的时代已经司空见惯。

丹尼尔·汤普森认为朱砂的合成是中世纪绘画领域技术创新的
86 核心：

> 没有其他哪种科学发明像这种颜料的发明那样，对绘画实践具有如此巨大和持久的影响……中世纪如果没有这种鲜艳的红色，几乎不可能提出他们所崇尚的着色标准；对于在12世纪及其后登场的其他鲜艳色彩，其发明也就没有那么多用武之地了。[4]

朱砂当然是中世纪的红色之王。在中世纪早期的手稿中，朱砂用得很少；直到至少11世纪，用朱砂来涂覆页面仍然像使用黄金那样昂贵。但是到了15世纪初，它被大肆应用（彩图4.1），而在文艺复兴时期，它则无所不在。

如西奥菲勒斯所述，这些图画中的色料是通过直接合成元素来制成的，此即所谓的“干燥法”。该方法通常产生一块固体红色朱砂。琴尼诺说：“如果你每天研磨，坚持二十年，颜色还会变得更精细、更漂亮。”

这种干燥合成法后来在荷兰进行了改进，荷兰在17世纪成为欧洲朱砂制造的重镇。在荷兰方法中，汞和硫结合形成黑色形式的硫化汞，有时被称为黑色硫化汞（*Aethiops mineralis*），它具有与红色形式略为不同的晶体结构。这种黑色材料随后被粉碎并通过武火加热来升华，由此便转变为红色朱砂。

1687年，一位名叫戈特弗里德·舒尔茨的德国化学家发现，通过在硫化铵或硫化钾溶液中加热黑剂矿物，可将它转变成红色朱砂。这种“潮湿”法与荷兰方法相比不那么费力，成本也更低，并且与干燥法获得的偏蓝的红色相比，能产生颗粒大小均匀、颜色为橙红色的更细粉末。今天西方世界的大多数朱砂都是用潮湿法制造的。

制作染料

有很好的理由认为，红色在中世纪既是化学也是艺术的主要色
调。炼金术赋予红色特殊的意义。它是金子的“颜色”(金子越红越 87
漂亮)，代表着“伟大作品”的巅峰：哲人石的创生。“红色在炼金术士
的作品中长存。”15世纪的炼金术士——布里斯托尔的诺顿如是说。

这种传说中的物质的制备，在多份幸存的中世纪文本中都有描述。一般来说，这些配方声称，特定的颜色变化次序说明工作在顺利进行。在最终出现红色之前，这些转化过程通常应该生成古典世界的其他三种主要颜色，即黑色、白色和黄色，顺序也是如此。

1934年，美国化学家阿瑟·霍普金斯试图揭示炼金术士所进行的实际化学转化过程，认为关键的颜色序列是黑—白—黄—紫——这是佐西莫斯描述的过程。根据霍普金斯的说法，炼金术士的工作始于铅、锡、铜和铁的黑色合金，即四元素(*tetrasoma*)或四元体。加入砷或汞后，会形成白色表面涂层。加入金或“硫黄水”(硫化氢溶液)，则变成了黄色。*iosis*的最后一步产生一种紫色，霍普金斯认为它是一种紫青铜色的含金合金。

一些研究炼金术的现代学者已经断言，*iosis*是指红色而不是紫色物质的形成。但对中世纪学者来说，这一区别无甚意义，因为紫色通

常被视为红色的一种。例如，中世纪的红色色料华铁丹（sinoper）就同时被称为斑岩（porphyry），在希腊语中表示紫色。并且看起来很有可能的是，中世纪的熟手会在制金先后顺序与古代四重颜色的关联中感受到象征意义。因此，在蒸馏罐中出现的不论是亮红色还是深紫色，都可能被当作实验成功的标志。这就难怪，一个熟手可能在试验与另一人完全不同的一组化合物。

砷和铅都能形成简单的化合物，这些化合物可以在红色、黄色、白色和黑色材料之间相互转化，其中的一部分则为艺术家所用。对于炼
88 金熟手来说，砷（当时还不被视为独立元素）的一个吸引人之处就在于，它通常被混淆于硫黄。黄色的硫化砷，也就是雌黄，通常被当作纯硫黄的变化形式。它是在天然的矿物形式中发现的，但艺术家更喜欢合成的。琴尼诺认为这种合成留给炼金术士来完成再合适不过，因为雌黄“真有毒性”，画家应该“当心被它弄脏了嘴”。至于雄黄，橙色形式的硫化砷，“不要与之为伴……自己当心”。

我们可以推测，铅如果不是因为一项缺点，即它的化合物更难以仅仅通过加热来净化，就会对炼金术士具有类似的吸引力。铅也可以通过涉及加热的化学转化过程，在黑色（金属铅和二氧化铅）、白色（白铅）、黄色（铅黄：一氧化铅）和红色（红铅：四氧化铅）几种形式之间相互转化（见第34页）。红铅有着与朱砂或辰砂相同的橙色色调，两者在很多情况下都容易混淆。乔治·阿格里科拉在《论矿冶》（*De re metallica*, 1556）一书中将红铅称为*minium*；但是对普林尼来说，*minium*表示的是辰砂，红铅只是*minium secondarium*。由于人们通常会在研磨过的朱砂中掺入更为廉价的铅色料，这种区别可能变得更为模糊。

红铅也会与雄黄（普林尼的“山达脂”）混合。琴尼诺提到一种

叫作红土（cinabrese）的红色色料，它显然与辰砂（cinnabar）无关，而与思想古典的普林尼更为钟爱的红赭石华铁丹（sinoper）有关，这就造成了更多混乱。丹尼尔·汤普森说："关于红色的中世纪术语极为混乱。*Minium*、*miltos*、*cinabrum*、*sinopis*和*sandaracca*互相纠缠，如一团乱麻"——在这团乱麻中我们还可以加上之前提到的朱砂和*vermiculum*的问题（第67页）。没有理由认为，炼金术士比制作和提供艺术家颜料的药剂师和药材商，或者比书写这些颜料的学者更清楚这些区别。

对色料制造给出的配方，若仔细察看，就会发现其中来自炼金术的影响不仅是实用方面的，也有理论方面的。对于朱砂的合成，若干来源（包括西奥菲勒斯和大阿尔伯图斯）推荐的硫与汞的比例，与它们在这种化合物中的实际比例并不一致。按重量来算，该物质所含的 89
汞是硫的6倍略多；但中世纪的配方规定的比例通常为2∶1。实际动手操作的炼金术士当然足够内行，能发现此量级的误差，这从他们的烧瓶中未反应的硫残余物中就能明显看出；然而很显然，他们仍然固守着"错误"的量。如果假设等量的硫和汞对于从制金方面实现完美"平衡"来说是必要的，这一点就变得合理了。这符合根据亚里士多德元素体系所假定的相对重量而得出的2∶1比例，该体系是所有中世纪炼金术的基础。由此看来，配方可能是为了满足理论标准而故意错写的。西奥菲勒斯和其他手册作者是知道这些考虑因素，还是仅仅是延续了从炼金术来源拾取的错误，这一点尚不清楚。

艺术品保护工作者斯皮克·巴克洛提出，西奥菲勒斯和琴尼诺记录的其他一些色料配方也可以用炼金术理论来解释。西奥菲勒斯讲述了如何制作一种叫作西班牙金（这个名字立刻就让人想到其与摩尔人，进而与炼金术的渊源）的颜色。在他的手册中给出的明智的实用建议中，西奥菲勒斯的配方似乎受累于纯粹的魔法思维的爆发："还有一种黄金名为西班牙金，由红铜、蛇怪药、人血和醋复合而成。精于此道的异教徒就以这种方式自己培育蛇怪……"[5]他随后又解释了这些神话般的生物如何由以面包为食的蟾蜍从鸡蛋中孵化出来。"当鸡蛋孵化时，生出的是与母鸡孵出的小鸡并无区别的小公鸡，但七天后它们就会长出蛇尾。"同时，血必须来自红发男人，必须加以干燥、研磨。当然，在12世纪对蛇怪的认知中，没有什么显得特别奇怪，不过巴克洛认为，这可以被看作一个寓言，象征着从红色"硫"(血液) 和白色"汞"(蛇怪灰) 中制备炼金药。无疑，把这种色料称为"一种黄金"，表明作
90 者觉得没有理由将其与黄金本身区分开。

巴克洛还假定炼金术对黄色色料，例如马赛克金 (见第111页) 和铅锡黄 (见第113页) 的一些配方产生了影响。它们的成分可以解释为比喻性的硫黄和汞，与第三种"要素"即盐的结合。这种三重组合由帕拉塞尔苏斯普及，但它的起源可能更为久远。

甚至在罗伯特·波义耳的作品中，炼金术理论和色料制造也有交叉。在《形式和质量的源头》(*Origine of Formes and Qualities*, 1666) 一书中，波义耳描述了从铜金属中提取蓝色染料，留下的白色金属残余物"完全相当于银"。在17世纪，为金属着色 (在这种情况下或者叫漂白) 的想法显然很活跃，也很成熟。[6]

阅读大自然的秘密

炼金术士的著作与西奥菲勒斯和琴尼诺朴实的配方列表之间反差明显，前者充斥着晦涩的术语和象征主义，就是不想让外行看懂，后者以平实的词语谈论同样的化学转化，其语调就像在描述如何制作雕

刻工具、教堂风琴、刷了水性涂料的墙壁以及躯干石膏。然而，作为古代和中世纪色料制造知识来源的许多工匠手册，例如莱顿和斯德哥尔摩纸莎草纸，都直接源于炼金术传统。

被模棱两可地称为“秘密之书”的技术手册，在中世纪早期相当普遍。这些作品是些奇异的选集，整理医学和烹饪配方，以及镀金和彩色玻璃制作等工艺的实用诀窍，再与魔法处方、社交手腕和实用笑话结合在一起。它们来自百科全书编纂的悠久传统，可以远远地追溯到亚述文明，涵盖罗马作家如普林尼的《博物志》这样的综述性作品。在他们的时代，这些手册被认为是通往古代世界浩瀚知识的捷径。

在希腊化时期的埃及，由于沉浸于炼金术中，这些集录在形式上变得更为隐蔽。普林尼的《博物志》只想描述自然，而埃及的炼金 91
术或“赫耳墨斯”汇编作品对自然世界采取不同的态度。它们声称，古人知道的科学真理不能通过理性探究或从铭文文献中获得，而只能来自神启。这给莱顿和斯德哥尔摩纸莎草纸蒙上了一层明显的暧昧气息。表面上看，它们只是平实的配方列表。然而，这些文本似乎来自一篇公元1世纪的炼金术论文，题为《物理和神秘》(*Physica et mystica*)，作者是孟地斯的波洛斯。纸莎草纸的作者可能是一位炼金术士，但其作品已经失去了《物理和神秘》的神秘气息；在《物理和神秘》中，所有的配方都会附上以下神秘声明：“一种性质在另一种性质中获得愉悦，一种性质胜过另一种性质，一种性质支配另一种性质。”

在中世纪早期的技术工艺手册中，这种炼金术或秘术的理论成分已经萎缩，剩下的实际上是一种奇怪的混合物。配方还在，不过是从旧文本中连抄带编剽窃来的；它们为工匠提供指导的效用已经很成问题。这些手册抄得潦草，如工程师兼历史学家西里尔·斯坦利·史密斯所说，是“从苦役而不是灵感中来的”；它们变得混乱不堪，几乎无法作为“如何操作”的教学手册。从手册长期遗留的误解中明显可以看出，作者们在艺术上没有什么实践经验：他们是被征作抄写员的修士，也许对材料完全没有兴趣。这些书中的机械处方是对古代知识和技术的扭曲反映，少有证据表明它们是在工坊环境中摸索试错得来的。

那么它们想要实现的目的是什么？可能相当深奥。这些书不再明确地具有魔法色彩，却显然被当作解开古典世界遗失的智慧的“钥匙”。对于中世纪早期的修士来说，这种知识近于神圣。亚里士多德的话（或者中世纪的人所看到的任何版本）几乎具有神启般的权威，对其怀有异议俨然就是异端。这类知识汇集在一起的作品之一是《绘画小窍门》，它源于9世纪的意大利南部。该作品只有片段存世，其中一
92 些还是后来的抄本。“窍门”在这里不应该被理解为一步一步的指令，尽管全书充满着制作色料、彩色玻璃等的配方。毋宁说，这窍门像钥匙一般开启了古代人的洞察力。或者至少，那些想必把文本保存在图书馆中、提及时满怀恭敬的修士是如此希望的：“正如没有钥匙不可能进入上锁的房间……没有这一评注，所有出现在神圣作品中的东西将会带给读者排斥和黑暗的感觉。”[7]

这些作品相当重复，多属仿作：《绘画小窍门》中的配方可以在数十份后来的手稿中发现，并且可以在稍早的手稿，即8世纪或9世纪早期的《着色配方》中得到确认——该书本身就与亚历山大的炼金术作品相关。在意大利修士赫拉克利乌斯的10世纪作品《论罗马人的颜色和艺术》(*De coloribus et artibus Romanorum*) 中，认为这些作品是“钥匙”的言外之意就尤为明确。他说：

> 谁现在能够告诉我们，这些智力强大的能工巧匠为自

> 己发现了什么？凭借强大的美德握着心灵钥匙的人，把人的虔诚之心分散在各种艺术之中。[8]

这些手稿显然来自神秘的传统，该传统用如下告诫划定了圈子：不要让这项深奥的知识落入粗俗之辈的手中。《绘画小窍门》的作者发誓，他不会把知识传给任何人，除了自己的儿子，“在他第一次判断儿子的性格，确定儿子是否能对这些东西有虔诚和公正的情感，并能守护好它们之后”。

尽管缺乏灵感，这些汇编还是提供了对中世纪化学的珍贵见解。例如，《着色配方》为硫酸铁引入了“矾”一词，随后它又与酸联系在一起。《绘画小窍门》12世纪的一个版本中包括蒸馏酒精，即燃烧的“水”的配方。

随着艺术和工艺在中世纪变得越来越世俗化，绘画职业从修士转
移到外行的生意人手中，对于传递“自然的秘密”要暗中进行这一点， 93
也就是嘴上说说罢了。事实上，“秘密之书”变成了一个类别，在此类别中，被禁的知识这一提示本身被用作营销策略。写作者能以普及的方式重复利用这些推定的艰深知识来谋生。由瓦尔特·赫尔曼·瑞夫翻译、假托大阿尔伯图斯之名所写的《妇女的秘密》(*Secreta mulierum*)德语版，出了30版之多，在16世纪的德国极为畅销。印刷的出现将这样的努力变成当时的大众科学，产生了大量在16世纪和17世纪变得极为常见的德语“技能小册子”(*Kunstbüchlein*)。

这些小册子中有一部分大量引用了阿莱西奥·皮耶蒙泰塞［可能是意大利作家吉罗拉莫·鲁谢利(1500—约1566)取的笔名］的《秘密之书》(*Secreti*，1555)，并以个人的传奇历史收尾，试图为自己的作品增色。这些“秘密”都是凡俗物事：烧伤、咬伤、创痛、发烧和疣子的医

学治疗，香水、底粉和肥皂等家庭用品的配方。(在16世纪，医生科尔内留斯·阿格里帕讲了一句谚语：“每个炼金术士不是医生就是做肥皂的。”）但是，《秘密之书》中随处可见为工匠写的技术程序，包括群青的配方和对意大利艺术家所用方法的描述。该书的各种译本可能是北欧画家和工匠关于这些问题的主要信息来源。

从修士到行会会员

与这种在艺术和手工艺中传播技术知识的起伏历程不同，西奥菲勒斯的书以不寻常的直率和清晰独树一帜。它不是从古代书籍中随意抓取片段进行汇集，而是系统地呈现了执业艺术家的技术。事实上，与多数配方合集的作者不同，西奥菲勒斯是一个实际动手的艺
94 术家：他的配方是从经验中得来的。没有保密的要求，只有对开放的呼吁：“请［匠人们］不要把天赋隐藏在嫉妒里，也不要隐藏在自私心灵的储藏室里……让他就这样愉快地分给那些想要的人。”[9]对于西奥菲勒斯来说，艺术是一项虔诚的活动，其目的是荣耀上帝。在这方面他列举了12世纪的那位画家：一名修士，其作品全是关于宗教的，他本人在包括手抄本彩饰和金属制品在内的多种艺术与工艺方面都颇有才华。所有这些，包括绘画，都是匿名进行的：作为虔诚冥思，而不是提升自我的机缘。在中世纪早期，即使是世俗作品通常也没有署名。这一时期宗教艺术中最大的一部分就是由彩饰手抄本组成的，那是无数默默无闻的修士充满艰辛又往往华丽无比的工作成果。

西奥菲勒斯的书中几乎闭口不谈设计和构图。重点全部放在技

术和材料上，让人更加强烈地认为，修道院的绘画多数是刻板的。修士不需要有准则来指导如何构成场景，他只是复制其他场景。此外，他对风格和材料的选择反映的是对世界的观点，在这个世界中，圣像和图像不仅仅是献身的象征，而且被赋予了介入日常生活的力量。许多彩饰图案描绘了正在绘制圣母马利亚画像的画家被从不幸中拯救。其中一幅来自13世纪卡斯蒂利亚国王“智者”阿方索十世所编的《圣母马利亚歌曲集》(*Las Cantigas*)，在这幅画中，魔鬼使画家的脚手架倒塌，但画家抓住正在绘制的圣母像而没有坠落 (图4.2)。不要因为其类似于娱乐连环漫画而被误导，这样的场景表明，精心绘制的圣像或图画被认为具有真正的宗教功能。艺术家使用珍贵的材料，比如黄金和群青，并不简单意味着希望通过昂贵的费用来显示虔诚，而是揭示了一种希望，即作品的超自然效力能得到加强。

但在11世纪和14世纪之间，绘画实践从修道院转移到城镇，在那里由“业余的专业人士”来从事，这些人认为自己是手艺人，拥有待
价而沽的技能。不可避免地，这对工作实践及其所产生的艺术品都有 95
影响。修道院画匠和业余工匠之间的区别有时被夸大了：世俗画家有时会被修道院雇用，结果一直待下来便成了修士。不过，画家越来越成为一种职业人士：在英国他们被称为peynturs。跟其他任何行业一样，他们遵循着职业之道。和木工、陶匠、面包师、织工一样，画家有偿提供自己的熟练技术。他们绝没有高高在上地要求用面包师的烤炉制作木炭，以作黑色色料。画家也不会嘲笑厨师，他们之间有许多共同的技能。琴尼诺认为画家们知道，当他说石膏应该像面糊那样制作时是什么意思。

从修士到工匠的过渡带来的一个结果，是专业化得到了增强。画家就是画家，不能再混同于彩饰作者、染匠以及木材和金属工人。这

图4.2　一位正在绘制圣母马利亚画像的画家，在魔鬼拆除脚手架后被救，免于坠落。画像本身的力量就能提供保护。

种分工由行会严格贯彻，行会的成立就是为了保护手艺人有活可做，让他们免遭竞争，消除经济上的不确定性；邀请画家为书页绘制彩饰是绝对禁止的。甚至在画家之间，也进行了细致的区分。在15世纪的西班牙，人们可以发现分别专攻祭坛画、织物画和室内装饰的画家。与这些分工相伴的是一种行业等级，在其中地位往往反映着材料的价值。金匠是最有威望也最有权力的工匠，画家地位要低一些，木工更为卑微。行会所做的限制禁止把最有价值的色料，如群青，用在粗俗的用途，如绘制扑克牌、推车或“鹦鹉栖木”上。因此，这些有价值的色料在确立画家的社会地位方面发挥了作用：使用精细材料符合他们的利益。

然而，绘画艺术仍然被视为一个机械过程。其中当然有优劣之分，但画家的任务是满足合约的规定，而不是让艺术灵感信马由缰。
是雇主，即赞助人，在发号施令。最初，业余画家的赞助人若不是教 97
会，往往就是皇家或贵族，画家可能发现自己从属于某个王室。但是随着中世纪晚期出现了一个繁荣的中产阶级，赞助人基础扩大了，艺术家可以在社会的商业阶层中找到委托其作画的人。

赞助人并没有很明显的独特品味。通常，他们可能会要求模仿另一幅让自己着迷的画。艺术家可能在执行指定给他的主题时找到个人才能施展的空间，但在这种体制下，保守画法是当时的主流。赞助人在确定图像主题方面就是这么强势，以至于在中世纪术语中**赞助**成了“设计”的同义词。

而且，赞助人通常会指定要使用的材料，一般会坚持要最奢华和华丽的——同时要求画家收费合理。赞助人甚至会决定艺术家从哪个供应商那里购买材料：或者通过合约中的书面协议，或者通过为最好的色料指定价格，以确保艺术家不会试图以较低的成本购买次品。

赞助人还可能邀请评估人，来确认画家是否遵循了关于色料的合约义务。

不过，许多赞助人并不反对节俭。画家行会往往不得不为他们的会员主张权利，让会员在赞助人想要少花钱来完工时，被允许使用优良、纯粹的材料。

行会的会员资格是通过学徒期获得的。有抱负的画家会在工坊中度过通常四到八年的学徒期，和所有学徒一样，他们一开始都会做最卑微的工作，例如研磨色料和制作胶水。色料的研磨特别艰难，又很耗时，画家在为受托任务制订的工作计划中，可能仅仅为这项工作就要留出数天的时间（彩图4.2）。为了成为容易拿到合约的“绘画大师”，学徒会向行会提交一件“大师作品”(master piece) 以求批准。奇怪的是，这个词后来逐渐指一个艺术家最成功的作品，而不是指其第一次试图获得承认。*

工坊会作为团体共同承担受托的任务，就像一群建筑工人或者茅
98 屋工匠曾经（现在仍然）集体完成一项工事。大师，又称*magister*，负责工作的总体执行，学徒们则有同样的职责把颜料施用到表面上，甚至职责更大。因此，在后来的中世纪艺术中出现的署名就只是行业图章，显示的是该工坊里大师的名字。这种传统的训练方式几乎不看重个人才华或灵感：一个人成为画家，不过就是通过勤奋、专注以及追随大师提出的要求。“技能”，即西奥菲勒斯所称的*ingenium*，是勤奋的产物。

琴尼诺的《艺匠手册》正是在这种后期的社会背景下撰写的。他说，这本书是“给任何想要进入这个行业的人看的，让他们有丰厚的

---

* master piece现在意指“杰作”。——译注

回报”，而不是为了更多地荣耀神。对琴尼诺来说，驱使人成为艺术家的灵感不是神启，尽管他会乞灵于“全能的上帝，包括圣父、圣子和圣灵”。不，那不过是艺术创作中的喜悦，虽然经济上的动机也不该受到嘲笑：

> 有些人走这条路，是出于经济拮据和养家需要，想要获利，也是为了职业热情；在这一切之上，应该赞美的是那些出于热情和兴奋的感觉而进入该行业的人们。[10]

这种人文精神与此后的文艺复兴遥遥呼应。然而，琴尼诺的书虽是14世纪晚期的作品，他的视野仍然扎根于中世纪，他的方法和态度显示出与近三个世纪前西奥菲勒斯描述的中世纪实践一脉相承。

未完工的作品

手艺人对艺术的态度反映在中世纪艺术家的作品中。这些作品通常是功能性的和装饰性的：画在祭坛上、墙壁上、书页里，而不是挂在美术馆里。这证明了人类在创造力上的本能，即确定无疑的伟大艺术某种程度上可以“在工作中”产生。 99

中世纪绘画的主要表面是羊皮纸：犊牛、山羊、绵羊和鹿的皮，经干燥、拉伸和打磨，变得精致而平滑——进行化学处理也不少见。要施上碱，把油转化成可溶性皂状盐，从而把它们提炼出来。还要用到明矾，使材料变硬。羊皮纸使用前可能会染色。在色彩最为华丽的作品中，整页整页都用“蛾螺红”涂成鲜艳的紫色，这是著名的推罗紫的一种变化形式，与黄色金箔对比反而更鲜明。

但是，幸存至今的中世纪大型绘画，多数是呈现在木头上，加以雕刻和装饰，经常与两个或更多的铰接木板连接成多联画。木材首先用胶料涂覆，然后用几层底料涂覆，这是一种类似于石膏的底部涂层，可使木材表面光滑。底料由白垩、石膏（硫酸钙）或雪花石膏组成，与胶或明胶结合，使膏剂变硬。细底料（*gesso sottile*）用于不宜模糊的精细雕刻区域，粗底料（*gesso grosso*）用于平涂区域。

底料的制备和施用是一道乏味的工序，因此适合学徒。它却是整个过程的核心和重要的部分，琴尼诺对其操作给出了极为详细的说明。其化学过程绝不是琐碎细微的。普通的熟石膏，是通过加热石膏或雪花石膏来驱除一些结合在矿物结构中的水而制成的。向制成粉末的矿物中加水能使其重新结晶和固化，但是这种重新结晶如果发生在明胶或胶这样的胶料中，速度就会更慢，晶体会更牢固地粘接在一起，结果是形成的固体更硬。

绘于石膏上的壁画在中世纪也极为常见，在教堂以及私人大厅和宫殿中都有。只要墙壁没有暴露于潮湿环境，湿石膏上绘制的壁画效果就会相当可靠；但它需要画家在石膏仍然潮湿时快速完工。奇怪的是，一些画家认为只有天然矿物色料性质才足够稳定，可以在壁画中
100 使用——这种区分在很大程度上是错的，可能严重限制了壁画家的调色板；这些壁画家注意到了一些建议，如意大利人G. B. 阿尔梅尼尼在1587年提出的：

> 人造色料在湿壁画中从来就不好用，也没有任何技术可以使它们长久不变色……就让愚笨的画家守着自己运用朱砂和上好色淀的秘密吧，没有人羡慕他们；总有一天，他们的画会变成丑陋的涂鸦。[11]

琴尼诺本人经由乔托的教子塔代奥·加迪和塔代奥的儿子阿尼奥洛(琴尼诺的老师)，自豪地把他的湿壁画技术追溯到了佛罗伦萨艺术家乔托·迪·邦多纳(约1266—1337)。乔托在帕多瓦的阿雷纳礼拜堂有一幅湿壁画(约1305)(彩图4.3)，其中的蓝色天空今天仍然光彩照人，正如14世纪时参观者得到保证能在炼狱中少待一年零四十天时那样。

乔托也是干壁画绘画大师，他在佛罗伦萨佩鲁齐礼拜堂的作品就是明证。这种技术与木板画[*]一样，需要为色料提供黏合剂或坦培拉。坦培拉(来自拉丁语*temperare*，意为混合)把色料颗粒稳定于适当的位置。在意大利，直到15世纪，木板画的主要黏合剂都是蛋黄。色料与蛋黄和少量水混合形成流体色浆，干燥后形成不透明、光滑且耐久的成品表面。蛋黄是天然乳剂，是分散在水中的油性水滴。中世纪的画家可能会把多种物质添加到鸡蛋坦培拉中，以提升其效能。例如加入醋，部分用以防腐(其酸性能抑制某些细菌)，部分是为抵消过度的油性(这使得颜料难以施用)。无花果树汁、肥皂、蜂蜜和糖在各个时代的多种配方中曾被提及，但20世纪旧式绘画技法权威马克斯·德尔纳反对如此掺杂："坦培拉的配方无穷无尽，数量多得令人难以置信。其中多数不仅是无用的，而且无疑是有害的。"

鸡蛋坦培拉干得比较快，艺术家必须迅速作画，特别是在调和不同色彩时。干燥的、经年的坦培拉颜料实际上是防水的，如果制备得
巧妙，褪色比油画颜料还慢。中世纪坦培拉木板画中的部分色彩比文 101
艺复兴油画中的色彩还要生动。另一方面，由于这种颜料缺乏油料的柔韧性，木板如果由于温度或湿度的变化而膨胀或收缩，则容易裂开。

---

* 原文panel painting，一种古老的绘画方式，在或单张或拼凑的木板上完成。在古希腊和古罗马备受推崇，但幸存至今的作品极少。——译注

琴尼诺提供了鸡蛋坦培拉的多个处方，他的书在19世纪的重现和翻译，再度唤起了对此种画法的兴趣。他不是推荐把蛋黄用作万能的黏合剂，而是推荐只把它用于特定色料，因为其相容性部分取决于蛋黄如何影响色料的光学性能。琴尼诺警告说，一些色料，如蓝色和某些混合而成的绿色，只能与胶料（主要是明胶和胶水）一起使用，通过将羊皮纸或兔皮的剪屑或碎片煮熟制成。与鸡蛋坦培拉不同，色料悬浮在胶料中的颜料通常称为“胶画颜料”。

蛋清用作彩饰手抄本的黏合剂时，名为蛋清胶。它通过敲打而液化，再被静置或用海绵反复挤压。11世纪的手稿《论亮度》（*De clarea*）提醒了敲打不足可能发生的危险：“与色彩混合时，会使色彩像线一般连成一串，完全被毁。”

油画的起源问题相当复杂，且充满争议，我将在下一章再谈。在这里只需说明，虽然油画技巧是在15世纪和16世纪，即文艺复兴盛期在整个欧洲变得极为出色的，还是有明确证据表明其在更早期就得到运用，特别是在北欧。但油性颜料长期以来被认为是一种劣等媒介，只适合要求不高的室内装饰：西奥菲勒斯描述了亚麻籽油被当作黏合剂，用在“把门涂红”的涂料中。

中世纪的颜色

西奥菲勒斯在这段文字中提到的红色色料是红丹和辰砂，和大多
102 数其他中世纪色料一样，它们是从古代传下来的。然而，也有新的发现，而且炼金术在颜色创新和提供制造颜料的系统技术两方面都发挥了重要作用。

近处和远方的蓝色

这些新色料中最显赫的是浓郁的蓝色群青，经由费力的过程（我将在第十章更详细地讨论）从蓝色矿物青金石中制成。从埃及文明的开端起，这种半宝石就被广泛用作装饰品，但没有迹象表明，它在古代被用作色料。似乎可能的是，提取蓝色色料的工艺是由炼金术士发明的。

青金石主要发现于东方。在整个中世纪，其主要矿藏在阿富汗，那里的一些6世纪和7世纪的壁画中发现了一种粗糙的群青。它在西方的使用直到14世纪才变得普遍。这个名字反映了该色料身为远途进口物品的地位：1464年，意大利的A. A. 菲拉雷特在《论建筑》（*Trattato dell'Architettura*）中写道："上好的蓝色来源于石头，来自辽阔的海洋，因此被称为群青。"再考虑到提取过程的难度，这就意味着此种色料相当昂贵且备受珍视。

蓝铜矿作为一种"碱式"碳酸铜（见第34页），是一种成本更低（但绝对算不上便宜）的蓝色。它的来源更接近于西方艺术家的故乡：其矿藏位于法国东部、匈牙利、德国和西班牙。罗马人使用它：对普林尼来说此矿物被称为*lapis armenius*，反映了它的亚美尼亚渊源。蓝铜矿在中世纪英国经常被称为德国蔚蓝（azure of Almayne）；德国人自己称之为*Bergblau*，即"山蓝"。阿尔布雷希特·丢勒和他的大部分同胞一样，主要依靠当地的蓝铜矿作为最好的蓝色，正如卡斯帕·沙伊特在1552年的一首诗中所赞颂的：

数日之后，
他们跨过萨尔河。 103

毗邻此地，有座蓝色山峦，
丢勒调色板上的颜色
在他生前就取自这里。[12]

在中世纪，表示“蔚蓝”(azure，来自中世纪拉丁语*lazurium*，其本身又来自波斯语*lajoard*，即“蓝色”)的颜色可以同时指蓝铜矿或一般的蓝色：当一个颜色术语本身附着于(或来源于)某种材料时，就会产生这样的语义模糊。蓝铜矿与青金石有可能混淆是显而易见的：两者名义上被区别为“来自海这边的蓝色”(citramarine azure)和“来自海那边的蓝色”(ultramarine azure)，且化学成分迥异，但外观相似。要区分开它们，细心的药剂师或颜料制造师会加热矿物碎片的一个小样品，直到它变得又红又烫：蓝铜矿在冷却时变黑，而青金石不会。这项测试在中世纪的许多汇编本中都曾提到；事实上，赫拉克利乌斯甚至提出把它作为一种手段，来制备绘制瓶子用的黑色，虽然很难相信，许多工匠会甘愿以这种方式浪费宝贵的蓝铜矿。同时，画家不得不时时警惕，以避免受骗或仅仅是产生误解：有人提出，丢勒有时会用蓝铜矿作画，但他认为那是群青。事情的复杂性在15世纪的博洛尼亚手稿《颜色的秘密》(*Segreti Per Colori*)中显而易见，这份手稿中整页整页都是制备“各种天然蔚蓝”的多样配方，极少明确提及它们矿物来源的不同之处。

如果精细研磨，蓝铜矿会显出一种淡淡的天蓝色相，带有一丝绿色——对描绘天空极为理想，但不如群青那丰富的紫色。要想色调更深，则需要研磨得粗糙些，这样会使色料难以施用且略呈半透明状。随后则要用到与胶类似的胶料，而不是鸡蛋坦培拉，来牢固地固定住大颗粒，并且需要有多个涂层来产生饱和的不透明颜色。产生的效果可能相当漂亮，每个粗颗粒都闪闪发光，就像一块块小宝石。中世纪的许多合约中

都指定使用蓝铜矿，如果使用的是群青，那就是奢华的巅峰了。 104

在圣巴塞洛缪大师绘制的《圣彼得和圣多萝西》（*Saints Peter and Dorothy*，约1505—1510）中，艺术家使用了两种不同等级的蓝铜矿来获得不同的颜色。圣彼得的长袍是一种浓烈的深蓝色，用最上等的蓝铜矿来表现，大师想必耗资不菲（彩图4.4）。但是绿色袖口使用的是更便宜的等级，其中较亮的暗部是由尺寸小一些的色料颗粒形成的（见第32页）。

中世纪艺术家所用蓝色的其他来源是染料，即菘蓝和靛蓝。它们的色调偏绿或偏黑，不是特别吸引人，虽然在用白色提亮以后这种颜色也相当赏心悦目。从靛蓝制备一种色淀色料的描述见于12世纪的一部手稿：研磨后的白色大理石，在“……放入热粪中一天一夜”后，与来自大锅的泡沫混合，“衣服在此锅中被染成靛蓝色”。作者说，“待干燥后……就获得了上好的蔚蓝色”，并补充说白铅也可以用作载体材料。琴尼诺描述了“一种与蓝铜矿相似的天蓝”，可以通过混合“巴格达靛蓝”与白铅或石灰白制成。

穿越彩虹

在这些传统的蓝色染料之外，中世纪增加了另一种：巴豆紫或“书页”（folium），是从中世纪被学者们称为*morella*的植物中提取的，经确认它就是染料沙戟（*Crozophora tinctoria*），原产于法国南部，在普罗旺斯被称为*maurelle*。其拉丁名*folium*可能来源于一种做法，即将着色剂以被这种物质浸透的布料的形式保存，放置在书的页面（*folia*）之间。巴豆紫（Turnsole）是从*torna-ad-solem*来的，意即“向阳”，这是产生这种染料的植物的特征。

为了提取"书页"着色剂，蒴果被聚拢并轻轻挤压。布被反复地浸入汁液中再晾干，直至被完全渗透。用水或蛋清胶弄湿一小块布，将现出干燥后的颜色。其透明的成品表面对于手抄本的彩饰来说尤
105 为理想。

然而，*morella*的新鲜汁液不是蓝色，而是红色。西奥菲勒斯告诉我们，事实上有"三种'书页'，一种是红色，另一种是紫色，第三种是蓝色"。为何种类如此繁多？巴豆紫是广义的植物提取物的一个代表，这类提取物根据溶液的酸度改变颜色：在酸性溶液中呈红色，中性溶液中呈紫色，碱性溶液中呈蓝色。石蕊是斯堪的纳维亚地衣的提取物，是另一个代表，红色甘蓝的汁液也是代表之一。此类物质在今天仍然作为"指示剂"应用于化学，通过颜色变化来表示溶液的pH值（酸度）。

罗伯特·波义耳是最先从化学角度研究这些变化的人之一。在《颜色实验史》（*Experimental History of Colours*, 1664）中，他把巴豆紫列入从浆果、水果和花得出的一系列提取物中，这些提取物有着相同的属性。波义耳揭示出，对颜色变化的认识来源于艺术领域，并首次提出这样的知识或许可以用于测量酸度。一百年后，该测量方式发展成滴定这种化学分析技术。

西奥菲勒斯描述了如何使用石灰和钾碱这两种碱，从酸性红色植物汁液中制备紫色和蓝色"书页"。颜色变化的可逆性似乎没有被注意到——也许是因为需要有相当强的酸才能实现，而14世纪之前已知的唯一的酸是弱有机酸，如醋和果汁。然而，由于空气中的水分略带酸性，蓝色形式的巴豆紫具有随着时间推移向紫色变化的自然趋势。

"书页"是中世纪艺术家知道的极少数紫色着色剂之一，"巴豆

紫”则在14世纪的意大利备受推崇。一些画家使用从地衣提取的紫色染料，它叫作苔色素 (archil或orchil) 。在中世纪初期，从英国和法国海岸原产的贝类中提取的偏紫色的“蛾螺红”被用于羊皮纸的染色。毫无疑问，其提取过程的艰难并不逊于古代的推罗紫，而且在8世纪后它很少被使用：“书页”更易提取，且颜色更好。然而，中世纪木板画中的多数紫色，是通过将蓝色 (例如蓝铜矿) 与红色色淀混合而制成的。相较于有机提取物的柔和蓝紫色，画家们似乎更喜欢由绯红色淀 106
提供的偏紫的红色。

红　　木

一直到20世纪，朱砂都是画家最好的红色色料，地位稳固。但中世纪画家广泛使用由染料制造的红色色淀色料。胭脂虫红绯红色淀使用广泛，紫胶色淀在15世纪的佛罗伦萨也相当常见。另一种红色染料是从巴西木 (*Caesalpinia braziliensis*) 的根中提取的，这种树是从锡兰途经亚历山大引入中世纪欧洲的。在新世界被发现之后，此染料又从牙买加和南美洲原生的巴西苏木 (*Caesalpinia crista*) 中获得，并且最终把它的名字赋予了一个国家。

红色染料的提取，是通过将木粉在碱液或明矾中浸泡和煮沸完成的。色淀色料的制作，则是通过将明矾添加到碱液中或反向操作，使被染料包裹的矾土颗粒沉淀。在此过程中加入白色物质如白垩、白铅、大理石粉或蛋壳粉末，会使色料呈玫瑰红色；在英国，巴西红色淀也叫玫瑰色 (roset) 。

一些历史学家认为，巴西红提供了中世纪最重要的红色色淀；它肯定比来自昆虫的胭脂虫红色淀便宜。丹尼尔·汤普森声称：“中世纪的巴西红颜料用于绘画和染色两种用途的数量都是巨大的。”然而，在中世纪画作中，这种色料一次也没有被确切发现过，因此上述说法必须谨慎对待。直到相对晚近的时期，早期色淀色料中的染料还难以通过化学方式鉴定，我们对其用途的认识多数还是基于假设。虽然《绘画小窍门》这样的配方书表明，胭脂虫红之类的红色染料广为人知，但是它们转化为色淀色料的过程困难而复杂，可能直到文艺复兴之前都没有完善。此外，人们都知道，巴西红暴露在光线下则极易跑色（容易褪色），因此有时会被染匠行会禁止使用。出于同样的原因，木板画家
107 可能也避免使用它们。

在中世纪晚期，另外两种红色染料，即来自北欧的茜草红和来自波兰的胭脂，开始出现。茜草红染料是从茜草属植物染色茜草（*Rubia tinctorum*）的根部提取，这种植物至少从13世纪开始在欧洲栽培。茜草红色淀比巴西红色淀更耐久，但也更难制作。它是17世纪至19世纪的艺术家调色板上的宠儿，但在中世纪却难觅踪影。赫拉克利乌斯在10世纪描述了茜草红色淀的一个配方，但这种色淀在木板画中的广泛应用似乎不大可能要等到很久以后。在迪里克·鲍茨的《圣母子与圣彼得和圣保罗》（*The Virgin and Child with Saints Peter and Paul*，约1460）中就用了茜草红，而泽兰省广阔的茜草田，则使其在15世纪荷兰画家笔下比在其他地方的同时代画家笔下更常出现。

要想获得由胭脂制成的绯红色淀，通常耗资不菲。要从东欧的多年生线球草属植物中获得胭脂虫，必须挖起这种植物，用手剥掉树脂状的虫壳，随后再把植物放回土里。只有两个星期的收获窗口期，传统上是在6月24日圣约翰节之后。如果这种作物歉收，价格就会飙升。在15世纪初的佛罗伦萨，这种波兰胭脂的价格是地中海胭脂虫红的两倍。

关于红色色料，语言上似乎有一些引起混乱的地方。我们之前看到，普林尼的*sinopis*，一种来自黑海边西诺普的暗淡的红赭石，产生了中世纪的颜色术语*sinople*，既可以表示红色也可以表示绿色。在中世纪的英格兰和法国，另一种拉丁名为*sinopis*的色料是一种复杂的红色色淀，由“茜草红和灰色……以及巴西红和紫胶”组成。这种物质，在英语中有时被称为cynopre或cynople，在14世纪和15世纪流行开来。然而当琴尼诺谈到“sinoper”时，指的是一种矿物，他说这是一种“天然色彩”，也被称为斑岩。此外，“所能获得的最好看、颜色最浅的sinoper”被他称为cinabrese，造成了与辰砂 (cinnabar) 的进一步混淆。或许最好的做法是，我们先把这些语义含糊放在一边，仅仅得出一个结论：中世纪的技术人员对于制备复杂的红色色淀，既发现了原因又发现了技术手段，这些颜料之间的区别，即使当时清晰明了，我们现在 108
也无从得知。

镀金复合体

炼金术士无法为画家召唤出的那种颜色，也是画家们最着力想创造出来的。受斜照的阳光启发，金色使中世纪的祭坛画光芒四溢。在拜占庭教堂，如拉文纳的6世纪圣维塔莱教堂，金色马赛克瓷砖创造了闪烁着神圣光芒的圆顶。不论群青或朱砂成本几何，金色在古代引起的联想都使它具有超验价值。

黄金是皇室之物，还有什么比在神圣艺术中把它献给神更为虔诚呢？与银和其他金属不同，黄金似乎不受时光流逝的影响：它不会失去光泽，敛息华彩。

中世纪艺术中黄金的使用无比清晰地告诉我们，材料的性质优先于任何现实考虑。至少在14世纪之前，祭坛木板画上的圣者画像周围环绕的不是大自然的天空或树叶，也不是帷幔或砖石建筑，而是既无深度又无阴影的金色区域。

在后来的时代，这种金属光泽被外推到固定画布的镀金框架上；但对于中世纪的艺术家来说，黄金本身就是一种颜料。黄金以薄片，即金叶的形式被施用于涂了底料的画板上。没有必要从药剂师那里采购这种颜料，每个富人的钱包中都有。中世纪的工匠，由于不受货币保护法的限制，制作金叶时是通过一遍遍锤击金币，把它们变得极薄，几乎感受不到重量。

这项任务是由专业的金箔匠完成的，甚至进入20世纪后，他们仍以中世纪意大利的金币达克特来称量金叶的重量。箔片的厚度由从单个达克特敲打出的金叶（每片约8.5厘米见方）的数量来确定。琴尼
109 诺给出了各种用途的理想厚度：

> 告诉你吧，对于用在平面［画板］上的金子，从1达克特中得到的金叶不应超过100片，但他们却弄出了146片；因为用于平面上的金子不想做得那么有光泽。要想在买黄金时确定买到真货，就从做金箔的好手那里买吧，仔细察看，如果发现有波纹、不光滑，像山羊羊皮纸，就可以确定是上品。用于模具或叶饰中时，黄金最好薄一些；对于带有黏附剂的精致装饰品来说，金子则应该极薄，像蛛网那样。[13]

只要一点点湿气，就能将这些纤细的薄片黏合到任何表面上。蛋清胶、树胶、蜂蜜和植物汁液都被用来将金叶粘到手抄本羊皮纸上。它们被称为“水性黏附剂”，一种黏附（“咬定”或固着）金子的水溶性

物质。由于潮湿使水性黏附剂松散，通常需要用清漆把金子固着在画板上。或者，木板画家可以使用油基黏附剂，通常与少量彩色色料混合。

黏附的金叶能贴合下层表面的各种不规则性，使其散射光线。这就产生了相当平坦、不透明的黄色外观。只有通过用硬物摩擦使表面平滑（抛光），才能恢复该金属的反射光泽。为做到这一点，通常是用磨成圆形的石头或齿状物：赫拉克利乌斯说，一旦金叶快速干燥，“用一只凶猛的熊的牙齿就能把它变得光彩照人”。“抛光”一词的字面意思是“变成棕色”，因为它使阴影部分的金子变暗，同时使高光部分更具反射性。“随后，金子就由自身的一片鲜明变得几乎黯然无光。”琴尼诺说。

似乎很有可能的是，中世纪木板画的许多黄金“区域”（*fondo d'oro*），在把场景中的其他元素加到最外一层表面之前，都被摩擦得亮光闪闪，平滑如镜。而现在，它们通常看起来像未经抛光一般（彩图4.5），原因是底层色裂开，或时间一长积聚了其他不平整的东西或污染物。手抄本上抛光的金色字母往往表现得更为耐久。

但有些金色背景故意不抛光，把场景固定在闪烁、明亮的光线中。 110
黄金在这里代表着光本身，在文艺复兴时期仍然被大量使用，示意着一种彼岸世界的彩饰。它是光晕的颜色，是圣徒长袍上的高光。琴尼诺建议用少量黄金与绿色颜料混合，“使树看起来像天堂之树”。波提切利在《维纳斯的诞生》（*The Birth of Venus*，约1485）中用金子为他的女神束发，并把金子撒在她身后的树叶上。

这种金子并不是全部都用作金叶，它也用作粉末状色料。但是，由于金是一种柔软的延展性金属，不是脆性矿物，用杵和研钵研磨产生的压力更多地是将金粒接合在一起，而不是将其变成更细小的碎片。赫拉克利乌斯建议在葡萄酒中研磨金子，西奥菲勒斯则详细描述了用于在水中研磨金叶的碾磨机。不过，这么做的结果想必令人沮丧。所以中世纪的工匠不得不深入炼金术的冶金法中，去探索使黄金变硬以便更好研磨的方法。

炼金术确信，金属不过是同一些基本成分的混合物；在观察到金可以与液态的汞混合后，该信念得到了支持。这种汞合金是一种蜡状的膏糊；用布包裹并挤压以去除多余的汞，混合物就会变得硬而脆，易于研磨。加热使汞蒸发，剩下的便是金粉，不过要注意，不要让热量熔化了金粒。另一种技术是将黄金击打成极薄的叶片，然后用蜂蜜或盐研磨，这两样东西都有助于防止金粒结合到一起。上述两种方法在《绘画小窍门》中都曾被提到。

用黄金绘画，也叫金字书写彩饰法，可以创造一些惊人的效果，雅各布·贝利尼的《圣母子与(?)莱奥内洛》[*The Virgin and Child with (?) Leonello d'Este*，约1440]是其中的佼佼者。在这幅画中，圣母的长袍被赋予强光，点状的黄金精细地散布其中，在布料中创造出细腻、柔滑和相当神圣的特征。

难怪中世纪的艺术家似乎很少关心真正的黄色色料——它们不过是黄金那华贵气派的苍白替代品。这些色料的主要用途之一是为银和锡之类的白色金属着色，使它们看似奢华金属。被称为马赛克金
111 (中世纪拉丁语中的*oro musivo*或*aurum musaicum*)的黄色色料，似乎在羊皮纸贴金中被用作“假黄金”。这是一种硫化锡，琴尼诺提供过它的一个配方，在他的所有配方中算得上最复杂的之一；即便以如下方式描述此过程可能也过于简化了：“取盐氨、锡、硫、水银，各部分等量；水银可以略少。将这些成分放入一烧瓶的铁、铜或玻璃中。把这些全部放在火上烧化，然后就结束了。”[14]这种物质是否真正提供了以

假乱真的金的仿制品，这一点尚有疑问；两者间的关联可能既在于外观的描述，也是炼金术理论建构的结果。在提到佛罗伦萨一部中世纪手抄本中的一份色料样品时，汤普森说："必须补充一句才算公平：马赛克金的金色是如此微弱，如果疏于察看，它可能很容易被误认为雌黄甚至赭石。"

雌黄是黄金的另一个富于暗示的替代品，特别是其闪亮的矿物形式。它的名字本身便让人想起这种关联：*auripigmentum*，意即"黄金的颜色"。古人养成了一种独特的炼金术思维，即表面的相似具有更深的根源，因此雌黄本身就包含黄金。普林尼说，罗马皇帝卡利古拉从雌黄的天然矿物形式中提取黄金。由于忌惮其致命性质［普林尼称之为*arrhenicum*，"砒霜"(arsenic) 一词就是从这里来的］，罗马人使用奴隶作为劳力从土地中挖掘它。在琴尼诺的时代，画家使用炼金术士在实验室中制作的合成雌黄；他声称雌黄那"好看的黄色比其他任何颜色都更像金子"，这带有某种制金的意味，似乎不太可能。埃及人的黄色锑酸铅色料可能就是被琴尼诺称为*giallorino*的色料。他说这种色料是"人工生产的，虽然不是通过炼金术"，这引起了很多争论。有些人猜想，琴尼诺指的是在那不勒斯附近的维苏威火山斜坡上发现的一种天然的含铅黄色矿物，由火山作用引起；这样一来，"人工"指的就是由地质而不是人类力量引起的化学转化。在对有史可稽的色料的开创性研究 (1849) 中，玛丽·梅里菲尔德声称，一种"那不勒斯黄"确实是与该地区相关的天然矿物，另一种则是合成锑酸铅。

但是这些与*giallorino*一词究竟有何关联，我们现在很难看出。 112
中世纪画家还使用根据各种配方由氧化铅和氧化锡制成的黄色色料，现在称作铅锡黄。画家们无疑经常把它们混同于锑酸铅，虽然至少到15世纪的时候，炼金术士肯定能分辨氧化锡和氧化锑。梅里菲尔德说，铅黄（黄色氧化铅）也被归到*giallorino*这个名称下面；对我们来说，最明智的做法可能是把后者看作一个总称，表示任何含铅的黄色色料。

使问题更为复杂的是，一种含有铅、锡以及锑的合成黄色色料，由普桑等人发现于17世纪意大利绘画中。看起来，色料制造商此时已经知道如何对制造过程略加掌控，由此也能控制获得的色相。英国人理查德·西蒙兹于1649年至1651年间到访罗马（在那里遇见了普桑），他声称“有三四种铅黄，有的偏红，有的偏黄”。

琴尼诺说得更明确，声称炼金术提供了被他称为“黄木犀草素”（arzica）的黄色色淀，这是由黄色染料植物黄木犀草（*Reseda luteola*）制备的。这种植物有时被称为“染匠的药草”，作为黄色染料甚至到20世纪还在栽培；尤其是，它在为丝绸染色这一用途上备受珍视。由黄木犀草制成的黄色色淀可能光彩夺目且极不透明，提供了雌黄的良好（且无害）的替代物。但琴尼诺对此意兴阑珊，说黄木犀草素“用得很少”，“颜色单薄……露天放置会褪色”。

对于中世纪手抄本彩饰绘制者来说，更重要的是由番红花（*Crocus sativus*）和其他番红花属植物制成的黄色色淀。与蛋清胶混合后，番红花产生强烈的、完全透明的黄色；与蓝铜矿混合后，产生的是鲜明的绿色。琴尼诺说，番红花和铜绿的混合产生“所能想象到的最完美的草色”。

乔治·阿格里科拉记录称，铜绿“首先是从西班牙带到德国的”，我们可以从中再次推断它是阿拉伯炼金术的产物。即使西奥菲勒斯在四个世纪前称之为*viride hispanicum*，在现代德国铜绿仍然被称为*Grünspan*。在格吕内瓦尔德于1528年去世后，被列入他的遗产清单的
113 人造含铜绿色，就直接被称为“炼金术格吕内”（*alchemy grun*）。但中

世纪的*vert de Grèce*暗示着与希腊的渊源;《绘画小窍门》将其称为*viride grecum*。古希腊人肯定使用它,而且不是首先这样做的人群。

铜绿是一种广泛使用但性质叵测的色料。用来制备铜绿的有机酸在某些情况下侵蚀了涂有它们的羊皮纸或纸张,切出整齐的洞,仿佛喜爱绿色的昆虫啃咬的。一些色料如果放在铜绿附近,就很容易败坏。这些缺陷激发了14世纪对绿色替代品的开发,其中主要有两种有机颜色,叫作树液绿和鸢尾绿。

第一种来源于鼠李属植物浆果的汁液,它很浓稠,足以在不加任何黏合剂的情况下使用。加上一些胶,它就成为很好的水彩,而且现在仍然在以这种形式使用(虽然20世纪初作为油画颜料出售的"树液绿"实际上是一种合成的色淀化合物)。鸢尾绿由鸢尾花汁制成,与水混合,也可能是与类似明矾的增稠剂混合,用于手抄本彩饰。这些绿色,与"书页"和黄木犀草素一样,是草地而不是矿山的颜色,勤奋的修士可以直接接触到它们。如赫拉克利乌斯评论的:

> 如果谁出于写作的目的,希望把花朵变成书的页面要求的各种颜色,他就必须清晨在麦田里漫步,然后会发现各种鲜花竞相绽放。[15]

这些天然汁液很适合装饰修士的明亮页面,但放在祭坛画上则不够强韧。

尽管依赖于对古代技术的扭曲记录,中世纪在颜料生产方面仍有大量的创新。与此同时,不断变化的社会结构将绘画移入了新的环境中:从一种宗教背景下与装饰相关的工艺,变成由行会会员为商人或贵族赞助人运用的手艺,绘画主题日益广泛。这种变化反映了更为广

泛的社会变迁，现在神秘和魔法——一个弥漫着精神力量的世界，一
个偶像具有真正权力的世界——让位于商业，贸易比宗教更为重要，
114 世界观变得更为务实。在某种程度上，同样的过程也发生于炼金术本
身，它保持了其神秘根源的虚饰，但是对于琴尼诺这样的工匠来说，炼
金术不过就是一种制造方式罢了。这些趋势在随后的几个世纪中得
出了它们的逻辑结论，在这些世纪中理性力量开始挑战教会的权威，
并且画家们将自己的工作转变为完全世俗的领域：不是神圣的工艺，
115 而是一门关乎学术和智识的“博雅”艺术。

第五章

光影大师

——文艺复兴的荣光

绘画就是，光影组合与所有简单和复杂色彩的多样品质紧密结合在一起。

—— 达·芬奇

我希望，所有种类的颜色尽可能地以一定的优雅和愉悦出现在绘画中。

—— 莱昂·巴蒂斯塔·阿尔贝蒂，《论绘画》

艺术在文艺复兴时期达到顶峰了吗？15世纪和16世纪的绘画虽然想复兴古典时代的理想，却与那段时期众所周知的简朴着色毫不相同。相反，它让人看到的是对原始的、有光泽的丰富颜色的喜爱，这种喜爱，后来直到20世纪的画家使色彩成为艺术的主题时才重新出现。

正是通过文艺复兴时期的艺术家们对颜色的运用，我们才得以区分他们对这种“重生”的不同解读。剥离了中世纪来自神学的确定性，以及它对待绘画的公式化态度（即所谓国际风格），艺术家们被迫寻找新的方法来组织他们所能支配的范围不断扩大的颜色。把平涂区域的昂贵色料当作献给上帝的虔诚礼物已经不再足够了，新的口号是忠于自然。在西方艺术史上，画家第一次按世界在人眼前的本来面目去努力描绘世界。

15世纪和16世纪的实践和理论化学与五个世纪前的情况没有
116 显著不同。进步是渐进式的和演化性的，没有反映在艺术和人文方面的革命性变革。是的，新的色料恰如其分地在绘画中打下它们的烙印——但在艺术史的这个关键时期，没有什么能与19世纪颜色化学方面的技术创新相媲美，在19世纪，艺术的面貌焕然一新。尽管如此，我们不必再去深入了解，对于西方艺术的这个高潮时期给我们留下的作品，色料的获得和使用问题如何打下了深刻的印记。

人文主义理想

15世纪的意大利艺术家认为，自佛罗伦萨画派创始人乔托·迪·邦多纳的时代起，复兴其古典时期祖先的崇高原则的努力就一直在加快步伐。现在回过头来看，乔托的创新几乎是微不足道的，但它推翻了中世纪的艺术正统。他试图以浮雕的方式表现物体，由可以识别来源的彩饰去衬托阴影和高光部分。

这种明和暗作为画家风景的特征的出现，是文艺复兴艺术的一个独特方面。第一次，人和物投下了阴影。结果很明显：对乔托来说，似乎艺术家的想象世界突然栩栩如生了。

不用说，除了引入三维绘画技术，它还给文艺复兴带来更多。乔托的方法是哲学观深刻变化的一个征兆，这种哲学观影响了西方所有知识领域。中世纪的艺术家并不按人物和场景的“真实”面貌来表现它们，原因并不在于他们缺乏这样做的能力或感受力，而是因为这样的目标对他们来说毫无意义。绘画是一种不用语词就能讲故事的方式。关键在于，每个重要的角色都可以在场景中、在合于身份的位置和比例上清楚地被识别，而且其色彩具有象征意义并能增益上主的荣耀。

乔托不接受这种图式化的、叙事性的图解艺术，他赞成的是我们可能天真地称为现实主义的东西。观察者不是像读一本书那样去 117
阅读图像，而是深入场景中，是行为的见证人。乔托擅长的绘制方式，即让人物只见背影、不露脸庞，就是最好的说明，例如在《背叛基督》(*The Betrayal of Christ*，约1305)（彩图5.1）和《哀悼基督》(*The Mourning of Christ*，约1306）中。我们一直都以这种态度看人，但是对于中世纪的画家来说，画入一个不见脸庞的人是没有意义的，这样的人随后仅仅变成一块色斑。同样令人震惊的是，在《背叛基督》中，耶稣几乎完全被犹大的披风遮蔽，披风被涂以那个背叛者衣物的标志性黄色。只有基督的脸仍然可见，而中世纪的艺术家想必会认为，必须显示出神之子的全副荣耀。

在这样的形象中体现着文艺复兴的人文主义观点所固有的一切。真实的人类经验得到强调，神学那永恒的、超越的真理则靠后了。宗教场景包含着看起来活生生的人，而不是卡通般的人；他们显现的样子，就像他们在那一瞬间看起来的模样。可以说，乔托的自然主义使**时间**成为绘画的组成部分——图像不再是不变的符号，而是变得在某一时刻固定于真实的、流逝的时间中。

对画家来说，这一点影响极大。在本质上，一个场景的景象取决于周围环境的光线布置，它会随时间而变化：或黯淡或阴沉，或在强烈的地中海阳光中被漂白，或由夜晚的光亮柔化。这为艺术家提供了创造戏剧性氛围的新的可能性，但它也要求画家对自然的布光效果有透彻的了解。坚持忠于自然使艺术家从中世纪构图的风格化惯例中解放出来，因为自然提供了无限多样的形式和色彩。但同时，自然主义又提出了一个新的挑战，因为没有法则把色彩和物体的和谐安排强加于自然，艺术家却需要这种安排来实现令人愉悦的构图。

除了获得时间的维度，文艺复兴艺术家还获得了在空间中精确定位物体的能力。以佛罗伦萨建筑师菲利波·布鲁内莱斯基 (1377—1446) 为先驱的线性透视法的出现，是在允许艺术家从画板或墙壁的
118 平面空间创造一个世界的过程中，与明暗对比的引入真正相伴发生的。布鲁内莱斯基推导出数学规律，使艺术家能够确定尺寸如何随着距离减小，他的诸多发现被佛罗伦萨画家马萨乔 (1401—1428) 满怀热情地采纳了。

这些创新的基础是承认，为了以自然主义的方式描绘世界，艺术家需要仔细和系统地，也就是说科学地研究自然。要忠实地画出人类形象，画家需要有扎实的解剖学基础。艺术家的技能不是在工坊学徒期通过对刻板惯例死记硬背得来的，而是来自对自然规律和原则的理性理解。

这种对理性的诉求在莱昂·巴蒂斯塔·阿尔贝蒂的著作中是明确的，我们对意大利文艺复兴盛期各种艺术态度的了解，在很大程度上要归功于他。阿尔贝蒂生于热那亚，在佛罗伦萨生活和工作，一度供职于罗马教廷。他的文本表明，阿尔贝蒂和同时代人，尤其是佛罗伦萨的同时代人，多么彻底地摒弃了中世纪对神学的专注。在颇有影响的《论绘画》一书中，阿尔贝蒂说：

> 画家的功能是，在表面上用线条和颜色绘制任何给定的物体，使得在固定距离和中心射线的确定位置处，你看到的呈现出来的东西看起来像是浮雕，正像那些物体一样。[1]

他声称，这一点可以通过应用诸如透视的理性原则来实现。但阿尔贝蒂强调，首先和最重要的是，画家必须努力获得美感。他知道自然并不全是美丽的，于是坚持认为，艺术家应该只选择和组合其最可爱和令人愉快的方面。不过，在此过程中没有什么是主观的。对阿尔贝蒂来说，美并不仰赖注视者的目光，而是一种几乎可以量化的属性，“是所有部分的一种和谐和协调，形成一个整体，根据固定的数字、一定的关系和秩序，按最高和最完美的自然规律，即对称的要求来构成”。因此，美是一种绝对的属性，所有见多识广的观察者在这一点上都会达成共识。 119

这种对比例和谐的强调是佛罗伦萨观念的典型特征。对于佛罗伦萨画派的艺术家来说，绘画中层次最高的元素是对形式的熟练演绎，即有能力画得出色。他们说，颜色是次要的。阿尔贝蒂确实重视色彩的和谐（见第20页），但他不承认色彩有自己内在的美，也不承认它们的有形物质有任何固有的优点。他严厉斥责某些人浪费时间使用黄金和丰富的色彩，却不留心加以恰当的调度。

把艺术家的技巧划分为线条或素描（线构）和色彩，以及关于它们的相对重要性的辩论，成为文艺复兴艺术的重要主题。争吵将一直持续到17世纪晚期；在法国学术界，双方的代表是普桑派和鲁本斯派，两者分别推崇以素淡的普桑和华丽的鲁本斯为典型的风格。但是，讨论最终转向了形式筹划与自发构图的优点对比，而不是线条和着色的优点对比。

一般的说法是，阿尔贝蒂的观念，即线构第一，在佛罗伦萨盛行；而在用色奢华的威尼斯画派，更加强调的是对丰富色彩的运用。但不应忽视的事实是，佛罗伦萨最伟大的大师，包括达·芬奇、米开朗琪罗、拉斐尔，都深入思考过色彩问题。

控制颜色

为什么颜色会成为问题？因为一方面是惯例，另一方面是材料的限制，两者对画家施加的约束意味着：在忠实地描绘自然的愿望，与捕捉自然颜色的途径和方式之间，存在着断裂。虽然朱砂和（某段时间的）群青这类色料的价格逐渐变得不那么让人望而却步，因此其不含杂质的形式也不那么受到崇敬，关于色料混合的禁忌仍然很强大。直到油画方法出现，混色才更容易接受也更为可行（如我们将看到的），
120 这意味着文艺复兴时期的画家能用的颜色范围几乎不比中世纪艺术家们更多，同时却面临着在运用精度上的新的要求。所以，实际上有两个问题。首先，自然比艺术家有更多的色相。第二，中世纪刺眼的朱砂、金色和群青等色域对于艺术家来说是不可接受的，他们的观众不再珍视色料本身，他们的目标是颜色和谐，而不是财富的夸张表现。

和谐构图的难点之一，是颜色的亮度变化（见第52页）会造成不平衡。白色和黄色看起来明亮，完全饱和的蓝色和紫色则显得暗沉。这意味着穿黄色长袍的人物在人群中很显眼，那些穿着蓝色衣服的人则远不够吸引目光。这种情况本身相当糟糕，特别是当画家没有多少选择，只能在人群场景中把每种颜色都用上，以最大限度地实现他那有限的、未经混合的调色板能够表现的所有多样性时。不过，如果蓝色为基督专有、黄色为犹大专有，情况又会糟糕多少！

琴尼诺推荐的色彩渐变方案对这种状况也爱莫能助，他是从乔托那里引申出该方案的。他告诉我们，色料在最深的褶皱中使用时应完全饱和，画家向高光部分推进时，色料要逐渐用白铅增加亮度（彩图5.2）。这样就不会使长袍最深的褶皱暗于完全饱和的色相（该色相对

于黄色来说并不特别暗沉）。

相反，阿尔贝蒂提倡将黑色加入阴影。于是，未经混合的全饱和色彩就出现于中间色中。这样能实现更大的动态范围（明暗之间更大的对比度）和更好的浮雕表现，以及以某种方式趋向亮度差异的均衡化。但它也可能会使颜色看起来有些“脏”：例如，安东尼奥·波拉约洛（约1432—1498）的作品在这方面就深受其困扰。

风格的问题

毫不奇怪，解决这些困难的独特方案没有出现。相反，我们可以在意大利古代大师的作品中看出多种组织颜色的不同方法。然而，它们的实践者似乎不太可能以系统和规范的方式应用这些方案；使用其 121
中一种也不意味着排除其他方案。15世纪末毕竟是一段风格实验的时期——因为风格，而不是技术上的技巧，正在成为画家最具市场价值的特征。此外，在颜色的运用上，甚于在艺术的任何其他方面，教条的体系从来没有成功地使直觉变得可有可无。

达·芬奇也许是佛罗伦萨画派中地位最高的自然主义者，因此也是最有条理的画家之一。他观察自然的形状、形式和模式时的专注，从他那些非凡的笔记本中便可窥见一斑（尽管达·芬奇从这些形状、形式和模式中得出的结论很少前后连贯）。和阿尔贝蒂一样，达·芬奇认为艺术的创造和判断是一个理性的过程。但是，他无意如阿尔贝蒂建议的那样，试图通过适当选择自然中最好的特征来改善自然。他显示了自然的本来面目，不论是美丽的还是丑陋的；事实上，他认为丑陋可能和金属箔片一样有用，能使美越发散发出明亮的光泽。阿尔贝蒂则坚持认为，人物应该符合单一的和谐理想，这导致波拉约洛的《圣塞巴斯蒂安的殉难》(*The Martyrdom of St Sebastian*, 1475) 中六个弓箭手不自然的统一，或彼得罗·佩鲁吉诺的《圣母向圣伯纳德显灵》(*The Virgin Appearing to St Bernard*, 约1490) 中妇女们乏味的无精打采。

达·芬奇仔细研究了色彩。一种观念认为，物体具有内在颜色，独立于光照条件、反射等，这是西方艺术中一种长期存在的谬论；达·芬奇的精明观察让他隐约感觉到其本质上的虚妄。在描述一次混合色光的实验时，他甚至犹豫着要不要确立加色混合和减色混合之间长期混淆的区别 (见第42—44页)。可惜，他从来没有做过这个实验。如果做了，他会惊讶地发现，蓝色光和黄色光结合不会像他声称的那样，形成一种“最美丽的绿色”，而是形成白色。

达·芬奇对文艺复兴时期色彩运用的主要贡献是，他通过一种方式，以极为有限的亮度范围内不饱和的中性颜色创造了色调统一。为了统一的整体，他牺牲了鲜明的色彩，使用柔和的绿色、蓝色和土质
122 色彩，这些色彩的中间色——用于既不在高光部分也不在阴影处的表面——具有相似的亮度。这就为更均匀地描绘浮雕般的画面留出了余地，但其效果几乎谈不上令人愉悦。达·芬奇觉得强烈的色调对比令人眼花缭乱，应该避免，并建议使用柔和的光照：“若想制作一幅肖像，就选在阴暗的天气或夜晚降临时吧。”蒙娜丽莎 [《蒙娜丽莎》(*La Gioconda*, 约1502)] 表情的神秘和暧昧，很大程度上要归功于这样的方法和原则。

达·芬奇极少数幸存的画作，由于他的渐隐法 (*sfumato*，字面意思为“如烟似雾”) 而显得更加阴沉。这些图画在远离焦点的地方混合成昏暗的阴影，颜色从那里被过滤掉，直到只剩下一种黑暗的单色。渐变阴影的这种运用使艺术家可以把人的目光导向任何地方，只要将这些地方沐浴在柔和、朦胧的光中 (彩图5.3)。为了实现这种低调

的色调统一，达·芬奇将他的色料涂在中性的灰色或棕色底层色（“底子”）上。

与渐隐法结合并容易与之混淆的是明暗对照法，这种技法有时也会不恰当地被归功于达·芬奇。这种风格的字面意思是“亮部和暗部”，它描绘的阴影比如烟似雾更黑，亮部会突然和激烈地过渡到暗部。与达·芬奇的渐隐法相比，它对色调的限制更少，各种颜色的中间色几乎以最高强度出现。结果可能极为醒目，如柯雷乔（约1489—1534）和卡拉瓦乔（1573—1610）的画作所表明的。卡拉瓦乔的人物在无法穿透的黑暗中显得更为醒目，结果颜色经常在强光中变淡、变弱。在《基督下葬》(*The Burial of Christ*, 1604) 中，高亮的人物那病态的肉身和白色的衣饰只有土红色才能缓和。在《圣马太蒙召》(*The Calling of St Matthew*, 1599—1600) 中，几个人物的袖子那丰富的红色天鹅绒，在从一个高高的窗口透出的倾斜光线捕捉到的朴素的土质色相中，更清晰地散发着光亮。这些作品将色彩置于严格的约束之下，如何组织颜料的问题几乎没有出现。

渐隐法和明暗对照法一起构成了文艺复兴时期的所谓“深暗法”。相比之下，活泼、大胆的颜色标示着被称为统合法 (*unione*) 的风格，这种风格与拉斐尔的早期作品相关联。拉斐尔·桑蒂（1483—
1520）运用色彩的方式颇为令人愉悦，他的素描技巧摧毁了一个观 123
念，即他那个时代的艺术家们不得不在线构和色彩之间进行选择。他的天才之处在于找到一种运用鲜明色相，同时又使这些色相仍然处于和谐的平衡中的方法。拉斐尔避免了生硬的对比：《阿尔巴圣母》(*Madonna Alba*, 1511) 中圣母长袍的群青蓝用铅白进行了柔化，《大公爵圣母》(*The Madonna del Granduca*, 约1505)（彩图5.4）中亮红和水蓝色之间的反差，通过暗影和肉色色调的金色光亮实现了和谐。拉斐尔运用这些色彩的能力看起来几乎出神入化，他的同时代人也如此认为。佛罗伦萨作家和艺术家乔治·瓦萨里曾确定地声称，“当各种不同色彩和谐共存时，绘画中的统一就形成了”；他的崇拜之情溢于言表：“不用担心前后矛盾，我们可以声称：像拉斐尔这样怀有天纵之才的艺术家不只是人，而且是长着肉身的神，如果允许这样说的话。”[2]

如果说在瓦萨里的眼中，有什么人比拉斐尔更有资格被奉若神明，那就是米开朗琪罗：

> 我们生活在一个多么幸福的时代！我们的工匠们是多么幸运，他们从米开朗琪罗那里领受到光明和远见，他们遭遇的困难被这位令人赞叹和无与伦比的艺术家弭平！你们艺术家应该为所发生的事感谢上帝，并在一切所作所为中以米开朗琪罗为榜样。[3]

米开朗琪罗（1475—1564）主攻湿壁画技法，在这方面他比人们有时认为的更是一位着色师。当代人对米开朗琪罗在西斯廷礼拜堂天花板上的壁画进行了清洗，显露出的明亮颜色让那些习惯了其柔和色调的人大为震惊。不过，他实现颜色和谐是通过一条大胆而不寻常的道路。统合法用强烈的色彩去追求渐隐法试图用更为暗淡的方式追求的东西：消除色调的对比。相反，一种被称为换色法（*cangiantismo*）的技巧（米开朗琪罗对其用心颇甚）通过改变色相而不是色调来平衡不同的色值。物体在高光下是一种颜色，在阴影中可能会变为另一种颜色。这是对颜色的一种人为使用（除非被用来描绘像
124 丝绸这样的“变色”织物，这种织物看上去就是如此），但它很“聪明”且引人注目：正是它吸引着16世纪后期的手法主义画家，如弗朗切斯

科·萨尔维亚蒂和瓦萨里本人。然而，即使是他们也接受了一个体统，禁止这样的俗艳被滥施于如圣母马利亚这样备受尊敬的人物。

米开朗琪罗使用换色法在他的部分图像中显示一种“出世感”，这与人文主义者渴望客观、科学的真理的特质正好相悖。然而，对米开朗琪罗来说，没有什么比美更为重要。不过这不是阿尔贝蒂的理性美，而是某种完全不可比较的东西。米开朗琪罗无暇顾及有科学倾向的理论家：“所有的几何和算术推理，以及所有的透视法证据，对一个没有眼睛的人来说毫无用处。”在这方面，他是手法主义画家的先声，后者把艺术中的直觉判断和“审美趣味”问题提升到理性之上。

油的变化

意大利文艺复兴盛期的艺术极大地受惠于从北部输入的技术创新，有一个相当令人愉悦的讽刺针对的就是其受惠的方式；当时北部是“哥特式”风格的来源，对意大利人来说代表着与中世纪相关的所有野蛮和粗鲁的东西。即使是爱国的瓦萨里，那个认为佛罗伦萨画派无法超越的人，也讲述了油画是如何从荷兰被带到他的家乡；瓦萨里告诉我们，在荷兰它是由布鲁日的约翰在佛兰德斯发明的。这个约翰就是佛兰德斯画家扬·凡·艾克（约1390—1441）。

双重的扭曲是，瓦萨里实际上把很多本不属于凡·艾克的东西归给了他。凡·艾克肯定不是第一个使用油料作为色料黏合剂的人；在安东内洛·德·梅西纳学习凡·艾克的方法，并于15世纪70年代将它们带回南部（瓦萨里正是这么说的）之前，甚至连意大利人都在这样做了。但是，确实是凡·艾克发现了如何释放这种新调色剂的真正潜力。

用作色料黏合剂的油是所谓的干性油，主要是亚麻籽油、坚果油
125 和罂粟油，它们干燥后形成耐水的弹性薄膜。这种油必须小心地精炼以获得令人满意的干燥性能；有时，像金属盐这样的干燥剂（催干剂）能提供帮助。无论如何，其干燥过程都比鸡蛋坦培拉要慢：需要数小时甚至数天，而不是几分钟。在中世纪，这被视为一个独特的不便之处。

迪奥斯科里季斯和普林尼描述了坚果油和罂粟油的制备，但没有提及它们作为颜料调色剂的用途。这种应用的第一份书面记录，是由罗马人埃蒂乌斯在5世纪后期留下的，油性上光油（干性油与天然树脂在其中混合）的配方被写在8世纪的一份文件中，它叫作卢卡手抄本。有一个最明显的迹象，表明一种油画技术在凡·艾克的时代之前就已经很成熟，出现在西奥菲勒斯的《论多种技艺》中。在描述了亚麻籽油的制备之后，他说：

> 用这种油在没有水的石头上研磨一些红丹或辰砂，用刷子把它铺在门上或木板上，以便在阳光下晒红或晒干……所有种类的色料可以用这同一种油研磨，放在木制品上，但只能放在可以在阳光下晒干的东西上，因为一旦放上一种色料，在它干透之前就不能再放第二种。如果画的是人像，这个过程是极为漫长和乏味的。[4]

马克斯·德尔纳指出，西奥菲勒斯（据推测还有那些采纳他的配方的人）把问题搞得更糟，他使用一种常用的橄榄油榨油机从亚麻籽中榨出亚麻籽油。橄榄油是一种所谓的非干性油，事实也的确如此；榨油机如果清洁得不彻底，哪怕很轻微的污染也会产生严重后果。“难

怪亚麻籽油不会干！”德尔纳怒喝道。

油性颜料的透明特征也使它们适于为金属着色：薄的红色涂层（透明色层）被施用于黄金，使其看起来更有光泽（越红越好），罩在锡上的黄色透明色层则被用作黄金的廉价仿制品。

看起来，凡·艾克的贡献是将油性颜料从坏名声中拯救出来。他 126
意识到，罩色过程对艺术家来说意义非凡，他们通过审慎的技术和耐心，可以获得深沉、浓郁和稳定的颜色，这些颜色是鸡蛋坦培拉永远无法媲美的。他把罩色从一种工匠的装饰技术，发展成一种适于最精细绘画的方法。

凡·艾克的技法是用油料为坦培拉底子罩色，把后者的快速干燥与前者的丰富光泽和调和能力结合起来。因此，认为画家是突然放弃坦培拉画法而转向这种新方法是错误的：两者共存了很长时间，而且非常适应这样的密切关系。坦培拉和油料的混合在15世纪艺术中相当常见；最早的例子之一是柯西莫·图拉华丽的《寓言人物》（*Allegorical Figure*，约1459—1463）（彩图11.2）。

透明色层的作用是充当一种滤色器：罩在蓝色底子上的红色色淀将它变成丰富的紫色。通过仔细建立油性透明色层，凡·艾克获得了饱和的、宝石般的颜色，在今天看起来充满美感，在那个时代必定也是如此。很难想象他的《凡·德·皮尔教士的圣母子》（*Virgin of the Canon van der Paele*，1436）曾经比现在色彩更为丰富；他的《阿尔诺芬尼夫妇像》（*Arnolfini Marriage*，1434）（彩图5.5）那美妙的色度，使其成为西方经典中最受推崇的作品之一。

这些技术是否由凡·艾克单独创造，这一点尚不清楚。但是它们被15世纪的佛兰德斯画家们广泛使用，其中一些人，例如罗吉尔·凡·德尔·维登（1400?—1464），在到访威尼斯期间把他们的知识带到了南部。意大利人在15世纪已经在尝试用油性颜料作画；到该世纪末，这种颜料已经成为他们的主要媒介。

油性颜料还有其他优点，这增强了它们的受欢迎程度。在油料中，每个色料颗粒都由一层流体“绝缘”。在坦培拉中彼此产生化学反应的色料，可以稳定地结合在油料中。这样一来，画家在调色板上制备复杂的色料混合物时就不用那么担心了。而此种颜料的慢干性质对自然主义画家来说是有好处的，它提供了在画布上调和色调和模
127 糊轮廓的机会。这对于皮肤色调的描绘尤其恰当：威廉·德·库宁曾经说过，“正是为了描绘肉体，油画才被发明出来”。就这样，坦培拉作品典型的轮廓分明让位于新的风格，因为油料鼓励画家与材料进行身体接触。在生命的尽头，提香被他同时代的一位评论家形容为“更多地用手而不是画笔”作画。

瓦萨里对用油料作画的优点毫不怀疑，他于1550年写道：

> 最有美感的发明，同时也是为绘画艺术带来的一个极大便利，是发现了用油料着色……这种绘画方式激发了色料，除了勤奋和投入再也不需要其他东西，因为油料本身就能使颜色更柔和、更令人愉悦，与其他调色剂相比，油料使颜色更细腻、更容易融合。在作品仍然潮湿时，颜色容易混合，也易于彼此结合；简而言之，通过这种方法，艺术家赋予他们的人物奇妙的优雅、生气和活力。[5]

不过，改变调色剂总是会改变颜料盒。与任何黏合剂一样，油料在携带原始色料的时候都会改变其外观。由于油料的折射率与蛋黄的折射率不同，色料在两者中不一定是相同的颜色（见第38页）。群

青在油料中比在鸡蛋坦培拉中更黑；通过与少量铅白混合，群青能重
新获得浓郁的蓝色。面对纯度方面的这种诟病，群青几乎无法保持其
中世纪的神秘性。同样，作为中世纪的红宝石，朱砂在油料中似乎不
那么鲜亮，而红色色淀则获得了更大的青睐。绿色孔雀石的低折射率
使其在油料中相当透明，用得也就少了。铜绿在油料中也有类似的问
题，通常会与铅白或铅锡黄混合以恢复不透明性。一种叫树脂酸铜的
替代绿色在15世纪中叶前后流行起来，它是在木材树脂中发现的有
机酸的铜盐。至少在北欧，早在14世纪末，人们就知道使用油性调色
剂的这些后果：该时期的一部名为《多种艺术之书》(*Liber diversarum*
artium) 的手抄本警告说，在油料中，“蔚蓝”(群青或蓝铜矿) 变暗，靛 128
蓝不干，朱砂必须与红铅一起使用。这种曾经珍贵的红色如此掺入杂
质，想必吓坏了中世纪的艺术家们。

新之诱惑

树脂酸铜的引入只是一个迹象，表明15世纪的化学技术人员仍在寻找新的颜色。这种色料由铜绿制成，通常是将其与从松树中提取的松节油树脂结合。一位名叫比雷利的佛罗伦萨作家于1601年描述了一个配方：

> 取一磅上好的白色松节油树脂、三盎司的乳香……和半盎司的新蜡。把所有东西放在一个新上釉的小锅里，用炭火以中火煮沸……然后在这些东西里加一盎司的铜绿，一点一点地加，用一根小棍将它们在罐子里混合，以便充分吸收。[6]

类似这样的配制方式给出了可能令人误解的印象，即树脂酸铜是特征突出的色料，其制备有条不紊，深思熟虑。实际情形可没有如此清晰。现在被误认作“树脂酸铜”的一些东西，可能不过是往铜绿中添加一些树脂基上光油，混合成油性颜料所得出的。画家将树脂与其颜料混合以获得更平滑、更有硬度的表面，乃是常见的做法。凡·艾克可能这样做过；关于他“发明”油画画法的传说声称，这源于他的兄弟胡贝特的实验，即寻找一种由煮沸、增稠的油制成的上光油，这种上光油会在阴凉处干燥，以避免日晒造成的裂缝。

由此看来，树脂酸铜是绿色铜盐与树脂的各种混合物在现代的总称；它不是一种孤立的色料，具有群青或红铅那样的明确地位。然而，以某种方式，这种新的绿色在15世纪末和16世纪被热烈地使用，其中的代表人物是乔瓦尼·贝利尼、拉斐尔、杰勒德·大卫、丁托列托和保
129 罗·委罗内塞。但这种绿色随后就快速消失了，这可能表明它的阿喀琉斯之踵已经变得显而易见：树脂酸铜（至少在一些配制方式中）会迅速变暗成为棕色（见第299页）。

可以想象的是，人文主义者专注于将颜色与自然相匹配，使得对于绿色的需求比对其他任何颜色都要大。艺术家克服了他们习惯性的抗拒，即不愿通过混合蓝色和黄色来创造范围广泛的绿色；为此目的甚至用上了珍贵的群青。我们可以确信，这些试图以创新替代传统配方的画家，比以往任何时候都更渴望新的着色剂。

文艺复兴时期的蓝色

依他们的胃口，当然热衷于新的蓝色。在15世纪后期，群青仍然贵得吓人，蓝铜矿也谈不上便宜。那些想要鲜艳的蓝色，同时又负担

不起这两种材料的赞助人或客户，有另一个选择——一种合成的“铜蓝”，它本质上是蓝铜矿（碱式碳酸铜）的人工仿制品。这种色料的构成少有人知，词汇方面的复杂性又为其增加一重模糊。以不同方式生产大致相同物质的制造商，可能会赋予它们不同的名称。由于色料不再被固定于它们的原始物质中，而是变成属性标签甚至抽象的颜色术语，相同的名称可能最终附加于不同的物质。难怪艺术家们并不总是知道自己在使用什么。

例如，对于17世纪的英国艺术家来说，天然蓝铜矿可能还有个别名叫“蓝色灰蓝”(blue bice)，或者就叫“灰蓝”。在14世纪，*bys*只是一个意指“深暗”的形容词；“azure bys”意即深蓝。但是到了15世纪，*bys*或*byse*就真正成为意指蓝色的颜色术语了，也就是说它把自身附着于最常见的蓝色色料，即蓝铜矿上。在17世纪，它似乎没有其他意义。然而到18世纪，我们发现它适用于一种没有特定颜色内涵的物质：“灰蓝”是一种铜基色料（通常是碳酸盐）的属名，可以指蓝色材料，也可以指绿色材料。慢慢地，这个词开始指一种人造铜蓝，正是在 130
此背景下，我们通常在现代文献中遇到它。

在对1600年至1835年艺术家所用色料的出色调查中，罗莎蒙德·哈利区分了蓝色灰蓝和所谓的碳酸铜蓝，后者很显然是一种合成铜色料。不过，碳酸铜蓝已经是一个近乎自相矛盾的说法，因为不难看出，该词源于古法语的*verd de terre*，如果愿意，可以理解成“绿土”。从这一点我们必定会推断出，最初合成的碳酸铜颜料实际上是绿色的，后面才有了蓝色变体。

碳酸铜绿和碳酸铜蓝具有相同的化学成分，它们也是天然蓝铜矿的化学成分：铜、碳酸盐和氢氧离子。但是，即使是碳酸盐与氢氧离子比例的微小变化，也会改变由铜离子赋予的颜色：碳酸盐减少，物质就是偏绿色的。在蓝铜矿中，碳酸盐与氢氧化物一样多；在碳酸铜绿中，氢氧化物是碳酸盐的两倍，就像在铜矿物孔雀石中一样。

这一类别的人造铜色料有时被称为“精炼工的碳酸铜颜料”，反映了它们来源于对银的精炼。原生银通常是与铜的合金。为了去除铜，铜金属被转化成硝酸铜，后者能溶于水。17世纪的瑞士医生泰奥多尔·杜尔哥特·德·梅耶内爵士声称，大约一百年前，银矿工在白垩（碳酸钙）上洒下了一种硝酸铜溶液，白垩立刻就变成绿色。

然而，这个偶然发现的过程也很变化无常，难以控制：有时产生绿色色料，有时产生蓝色的。罗伯特·波义耳在17世纪调查碳酸铜蓝的制造时，就评论过这种不可靠性。1662年，波义耳的同时代人克里斯托弗·梅雷把这种情况描述如下：

> 让人感到奇怪又无比神秘的是，看到如此微小、无法察觉的细节……制造出一种又一种颜色，就像精炼工每天在制备碳酸铜颜料时发现的那样，他们有时把相同材料和数量的这种颜料用于Aqua-fortis［硝酸］，又用相同的铜版和
> 131 白色［白垩］制备相当悦目的碳酸铜颜料，否则制备的就是更浅或更偏向脏绿色的。在这上面他们说不出理由，也无法碰巧发现一条特定规则，能总是使碳酸铜颜料显出悦目的蓝色，这样的蓝色价值是绿色的许多倍，利润丰厚。[7]

这样的难题必定向化学家提出了难以抗拒的挑战和刺激，虽然直到18世纪后期，一个名叫佩尔蒂埃的法国人才能够可重复地制造这两种颜色。生成物是蓝色还是绿色取决于制造时的温度，因此天气的变幻无常似乎可以解释精炼工的困惑。

1.1　阿尼什·卡普尔的《仿佛为了庆祝，我发现了一座红花盛开的山》（1981）覆盖着原始的色料，色料侵占了周围的地板，创造出常规颜料难以媲美的强烈色彩。

1.2　康定斯基的《黄色伴奏》（1924）与乐谱的关联显而易见。

2.1　由米歇尔－欧仁·谢弗勒尔于 1864 年设计的色轮具有平滑渐变的颜色，将彩色印刷技术推到极限。

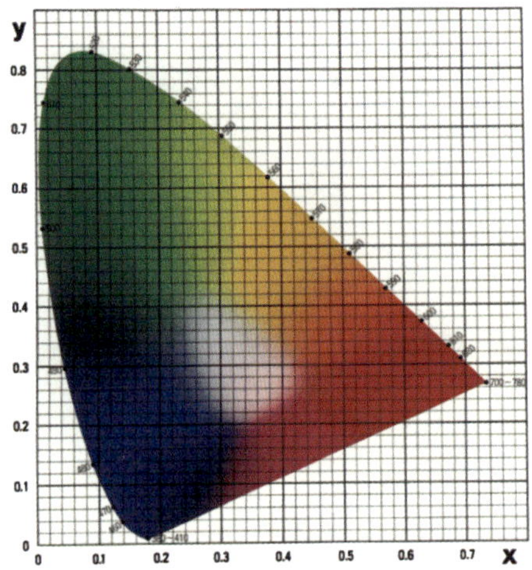

2.2　CIE 色品图是一个现代色轮，调整了形状以对颜色进行精确的科学测量。光谱颜色出现在舌形边缘上，平直的下边缘用非光谱色相将蓝紫色与红色相连接。

2.3　阿尔伯特·孟塞尔的颜色图集中的一页，试图用感觉上相等的级别分隔出的独立板块，来绘制出所有的色彩空间。

3.1 来自西班牙阿尔塔米拉的洞穴艺术，年代为约公元前 15000 年。

3.2 这种用蓝色上釉的石头被称为埃及彩陶，制造时所用的古老技术可能刺激了玻璃的生产和铜的熔炼，以及埃及蓝色料的合成。这是出自塞提一世（第十九王朝，约公元前 1290 年）墓的一个“沙伯提”形象。

3.3 埃及着色风格的丰富性，包括突出使用埃及蓝，在这幅壁画中很明显。它可能来自内巴蒙（第十八土朝，约公元前 1350 年）墓。

3.4 “亚历山大”镶嵌画，来自庞贝的“牧神之家”（公元 79 年前）。这种镶嵌画是公元前 4 世纪希腊艺术家菲洛克塞诺斯的四色绘画的复制品。

3.5 这幅来自庞贝“神秘别墅”的壁画（约公元前 50 年）显示，罗马艺术家并不厌恶明亮的颜色。

4.1 在归为马萨乔和马索利诺作品的祭坛画《圣哲罗姆和施洗者圣约翰》（约 1423—1428）中，圣哲罗姆穿的长袍用的是朱砂独有的明亮橙红。

4.2 工作状态中的中世纪艺术家：女画家塔马尔，助理在她身后研磨颜料。

4.3 帕多瓦的阿雷纳礼拜堂，其中的壁画由乔托绘于1305年前后。

4.4 在圣巴塞洛缪大师绘制的祭坛画《圣彼得和圣多萝西》（约1505—1510）中，圣彼得的长袍由两种不同等级的蓝铜矿绘制：最上等的用于深蓝色长袍，而更浅、更绿、颗粒更小的等级用于袖口。

4.5 中世纪晚期的祭坛画，例如乔瓦尼·达·蓬特的《福音传道者圣约翰升天》（约1410—1420），被金叶增添光彩。显示人物的金色底子往往高度抛光，不过它们反射的光泽已经随着时间流逝变淡。

5.1 在乔托的《背叛基督》（约1305）中，一些人物背对观众，这种景象在程式化的中世纪艺术中几乎难以置信。

5.2 纳尔多·迪·乔内的《施洗者圣约翰、福音传道者圣约翰（?）和圣雅各》（约1365）运用了琴尼诺推荐的渐变法。完全饱和的色料被用于长袍的褶皱，向着高光部分过渡时用白色逐渐提亮。

5.3　达·芬奇的《岩间圣母》（约 1508）显示了他实现渐变效果的渐隐法、阴沉的调色板，以及他使用高光来引导视线的方式。

5.4　拉斐尔的《大公爵圣母》（约 1505），其中的长袍由红色和水蓝色精致地搭配而成。

5.5 扬·凡·艾克的《阿尔诺芬尼夫妇像》(1434)展示了北方文艺复兴时期油画那典型的浓郁的、宝石般的色彩。

5.6 卡洛·克里韦利的《画有圣埃米丢斯的圣母领报》(1486)使用了非自然主义的金色，来标记文艺复兴时期典型场景中的彼岸世界。

5.7　提香的《酒神巴库斯与阿里阿德涅》（1523）是当时几乎所有已知色料的“显示图”。

5.8　提香的《男子肖像》（约 1512）又名《有蓝色袖子的人》，不过这是一种真实的、不断变化的蓝色，而不是中世纪的单色衣纹。端坐者的身份并不确定。

6.1　凡 · 戴克的《骑马的查理一世》（约 1637—1638）代表了巴洛克式调色板的柔和色调。

6.2　保罗·委罗内塞青睐的亮绿色在这幅《三王来朝》（1573）中表现得很明显。

6.3　丁托列托对强烈色彩的运用很明显是威尼斯画派的风格，但结果往往是激情的情节剧，如在《圣乔治和龙》（约1560）中。

6.4　在鲁本斯的《参孙和大利拉》（约 1609）中，可以确定的是，红色关联着性。

6.5　不要被凡·戴克的《慈善》（约 1627—1628）中威尼斯画派的影响所误导；细看之下，他似乎精心地调低了色料的色调强度。

6.6 伦勃朗的《亨德里克耶·施托费尔斯肖像》（约1654—1656）包含了极为复杂的混合色，很难用言语来描述它们的特征。

7.1 透纳的《尤利西斯嘲弄波吕斐摩斯》（1829）首次面世时受到某些人的嘲笑，一位评论家称其“着色疯狂”。

7.2　威廉·霍尔曼·亨特的《凡伦丁从普洛丢斯之手拯救出西尔维娅》（1850—1851），其中的红色、橙色、紫色和绿色显然属于颜色化学的新时代。

8.1　欧仁·德拉克洛瓦的《公寓里的阿尔及利亚女人们》（1834）代表了他的生动风格（用法兰西艺术院的主流标准来衡量，属于“未完成”），以及他对东方才有的大胆颜色的喜爱。

8.2　约翰 · 拉斯金声称，威廉 · 霍尔曼 · 亨特的《英国海岸》（后称为《迷路的羊》，1852）是第一幅真正捕捉到阳光在景观中变幻的画作。注意绵羊的“白色”羊毛色彩是多么丰富。

8.3　克劳德 · 莫奈的《阿让特伊的赛舟会》（1872）对互补色的配对颇有研究：蓝色配橙色，红色配绿色，黄色配蓝紫色。

8.4　印象派画作所用的典型材料。从左上到右下：锌白、铅白、“柠檬黄”（铬酸钡）、铬黄（铬酸铅）、镉黄、那不勒斯黄（锑酸铅）、黄赭石、铬橙（碱式铬酸铅）、朱砂、红赭石、天然茜草红色淀、绯红（胭脂）色淀、舍勒绿（亚砷酸铜）、翡翠绿（乙酰亚砷酸铜）、翠绿（水合氧化铬）、“铬绿”（普鲁士蓝 / 铬黄）、天蓝（锡酸钴）、钴蓝（铝酸钴）、人造群青、象牙黑（骨黑）。

8.5　在奥古斯特·雷诺阿的《泛舟塞纳河》（1879—1880）中，钴蓝和铬橙交相辉映，令人目眩地显示着互补色。

到17世纪，碳酸铜蓝已不仅仅是副产品，它本身在产业方面就受到重视。在法国，它被称为*cendres bleus*，即蓝灰，很容易与被称为群青灰的低级颜料混淆。更糟糕的是，18世纪的一些英国制造商主动把这个名称纳入英语，作为“桑德斯蓝”售卖。有一段时间，这种色料的销售者（或至少是购买者）认为它不同于碳酸铜蓝——或者按后来的叫法，不同于蓝色灰蓝。化学家罗伯特·多西，影响广泛的专著《艺术的侍女》（*The Handmaid to the Arts*，1758）的作者，不无失望地发现，他的桑德斯蓝和碳酸铜蓝完全一样。

中世纪晚期那些据称能从银中制备一种神秘的蓝色物质的配方，其根源或许可以追溯到碳酸铜颜料的制造过程。在制造群青的技术完善之前，这种“银蓝”据说是所有蓝色色料中最好的。配方各不相同，但通常都涉及将银暴露于醋或氨的蒸气中。我们可以假定，银中的铜金属合金通过反应形成蓝色铜盐；不过，其中的神秘之处在于通常的规范要求，即银必须极为纯净，没有铜杂质（中世纪的银匠很善于做到这一点）。常有人声称这些配方源自“撒拉森人”——该事实显示了它们的炼金术起源，所以这里也许暗藏着一些对金属的混淆，一种金属被假定为转化成了另一种。

虽然琴尼诺没有提到人造蓝色铜色料，它们似乎最迟于16世纪 132
就在广泛使用。此种色料相对便宜，大受室内装修设计师的欢迎。到17世纪，精炼工的碳酸铜蓝是用于房屋涂料的常用材料，既可作为水性涂料，也可作为油性涂料。碳酸铜蓝可以在英国许多庄重家庭的墙壁上找到，如在威尔特郡博伍德别墅的大会客厅：它是最早的“商业”色料之一。

多西有更多的理由来谴责商业颜料的粗心命名，或许他没有意识到。如果他买了蓝色灰蓝，可能会发现它完全不是铜基色料，而是极为不同的东西：蓝色的含钴玻璃，被称为“大青”(smalt)。

大青起源不明。传统上将其发明归功于波希米亚玻璃制造商克里斯托夫·舒雷尔，时间约在1540年和1560年之间。但它出现在迪里克·鲍茨的《耶稣下葬》(*The Entombment*，约1455) 中，又与此矛盾，于是又被归于14世纪意大利的玻璃制造商。(乔瓦尼·贝利尼在15世纪后期对大青的使用，被归因于他对玻璃制造技术的兴趣。) 另一种可能性是，它根本不是在欧洲发明的，而是起源于近东。毕竟，古埃及人就用钴矿石来为玻璃着色，波斯人也用它来制造蓝色珐琅和釉料。

钴在多种矿物质中天然存在，尤其是在砷钴矿石，即砷化钴和砷化镍的混合物中。暴露于空气中时，它会形成明亮的蓝色纤维状晶体，矿工称之为“钴花”。这是一种危险的“花”，因为矿物粉尘中的砷化合物含有毒性和腐蚀性。萨克森州钴矿石矿藏丰富，乔治·阿格里科拉在专著《论矿冶》(1556) 中提醒那里的银矿工，要小心“某种*cadmia* [钴/锌矿石]，工人如果湿脚，脚就会被它吃掉，手也类似；它还会伤害他们的肺和眼睛”。在阿格里科拉此书的德语版中，这种邪恶的东西被称作*kobelt*，一个用来指困扰矿山、折磨矿工的侏儒和妖精
133 的名字。学者约翰·马特修斯在1562年警告说：“无论魔鬼和他的可憎爪牙是否把他们的名字赋予*cobelt*，*cobelt*都是一种有毒和有害的金属，即便它含有银。”[8]

大青是到16世纪中期时广泛使用的色料，那时它已被大规模制造，尤其是在荷兰。该方法可能与17世纪一个名叫J. 孔克尔的人描述的一样，此人是一家玻璃厂的经理。他说，矿石被焙烧，排出有毒的含砷蒸气。残余物是氧化钴，随后被粉碎并用石英 (砂) 和钾碱加热以产生熔融玻璃。玻璃浸入水中，随后裂成碎片，可以研磨以制备色料。

为了保持其强烈的深蓝色，大青不能磨得太细；最后形成的沙砾肌理使其难以用作绘画材料。

最上等的大青带一点紫色，从而很适于作为群青的替代品。不过，一旦与油料混合，这种光泽就令人遗憾地减弱了——大青在水彩画或湿壁画中表现更好。例如，它出现在威尼斯的德国货栈的一幅湿壁画（约1508）中，乔尔乔内和提香都在上面动过画笔。但是威尼斯画派的画家并不羞于在油料中使用大青：提香在《夜景下的圣母子》（*Madonna and Child in an Evening Landscape*，约1560）中用到了它，丁托列托的许多作品［包括《耶稣受难》（约1560）］和贡萨加·塞科的绘画（约1579）中也能发现它。保罗·委罗内塞和埃尔·格列柯使用了这种色料，还有凡·戴克［《女人和孩子画像》（*A Woman and Child*，1620/1621）］、鲁本斯［《耶稣下十字架》（*Descent from the Cross*，1611—1614）］和伦勃朗［《伯沙撒的盛宴》（*Belshazzar's Feast*，1636—1638）］。大青在18世纪的画作中相当常见，在20世纪50年代仍在制造。

颜料的成本

文艺复兴时期的画家从富有的赞助人那里承接委托，有很多材料可以选择。委托的性质决定了画作是画在湿壁画上、有底料的木板上，还是像16世纪那样，越来越多地画在涂有底色的画布上［波提切利的《维纳斯的诞生》（*The Birth of Venus*，约1485）是最早的大型布面 134
画作之一］。但是，他选择了哪些色料来描绘红色、天空蓝、树叶和肉色呢？

对此，赞助人有很大发言权。例如，1434年，赞助人就要求佛兰德斯画家萨拉丁·德·施特弗尔，他为根特的方济会教堂祭坛所绘的圣母像，要有一件金布长袍，用精细的“蔚蓝”（群青或蓝铜矿）勾出轮廓，用绯红色淀上光。1446年，图尔奈的尼凯斯·巴拉特和昂图万的圣彼得教堂的合同中，也规定了使用蓝铜矿。赞助人知道他们在做什么；若能自由决定，艺术家会倾向于节约，使用大青或靛蓝而不是昂贵的蓝色颜料。迪里克·鲍茨的《最后的晚餐》（*The Last Supper*，1464—1468）不包含群青，只有蓝铜矿，也许是因为合同中没有关于材料的条款。亚历山大·泰鲁在谈到文艺复兴时期群青的使用时说：“在本可以不用群青的地方，什么样的吝啬不会被原谅？”

有时承包者会同意做这种妥协，以降低成本：雕塑家奥特马尔·凡·奥曼被告知，他1593年在伊夫列斯的圣马丁教堂的作品所用的材料要么是大青，要么是各种更便宜的铜蓝。在此类情形下，赞助人可能会央求艺术家发挥技能，使便宜的颜料看起来像是更上等的。

工匠行会在能力范围内会强制实施这样的标准。他们的规定禁止会员用较差的材料代替较好的：佛罗伦萨画派的画家们被1315年至1316年的法规禁止使用蓝铜矿代替群青，而锡耶纳人的1355年的规定则不允许用红土或红铅代替上等的朱砂。面对斤斤计较的雇主，行会可能也不得不为会员争取利益。此外，画家还要受通货膨胀的摆布：大约1497年，菲利皮诺·利皮被迫对佛罗伦萨的菲利波·斯特罗齐的继承人采取法律行动，后者委托他装饰新圣母马利亚教堂的礼拜堂；由于色料价格上涨，在还未完工时利皮的钱就用光了。

上等的红色色淀在15世纪和16世纪早期价格昂贵，它们的制造
135 在当时仍不多见，需要专门的技能。因此，在合同中指定这些颜料并不罕见，如在萨拉丁的合同中。色淀取代炼金术的朱砂成为最尊贵的红色这一事实，明显表现在北欧艺术领域使用后者作为前者底层色的

普遍做法中。

赞助人并不太在乎黄色、绿色或黑色，这些都相对便宜；所以，相对于更有吸引力但也更为昂贵的雌黄，艺术家倾向于使用铅锡黄。卢卡斯·克拉纳赫是该时期已知使用了雌黄的唯一的德国艺术家——可以推想，这与他自己拥有一家药店，因此可以随时获得更多的异国材料不无关联。

作为中世纪显性消费的象征，色料作用下降的最明显标志之一是黄金的使用。贴金显然不是自然主义的态度：放在平面上的金叶看起来不像三维的金色物体。阿尔贝蒂警告说，它的外观根据光的反射方式而变化："在平板上的黄金中完成时，许多本该呈现为明亮和发光的表面，对于观看者来说是暗沉的，而另一些本该是更暗的，可能看起来更亮。"[9] 因此，他规劝画家使用色料和技巧，而不是通过金属本身，来表现如锦缎这样的金色表面，因为"用颜色来模仿金色光线的画家受到更多的钦佩和赞美"。

追踪整个15世纪贴金的消失是令人着迷的。在中世纪金色底子和后来对黄金更自然主义的运用之间，一个令人好奇的过渡片断，是《圣休伯特的归附》(*The Conversion of St Hubert*)，在15世纪下半叶由科隆的圣母生平绘画大师工坊 (Workshop of the Master of the Life of the Virgin) 所绘。在这里，我们发现一片金色"天空"，它与对自然主义景观的尝试并置 (不过，画家没有沿袭达·芬奇对自然的专注，并且似乎已经从一本书中学会了空间透视——为远山着上蓝色)。在威尼斯画派的安东尼奥·维瓦里尼与乔瓦尼·达勒马纳合作完成的《圣母与四圣徒》(*Madonna with Four Saints*, 1446) 中，金色被用于圣母的光环和长袍的一些锦缎，但黄色色料被用于宝座和镶板墙——技巧相当熟练，几乎骗过了人们的眼睛。艺术家的技能已经优先于材料的价 136

值。在温琴佐·佛帕的《王者来拜》(*Adoration of the Kings*[*],约1510—1515?)中,贤者(the Magi)仍然被赋予以红色罩色的贴金冠冕,但其余部分遵循着文艺复兴风格。卡洛·克里韦利令人惊讶的《画有圣埃米丢斯的圣母领报》(*Annunciation, with St Emidius*, 1486)(彩图5.6)呈现给我们的,是完美的、近乎卖弄的角度和丰富多样的色彩运用——但从天上射下的照在圣母眉头的光束是金叶做的。在这里,贴金的非自然主义的性质提醒我们,来自天上的光束在自然界之外。它就像一个来自中世纪的临别赠言,在此之后,人类的经验便取代神的权威,成为艺术家的指南和导师。

由于材料失去了它们的象征性优点,画家关于颜色的决定就变得纯粹与金钱相关了。药店(16世纪初艺术家色料的主要供应商)的价格表很好地表明了,为什么某些颜色比其他颜色更受欢迎。1471年,内里·迪·毕奇在佛罗伦萨为每盎司优等的蓝铜矿支付的价格,相当于优等的绿色(*verde azurro*,可能是孔雀石)、优等的红色色淀和上好的黄色色淀(*arzicha*)价格的两倍半。深黄(这里称为*giallo tedescho*,可能是铅锡黄)是蓝铜矿价格的十分之一,白铅的成本则只有其百分之一。与此同时,群青的价格比蓝铜矿贵十倍。因此,价格差异远远大于当今的画家所遇到的,这无疑会对颜色的选择具有相应的影响。

艺术家必须随时准备好为材料奔走。许多大城镇有本地供应商,但最好的色料通常只能在主要商业城市才能找到。佛罗伦萨吸引着四面八方的艺术家:法国画家纪尧姆·德·马尔西拉甚至为他在阿雷佐的湿壁画从这个城市订购低级的大青和土质色料。利皮为斯特罗齐礼拜堂订的合同意味着,即使是佛罗伦萨也可能无法满足他的需

---

* 本书共提到三幅英文名为*Adoration of the Kings*的画作,作者分别为温琴佐·佛帕、保罗·委罗内塞和老彼得·勃鲁盖尔,画作中译名相应有所不同。——译注

要：合同中提到他可能需要去威尼斯，大概就是去购买色料。德国和法国画家将前往科隆；佛兰德斯艺术家涌向安特卫普和布鲁日。

如需要签订合同来约定这个事实本身所暗示的，这些旅行可不是平庸的琐事。画家可能不得不仔细筹划——他或许可以卖掉多余的存货给同行，但短缺就不一样了。画家的命运掌握在地理的手中，因 137
为不同颜料的获取难度和质量在各个地区都不一样。

这就难怪画家如此珍视材料，如此细致地准备和应用它们。这两项活动经常由学徒在师傅的工坊内进行，执行着严格的标准。和他那个时代的其他大师级画家一样，丢勒并没有画下归于他名下的所有作品的每一笔；但在他画下每一笔的作品中，调色板上的颜料都是由他亲手研磨，与他亲自净化的油料混合的。为了保护完成的作品，丢勒只相信自己亲手做的上光油，担心（可能不无理由）别人制作的上光油会变色：

> 一两年或者三年后，我打算给它们上一道新的、其他人不知道的上光油，这样它们的生命将增加一百年。我不会允许其他任何人来给它们上光，因为其他上光油都是黄色的，会损坏我的画板。[10]

丢勒在自己的画上过于投入的细心和专注，在他1508年写给雅各布·海勒的一封信中表露无遗，此信描述了他在一座祭坛上的工作。“我记住要画四、五或六道底色。”他说（这还只是底部涂层）。一年后他补充说：“我使用了所能得到的最好的颜料，尤其是上好的群青……由于准备的量很足，我在最后多加了两层，这样能持续更长时间。”我们可以看出，这些艺术家在竭尽所能地为千秋万代作画。

颜 料 之 城

如果想了解文艺复兴时期的色彩运用与粗俗的商业和牟利相勾连的程度，我们可以看看东方的异国色料运往西欧途中那口令人陶醉的沸腾大锅：威尼斯。岛上的港口早在9世纪就与阿拉伯世界有贸易往来；马丁·达·卡纳尔在《威尼斯人纪事》(*Cronique des Vénitiens*,
138 1267—1275) 中说：“商品穿过这座高贵的城市，就像水流经喷泉。”从爱琴海群岛运来的是糖和葡萄酒，从远东运来的是香料、瓷器和珍珠。北欧提供矿物、金属和毛料，而埃及和小亚细亚则是宝石、染料、香水、陶瓷、色料、明矾和丰富的纺织品的来源。

威尼斯也是13世纪和14世纪的十字军东征之后，拜占庭艺术从君士坦丁堡被带到西方的主要渠道，威尼斯海军也参与了这些远征。拜占庭艺术因耀眼的宝石作品而光华四射，它使用丰富的色彩来传达光线和空间的印象。正是这些品质，而不是布鲁内莱斯基的数学观点，越来越吸引着威尼斯艺术家。他们当然使用了透视法，但也坚持一个理想，即视空间为被感知和看见的东西，而不是通过几何加以计算的对象。

看来很有可能的是，城市气候本身也决定了威尼斯的风格。潮湿的空气营造出微妙的光线变换，水道投下强烈的倒影，与托斯卡纳和意大利中部硬朗的明亮相比，形体变得朦胧。使威尼斯的圣马可大教堂如此灿烂的拜占庭风格的镶嵌画，以闪烁的光学效果为这座城市的画家们上了一课。

威尼斯画派画家对于尝试用进入港口的新颜色作画乐此不疲。

提香使用的色料范围极广，包括雌黄以及文艺复兴时期唯一“真正”的橙色——雄黄，大约1490年起可在威尼斯买到。威尼斯作为上等色料最好来源的声誉，从菲利皮诺·利皮为斯特罗齐礼拜堂所订合同的“差旅特许权”(travel concession) 中就能明显看出。柯西莫·图拉于1469年从费拉拉来到威尼斯，为他在贝利古亚尔多礼拜堂的作品采购材料。

从大约15世纪40年代起，威尼斯人采用帆布作为他们作品的主要基底材料——早于意大利其他地方，无疑是由于存在一个迅猛发展的造船业，能生产帆布织物。这种偏好的推动力量，可能在于潟湖湿润的、含盐的空气比意大利中部更容易激烈地侵蚀湿壁画。画布的粗糙肌理更有利于不那么精确的轮廓，而不是佛罗伦萨人在木板画作品中实现的轮廓分明。威尼斯艺术家丁托列托（雅各布·罗布斯提， 139
1518—1594）试验了这种肌理提供的可能性，放弃了通常用来使画布平滑的厚厚的底料涂层，以便探索粗糙织物在大型作品中从更远的距离观看时获得的力量。提香使用这种纹理来获得类似于光学混合的效果（见第211页），让底层色从间隙处显示出来，经由这些间隙，笔触穿过了具有特定肌理的表面。这里没有瓦萨里赞不绝口的那种不着痕迹的努力；与中国和日本的艺术家一样，提香让他笔触中的力量显而易见，这就是他的画充满生气的原因。

自从乔瓦尼·贝利尼（约1431—1516）在15世纪70年代向威尼斯引入油画技法以来，威尼斯画派画家们便用这些技法创造出大胆、明亮的色彩——这是诗意的视觉语言的元素，讲述着戏剧性场景、激情和强化的情感。他们的艺术是感官的艺术，与佛罗伦萨的理性方法恰成对比。[11]

瓦萨里告诉我们，文艺复兴盛期的三位伟大的威尼斯画派画家，也就是乔尔乔内（约1478—1510）、提香（约1490—1576）和塞巴斯蒂亚诺·德尔·皮翁博（约1485—1547），都是在贝利尼的画室接受绘画训练的，在那里他们应该学习了贝利尼的风格，通过多层罩色创造丰富和复杂的色彩渐变。提香对此种方法的使用相当极端，他的一些作品有复杂的分层颜料结构，几乎无法解读。"透明色层，30层或40层！"据说他曾经如此大喊。这当然是夸张的说法，但也并非全无根据：对提香《基督复活》（*Resurrection*，1519—1522）中阿韦罗尔迪主教的黑斗篷的分析，揭示了底料和上光油之间各不相同的九个涂层，包括铅白、朱砂、灯黑、蓝铜矿和某种蓝紫色色淀。[12]

作为构图的颜色

提香使用颜色作为建构的媒介，不是为了装饰或象征目的，而是作为艺术表达的手段本身。他的画是由颜色来构图并统一的。以前，
140 画作是通过规定空间构图的规则来获得连贯性的，例如，圣母总是放在中心位置。提香无视这样的约束：在《圣母、圣徒和佩萨罗家族的成员》（*Madonna with Saints and Members of the Pesaro Family*，1519—1528）中，圣母坐在右边，而圣彼得处于中央位置，画面的平衡是通过将一面旗子（可怕！）放在圣母的对立位置来实现的。为了满足人眼对结构的需要，对明亮的原色竟玩了这样的花招！圣母马利亚的红色宽大外衣与红色旗子相配，而她的蓝色长袍则把我们引向圣彼得服饰的蓝色，后者与黄色的长袍形成鲜明对比。

提香早期的这一幅作品及其他作品中强烈的固有色，是15世纪"彩色绘画"（chromatic painting）的明确继承者，它们都有孤立的明亮原色，都有红色和绿色、蓝色和黄色的阿尔贝蒂式对比。提香调和这

些刺目色相的能力近乎奇迹。

威尼斯艺术中颜料表面的复杂性，不仅仅是努力实现新的阴影的结果。这些作品中有许多在创作的同时也在进行大幅修改——这表明威尼斯人并不总是像佛罗伦萨艺术家那样，会先行认真地筹划和绘制自己的设计，而是一边绘制一边构图。乔尔乔内是首先以这种方式创作的人之一。他著名的神秘绘画《暴风雨》(*The Tempest*，约1508)的X光片显示，有一个把脚浸入水中的女人，位于画面左边的士兵下方，却被涂掉了。不用说，这个早期的构图会从根本上改变画作的整个基调，表明乔尔乔内在一开始时没有固定的想法。提香有时会先把背景涂满，再把前景中的人物画在最上层。人物轮廓下新的白色底子，确保了各种颜色能保持亮度。

这就是提香最著名的作品《酒神巴库斯与阿里阿德涅》(彩图5.7) 是如何凑成整体的。委托作画的赞助人——费拉拉的阿方索·德斯特把卡图卢斯和奥维德的文本发给提香，让艺术家感受神话语境。画作显示阿里阿德涅看着她的情人忒修斯的船离开，此时酒神巴库斯到达，从战车上跃身而起，宣称她是属于自己的。阿里阿德涅正坚决地转过脸去，但巴库斯的征服最终还是成功了。

这幅画中几乎用到了所有已知的16世纪早期的色料。绿色的有 141
孔雀石、绿土、铜绿和“树脂酸铜”。群青被滥用了，不仅用在阿里阿德涅的长袍上，而且用于非同寻常的天空、遥远的山丘，甚至用在一些肉色的阴影中。阿里阿德涅的围巾是朱砂，其强烈的不透明性在这里需要与蓝色长袍形成对比；提香通过在一道研磨更细的厚涂层上，用一层薄薄的粗底深色色料罩色，来让它显得格外鲜明。这样的手法让人明显看出，画家知道如何把材料用到极致。巴库斯随从中敲钹的人的橙色长袍格外生动，因为提香在这里凭借优势，用上了威尼斯能买到的雄黄。[13]

这幅画由于大胆的、区别明显的色彩而光彩照人；但提香打破了阿尔贝蒂的颜色对比"规则"，将蓝色的长袍放在蓝色的大海和天空旁边，并且让温暖的橙色和黄褐色彼此相邻。他依靠材料来区分长袍和大海——群青是长袍，偏绿的蓝铜矿是大海。

提香的《男子肖像》(*Portrait of a Man*，约1512)（彩图5.8）中主导着画面的蓝色袖子，显示出绘画已经从13世纪僵硬的色域向前走了多远。"蓝色"不断变化着色彩和色相，事实上大部分的蓝色更接近于灰色；但是，让人在整体上感觉色调偏高的，主要来自肩膀上更浓烈的蓝色。有人提醒我们注意一个说法——有时被认为是提香说的，即画家应该使用威尼斯红（一种土色），但要使它看起来像朱砂。

在提香后来的作品中，这些微妙的调节被用于产生色彩的**连续性**，一种和谐的整体色调，这种风格被称为"色调绘画"(tonal painting)。这正是我们在《圣母领报》(*The Annunciation*，1559—1562)、《塔奎和卢克雷蒂亚》(*Tarquin and Lucretia*，1568—1571)、《达娜厄》(*Danae*，1553—1554)，在为乌尔比诺公爵画的《维纳斯》(*Venus*，1538)，以及在非凡的近于印象派风格的《阿克泰翁之死》(*Death of Actaeon*，1559—约1562)中看到的，它看起来准备把我们直接带到19世纪。中世纪晚期勾画分明、对比强烈的颜色被丢弃了，一个处于中心位置的颜色主题贯穿整个构图。在《达娜厄》中，该主题是女神的身体及其阴影那玫瑰般的洋粉红色，它和谐地加深了帷幕上
142 的洋红色或火焰云边缘的蓝紫色。这幅画作中有蓝色、绿色和灰色，但又不许它们破坏场景的统一性。

威尼斯画派画家的色调绘画与达·芬奇有些共通的地方，后者使用颜色来统合元素而不是将它们分开，同时并不牺牲高色调的颜色。

这种风格由提香的继承人丁托列托和保罗·委罗内塞以各自独特的方式采用了。

提香用他激烈的新风格为威尼斯人带来愉悦，也让他们惊叹不已。传说中，查理五世皇帝弯下腰，拾起这位大师在画室里创作时掉下的一把刷子：这是一种屈尊的姿态，其庄重性我们今天很难完全领会。在其后的数个世纪中，画家一定觉得他们是在提香的阴影下工
作。如何才有可能取代这样的天才？ 143

第六章

古老的黄金

——简朴调色板的复兴

从浅浅地绘制阴影开始吧。防止白色进入它们；白色是画作的毒药，除非用在亮部。一旦白色使阴影的透明性和金色暖意变得晦暗，你的颜色就不再灿烂，而是变得无光、灰暗。

—— 鲁本斯（据称）

暗色是他画作的基本色调，占据了这些画的大部分区域……但是这种暗色是如此充满生气！从最为鲜明的中间色调——棕色和黄色开始，它们通过多层透明色层和高光逐渐加深，并使其明度如此丰富，难以言表！

马克斯·德尔纳，《艺术家的材料》*
（*The Materials of the Artist*，1949），论伦勃朗

提香离世约六十年后，安东尼·凡·戴克（1599—1641）来了，他是为英国查理一世“画像”的荷兰人，为他的皇家赞助人画马背上的肖像（彩图6.1）。画的背景中，遥远的山丘和天空在左，森林在右，地形顺着位于中心的人物的凝视缓缓地倾斜：除了没有大海，其余就像酒神巴库斯让阿里阿德涅感到惊讶的那个地方。但是这样的比较仅止于此。提香的天空闪耀着光彩，凡·戴克的天空色调低，呈灰色。提香的绿色是属于春天的；在凡·戴克的昏暗林地中，夏天已经过了。

---

* 此书已有中译本，书名译为《欧洲绘画大师技法和材料》，杨红太、杨鸿晏译，清华大学出版社2006年2月版。——译注

皮肤在提香的画面中温暖地发着光，他的衣纹是生动的。查理和他的马是偏冷的肉色，甚至连皇家鞍布也不那么显眼。

调色板上发生了什么，让它竟变得如此素淡和克制？凡·戴克可以获得提香使用的所有颜料（虽然难度有别）。然而在伦勃朗的学生阿尔特·德·格尔德在《扮作宙克西斯的自画像》（*Self-portrait as* 144
Zeuxis，1685）中描绘的调色板上，只有红色作为明亮的原色，在从白色经由赭色，再到棕色和黑色的过渡中清晰显现——这在图画中反映得同样多。在凡·戴克的查理一世头上的天空中几乎没有群青：大多是灰蓝色的大青和白色。鞍布边缘为靛蓝和白色；树叶和前景以赭色、棕色和黑色罩色。

把画作的所有单调乏味都归咎于凡·戴克是不公平的：上光油变暗了，一些色淀色料褪色了，而且大青的天空也可能变色了。但是，艺术家显然无意效仿文艺复兴时期艺术的丰富多彩。凡·戴克偶尔的确会画色彩明亮的图像，但他的英国国王肖像画表达着一种新的审美，对鲜明的色彩充满警惕。

在艺术领域创造和使用色彩的故事中，巴洛克时期代表着一个奇怪的插曲。16世纪末和17世纪的画家们并不那么看重创新，他们重视的是选择颜色时的节制和驾驭能力。到17世纪的曙光显现时，乔治·瓦萨里和意大利学院派学者的倡导，已经在很大程度上确保了线构对色彩的胜出。这种观念的影响很快蔓延到法国，柔和的调色板与深色的明暗对照成为欧洲艺术的主导风格。当我们想起法国人尼古拉·普桑（1594—1665）和克劳德·洛兰（1600—1682），或者荷兰肖像画家弗兰斯·哈尔斯（1580?—1666）和凡·戴克时，并不是因为他们用色的丰沛。正如德尔纳正确评价的，伦勃朗画出深色的阴影和金色的光，在其笼罩之下所有的东西都变成温暖的棕色，此种棕色在他笔下是美丽的。但在少数人的手中，这种棕色变成了恪守常规的色相，属于一种被用来安抚鉴赏家和保守的赞助人，而不是激发感官的艺术。

因此，我们不得不暂时放弃以前的时代给看惯了色彩的眼睛提供的眩晕兴奋，在17世纪和18世纪的调色板中寻求一种更微妙的趣味。不过，文艺复兴并不是以颜色简单而一致的屈从告终的。相反，它在16世纪晚期疯狂实验的迷宫中迷了路，在这座迷宫中，一些路径导向阴沉
145 的昏暗，另一些则指向了绚丽又俗气的景观。最重要的是，一幅画竟然要用刺激和新奇来吸引眼球。许多人努力（往往是用力太甚）留下深刻印象，他们矫饰的作品创造出了“手法主义”这种风格。奇怪的是，这种表面上属于自由主义的态度，竟出现在由缺乏宽容、专制主义和教条主义的重新出现塑造的社会背景下。教会正在准备做出反击。

新的样式

路德的宗教改革引发了反宗教改革，就好像预先演示了牛顿的作用和反作用定律。这是在启蒙运动将上帝的地球从所有创世的中心永远放逐之前，神权最后一次试图获得主导。教会眼见自己的权威受到人文理性主义的破坏，于是重整并施加了一套类似于中世纪的神学价值观。罗马教皇称，古典时期（即基督教之前）的学问都很好，但所有良心问题的终极仲裁者是上帝（或他在地上的代理人），而不是科学或自然。作为人的良心的审判官和守护者，耶稣会和宗教裁判所发挥着它们的职能。

教会反动派极为老练，足以认识到艺术是宣传者的有力工具。图

画作为有可能成为“文盲圣经”的文本，在文字无力的情况下能向未受教育的人说话。在1545年开始思考教会政策的特兰托公会议，有规定要求宗教艺术应以浅显的方式描绘事物，并进行费时费力的编纂整理工作。所有的天使都必须有翅膀，所有的圣徒都要有光环。如果身份不明显，则必须带上标签，不要理会现实主义或审美方面的要求。颜色再次变得明亮，以直接诉诸所需的情绪。裸体会引起不快，即使在那些似乎受到《圣经》支持的情况下。到处都谈性色变。米开朗琪罗用于装饰西斯廷礼拜堂的《最后的审判》(*Last Judgement*)，其中的裸体人物引发了争议。教皇保罗四世下令，在裸露的私处画上衣纹；
在庇护四世的命令下，又补画了更多衣纹。即便如此，这幅壁画还是 146
几乎没有逃过彻底破坏的命运（埃尔·格列柯戏谑地提出，用一幅“端庄又体面，画得不比它差”的作品来替代）。1582年，雕塑家巴托罗米奥·阿玛纳蒂宣称，如果做得到，他会毁了以前雕刻的所有这些裸体男人和女人的形象——这种态度在艺术家中可能非常极端，却说出了那个时代的情绪。

那些继续坚持文艺复兴人文主义的艺术家则有可能受到谴责，甚至面临更坏的遭遇。1573年，保罗·委罗内塞（约1528—1588）被迫在宗教裁判所面前为他的《利未家的宴会》(*Feast in the Home of Levi*)辩护，后者要求知道为什么这幅作品包含了《圣经》中没有提及的人物。他坦率地承认，这些人物在那里是填补空间的（有很多空白要填）。就算这样，他仍然被命令重新绘制这幅画。对《圣经》的拘泥在那时蔚然成风。

所有这一切似乎意味着，反宗教改革者寻求回归到一种朴素的中世纪的简洁中。事实上，其中一些人，例如教皇保罗四世和庇护五世，正是这么想的。但到16世纪末，显然需要采取更有力的办法来对抗新教的成长。耶稣会会士们认识到，欣喜若狂的情绪，而不是严格禁欲，才能唤起人们的心。他们的反智策略定下了1620年以后反宗教改革的基调，但这种策略在艺术上打下烙印的时间要早得多。

在这样的气氛下，达·芬奇对准确观察和测量的坚持遭遇失败，几乎没有什么可奇怪的。1607年，罗马美术学院 (Academy of Drawing in Rome) 院长、建筑师兼画家费德里科·祖卡罗 (约1543—1609) 不无准备地宣称：

> 绘画艺术不是来自数学科学，也没有任何必要为了自己的艺术而诉诸这类科学来学习规则或手段，就连出于抽象地思考这门艺术的目的也不必这样做：绘画不是数学的产物，而是自然和素描的产物。[1]

147 祖卡罗作为他那个时代有影响力的理论家，站在一个令人好奇的节点上。他谜一般地既倾向又反对人文主义的理性方面，但是他又哀叹手法主义的泛滥，认为这种泛滥导致了意大利艺术水准的下降。祖卡罗抱怨那些早期手法主义者的任性、疯狂、愤怒和奇怪的创新，但他自己的作品很难说没有沾染这些炫耀性冲动的一些污点。

手法主义的狂野实验毫无疑问地受到反宗教改革的反理性主义的认可，但不能完全归结于它。到16世纪中叶，许多意大利学院派艺术家已经开始采纳手法主义典型的风格化特征。作品的价值越来越被视为声誉的一种功能，由艺术家的“判断”决定，不论他的技术能力如何。这种态度渗透于瓦萨里的文字作品中，对于他来说好艺术的极致是良好的审美趣味。虽然也在口头上赞同有必要模仿自然，瓦萨里还是倡导画家要超越自然，并在数学技巧面前培养文雅的眼光。在一份倾向于支持形形色色主观武断的艺术势利行为的声明中，瓦萨里声称，一位艺术家的最高美德，即*grazia*或优雅，是一种天然的礼物，无论付出多少勤奋都无法获得。他说，体现这般精妙之处的作品，隐藏了任何进入作品的人为努力迹象。瓦萨里认为提香对自然过于忠实（“自然的某些方面往往谈不上有美感”），支持把拉斐尔看作优雅色彩的代表。他认为“德国”（哥特式）艺术特别可恶：野蛮且充满“混乱和无序”。

手法主义画家摒弃了比例和构图的自然规则，仅通过对审美趣味的主观考虑来接受评判并做出判断，同时又被前辈们天资的非凡爆发逼得快发疯了；他们想出了一些非常奇怪的诡计，试图吸引注意。帕尔米贾尼诺的《长颈圣母》（*Madonna*，约1532—1540）是其中最臭名昭著的，无疑也可能是所有“伟大”的画作中最丑陋的。优雅、呆滞的圣母，其脖子和手指的比例近乎荒谬，而她怀中婴儿的头连接到了一个年龄大得多的身体上。无论这种别出心裁在意大利名媛的眼中是 148
否算得上美丽或优雅，现在看来，它无疑应该被称为“矫揉造作”。

认为这种夸张造成了艺术的普遍堕落的，并不只有祖卡罗一人。看起来，唯一的矫正方法在于研究和模仿文艺复兴时期大师们的技艺。这种悲叹将在之后的两个世纪中频频回响，以至于即使在1790年，当有人（欺诈地）主张重新发现了“威尼斯秘密”——提香和他的同时代画家使用的技术和材料时，还是让轻信的人兴奋不已。

因此，16世纪晚期和17世纪早期的画家，其工作环境受制于新出现的宗教不宽容气氛，同时又被虔诚的激情弄得过于激动。他们敏锐地意识到上一代前辈们取得的巨大成就，但创造这些作品时凭借的规则已经消失了。在这座令人困惑的迷宫中，每个人都不得不寻找自己的出口。

在大师们的阴影下

在威尼斯，保罗·委罗内塞 (Paolo Veronese) 无疑在对颜色的过度使用上继承了提香的风格。如名字所示，他生于维罗纳 (Verona)，1555年开始在威尼斯工作，并热切地利用这个城市所能提供的每一种颜色：群青、蓝铜矿、大青、靛蓝、胭脂红色淀、朱砂、红铅、铅锡黄、雌黄、雄黄、树脂酸铜。在他的一些作品，如《三王来朝》(*Adoration of the Kings*, 1573) (彩图6.2) 和《利未家的宴会》中，特别引人注目的是一种亮绿色，它由三种色料分两层混合而成。这已成为一个持久的商标，18世纪的合成色料翡翠绿 (见第174页) 在法国就被称为“保罗·委罗内塞绿”(*vert Paul Véronese*)。委罗内塞很大程度上放弃了早期威尼斯画派画家喜爱的复杂罩色技术，转而在调色板上混合颜色。和提香一样，他使用互补的对比来增强色彩的鲜明，从来没有让它们被那些在同时代画家中流行的强烈明暗对照淹没。如果说委罗内塞受到了手法主义的触动，那也无疑是威尼斯式的，因为他没有采
149 用作为当时意大利中部艺术典型特征的任何一种结构扭曲。

丁托列托不那么克制。他忠实于时代的风尚，为吸引注意而作画——即使这需要牺牲一致性。如《圣马可解救奴隶的奇迹》(*The Miracle of St Mark Freeing the Slave*, 1548) 和《圣乔治和龙》(*St George and the Dragon*, 约1560) (彩图6.3) 这样的作品，充满了狂乱的情节剧，颜色往往用到极致。在《圣母领报》(1583—1587) 中，矫揉造作的视角被无情地歪曲，而一群小天使从窗口滚落，姿态近乎滑稽。对丁托列托来说，分明、强烈的颜色只是实现目的的一种手段，此目的即让观众兴奋和震惊。不足为奇的是，如瓦萨里这样的保守学者看出

了在丁托列托令人屏息的风格中缺乏对技术的适当关注。瓦萨里称他的草图“过于粗糙，他的画笔笔触显示出的更多是力量而不是判断，似乎是随意画下的”。

丁托列托的许多作品由它们昏暗、沉重的色调一望而可知，其中的人物和物体以近乎鬼魅、散发光辉的高光衬托出来。他通过使用暗沉的、红棕色的底子来寻求色调的统一，这种底子甚至比达·芬奇运用渐隐法时所用的更深。卡拉瓦乔使用相同的技术，把他的场景置于天鹅绒般的阴影的笼罩下。丁托列托的一些底层色运用的混合色极为复杂，人们只好认为画家不过是通过刮擦调色板来获得这些混合色的。和提香一样，他使用了手边可用的几乎所有色料，把它们以不同寻常的组合方式调和在一起，以“打破”各种色彩。

不按正统方式来选择颜色，被其他手法主义画家视为打下个人印记的一种方式。晚年的米开朗琪罗有时被算作其中之一。毫无疑问，他极为关心颜色，但他对非自然主义的换色法（见第124页）的运用表明，他不那么关心僵硬的现实主义。

但是，对于手法主义那奇怪的不知节制，没有人比克里特画家多米尼柯·狄奥托科普洛（1541—1614）体现得更为生动了，此人的国籍让他获得外号埃尔·格列柯。在威尼斯师从提香学习后，埃尔·格列柯搬到西班牙的圣城托莱多，在那里他承接了教会的许多委托工作。为何即使在16世纪末烦躁的、不羁的艺术氛围中，他的极端非自然主义着色，加上令人惊讶的结构扭曲，竟能赢得批判性的赞同，这仍然是 150
一个谜。那些苍白的人物，穿着蓝色、茜草红和蜜棕色的长袍，在一个光怪陆离的世界里扭动——画家的同时代人如何看待他们？埃尔·格列柯的风景画，特别是他非凡的托莱多系列绘画，在塞尚的山坡旁边不会显得不协调。事实上，直到20世纪的那些风格重新引导着人们的目光，他的作品才得到重新发现，而此前它们曾长期被视为不可理解。俄耳甫斯主义者罗贝尔·德劳内和索尼娅·德劳内夫妇曾在20世纪的第一个十年实验抽象的明亮色彩，并将埃尔·格列柯视为前辈，这就很能说明问题。

秋天的颜色

对于如何推进文艺复兴时期极为重要的颜色创新这一问题，另一个回应是避开它，使颜色服从极端的光和影。对于琴尼诺和阿尔贝蒂来说，明暗对照意味着通过添加黑色或白色来使纯净、明亮的色料的色调变亮或变暗。但是，文艺复兴后期和随后的巴洛克时期成为暗影的时代，弥漫的黑色与黄褐色的高光形成激烈对比。柯雷乔、卡拉瓦乔和伦勃朗都是黑色和棕色的圣手。

在这种金色的光芒和浓密的昏暗中出现了几种新的黄色、赭色和棕色色料，这是不是一种巧合？在17世纪之前，艺术家从未有过如此充足的装备，能够用有光泽的高光来涂抹画布，通过红润的色调调制出漆黑的昏暗。

棕色无疑是所有色料中魅力最小的。它们得不到能工巧匠的青睐，因为从地里可以挖出各种各样不同色相的棕色。在尚无历史记载的时代就在使用的赭石（氧化铁）中，来自托斯卡纳的锡耶纳市的赭石在文艺复兴时期备受推崇。生赭是一种淡黄色色料；经焙烧成为熟赭，带有温暖的棕红色。

对于昏暗的调色板来说，没有什么色料能与棕土（umber）的深厚
151 相媲美。由于锰在氧化铁中占比高，棕土比赭色色料颜色更暗，因此

在15世纪末前后的欧洲绘画中有了用武之地。一些作家认为，这个名字具有地理上的渊源（与赭色对应着锡耶纳一样*）：来自意大利的翁布里亚（Umbria）。但是棕土似乎更有可能来自拉丁语词*ombra*，意即“阴影”。毕竟，欧洲棕土主要是从土耳其，而不是从意大利输入的；焙烧的棕土（熟褐）那浓郁的红棕色对于渲染暗沉而半透明的阴影极为有用。英国人爱德华·诺加特在17世纪20年代写道，熟褐是“一种油腻而难闻的颜料，如果刚买回来就加以研磨，会很费力，但对于阴影和涂层等极为有用”。[2]

如果画家们能得到他们应得的颜料，我们就知道在安东尼·凡·戴克的作品中能看到什么了。卡塞尔土这种色料，在英国大约从1790年以后被称为“凡·戴克棕”，它是一种单一棕色，比较单调。它之所以是一种“土”，只因为是从地面下获取的；这不是矿物，而是源自泥炭或褐煤的有机材料。这种色料的最早来源地接近德国城市科隆和卡塞尔；在17世纪，其别名包括科隆土（Cologne earth）或其讹误形式“卡伦土”（Cullen earth）、“科伦土”（Colens earth）。当时，它通常被列为一种黑色，而诺加特也因为那种日益风行的成分而称赞其品质：他说，“以它来结束静物画阴影部分最后和最深的几笔很好，在风景画中也同样很有用”。这种色料在油料中的透明度使其昏暗显得疏朗，凡·戴克将它用作实现暗淡效果的透明色层。

在19世纪的比利时，凡·戴克棕被归于鲁本斯棕这个名称下面，因为凡·戴克是从他的老师、安特卫普最伟大的大师**那里养成绘画习惯的。马克斯·德尔纳声称，鲁本斯用卡塞尔土“与金色赭石混合，充当一种温暖的透明棕色；此种棕色表现出色，特别是在树脂上光油

---

* “赭色”和“锡耶纳”原文都是sienna。——译注

** 即鲁本斯，安特卫普是鲁本斯的故乡。——译注

中”。该色料并不容易清晰确定，但在鲁本斯和伦勃朗，可能还有委拉斯开兹的作品中都有发现。托马斯·庚斯博罗（1727—1788）充分利用了“科隆土”——与对手乔舒亚·雷诺兹（1723—1792）一样，他从
152 凡·戴克那里获得了对色料相同的审美趣味。

凡·戴克和承袭他的英国画派也从一种不吸引人的焦油物质（被称为沥青）中获得棕色。很难相信，这种不起眼的东西，一种来自原油蒸馏的残渣，除了在一个沉迷于棕色的时代之外，还会被赋予许多价值。伦勃朗是一名技术极为娴熟的工匠，他在红棕色的透明色层中使用沥青，毫无闪失；但在一个像雷诺兹这样的无节制的实验者手中，这就是灾难性的。沥青根本不能正常干燥，厚厚的膜也容易流动。此外，当表面涂层凝固时，它会收缩和起皱，使得涂在顶层的任何材料破裂和卷曲。19世纪初的法国画家们，拘泥于一种要求具有深色的、半透明阴影的明暗对照，急于抓住沥青那诱人的温暖色调，等发现其隐伏效果时已经太迟了。泰奥多尔·席里柯在《梅杜萨之筏》（*Raft of the Medusa*，1819）中使用了它，大吃苦头，甚至现实主义画派的居斯塔夫·库尔贝在使用它时也有欠考虑。在20世纪20年代，马克斯·德尔纳严厉地警告称，“在所有技术中都不建议使用它”。

凡·戴克在给他的阴影部分上光时，喜欢用一种类似的暗色焦油色料，它叫作“色料褐”（bistre）——例如，在他的肖像画《约翰·斯图尔特勋爵与其兄弟伯纳德·斯图尔特勋爵》（*Lord John Stuart and His Brother*，*Lord Bernard Stuart*，1638—1639）中，这种色料就发挥了重要作用。它是由烧焦的榉木或白桦树皮的煤烟制成的，不是新材料，至少从14世纪起就已经用于手抄本彩饰；但要想在油料中充分使用它，则需要技巧和知识。

再贴切不过的是，这个名字现在表示的是一种棕色肉酱，类似印

象派在19世纪早期的学院派艺术中鄙视的“棕色肉汁”，它也渗透于雷诺兹、庚斯博罗和康斯太勃尔的画布中。没有什么比艺术家兼鉴赏家、康斯太勃尔的赞助人乔治·博蒙特爵士的话，更好地反映了这个时代古板的保守主义：“一幅好的画作，就像一把好的小提琴，应该是棕色的。”

（为了公平对待康斯太勃尔起见，我们应该记住，他曾在草地上放置一把小提琴来表明自然并没有那么灰暗。康斯太勃尔的许多作品在习惯了20世纪颜色的现代人眼里显得简朴，但在当时那个年代却被认为过于明亮、有些大胆了，据说皇家美术学院的一名成员曾称其中的一幅作品为“讨厌的绿色东西”。康斯太勃尔违反禁令调低颜色的 153
色调，据称是为了与自然的对比相称；但他违反得还不够彻底，因而今天看起来不算“现代”。）

至少，这些昏暗的材料相对便宜。对于占领着凡·戴克画布的大部分红赭石和土色，也可以这么说。然而，巴洛克时期的颜料制造商们发现了如何以自己的方式制造这些天然色料，从而能够控制它们的色相。从炼金术士们的含铁金属中诞生了马尔斯色料，即合成氧化铁，颜色从黄色、红色到棕色都有，甚至还有一种巧克力紫（“马尔斯紫”）。

这种创新是如何产生的，这一点还不清楚。反应过程，即铁在空气中的氧化，相当简单；我们知道，中世纪的炼金术士有过这种操作，并称赭色的产物为*crocus martis*，这是“马尔斯黄”的拉丁语字面直译。然而，似乎没有人提到这种人造物质被用作艺术家的色料，直到泰奥多尔·德·梅耶内爵士——来自休格诺的避难者和查理一世的宫廷医生，在17世纪早期的一份文件中提供了一个配方。德·梅耶内也把它称为*crocus martis*，甚至是“番红花”，但他清楚地表明，得出的产物是红色的。事实上，德·梅耶内引用了不少于三种配方，它们都只是制造氧化物的不同方法：通过加热铁屑，或将其溶解在王水（盐酸和硝酸的混合物）中并焙烧所得的铁盐，或直接加热硫酸铁（“铁矾”）。

制造马尔斯红的后续方法允许根据要求来定制产物的颜色。然而，在18世纪，当硫酸成为重要的商品，特别是作为纺织工业的漂白剂时，生产马尔斯化合物的真正动力才出现了。氧化铁是制造过程的副产品，因此便与之前和之后的其他许多合成色料一样，通过乘化学工业蓬勃发展带来更多关注之便，在经济上具有了可行性。

鲜明的、带有橙色的朱砂色调已经不再有很大需求，现在主要作
154 为红色色淀透明色层的不透明底色。伦勃朗很少使用朱砂，而是用红赭石来锚定红色色淀。17世纪的艺术家们，已经普遍通过混合多种不同的色淀来调节红色——色淀颜料的范围由于对新世界的殖民得到了扩大。从中美洲得到一种新的胭脂，还有丰富的巴西木及其相关物种苏木和采木。新世界的胭脂大受欢迎：到19世纪，它和茜草红成为红色色淀中极为出色的染料。另一方面，新的木基染料有了不耐久的名声，甚至比旧世界的巴西红更差。1553年，作家威廉·乔姆利称巴西红为“骗人的”，一种“假颜色”。

但是，诱人的新色彩不仅仅是从西方的地平线获得的。在这个时代，欧洲人开始在各个方向跨越地球。

帝国的毒药

1589年，理查德·哈克卢特作为一名英国探险家，预示了伊丽莎白治下的国家刚刚萌芽的殖民傲慢。他说，英国人“在搜索世界另一面最远端的角落和地区……他们比地球上所有的国家和人民都更优秀”。东印度公司诞生于新世纪的黎明，英国人和荷兰人很快就争先

恐后地把东方的财富带到西方。在这种香料、丝绸和其他外来物贸易中，有两种明亮而神秘的黄色色料。

无法确切地知道是从什么时候，荷兰贸易商开始引入被称为印度黄的神秘金色材料。这种材料出现在17世纪的一些荷兰画作中，但似乎直到18世纪晚期才在欧洲得到广泛使用。

这种色料在印度自15世纪以来就被称为*purree*、*puri*或*peori*，其源头似乎可以追溯到波斯。但是，这些以坚硬的、色彩肮脏、气味难闻的球形在售卖的东西，究竟是什么？有许多猜测，其中大部分耸人听闻。在19世纪，法国颜料商J.-F.-L. 梅里美指出它有尿的气味，但不愿意接受前人提出的一个看法，即该物质真的有可能含有尿这种成分。
英国的乔治·菲尔德没有那么谨慎，认为它是由骆驼的尿液制成的； 155
其他人认为这种流体来自蛇。

直到1883年，这些谣言才得到纠正。印度的T. N. 穆哈尔吉在加尔各答探寻这些黄色球的起源，经人指引去了比哈尔省东北部蒙吉尔市郊区的米尔扎普尔村。在这里，他发现某些牛主人，即“送奶工”，从奶牛的尿中创造了这种东西，这些牛完全用杧果叶喂食。加热时，黄色固体从液体中沉淀。压成块状并干燥后，它们被运到加尔各答和帕特纳出售。看起来，这种色料从印度到欧洲的全部产出都来自该村庄。

由于担心会降低着色剂的产量，杧果喂养的奶牛没有其他营养来源，健康状况都很差——蒙吉尔的正规奶农厌恶这一点，称送奶工为“奶牛毁灭者”。色料来源的发现加速了其消亡：送奶工的做法被指为不人道，于是通过了法律来加以禁止。到1890年，孟加拉禁止虐待动物的立法已经变得相当严格，印度黄的制造不再合法，到1908年它便近乎绝迹了。

然而，尿液只是该色料的偶然组分。这种着色剂其实是由杧果释放的有机酸的钙盐或镁盐。那些球一开始外观平平，其研磨成的色料却相当惹人喜爱，显出深色的金黄。就性质来说，它更适合用作水彩色料而不是油画色料。

几乎与印度黄同时引入欧洲的，是另一种有机黄色色料，叫作“藤黄”(gamboge)。显然，藤黄这个名字来自Camboja——柬埔寨的旧式词形，它由英国东印度公司从1615年前后开始进口。藤黄已经在远东的绘画作品中被确认，这些作品可追溯到8世纪。这些坚硬的、类似矿物的原料是东南亚原生的藤黄属(*Garcinia*)乔木的固化树脂。
156 胶是从树皮的切口中提取的，一旦硬化，就可以研磨成亮黄色的粉末。但是和许多有机着色剂一样，它在明亮的光线下会迅速褪色。

同样地，藤黄作为水彩色料表现最好，但它确实出现在一些油画作品中——特别是在早期佛兰德斯画家的作品中，这些画家占着地利，极大地受惠于荷兰在印度的贸易。伦勃朗使用藤黄，也许是被它在油料中获得的金色色相吸引。藤黄也是被称为“胡克绿”的18世纪水彩的一种成分，在这种水彩中它与普鲁士蓝(见第273页)或靛蓝混合。在藤黄令人好奇的特征中，有一种是关于其运用的：法国物理学家让·佩兰在1908年使用其精细的、舞动着的颗粒显示布朗运动，提供了原子存在的证据。藤黄进口到西方毫无疑问受到一个事实的推动：药材商也把它作为一种药物来销售。

另一种在17世纪北欧绘画中常见的有机黄色，能让我们进一步看出色彩术语的多变倾向。“粉红”这种色料来源广泛——多种配方将其确认为黄木犀草、金雀花或未成熟的鼠李浆果的提取物——但通常具有无可争议的**黄色**色相。粉红实际上既不是根据成分也不是根据颜色来定义的，因为还有绿色粉红、棕色粉红和玫瑰色粉红。看起来，这个名词像“色淀”一样，指的是合成方法。粉红由无机粉末上承载的有机着色剂组成。它与色淀的区别是微妙的、技术上的，证明了17世纪颜料制作者对生产过程的化学原理的注意。色淀是通过化学反应产生的，因为水合氧化铝是在有染料存在的情况下从溶液中沉淀出来的。另一方面，粉红是由纯物理过程产生的，在此过程中染料附着（媒染）于一种惰性白色基底，通常是白垩、明矾或烘烤和研磨过的蛋壳。因此，它们是一种伪色淀，与真正色淀的不同之处在于，在制作过程中不使用碱。

粉红的配方由爱德华·诺加特在17世纪列出，黄色粉红在整个
17世纪和随后一个世纪都很受欢迎，特别是与蓝色混合制成“绿色粉
红”时。从巴西木制备的玫瑰色粉红，被认为不同于从相同的着色剂
得出的色淀颜料。到18世纪末期，黄色粉红已被弃用；“棕色粉红”直 157
到18世纪仍然在流通，但“粉红”已逐渐变成亮红色的“玫瑰色粉红”
的同义词——直到最后，其内涵从制造方式变成了一种颜色。

进入风景

尽管新色料表面上看相当丰富，艺术家们仍然在16世纪至18世纪继续强烈地感受到贫乏。在这段时间内，用材料进行实验的倾向加强了，表明画家们绝没有满足于他们能够自由运用的那些材料。

例如，随着风景画变得风行，绿色的配方大量涌现。在16世纪初，德国艺术家阿尔布雷希特·阿尔特多费尔是西方首批绘制纯风景画的人之一，虽然达·芬奇早已宣扬过它们的引人之处：“若非世界的自然之美，什么能让你，人，放弃城里的家，离开亲戚和朋友，翻山涉谷前往乡野之地？……”[3]不离开家门，画家难道就不能提供这种经验

吗？他难道不能把你放在风景中，“在那里，你在某个春日怡然自得，[在那里] 你可以把自己看成一个情人，和你的爱人在一起，在鲜花盛开的草地上，在绿意盎然的温柔树荫下”？[4]

一些艺术史学家在这样的表述中看出对一个遗失的世外桃源的向往，这种向往使得风景画对日益身陷城市商业的人们来说充满诱惑。其他人指出，风景画不是对自然的描述，而是对自然的阐释。克里斯托弗·伍德认为，风景画给了艺术家新的空间，让他把自己的权威以独特的宏大规模印在作品上。他说：“风景画是体现强烈着色效果的适宜之处。”[5] 颇有影响力的17世纪法国作家罗歇·德·皮勒清楚地感觉到，画家们重新创造了风景来适应自己的视野——其程度是如此
158 之深，以至于这种“想象的现实”影响了艺术家对自然的感受：“他们眼里看到的自然中的物体，带上了绘画时惯用的颜色。”[6]

如果真是这样，那个时代的艺术家们可以自由使用的各种绿色所负的责任可就大了。根据一些人的说法，这些绿色相当令人不满。在17世纪70年代，荷兰画家塞缪尔·范·霍赫斯特拉滕哀叹道：“我希望我们有一种绿色色料，能像红色或黄色色料一样好。绿土太弱，西班牙绿 [铜绿] 太粗糙，淡灰 [碳酸铜绿] 不够耐久。”[7] 西班牙艺术家迭戈·委拉斯开兹 (1599—1660) 似乎也赞同这些抱怨：他一生中从未使用过纯粹的绿色色料，总是用蓝铜矿与黄赭石或铅锡黄混色。

关于如何为不同的用途而混合绿色，画家手册中经常说得相当具体。亨利·皮查姆的《资深绅士》(*The Compleat Gentleman*, 1622) 提出以下建议：

> 要想制成深绿和暗绿，像树最靠里面的叶子那样的，混合靛蓝和粉红吧。要想制成淡绿，混合粉红和铅黄[这里指

铅锡黄];要想制成中绿和草绿,混合铜绿和粉红。[8]

在《绘画和透视易行法》(*The Practice of Painting and Perspective Made Easy*, 1756)(从这里开始能够看出,这些书是给哪种读者看的)中,托马斯·巴德韦尔建议,用于风景画的绿色由浅黄赭石、绿土、棕色粉红、普鲁士蓝、雌黄和白色组成。在18世纪,雌黄的使用经历了某种复兴,在与新普鲁士蓝混合成绿色时很受欢迎。在扬·凡·海瑟姆的《花瓶中的蜀葵及其他花卉》(*Hollyhocks and Other Flowers in a Vase*, 1702—1720)中,绿色中包含靛蓝;到1736年画《陶土花瓶里的花》(*Flowers in a Terracotta Vase*)时,他已经用普鲁士蓝代替了靛蓝。有时会运用罩色而不是混色的方法:1795年的一份手册描述了通过用棕色粉红为蓝色罩色获得的一种"极为生动而美丽的绿色"。

伟大的法国风景艺术家克劳德·洛兰和尼古拉·普桑,使用复杂的混合物来获得富于变化的绿色。有人推荐过一种配制方式,用料包括绿土、蓝色(如群青)、黄色(色淀或赭石),也许还有铅白和黑色。这样的组 159
合没有谱系渊源,通常不可靠,随着时间的流逝会表现出不可预测的变化。新的黄色的涌入加剧了17世纪和18世纪艺术家所面临的危险:其中许多都没有早期的铅锡黄和那不勒斯黄稳定,所以这些时期的画作往往比年代更远的作品变色更甚(特别是混合而成的绿色)。现在看来,这些艺术家刻意去表现"绿意盎然的温柔树荫",就有些煞有介事了。

北 极 光

17世纪佛兰德斯、荷兰和德国那些伟大的艺术家们,可能比文艺复兴时期的同行们更容易获得材料。荷兰已经成为色料制造的主要中心：铅白、大青、铅锡黄和朱砂从荷兰的工厂源源不断地运出来，让出售它们的药商和杂货商的店铺光彩照人。安特卫普之于北欧，正如威尼斯之于意大利。

但是，传统的上等蓝色，即蓝铜矿和群青，越来越难以获取：从16世纪初开始，主要矿物资源或者消耗殆尽，或者由于战事而无从获取。有一位北方画家坚持用群青作画，此人即扬·维米尔（1632—1675），其特有的黄色、蓝色和珍珠白色的调色板，在他著名的画作《倒牛奶的女佣》（*The Milkmaid*，约1658）中以最令人惊叹的方式显示出来。这些大胆的、以巧妙方式和谐搭配的蓝色似乎来自另一个时代，只是不知这个时代应该置于更古老还是更现代的时期。然而，群青售价高昂，在1626年是45个金币一盎司。查理一世作为礼物赠送给凡·戴克和英国画家安妮·卡莱尔的价值500英镑的群青，即使按王室的标准衡量，也称得上慷慨。

彼得·保罗·鲁本斯（1577—1640）那闪闪发光、宛如宝石的色彩，使他成为提香在巴洛克时期的继承人。鲁本斯似乎不愿从画布中去掉任何色相，所以他面临的难题是找到方法，把强烈的原色和谐地安排好。他在组织色彩方面可能不如提香那么成功——他的一
160 些作品，如《和平祝福的寓言》（*Allegory on the Blessings of Peace*，约1630），近于花哨，这种缺陷又因为选择了表现肉体的主题而被放大，从现代的眼光来看有些滑稽可笑了。但是，绘制这些作品时的快乐并没有被夺走，从笔触中注入的是令人振奋的力量。

鲁本斯出生于德国，血统却来自佛兰德斯：他的父亲在宗教改革的骚乱发生后逃离安特卫普。但是，父亲去世后，一家人又回到了故乡，正是在安特卫普及其周边地区，鲁本斯度过了学徒生涯。色彩

的磁力不可避免地把他带往南方：1600年，23岁的他出发前往意大利。在那里，作为曼图亚公爵的宫廷画家，他四处游历。第一次有机会参观威尼斯时，他兴致勃勃地研究和临摹了提香的作品。鲁本斯为第二任妻子所绘的亲密画像《扮为维纳斯的海伦娜·富尔芒》(*Helena Fourment as Venus*，约1636—1638)，灵感很明显来自提香的《戴毛披肩的女孩》(*Girl in a Fur Wrap*，1535—1537)。

鲁本斯两个版本的《帕里斯的裁判》(*The Judgement of Paris*，约1600和1635—1637) 在原色的使用上都显示出威尼斯画派的影响：天光和衣纹上的亮黄色，天空中强烈的蓝色，肉色和衣服中鲜艳的红色。这些颜色被带入场景时巧妙调制的方式，正是典型的 (晚期) 提香式的。鲁本斯通过将色料应用到白色底子上，而不是使用当时典型的柔和红棕色或灰色，得到了他鲜明的纯色。这一点最明显地表现在《参孙和大利拉》(*Samson and Delilah*，约1609) 中 (彩图6.4)，在这幅画中原始的颜色充满了画布。[9]大利拉的红色礼服使场景的性意味过于强烈，它用的是几乎未加掺杂的绯红色淀，用几笔朱砂亮化，并用铅白画出高光。

仆人的蓝色短上衣与蜡烛火焰和大利拉头发的金色光辉形成对比，上衣中不含蓝色色料，却是由铅白、黑色和红色色淀画成的。背景中的紫色帷幕也是如此。用黑色代表蓝色并不罕见；绿色偶尔是通过调和黄色和黑色制成的。这种对蓝色的模糊态度让人回想起希腊画家的四色调色板。提香也在他的《男子肖像》(约1512) (彩图5.8) 中使用了这个花招，并为伦勃朗的《自画像》(*Self-Portrait*，1640) 提
供了灵感。凡·戴克明显地从他的导师那里学到了这一点，因为在他 161
的《女人和孩子肖像》(*Portrait of a Woman and Child*，约1620—1621) 中，小女孩衣服那醒目的紫色是用红色色淀、木炭和白色调制的。

凡·戴克的《慈善》(*Charity*，约1627—1628)(彩图6.5)生动地说明了他和其他17世纪荷兰画家们如何努力使颜色受到控制。这幅画很显然受到提香的影响，乍看之下似乎与提香一样在颜色使用上充满热情。虽然凡·戴克《慈善》中的滚滚衣纹有群青可用，他还是选择为天空使用偏灰的大青，甚至在一些地方用了朴实的混合灰色。即使是群青的褶裥也以暗色靛蓝为底色，缓和了其过度的表现。红色衣纹由涂在朱砂和土质色料上的色淀色料构成。色淀随着时间流逝而部分褪色，很难判断凡·戴克想要实现什么效果；但仔细分析颜料的成分，以及在某些地方出现的一种棕色的卡塞尔土透明色层，就能清楚地看出，他没有追求我们预计提香会用的浓郁的紫红。

伦勃朗·凡·莱因(1606—1669)的绘画给人一种暗沉的锈棕色的强烈印象，让我们相信艺术家身上具有某种诚意和诚实，现在又提醒着我们他那毁灭性的、贫困的结局。17世纪50年代，伦勃朗只使用了六种左右的色料，主要是沉闷的泥土色调。他是一个“打破”颜色的大师——用复杂的色料混合物打破色域。一位当代评论家称赞伦勃朗使用这些混合物“来和谐地描绘大自然那真实而生动的活力”，继而谴责那些反差明显的人，后者“大胆设定生硬的原始颜色、相互之间牢牢连接，因此与自然没有关联”。显然，我们已经从阿尔贝蒂那里走了很长的路，阿尔贝蒂若看到如此摧残色料且无视颜色“与自然的关系”，想必会惊恐不安。

也许令人惊讶的是，伦勃朗也是提香的热情崇拜者。更显而易见的是他受惠于卡拉瓦乔，后者强烈的明暗对照是乌得勒支画派的荷兰画家在17世纪初的一个突出特点。伦勃朗在青年时期采用了这种风
162 格，从此以后将其作为在作品中创造情绪和表现心理的主要工具。他后期画作中那阴沉得近乎绝望的色调虽然绘制于遭遇重大经济困难

的时期，但在他快乐时光的那些作品中肯定也有充足的先例。

伦勃朗那克制的调色板中不包括17世纪可用的几种最明亮的色料。他的黑色（炭黑和骨黑）和棕色（包括科隆土，这是后来的叫法）由大多数土质色料加以补充，包括赭石、黄土和棕土。他的红色色淀主要是茜草红和胭脂。对于蓝色的使用，他也很克制：主要是用大青，有时也用蓝铜矿［例如在《穿阿卡迪亚服装的萨斯基亚》（*Saskia in Arcadian Costume*，1635）中］。他的主要黄色是铅锡黄，这种色料从来不是颜色中最明亮的。伦勃朗使用白垩作为填充剂，使透明色层变得半透明（在油料中几乎是透明的），并使介质具有稠度。他的厚涂颜料名声不佳，这一点从阿诺德·豪布拉肯在1718年的评价中可以明显看出：他说伦勃朗的一幅肖像画，颜色“上得如此之重，可以提着鼻子把它带离地板了”。

但这种有限的调色板也有优势，因为它主要由可靠、稳定的颜色组成，这些颜色不易老化。这不仅仅是由于好运：伦勃朗知道哪些材料耐久性好，以及如何安全地结合它们。这同样也不是出于运气，因为他的混合物达到近乎滑稽的复杂程度。在伦勃朗那暗沉的阴影中，隐约可见具有真正巴洛克式比例的调和物。在《扮圣保罗的长者》（*An Elderly Man as St Paul*，约1659）中，依稀可见的书封那温暖的深棕色不仅仅是棕土，而且是由色淀、红土和黄土以及骨黑的半透明色层组成的。在《雅各布·特里普肖像》（*Portrait of Jacob Trip*，约1661）中，暗沉的橙棕色是由红色和黄色色淀与大青混合成的。而对于《玛格丽莎·德·吉尔肖像》（*Portrait of Margaretha de Geer*，约1661）来说，左边背景中附带出现的暗灰绿色墙壁，大量使用了一种难以置信的巧妙着色方式。较亮的部分是由暗棕色底色构成的，该底色由红土、橙土和黄土与骨黑和一点铅白混合，再用大青、红赭石，可

能还有一种黄色色淀的混合物罩色。对于更深的阴影，是用加了红色色淀和红赭石的骨黑罩色。然而，这面墙几乎无法与黑色阴影区分
163 开来！

人们不禁想知道，这些精巧的混合物是系统地混合成的，还是说伦勃朗不过是利用了抹在他调色板上的随便什么残余物。无论如何，它们让人想到，莫奈甚至决心用强烈的纯色来混合成最昏暗的阴影（见第206页）。结果是，伦勃朗的颜色往往几乎是难以形容的——超越了三次色，超越了语言。在《亨德里克耶·施托费尔斯肖像》（*Portrait of Hendrickje Stoffels*，约1654—1656）（彩图6.6）中，亨德里克耶（这个女人在伦勃朗心爱的萨斯基亚去世后实际上成为他的妻子）的衣服是什么颜色？有些人可能会说是淡淡的丁香紫。然而，再一次，这里没有蓝色——即使有蓝紫色调，也是来自铅白和炭黑混合物的微蓝色与少许红色色淀混合。

与他去世前六年画的《手持支腕杖、调色板和画笔的自画像》（*Self-portrait with Maulstick, Palette and Brushes*，约1663）相比，我们还能发现伦勃朗的颜色在其他地方有更好的表达吗？传统上，关注的重点是艺术家那饱经忧患的面庞的表现力，但是被一只手臂环抱着的调色板上有什么东西？那不过是一片不加修饰的红棕色，勾勒得如此松散，以至于深色的外套在下面仍然可见。而且人们几乎可以相信，不需要比此（巧妙地这里变亮些、那里变暗些）更多的颜色，来传达这
164 幅肖像所显示的所有内省、坦率和庄重。

第七章

多彩的金属

——合成色料与颜色化学的黎明

化学是这样一门艺术……就各种艺术意图来说，化学能产生比任何天然产物更为适用的多种人造物质。

—— 威廉·卡伦，化学家（约1766）

这是怎样一片土地，怎样的黄金国度，怎样的伊甸园之火，带着这狂野的光辉，这些由乳白色的云彩折射的光的海洋，带着火红色的斑点、有着蓝紫色的条纹，就像蛋白石那宝贵的深浓色？

—— 约里斯·卡尔·于斯曼，《透纳和戈雅》（1889）

化学领域再也不会有一个五十年，像18世纪70年代开始时那样，一切都可以争取，大家都有份。一开始，几乎没有任何真正的元素是已知的，学者们仍然以博学的语气谈论着燃素，即物质燃烧时应该会释放的那种难以捉摸的物质。然而，一切都处在革命的边缘。(不止一场革命，因为有那么多的剧情在法国上演。) 到1820年，化学家们所讲的语言已经与现在的化学家大致相同，化学已经成为一项职业——可能还是收益可观的职业。元素列表正在迅速扩张，其程度在一个世纪前是难以想象的。在安托万·拉瓦锡开创性的《化学纲要》(*Traité élémentaire de chimie*) 中，这位法国化学家列出了33种元素；在1790年至1848年之间，这个列表中又增加了29种。

并非巧合的是，这一时期见证了为艺术家生产的新色料的激增。

165 经过创新乏力的几个世纪之后，画家们突然受宠若惊，发现自己可以任意挑选了——同时也日益需要一个标准，来评估新兴的颜料制造业兜售的大量产品。这一新形势能让人明辨是非：是固守传统的经过测试和检测的材料，还是用新材料来进行试验？不出所料，那些选择后一条路径的人往往也是艺术风格的创新者，最终它将成为画布上的真正颜色，将保守派与激进派区别开来。

积　木

当总共只有四种元素时，化学家们的工作也没有简单多少，但的确没有那么多彩。元素周期表中有92种天然元素显示着它们的怪癖和习性的多样程度，与这种丰富性不同，古典时代亚里士多德以土、气、火和水作为所有造物的原始成分，看起来确实有些单调。

元素构成了化学的演员表，而试图超越原子层面来解析物质，此种努力永远不会像识别这一卓越的元素群体那么有吸引力。因为质子和电子没有色相，没有人通过混合夸克或胶子来制作颜料，物理学家赋予它们的“颜色”不过是出于想象而已。正是通过操纵元素——改变它们的比例、它们的联合、它们的电荷——化学家们才能进行研究；颜料制作者也是以这种方式工作的。

在《怀疑的化学家》中，罗伯特·波义耳挑战了亚里士多德的元素体系，提出可能有四种甚至五种以上元素。它们是什么？波义耳没有说，这或许是出于明智。但他怀疑，土、气、火和水是否不可化约，是否对所有物质来说都是最根本的成分。他说：

> 因为，从某些物体中，无法提取出四种元素；如黄金，目前为止甚至无法从中提取出这几种元素中的任何一种。可以说，类似情况还包括银、煅烧的滑石和其他许多不易挥发的物体，要把它们还原成四种异质物质，从迄今为止的情况来看，对于伍尔坎*［即火］来说还是太难了。[1] 166

这很容易让人认为波义耳的说法颇为新颖。在某种程度上，自从康纳德·格斯纳在1586年表明，亚里士多德的四元素说只是古代提出的元素体系之一以来，它就一直受到挑战。但是波义耳的贡献在于，通过指出需要直接分析物体在化学转化过程中分解成的物质，他使争论超越了是否应该忽略火或添加硫和盐的问题（请帕拉塞尔苏斯原谅）："最可靠的方法，是通过特定实验来了解特定物体是由什么样的异质部分组成的，以及通过什么方式，不论是实际的还是潜在的火，它们可以最好和最方便地分离……"[2]以这种方式，他定义了随后至少一个世纪的时间内化学家的主要任务。然而直到一百年后，亚里士多德的两种"元素"——气和水的基本成分才开始显现。

波义耳的助理罗伯特·胡克已经找到了线索，他观察到，空气含有一种惰性成分，是物质在密封容器中燃烧后留下的。但直到1774年，英国科学家兼长老会牧师约瑟夫·普里斯特利才第一次明确识别出空气中的"活性"成分，它后来被拉瓦锡称为"氧"（*oxygène*）。对普里斯特利来说，它本身不是一种元素，而是空气被夺走了燃素所留下的东西。通过使氧气成为被燃烧的物质吸收的一种元素，拉瓦锡为化学指明了正确的方向，于是其余的一切都开始就位。氧与氢（由

* 罗马神话中的火与锻冶之神。——译注

酸作用于某些金属得出）的结合产生出水——这一观察由亨利·卡文迪许于1781年得出，并由拉瓦锡在接下来的两年中确认（也可以说是盗取）。

阿道夫·武尔茨在1869年写道："化学是一门法国科学，由拉瓦锡奠定了不朽的声名。"[3]但是，拉瓦锡可能也在其中加入了相当的诡诈。面对着可以预见的反对意见（特别是来自英国国内的），拉瓦锡通过对整个元素体系重新命名并加以修改，巩固了他关于燃烧的氧气理论。他与法国化学家贝尔纳·居顿·德·莫沃、克劳德–路易·贝
167 托莱和安托万·弗朗索瓦·富克鲁瓦合著的《化学命名法》（*Méthode de nomenclature chimique*, 1787），赋予化学一种新的词汇并对元素系统列表，其中包括18种金属（其中的一些，如钙和镁，仍然伪装成化合物，因为它们过于活泼，不容易与氧分离）。[4]

这四位法国化学家创立了杂志《化学纪事》（*Annales de chimie*）来宣传他们的体系。他们是一个好奇的团体。老于世故的拉瓦锡太咄咄逼人了，带着出身优越的人惯有的傲慢。他敏于居功，且不甘承认他人的发现。这种布尔乔亚背景和傲慢姿态的结合，使得拉瓦锡由于身为征税官的活动，在法国大革命后被罗伯斯庇尔的特工逮捕时，格外地在劫难逃。富克鲁瓦恳求罗伯斯庇尔的宽恕，但没有效果。拉瓦锡于1794年被处决。

富克鲁瓦出生时，其贵族家庭正陷入困难时期；他是大革命的支持者，通过在法兰西科学院教授火药制造课程为兄弟会效力。他绝对算不上是聪明的科学家，其小有成就要归功于勤奋。贝托莱和居顿·德·莫沃都生于富有之家，虽然后者在大革命期间悄悄地拿掉了自己的贵族前缀：他成为第戎学院的化学讲师，在那里，他在拿破仑的统治下恢复了高贵的身份。正是在这里，当18世纪即将结束时，居

顿·德·莫沃发现自己不知不觉中正在从事颜料工业的研究。

无铅的白色

艺术家们长期习惯于使用有害物质，因为变化无常的性质已经使这些物质成为着色最为强烈的那一类。铅绝不是最糟糕的冒犯者，没有迹象表明，过去的艺术家在健康方面受到红丹、铅黄或白铅的影响。然而，随着工业革命扩大了制造规模，形成了在所有工作日暴露于这 168
种有毒物质的长期劳动力，无法忽视的事实是，白铅是一种有害材料。甚至还在17世纪的时候，菲利贝托·韦尔纳蒂就在伦敦英国皇家学会的会刊（*Transactions*）上，描述了白铅制造工人遭受的可怕伤害：

> 工人发生的意外是，胃中即刻疼痛，肠道绞痛，便秘，无法通便……接下来是头部的眩晕或头晕，额头持续剧痛，失明，变傻和感情麻痹。[5]

铅白（现在更常用的名称）被大量生产，因为它是广泛使用的唯一的白色色料，并且不仅用作艺术家的材料，还用作室内涂料，从而对房屋的住户也产生危险。到18世纪末，法国公共卫生当局开始严肃关注这项风险，并要求用其他白色来代替。

18世纪80年代，法国政府找到居顿·德·莫沃，要他寻找一种新的、更安全的白色色料。1782年，他报告称最好的备选材料是氧化锌，通称为锌白，由第戎学院一个名叫库尔图瓦的实验室演示员合成。[6]锌白不仅无毒，而且在遇到含硫气体时不会像铅白那样变暗——后者会由碳酸铅转化为黑色硫化铅。

锌位于拉瓦锡的元素列表中：其身份由德国化学家安德烈亚斯·马格拉夫于1746年确定。[7]这种白色氧化物为希腊人所熟知，因为它是黄铜制造过程的副产品。当锌矿石与铜金属一起加热时，氧化锌形成白色蒸气，在蓬松的沉积物中冷凝。可能由于这个原因，它在中世纪时被称为*lana philosophica*，意即哲人的羊毛，也被称为“锌之花”。这种氧化物是温和的防腐剂，并能防止炎症；公元前4世纪至前3世纪，它被希波克拉底推荐作为药物。

锌白有很多优点，但也有一些关键的缺点。首先是成本——库尔
169 图瓦合成的这种产物比铅白贵四倍。为了获取更好的材料，艺术家们肯定愿意花费更多，但在19世纪初的时候，锌白看起来完全没有优势。它的覆盖力并不出色，更糟糕的是，它作为油画色料干得很慢。由于这个原因，它的第一项商业应用是作为水彩色料，即中国白，由英国颜料制造商温莎＆牛顿公司于1834年推出。

库尔图瓦加入了硫酸锌作为干燥剂（催干剂），试图缩短干燥时间。但问题仍然存在，尽管关于铅白和锌白哪种色料更好存在着激烈争论（富克鲁瓦和贝托莱都参与其中），锌白最初激发的希望开始黯淡下来。

法国颜料制造商E. C. 勒克莱尔的艰苦努力拯救了它。19世纪30年代末，他和一位名叫巴吕埃尔的化学家发现了更好的催干剂；1845年，勒克莱尔开始在巴黎附近的一座工厂内生产氧化锌。其他法国企业家也勇敢地加入这项冒险事业；到1849年，锌白的地位被认为已经足够稳固，于是法国公共工程部长发布了一项法令，警告不要使用铅白。到1909年，法国所有建筑物的油漆作业中都禁用铅白。锌白的大量生产导致其成本下降；到1876年，它的市面价格已经与廉价的

铅白持平。

19世纪中叶欧洲所有的锌白制造商，都是通过在所谓的“间接”过程或法国过程中对精炼的锌金属进行氧化来制造锌白的。19世纪50年代，一种新的方法被引入美国。有一个说法，有着所有虚构故事的特征（但就是让人愿意相信），说锌白是由一个名叫伯罗斯的工人，在新泽西州纽瓦克附近的帕塞伊克化学公司偶然发现的。帕塞伊克公司本身没有与锌相关的业务，但相邻的一家工厂精炼这种金属。一天晚上执行消防任务时，伯罗斯发现公司一座炉子的烟道漏了。他用一块旧炉栅盖住了泄漏处，又另外在顶部堆上了一些锌矿和煤，它们属于隔壁公司，恰好就放在附近。不久，他注意到从堆积物里冒出氧化锌的白烟。伯罗斯是个机敏的人，后来向一家名叫韦瑟里尔＆琼斯
的锌制品公司的人说起了这件事，该公司于是在19世纪50年代和60 170
年代把这个过程开发成一种制造方法。这种“直接”过程或者说美国过程使用锌矿本身（闪锌矿）作为原料。[8]

锌白在商业方面极为重要，艺术家对用它作画却颇为踌躇。许多世纪以来，他们使用铅白已经相当顺手，其毒性并没有构成很大的威胁——为什么要转用新的、未经测试的材料呢？此外，与铅白相比，锌白的色调冷而缺乏层次，不合一些人的品味。因此，铅白在整个19世纪仍是美术家首选的白色。即使是水彩画家也迟迟没有采用锌白——1888年，英国46位受访的水彩画家中，只有12位声称使用过中国白。尽管如此，在19世纪的艺术中是不难发现锌白的，部分原因是一些颜料制造商倾向于将其作为增亮剂添加到产品中。它在塞尚的作品中被发现，梵高也特别喜欢它。19世纪50年代，前拉斐尔派的画家们使用它作为强烈颜色的底子。

在寻找一种新的无毒的白色时，居顿·德·莫沃没有局限于锌白。

在备选对象中，他尝试的是矿物重晶石，即硫酸钡。该矿物在16世纪由阿格里科拉描述，但没有迹象表明它被视为白色色料。除了清洗和研磨之外，它不需要做其他制备工作，于是迅速地被纳入艺术家的调色板中，如英国人在19世纪30年代所称的，作为“永固白”或“矿物白”。然而，重晶石的优质矿藏相当罕见，并且在19世纪初，硫酸钡是作为一种被称为*blanc fixe*的颜料，以合成方式制造的。

永固白被纳入了鲍尔斯《水彩绘画艺术》(*Art of Painting in Water-Colours*, 1783) 的颜料列表中，该书在居顿·德·莫沃的研究之后仅一年就出版。它在油料中相当透明，最适合作为水彩。但是，硫酸钡通常与其他白色色料混合成为填充剂，也用作色淀色料的基料 (base) 。由于相对廉价，它成为一种重要的工业涂料，在第一次世界大战中用作飞机伪装色，并从20世纪第一个十年起作为美国海军“战舰
171 灰”的组成部分。

锌的冶炼是19世纪初的一个主要工业过程，锌白并不是艺术家唯一的附带收获。1817年，德国人弗雷德里希·施特罗迈尔观察到，位于萨尔茨吉特的锌工厂的副产品之一是黄色氧化物。他随后对这种材料所做的分析揭示了一种新的金属，其化学性质与锌高度类似。锌矿传统上被称为异极矿 (calamine) 或菱锌矿 (cadmia) ，新元素与锌的结合使其得名“镉” (cadmium) 。

在研究镉的化学成分时，施特罗迈尔制备了这种元素鲜艳的黄色硫化物 (他称其为“sulphuret”) 。施特罗迈尔在1819年的评论，最充分地表明了当时的化学家如何逐渐认识到色料制造的重要性：

> 这种硫化物，从它的美观及其颜色的恒定，以及它与其他颜色，特别是与蓝色易于结合这种属性来看，有望在绘画

> 中派上用场。用这种观点进行的一些尝试给出了最有利的结果。[9]

施特罗迈尔发现，改变合成条件可以转而产生一种橙色材料——色相取决于色料颗粒的大小。镉黄和镉橙都是不俗的色料：浓郁、不透明，日晒不会褪色。

但在19世纪40年代之前，锌熔炼所能供应的镉黄量还不够多，无法产生大的影响。有证据表明，镉黄从1829年前后起在法国和德国用于油画中，但在1835年，它在任何一家英国颜料制造商的产品清单中都还不是主角。到1851年，温莎&牛顿公司已经在生产镉黄。然而，即使在19世纪70年代，英国颜色化学家乔治·菲尔德仍然声称，“用来制备镉的金属迄今为止仍然稀少，它仍然很少用作色料”。镉的高昂成本转移到了色料上，并且那时已经有了更为便宜且同样鲜明的替代品。

然而，镉黄也有支持者，其中最突出的是克劳德·莫奈，他至少从 172
1873年开始广泛使用镉黄。也许正是莫奈的倡导，鼓励爱德华·马奈和贝尔特·摩里索在19世纪70年代后期使用这种颜色。

变色龙金属

致命的绿色

钡的名称来自希腊语的*barys*，即“重”，因为它是一种密集、沉重的金属。钡在1774年被确认为一种元素，发现者是18世纪最有造诣的元素探寻者之一——瑞典的药剂师卡尔·威尔海姆·舍勒。在同样的研究中，舍勒离析出了氯——虽然他以那个时代令人费解的方式把它解释为“缺乏燃素的海洋酸”。(1786年于44岁去世之前，他一直公开自称为燃素学家。) 舍勒早于普里斯特利离析出了氧气，称之为“火气”(fire-air)。1770年他从酸与铁或锌的反应中收集到氢，认为它本身可能就是纯粹的燃素。

舍勒关于海盐等氯化合物的实验，使他在1770年前后发现了一种新的黄色色料——氯氧化铅。1781年，一个名叫詹姆斯·特纳的化学品制造商试图为这种颜色申请一项英国专利；随后，他与对手制造商的战斗在英国专利法中创造了一个重要的先例。特纳的努力显然留下了印记：这种色料在市面上作为“特纳的专利黄”，或仅仅是专利黄销售——虽然没有对当时的艺术产生多少影响。

在1775年研究砷的化学性质的过程中，舍勒制备了绿色复合物亚砷酸铜。他立刻意识到这种复合物有可能成为艺术家的色料，并很快以“舍勒绿”之名加以制造。然而，这种颜色并不很出色，略带一点肮脏的色调。J. M. W. 透纳于1805年前后在油画速写《韦河河畔
173 的吉尔福德》(*Guildford from the Banks of the Wey*) 中使用了它，它也出现在爱德华·马奈的《杜伊勒里花园音乐会》(*Music in the Tuileries Gardens*, 1862) 里的人群中；但很少见到它在其他地方被使用的证据。

如果没有被一种更优质的相关化合物取代，这种新的绿色最终可能会受到艺术家更多的青睐。1814年，施韦因富特的德国颜料制造商威廉·扎特勒与药剂师弗雷德里希·鲁斯合作，偶然发现了乙酰亚砷酸铜，其鲜明的绿色晶体是通过溶解在醋中的铜绿与砒霜和碳酸钠反应而制成的。[10]在法国它不仅被称为“施韦因富特绿”(*vert de Schweinfurt*)，同时也由于把产地认作其他地方而得名“维埃纳绿”

(*vert de Vienne*)、“不伦瑞克绿”(*vert de Brunswick*)——在英语中，它成为“翡翠绿”。

从来没有哪种绿色与之相似。对于寻求强烈着色效果的19世纪艺术家，如前拉斐尔派和印象派画家来说，它看起来必定像是天然的选择。直到1822年，这种绿色才能够广泛获得，当时德国化学家尤斯图斯·冯·李比希发表了一篇关于其成分和合成的报告——此前这是扎特勒怀着嫉妒守护的商业秘密。温莎＆牛顿公司于1832年开始把它作为一种油画颜料销售，一直渴望尝试新材料的透纳，最早使用它大约也在同一时间。

由于制作相对便宜，翡翠绿在室内装饰中也广受欢迎，这种绿色和舍勒绿在19世纪中期都以工业规模生产。不过，受这些绿色颜料中的砷成分危害的，不仅仅是制造商。这些颜色以厚浮雕形式印在有图案装饰的廉价壁纸上，一经涂刷，会产生有毒的粉尘。如果暴露于湿气中，色料会分解而释放出胂，即一种来自砷化氢的致命气体。19世纪60年代，伦敦的《泰晤士报》警示了这些含砷绿色颜料用于室内装饰的危险：“并不罕见的是，睡在贴有这种壁纸的卧室的孩子们甚至会由于砷中毒致死；这种弊病的真正面目一经发现便已无力回天。”[11]传说中，拿破仑·波拿巴就死于砷气中毒，毒气是从他流放于圣赫勒拿岛时，所住房子那潮湿墙壁上的翡翠绿涂料中发出的。 174

西伯利亚的柠檬

与多数国家相比，法国更为深切地纪念着自己的化学家，但人们不禁想，有多少巴黎人现在还会将他们的沃克兰街，与18世纪90年代在法国化学的最前沿加入贝托莱、富克鲁瓦和居顿·德·莫沃三巨头的那位杰出分析化学家联系在一起。尼古拉·路易·沃克兰[*]与富克鲁瓦一起，在矿物绿柱石中发现了铍元素，并于1797年将注意力转向了铬铅矿，这是18世纪在西伯利亚发现的一种明亮的红色晶体。

法国人称它为*plomb rouge de Sibérie*，意即西伯利亚红铅；在西方，似乎是德国人J. G. 莱尔曼于1762年首次提到它的。这种矿物在粉碎后变成深橙色，但是无法作为艺术家的色料使用。

沃克兰的研究显示，这种矿物中有一种新的金属，其化合物容易被强烈着色。为此，他给出了*chrome*这个名字，来自希腊语中的“颜色”；我们现在知道这种元素是铬。铬铅矿是化合物铬酸铅的天然形式；但是随后合成纯铬酸铅时，沃克兰发现这是一种浓郁的黄色。与贝托莱合作，他于1804年提出这种物质或许可以作为色料。到1809年，当沃克兰在此时已相当权威的《化学纪事》杂志（他是编委之一）上发表了他对铬的色彩成分的深入研究时，“铬黄”已经出现在艺术家的调色板上。例如，它出现在托马斯·劳伦斯绘于1810年的《一位绅士的肖像》(*Portrait of a Gentleman*) 中。[12]

铬酸铅的确切色相，可以通过与硫酸铅从溶液中共同沉淀来调节：一半铬酸盐和一半硫酸盐产生一种樱草黄，与65%的铬酸铅混合产生柠檬黄，随着铬的比例增加，颜色逐渐加深。沃克兰发现，颜色也可以通过合成温度的变化来改变，因为温度影响着颗粒的大小。按这
175 位化学家的叙述，向溶液中加入酸会产生“深柠檬黄”，他告诉我们这是画家们最珍视的。如果色料从碱性溶液中沉淀出来，则呈橙色色相：“偏黄的红色，有时是美丽的深红色。”铬橙比镉橙出现得更早，是艺术家遇到的第一种纯粹的、强烈的橙色色料（雄黄接近于黄色），很

---

* 原文如此。似应为路易·尼古拉·沃克兰。——译注

快就被用于获得引人注目的效果。

尽管有所有那些动人之处，铬色料要想获得广泛使用，还必须让人负担得起。当铬的唯一来源还在遥远的西伯利亚的时候，这是不可能的。1818年，一部关于“艺术的博物史”的法国辞典评论称，就连俄罗斯的艺术家也为铬酸铅“耗资不菲”。然而就在那一年，矿物铬铁矿（铬酸铁）矿藏在法国瓦尔地区被发现。铬铁矿也于1820年在英国设得兰群岛被发现。新的色料遭到贪婪的消耗，瓦尔地区的矿山到1829年几乎被掏空。但是，从1808年开始，美国也发现了资源，到1816年铬矿已经跨越大西洋进口到英国用于色料制造。

19世纪上半叶，纯粹的铬黄和铬橙仍然相当昂贵。但是由于着色力极强，这种色料可以与相当数量的填充剂，如硫酸钡混合。这鼓励了铬黄作为商业涂料的应用。它在欧洲马车上的出现，比美国的金丝雀黄出租车还要早。

沃克兰1809年的论文还提到了通过焙烧铬铅矿的提取物来制备的“*un vert extremement beau*”，此即氧化铬。由于出色的稳定性，氧化铬很快作为一种陶瓷釉料受到珍视。“由于显示出的美丽的翡翠绿”，沃克兰满怀热情地说，这种色料“将为瓷釉画家提供手段来丰富他们的图片、改进他们的艺术”。然而事实是，纯氧化铬是一种相当晦暗的色料，在画家中用得并不很多。[13]

但在1838年，巴黎颜料商帕内捷得出了配方，能将氧化铬变成一种暗沉、冷色调且略微透明的绿色，后来它在法国被称为*vert* 176
émeraude（不要与英国的翡翠绿，即乙酰亚砷酸铜混淆）。在英国这种色料被称为翠绿。它深受印象派画家的喜爱，更是塞尚指定的绿色。

翠绿不过是水合氧化铬：在晶格中有一些水分子。但这就导致了所有的区别，把铬离子的色相调节得比纯氧化物更吸引人。帕内捷密切地守护着自己的配方，对这种色料收费很高。然而，在1859年，法国化学家C. E. 吉涅研制出了另一种制作方法，于是翠绿很快打开市场，受众广泛。几乎顷刻之间，它在印刷、家庭和工业方面的用途就使有毒的翡翠绿黯然失色。

翠绿 (viridian) 有可能被混同于所谓的铬绿 (chrome green)，后者是一种普鲁士蓝和铬黄的混合物，在19世纪有过商业销售。由于奇怪地被称为辰砂绿或朱砂绿，这种混合颜色的身份变得更为模糊。这些混合物的颜色范围从刺目的绿色延伸到橄榄色，由于价格低廉，它们被大量使用。作为艺术家的色料，铬绿有明显的缺点——在强光下或者在酸性或碱性条件下会褪色——但还是在19世纪的一些画作中发挥着重要作用。

沃克兰对铬的多彩化学成分的研究揭示了其他的新色料，导致了铬酸盐基各种黄色莫名其妙的大量涌现。作为"柠檬黄"销售的色料可能具有许多不同成分中的一种：不仅是铬酸铅或与硫酸铅的某种混合物，还可能是所谓的碱土金属钡和锶 (或更罕见的钙) 的铬酸盐。由沃克兰在1809年描述的铬酸钡，也被奇怪地称为*outremer jaune* (黄色群青)。它比铬酸铅更不透明，但更稳定——铬黄易于变成棕色，这一点在该世纪后期引起很多叹惜。沃克兰还制造了铬酸锌，从19世纪50年代起作为艺术家颜料锌黄出售。由于具有防锈性能，铬酸锌在第
177 二次世界大战期间被广泛用于军事装备。

钴彩虹

但是，接下来还有关于蓝色的问题。对于18世纪后期的画家来说，仍然没有哪种材料能与价格无法撼动的群青相比。拿破仑政府对

这种匮乏状况极为重视，内政部长让–安托万·沙普塔尔[*]委托杰出的化学家路易–雅克·泰纳尔研制一种能够替代群青的合成颜料。[14]

泰纳尔是从卑微起步，登上高处的。他一开始是为沃克兰洗瓶子和碗碟，后来被提拔为实验室助理。凭借沃克兰的提携，泰纳尔成为巴黎综合理工大学的演示员，在那里他关于舍勒的氯的实验为他赢得了熟练的分析化学家的声誉。泰纳尔和同事约瑟夫·盖伊–吕萨克得出结论（只是暂时结论，因为拉瓦锡声称不是这样），认为这种在当时被称为氧化酸的物质，实际上可能是一种元素。事实上，它的确是一种元素，正如伦敦的汉弗莱·戴维很快就坚定断言的那样。戴维着眼于它淡淡的韭绿色来命名，称其为*chloros*，希腊人曾一度推崇*chloros*为一种原色。

在考虑沙普塔尔的挑战时，泰纳尔意识到塞夫勒的陶器在蓝色釉料中使用了含钴盐。他想知道，这些材料是否也可能为艺术家提供一种精细的蓝色。毕竟，钴是中世纪色料大青这种蓝色玻璃中的着色剂。18世纪初，瑞典化学家耶奥里·勃兰特分析了大青，确认钴（已经以其矿石命名）就是产生这种颜色的元素。

1802年，通过将钴盐与氧化铝混合，泰纳尔合成了一种蓝色固体。泰纳尔的蓝色（铝酸钴）比蓝铜矿、普鲁士蓝或靛蓝色调更纯，很快就被用作色料。后来，合成方法得到了简化，使得天然钴矿石可以用作起始材料。这种色料作为钴蓝进入了艺术家的颜料总目录。

铝酸钴很昂贵，但也很受欢迎——唯一真正的竞争对手是从19世纪50年代开始制造的合成群青（见第276页）。然而，钴还有更多的 178
用处，其变色龙般的习性能与铬相媲美。另一种钴蓝，即氧化钴和氧化锡的混合物（锡酸钴），在19世纪60年代已经可以获得，由罗尼公司

* 沙普塔尔同时也是一位化学家。——译注

作为一种水彩颜料在英国销售。到了19世纪70年代，它被作为油画颜料销售：在英国名为“天蓝”，在法国名为*bleu céleste*。锡酸钴带一点绿色，有些类似于蓝铜矿。到19世纪90年代，天蓝落下了不耐久的名声，但新印象派画家保罗·西涅克属于迷恋它的人之一，愿意承担风险。

19世纪中叶，市场上又出现了三种钴颜料。钴绿的成分与钴蓝相似，只是其中的氧化铝部分或全部被氧化锌替代。事实上，它由瑞典化学家斯文·林曼于1780年发现，比钴蓝还早；但只有当氧化锌变得容易获得时，钴绿的制造才成为可能。1901年，化学家兼业余画家阿瑟·丘奇称赞它“在化学上和艺术上堪称完美”——色彩明亮，极为稳定。但钴绿的不透明度不是很好；与所有钴色料一样，它仍然昂贵。同样的缺陷也限制了钴紫，钴紫是从1859年起在法国开始制造的。

最复杂的钴颜料是一种黄色，画家称其为钴黄，化学家则称其为亚硝酸钴钾。它是在1831年由德国人N. W. 菲舍尔合成的，但没有作为色料销售，直到19世纪50年代初由法国人E. 圣埃夫尔在巴黎独立地重新发现它。钴黄于1861年首次上市，但广泛应用仅限于作为水彩——温莎&牛顿于1889年推出了该公司的“樱草钴黄”水彩。对于油画家来说，有更好、更便宜的黄色色料随时可用。

试用中的颜料

艺术家如何应对调色板上颜料的这种激增？新的颜料看起来鲜明亮丽，充满诱惑，许多画家很快就倾倒于它们的魅力。但研究艺术的学
179 者建议要慎重，指出这些新颜料的耐久性在很大程度上是未知的。从未有哪个时候像现在这样，极有必要对材料进行严格的测试。这是专家的工作，也就是化学家的工作。1891年，法国画家让-乔治·维贝尔推

荐了一个精心遴选的色料列表，艺术家可以依靠它来"维持色彩的鲜明和清新"。其中有锌白、镉黄、铬酸锶黄、钴蓝、氧化铬绿（不是翠绿，而是非水合的不透明绿）、钴绿、钴紫和1868年发现的锰紫。

这样的建议利用了一类新的颜料技术专家的研究：他们深谙化学，熟悉如谢弗勒尔、亥姆霍兹和麦克斯韦等科学家最新的色彩理论，并与美术界联系紧密。他们是科学与艺术之间的桥梁，而且是世纪交替时濒于消失的那一类型。

在法国，对于艺术家应该受益于法国在化学领域的领先地位，沙普塔尔一直萦怀于心，并委托巴黎综合理工大学化学家J.-F.-L. 梅里美寻找新的有色材料。梅里美同样是一位专业画家，他已经分析了佛兰德斯画派古代大师们的技术。他觉得艺术家要想避免某些当代作品中明显表现出的衰败，最好理解这些传统的方法：

> 胡贝特和扬·凡·艾克所用的颜色在三个世纪后仍然鲜明，令人惊奇；他们作品的绘制方式，与那些在几年之后就可以看出明显变化的作品并不相同。[15]

这是接下来的几十年里一再出现的叹息。但是梅里美寻找新色料的努力收效甚微，虽然这种努力的确为他带来了一种新形式的茜草红色淀 *carmin de garance*，后来它在法国大受欢迎。

"生于印度的伦勃朗"

约瑟夫·马洛德·威廉·透纳（1775—1851）炽热的作品打破了

180 19世纪早期传统中的棕色外壳。有时候，他对色彩的使用似乎是想完全消除线构，甚至如约翰·拉斯金这样的仰慕者有时也宣称这种新的、明亮的绘画方式令人迷惑。“空无一物的画作，还分外讨喜”，这就是苛刻的批评家们的看法。

从18世纪末直到1851年去世，透纳一直是英国皇家美术学院受人尊敬的成员，虽然由于拙于社交，他与同时代的人关系并不亲密。甚至还在1795年，这位年轻的画家就通过《海上渔夫》(*Fisherman at Sea*) 初步显示了他的创作体系，主导这部作品的是光透过茶褐色和蓝紫色暴风云的着色效果。大气主导着透纳的作品，其中苍白的太阳努力穿透各种各样的薄雾、浓雾、云和风暴。一位评论家认为，《雾中日出》(*Sun Rising through Vapour*, 约1807) 是透纳大多数画作一个潜在的一般性主题。

这些渲染气氛的花哨作品需要浓郁、鲜艳的颜料，而不是康斯太勃尔喜欢的柔和的土质颜料。随着透纳的太阳和蒸汽越来越多地脱颖而出，遮蔽他的风景，根据1823年一部百科全书的说法，他的全部作品似乎“在一些新发现的颜料的边缘颤抖”。对于一些批评者来说，这有些过头了。由于透纳在尝试捕捉曚昽阳光的主观特征时，使用颜料的方式越来越偏离自然主义，一份报纸在1826年以恳求的口吻写道：“我们……希望透纳先生回归自然，把自然作为女神来崇拜，而不是作为困扰着他的‘黄铜’。”当透纳展示他的古典海景画《尤利西斯嘲弄波吕斐摩斯》(*Ulysses Deriding Polyphemus*, 1829) (彩图7.1) ——一幅由红、黄原色与锦葵紫和火橙构成的光彩夺目的大杂烩时，《先驱晨报》评论说：

> 在这幅画作中，真理、自然和感觉让位于夸张的效

> 果……事实上，它可以作为着色失控的标本——彻头彻尾的朱砂——彻头彻尾的靛蓝；绿色、黄色和紫色最耀眼的色调都在争夺主导地位。

透纳的色相具有异国情调，是属于东方的——根据当时出色的艺术 181
评论家约里斯·卡尔·于斯曼的说法，仿佛“由出生在印度的伦勃朗完成”。

如此生动的色彩并不为人熟悉，也令人不安。用艺术史学家埃里克·沙恩的话来说，维多利亚时代的人们喜欢“逼真甚于绘画技巧，喜欢多情的着色甚于透纳的鲜明色相”：换句话说，雷诺兹和庚斯博罗无疑正在创造你应该看到的东西。然而，某一类型的真实性正是透纳和印象派画家所寻求而不是回避的：不是学术传统的“真实性”，这只是自然的理想化和形式化，而是在观察者心中留下的印象的真实性。至于“鲜明的色相”，这些来自哪里、它们为什么令人震惊，都不存在疑问——因为直到19世纪初，没有人看到过这样的绿色、黄色和蓝紫色，一如现在从创新者的作品中散发出来的那样。

透纳抓住这些新的色料，几乎和化学家分配它们一样快。钴蓝、翡翠绿、翠绿、橘红朱砂、铬酸钡、铬黄、橙色和猩红色，以及新的黄色和红色色淀，在每种新材料被引入的几年内，透纳都会加以使用。这样做当然是冒着发生灾难的危险：同时代的雕刻家J. 伯内特称，在其他艺术家没有勇气时，透纳**敢于**使用这些新的色料。一个不幸的后果是，到19世纪末，一些稳定性差的新色料让透纳的多部作品很难修复。

从透纳在皇家美术学院“润饰日”中的习惯行为的一则故事，我们可以窥见他对新的合成色料的狂热追捧。在这一天，学院成员们会把画作悬挂起来上光。在施加保护涂层之前，允许他们进行几天的最终修饰。19世纪30年代，在透纳喜欢带来的画布上，构图沉闷、寻常。一旦它们与透纳的对手（透纳正是如此看待他们的）的画布并列展示时，他就当场开始了大部分真正的工作：

> 透纳在润饰日从一幅画走到另一幅，堆上……手边
> 182 能抓到的所有最亮的色料，铬、翡翠绿、朱砂等，直到它们实际上因光和颜色而充满光彩……艺术家们曾经害怕自己的画作挂在他的旁边，说就像挂在敞开的窗户旁边那么糟糕。[16]

透纳的同时代人真是直白，他们更保守的绘画风格毕竟不可能捕捉真正的白昼之光！

透纳不仅仅是通过新色料来实现这些炫目效果的。他也知道如何充分利用对比来增强鲜明度，正如康斯太勃尔在吃了苦头后才发现的那样。有一次，一幅偏灰色的海景画本来会很沉闷，但透纳当场随意涂抹了一些红铅，于是画变得格外大胆，比康斯太勃尔相邻画作中的朱砂和红色色淀更为出色。“他一直在这里，放了一枪。”康斯太勃尔苦涩地说。

专业颜料

为了快速获得新色料，透纳需要有可靠的来源。他从几家伦敦供应商处购买了颜料，包括J. 舍伯恩、詹姆斯·纽曼和温莎＆牛顿。但透纳的主要来源是19世纪英国颜料制造巨头乔治·菲尔德，透纳与他是在该世纪初结识的。毫无疑问，如果没有与如此内行的一位化学家

的合作，透纳将很难以较少的材料来实现他的辉煌效果。同样毫无疑问，我们得感谢菲尔德，因为他对颜料进行了彻底测试，透纳的画作现在才没有褪色得更厉害。[17]

菲尔德作为颜料制造商的职业悖论是，他对色彩理论相当生疏。他不相信牛顿的观念；他声称“不可能通过颜色的任何混合来构成白色”，从来不知道加色混合和减色混合的区别。菲尔德主要是一个技术专家，并且从各种说法来看他与大科学家们很少接触，尽管他声称曾在汉弗莱·戴维和迈克尔·法拉第门下研究化学。然而，菲尔德关于颜色和色料的专著《色谱法》(*Chromatography*, 1835) 在那些寻求 183
材料方面的指导的画家中颇有影响。(不过，拉斯金提醒学生，不要理会这本书中关于“颜色原理或色彩和谐”的评论。) 当时最杰出的艺术家们，包括康斯太勃尔和托马斯·劳伦斯，都到菲尔德这里来寻找自己想要的颜料。

菲尔德的企业一开始是在伦敦制造茜草红色淀，后来于1808年扩展为布里斯托尔附近的一个颜料制造厂。他试图培养茜草植物，染色行业对这种植物需求量很大。1755年，艺术促进协会 (Society for the Encouragement of the Arts) 提供了一笔奖金，鼓励在英国成功培育出茜草，以减少对荷兰进口的依赖——在与其他欧洲国家处于战争状态期间，这一来源很不可靠。菲尔德研制了一种压榨机来提取染料，同时改进了茜草红色淀，包括棕色、粉红和紫色品种以及浓郁的茜草胭脂红的制备。

菲尔德支持以红色、黄色和蓝色作为三原色 (他将之与神学考虑相关联)，认为识别和制造与这些纯色相对应的色料很重要。他坚持认为，这些色料就是柠檬黄 (或者较早时候的印度黄)、茜草红和群青。菲尔德对透纳的激情迸发大有贡献，但他自己的品味却保守得多。他更喜欢使用三次色的低调风景画:“贞洁的眼睛从三次色的和谐中能得到更大的满足,其中三种原始色[原色]更紧密地结合在一起。”为了达到这个目的,菲尔德同样努力为三次色开发纯色料,信守着古老的(却并非没有正当理由的)信条,即“艺术家使用的颜色应该尽可能纯粹,未经混合”。

菲尔德制造的色料受到许多英国艺术家的高度评价。最受珍视的是他的“橘红朱砂”,这是他研究过18世纪德国画家安东·拉斐尔·门斯的颜色后,研制出的传统合成硫化汞的一种。菲尔德自己声称,他的颜色“比任何已知的色料都能给出更纯净、更精致的暖肉色,很像提香和鲁本斯的颜色”。这种颜色从19世纪30年代开始流行,由
184 颜料商查尔斯·罗伯逊出售,后来由温莎&牛顿出售。但菲尔德没有透露它是如何制成的,前拉斐尔派画家威廉·霍尔曼·亨特在菲尔德死后称,“我相信他把秘密带入了坟墓”。亨特说,尽管如此,“这种色调仍在售卖,菲尔德的名字就是最好的促销”——即使它并不总是符合这样的预期(见第303页)。

菲尔德对新色料耐久性的测试称得上他那个年代中最严格的。他的《色谱法》中包含无数手绘样品,其今天的修复状态有时强烈地提醒着我们19世纪艺术家面临的危险。例如,碘红是一种表面上有吸引力的色料,基于贝尔纳·库尔图瓦在1811年至1812年发现,并由汉弗莱·戴维于1814年命名的同名元素。同年,沃克兰研究了碘和汞的深红色化合物,不久后这种化合物便作为色料被引入。菲尔德的测试让他对这种“靠不住的”新颜色不再热情:“作为猩红色天竺葵的颜色,没有什么能够望其项背,但它的美丽几乎像鲜花一样稍纵即逝。”他似乎提醒过透纳远离这种诱人的红色——它出现在这位艺术家画室的材料中,但透纳几乎从未在油画中使用它。[18]它很快就过时了;

从菲尔德书里斑驳、发白的污渍中，我们可以看出端倪。

菲尔德与透纳的关系充满波折，从他们在色彩上的不同偏好来看，这一点并不奇怪。在19世纪20年代，两人关系密切，甚至地理位置上也是如此：透纳在特威克纳姆*，菲尔德在伦敦西部的艾尔沃斯**。但在菲尔德的《色彩学，或色彩的类比、和谐和哲学》(*Chromatics; Or the Analogy, Harmony and Philosophy of Colours*, 1845) 第二版中，这位颜料制造商责备透纳

> 犯了美丽的错误，即在绘画时将棱镜应用于他的眼睛，而不是通过物体在漫射的太阳光谱中的自然呈现来表现物体；在此错误之下，他将场景转换成愚人的天堂，通过诡计而不是自然的眼睛来观看。[19]

当然，现在没有必要再问我们更喜欢哪一种：“自然呈现的物体”，还是透纳的“愚人的天堂”(指称棱镜的旧术语)。画家本人轻快地表达着不屑：“你告诉我们的还不够多。”他对菲尔德说。 185

颜料的罗曼史

透纳的棱镜视觉在《光与色 (歌德的理论) ——洪水灭世后的清晨》[*Light and Colour (Goethe's Theory)— The Morning After the Deluge*, 约1843] 中表现得最明显。画作的构图近于抽象，其中昏暗的、几乎不可见的人物占据着一个闪烁着原色的色域。正如标题所示，这幅

---

* 位于泰晤士河畔。——译注

** 泰晤士河中的岛屿。——译注

画是在艺术家阅读了查尔斯·伊斯特莱克爵士所译的约翰·沃尔夫冈·冯·歌德的《色彩理论》(*Theory of Colours*, 1810) 英译本后绘制的。

也许我们最应该感谢歌德的地方是，他为棕色肉汁的懒散潮流提供了一些缓解——对棱镜色的诸般可能性的某种重新唤醒。这位诗人的科学著作受到主观教条的指导，似乎与受到有条理研究的指导同样多，而歌德在《对光学的贡献》(*Contribution to Optics*, 1791) 和随后的《色彩理论》中对牛顿的“真正的知识堡垒”不加克制的攻击，既反动又错误。例如，歌德重申了亚里士多德的观点，即颜色是由亮和暗混合而成的。由于不了解加色混合和减色混合的区别，他提出了老式的反对意见，即白光不可能由彩虹的所有颜色复合而成（如牛顿断言的），因为相应的色料混合给出的几乎正好是相反的东西。然而，他无法亲自通过重复牛顿的“判决性实验”来检验它，而是建议所有人“避开暗室，在那里他们给你看的是扭曲的光”。

对歌德来说，亮和暗可以等同于唯一的两种“纯”色：黄色和蓝色。他说，红色不是“单一的颜色，而是……一种可以附着到蓝色和黄色上的属性”。因此，红色以某种方式由“[蓝色和黄色] 颗粒的重叠”产生。他认为，这与两种颜色“混合而不联合”的结果不同——在那种情况下，产生的是绿色。歌德试图使这种双重性成为一整套两极对立的基础：蓝色“冷”而“男性化”、黄色“暖”而“女性化”，等等。他
186 的哲学的一个不幸的遗产，就是这种朝向极端极化的本体的趋向，后来被神智学和人智学运动毫无保留地采纳。

然而，从歌德的实验操作和幻想思考的融合中，也出现了一些有用的概念。他的色彩理论把急需的注意力集中于色彩的心理而不是纯物理方面。他对极化对立的强调有助于确立互补色的观念，这是19

世纪艺术家大部分色彩运用理论和实践的核心。

浪漫主义是19世纪初的先锋，歌德的哲学谈到了它充满想象力的精神。在德国，歌德在色彩理论方面与浪漫主义艺术家菲利普·奥托·伦格（1777—1810）相一致。在英格兰，浪漫主义在前拉斐尔派兄弟会和威廉·布莱克（1757—1827）画作那明亮的原色中得到了表达。

前拉斐尔派画家约翰·埃弗里特·米莱斯（1829—1896）、威廉·霍尔曼·亨特（1827—1910）和丹蒂·加布里埃尔·罗塞蒂（1828—1882）那充满激情的幻想，要求的是鲜亮的颜色；他们对这些颜色的运用在19世纪50年代的英国艺术界引起的喧嚣，不亚于印象派画家二十年后在法国点燃的。他们拒绝使自然的明亮色调变得柔和，来符合良好品味的苛求，这导致1851年《泰晤士报》谴责他们“一心一意专注于微小事件……挖掘出了每一分过度的鲜明和畸形”。就他们这一方面来说，前拉斐尔派画家们嘲笑皇家美术学院那暗淡的明暗对照，并给学院的带头人乔舒亚·雷诺兹取了个绰号——“边走边泼爵士”（Sir Sloshua Slosh）。对于听任国家美术馆内古代大师们的作品在时光流逝和浓厚上光油中变成“祖母的茶盘一般的棕色”，霍尔曼·亨特痛骂不已。

为了从色料中获得最好的效果，前拉斐尔派画家们效仿了鲁本斯和威尼斯画派古代大师们的习惯，通过在不透明的白色底子上用几乎未加混合的颜色罩色，来确保最大程度的光亮。在颜料商人罗伯逊给他们提供的画布上，事先就涂有明亮的锌白底子。米莱斯的《奥费利娅》（*Ophelia*，1851—1852）中充满了新材料，包括钴蓝、氧化铬、锌黄、 187
铬黄和最浓郁的茜草红色淀。这里的亮绿色是由普鲁士蓝和铬黄混合成的。前拉斐尔派画家试验了各种新的黄色和蓝色的混合物，以捕捉青翠的性质，这些混合物包括铬酸钡和铬酸锶与普鲁士蓝、合成群青或钴蓝。诋毁者说，结果“极不成熟，造成消化不良”。

霍尔曼·亨特对材料和技术有着浓厚的兴趣，与菲尔德在色料的持久性方面看法一致。他努力如颜料制造商建议的那样，尽可能不混合使用它们。在《良心觉醒》(*The Awakening Conscience*, 1853) 中，亨特采用了强烈的黄色——铬黄和锶黄——以及钴蓝、翡翠绿，特别是相对较新的纯橙色——马尔斯橙色。鲜艳的红色和紫色在他的《凡伦丁从普洛丢斯之手拯救出西尔维娅》(*Valentine Rescuing Sylvia from Proteus*, 1850—1851) (彩图 7.2) 中相当显眼，其中即使是泥土也散发着秋天的火热色相，点缀着发出微光的亮色，预示着在英吉利海峡另
188 一边即将展开的绘画革命。

第八章

光的统治

——印象派的明亮效应

走到户外作画时，试着忘记面前的事物，诸如树、房子、田野之类的。就把这里看成一个蓝色小方块，这里看成一个粉红色长方形，这里看成黄色条纹，仅仅按照它看起来的样子来绘制，照搬颜色和形状，直到它为面前的场景提供了你自己的天真印象。

——克劳德·莫奈

把四分之三的画布弄上黑色和白色，其余的涂成黄色，随意分布一些红色和蓝色斑点，你就会得到春天的印象，在它面前内行会欣喜若狂。著名的“沙龙拒绝品展”（*Salon des Refusés*）让人一旦想起便忍俊不禁……那是卢浮宫而不是卡普西奈大街上的展品。

——E. 卡顿，对第一次印象派画展的评论（1874）

19世纪的各项发明包括阿司匹林、塑料、热力学定律等，其中还有艺术家作为孤独的、被误解的天才这一形象。到了19世纪最初十年，绘画不再是一门手艺，而是一种职业，一项受规则和关于实践与品味的共同标准约束的学术主题。它受人尊敬、郑重其事，却又奄奄一息。这个场景契合艺术家的新化身：反叛者和局外人，现代人类的原型。

被忽视的艺术家在贫困中生活和死亡，这已不是什么新鲜事——毕竟，这就是伦勃朗的命运。但在19世纪，我们看到一类画家的出现，他们的优先考虑既不是商业也不是学术。的确，对于希望拿来出售

189 的画作（今天我们欣赏的那些作品，其中的一些可能从来不是为了展览），印象派画家可能沉迷于一种更受欢迎的风格和技法；但是这个画派以及其后的那些画派，没有时间去理会艺术机构的规定，也没有时间去考虑公众或批评者的保守本能。他们应用的规则是自己设计的。

当人们考虑到该世纪初美术学院里令人窒息的气氛，以巴黎的高等美术学院 (Ecole des Beaux-Arts) 为代表，这一点就毫不奇怪。在这里，学生几乎没有学到什么关于颜色的知识；他们极少甚至从未被允许将原始的颜料应用到画布上。相反，重点在于素描，在于线条和形式、光和阴影——这是线构对色彩的胜利，在17世纪的法兰西艺术院 (French Academy) 中被固定下来。绘画本身不得不在美术学院之外实践——学生会在许多私人画室 (*ateliers*) 中挑一个注册，其运作方式更像是艺术学校，而不是招纳学徒的工坊。

甚至当学生被认为已充分掌握素描技巧、可以执画笔时，其第一项任务仍然是临摹卢浮宫里古代大师们的画作，或画室师傅提供的画作。所有这一切都将在抑制创新和发明的背景下完成：艺术家的手应该在完成的作品中保持隐形。在许多方面，这种风格与文艺复兴盛期的风格差别不大，特别是在选择“适当”的主题，如古典神话的场景方面。这项训练针对的是持重的专业人员，他们随后可以通过出售安全又不起眼的产品给富裕的中产阶级来谋生。

市场有自己强制性的惯例。每年由法兰西艺术院组织的画展，称为沙龙，几乎是巴黎年轻艺术家向广大公众展示作品的唯一途径。为沙龙进行的遴选工作由评委会进行，大多数评委都是具有传统品味的学者。他们期望展品展示的是流行时尚那平滑、光洁的成品，激进的新风格极少有机会被纳入。而沙龙本身事实上就是一个市场：墙壁从地板到天花板都以作品包裹，没有考虑背景，也很少考虑可见性。不

过，除了这样也别无他法。 190

于是，不足为奇的是，印象派画家——其中最杰出的是毕沙罗、莫奈、雷诺阿、马奈和德加——引起了愤怒和轰动，此时他们已不只是嘲笑对象。他们的作品被认为是粗略的、未完成的、杂乱的，描绘的是极为不雅的主题：真实的人，看在上帝的分上，忙着他们的日常生计！

印象派是一个运动，其驱动力量在于艺术完整性的无可避免，以及艺术家进行探索而不是如奴隶般盲从的需求。但是它所创作的图像沉浸于绚丽的颜色，没有恰当的材料便不可能完成。这项运动不仅仅是抽象的智力思维，能引发艺术的革命，也不仅仅是由对陈规的反抗所推动的。相反，正是在这些力量与艺术家材料的新的可能性汇合时，令人兴奋的事情发生了。它正是如此：在视觉艺术所目睹过的半个世纪中色料制造领域一些最引人注目的创新之后，舞台已经设置好了，情节发展有了新的方向。艺术从来不会回首。

通向光的道路

没有哪场革命开始时不曾鸣枪警告，虽然众人往往充耳不闻。印象派画家并非第一批挑战法兰西艺术院保守主义的法国艺术家：欧仁·德拉克洛瓦（1798—1863）在19世纪30年代扔下防护手套，运用起横扫一切的笔触和大胆的着色（彩图8.1），结果对于沙龙来说，它们过于莽撞。但是到了1855年，当年轻的卡米耶·毕沙罗（1830—1903）来到巴黎参观盛大的世界博览会时，德拉克洛瓦几乎已经成为一个权威。然而，没有人比德拉克洛瓦的主要对手，刻板、偏执和傲慢的让-奥古斯特-多米尼克·安格尔（1780—1867）的形象，更好地为这种权威赋予人格特征。

一种过分简单化的二元论将安格尔作为浪漫主义画家德拉克洛瓦在经典派中的对应：一个保守的画家，在旷日持久的辩论中支持线
191 条甚于色彩，代表了直面着德拉克洛瓦的激情的理性。事实更为复杂。是的，安格尔坚定地扎根于过去（“他完全不知道近世的所有诗人”，他从前的学生、叛逃到德拉克洛瓦阵营的泰奥多尔·夏斯里奥如是说）；但他是个不拘一格的艺术家，可以绘制东方的主题和色彩，就像绘制17世纪的主题和风格，或者希腊与罗马艺术的历史和神话题材那样轻松。在安格尔的手中，即使陈腐的场景也可以成为天才作品，而从不那么杰出的艺术家那里，它们引发的只是贫乏的模仿。

也许波德莱尔的判断是最恰当的：他说，安格尔是专制的，“一个浑身倔强的人，具有极为特殊的能力，同时坚定地否认他不拥有的那些能力的效用”。安格尔着迷于线条，谴责没有精确勾画物体轮廓的作品，如德拉克洛瓦的那些。他坚持认为，“高贵的轮廓”可以弥补任何其他缺陷，例如颜色方面的。安格尔自己的作品体现了平滑的肌理，没有可见的笔触，这正是法国学院派期望的。

然而，他与德拉克洛瓦也有充分的共同点，要是两人愿意主动承认就好了。两人都是顶级的着色师，即使安格尔认为这不那么重要。他的《土耳其宫女与奴隶》（*Odalisque with a Slave*, 1839—1840）以丰富的红色、绿色和橙色而自豪。至于德拉克洛瓦，他虽然在许多方面是进步的，却与安格尔同样认为，对画家来说主题有一个层级：基于历史、神话和宗教的宏伟的古典主题作品，本质上优于风景、静物和对日常生活的描述（被蔑称为风俗画）。在他们的“宏大”作品中，两位艺术家都不表现真实的人，而是理想化的寓言人物。安格尔若发现，他的“古典”作品今天无人理会，而他那通常纯粹为了商业原因绘制的

肖像画，却（正确地）被认为是对那个时代最令人惊叹的心理学研究时，想必会暴怒不已。

但是，正是颜色，比其他任何东西都更明显地将德拉克洛瓦和安格尔区分开。人们不可能不注意到德拉克洛瓦从颜色中获得的喜悦。他觉得同时代人基本上对如何运用它一无所知： 192

> 色彩理论的原理在我们的艺术学院中既没有分析也没有教授，因为在法国，研究颜色的法则被认为是多余的，如一句谚语所说："美术家可以造就，着色师却是天生。"[1]

他抨击了雅克·路易·大卫（1748—1825）的学院派，安格尔正是受训于他的门下；原因在于，该流派用色晦暗，避免丰富的色料，从中他感受到对颜色构成近乎古典的态度。他说，在这些画家的想象中，

> 他们可以通过用黑色和白色制备蓝色、用黑色和黄色制备绿色、用红赭色和黑色来制备蓝紫色等，来产生鲁本斯用亮绿色、群青等直率而生动的颜色获得的色调。他们还使用土质色料，如棕土、卡塞尔土和赭石等……如果画作放在一幅色彩丰富的作品，例如提香或鲁本斯的作品附近，它就现出了原形：粗俗、沉闷又了无生气。[2]

就德拉克洛瓦来说，他构建了多达23种色料的精细调色板，包括了当时可用的几乎所有色料。他认为颜色并非是固有的属性，内在于对象，而是"本质上是反射的相互作用"。由于安格尔没有考虑这些反射——光从物体落到周围环境及其相反过程的影响——德拉克洛瓦

抱怨说，安格尔的作品描绘了“粗糙、孤立、冰冷”的东西。有一个传说，说的是德拉克洛瓦为了突出一条黄色衣纹，决定去卢浮宫看看鲁本斯是如何处理的。巴黎的出租马车当时涂成金丝雀黄色，而德拉克洛瓦注意到，等待他的马车在阳光下投下蓝紫色阴影。这正是他想知道的；于是，他把钱付给车夫，随即返身继续工作。

这就是德拉克洛瓦先行于印象派画家一步的地方：他希望捕捉到光的舞动。但是1855年的官方立场没有错：在世博会上获奖并赢
193 得观众赞赏的，是安格尔和他的模仿者们。德拉克洛瓦一再被拒绝接纳为法兰西艺术院院士，安格尔在该院却是一位颇有影响的院士。他们的敌对关系变得家喻户晓，成为报纸漫画的主题。

德拉克洛瓦后来被印象派画家奉为要人。但另一个不可否认的影响来自透纳，他在暮年也已经放弃了许多古典理想，开始在光的主导中寻求艺术的完整性。看到透纳作品（如它们在泰特美术馆的单独一个房间里显示的）从早期的克劳德新古典主义风景画发展到晚期画作中梦幻般卷曲的明亮原色，就是看到当代艺术的道路预示在单独一个人的毕生画作中。19世纪70年代，毕沙罗和莫奈在伦敦看到了这些画作中的一部分，他们显然留下了自己的印记。透纳的鲁昂大教堂水粉素描（约1832），显然是莫奈在1892年至1894年间对这座伟大建筑进行的多次研究的先驱。不过，莫奈后来的赞美有所保留，他在1918年承认，“多年来我一直很喜欢透纳”——不过又补充说，“但现在远没有那么喜欢了”。

走到户外

在19世纪60年代，德国物理学家兼生理学家赫尔曼·冯·亥姆霍

兹提出，艺术家试图重新创造在现实世界中看到的光和色彩的效果是徒劳的，因为可用的色料太有限——它们要求改变亮度的范围，即调低色相引入某种棕色。这意味着，尽管伪装成自然主义，传统艺术家只是应用惯例来表示光的变幻，这种变幻与艺术家看到的形象只有图式上的相似。亥姆霍兹说，

> 因此它不是对象的颜色，而是对象已经给予或将要给予的印象，这种印象将被模仿，以便产生尽可能独特和生动的关于这些对象的概念。[3]

这一描述不比印象派画家正在努力给出的任何描述差，它无法在画室内通过草图、不完美的记忆和理想化的形式来重建场景而实现。相反，它要求画家在自己的主题中工作，将视觉印象直接转化到画布上。他（怀着对贝尔特·摩里索和玛丽·卡萨特的歉意）必须进一步走出去。 194

在后来围绕着印象派画家的神话中，有一条说他们是第一批在室外工作的画家。他们当然不是；举例来说，透纳就组装了一条船，以便他可以（如后来所称的）在户外（*en plein air*）作画。很难想象，威廉·霍尔曼·亨特在《英国海岸》[*Our English Coasts*，后称为《迷路的羊》(*Strayed Sheep*)，1852]（彩图 8.2）中，可以通过在画室中琢磨来推断出如何出色地捕捉午后阳光下的彩色阴影。羊毛中的蓝色、红色和黄色与草的醒目蓝紫色结合在一起，形成了一种自然光泽，具有前所未有的说服力——足以让约翰·拉斯金相信，无论亥姆霍兹是如何断言的，亨特已经找到了一种在阳光和色料之间转化的方法：

> 在艺术史上，它第一次向我们展示了色彩和阴影之间

> 绝对忠实的平衡。通过这种平衡，实际的阳光可以被转化成一个基本色调，其中各种作为材料的色料之间可能实现的和谐，应该在人的心灵上产生与光本身造成的印象相同的印象。[4]

令人惊讶的是，拉斯金和亥姆霍兹两人都援引“印象”这个词——这提醒我们，印象派的风格并不是完全由他们的意图决定的。

然而，印象派的一贯形象，即携带着画架和阳伞身处自然之中，是由印象派自己对这种活动的描述（雷诺阿和约翰·辛格·萨金特都画过在室外工作的莫奈），以及他们对这一不实说法的认可促成的。莫奈在19世纪80年代声称，“我从来没有画室，不明白为什么有人会把自己关在房间里”——虽然他自己的作品中就有证据表明后来在画室中修饰过。

195 对于法兰西艺术院的保守派来说，露天绘画这种方式被认为只适于画速写，原型还是要在室内从速写中重组。速写的直接即时和自然主义特征将在此过程中被一丝不苟地擦除。学院派传统的明暗对照法要求，阳光照射下的场景那苍白的色调要在它们的“历史景观”中变暗，以创造高度风格化的光影表现。这一传统手法在19世纪中叶受到“现实主义”画家，如卡米耶·柯罗（1796—1875）和居斯塔夫·库尔贝（1819—1877）的挑战。柯罗不是使室外场景的色调变暗了，而是将白色添加到颜料中，以增强亮度并捕捉对视觉的真实记录。“永远不要丢掉打动你的第一印象。”他说；对于像他的学生毕沙罗这样的青年激进者来说，这句话不妨作为一个口号。

对于印象派画家来说，绝对必要的是要向画布直接传达这些外部的明暗印象。这有时会给他们带来极大的麻烦。莫奈会立刻在几件作品之间飞奔，直面雨、风、雪和潮汐，试图抓住珍贵的时刻，在这些时刻的每种情形下，自然的光照都恢复到理想的状态。摩里索为一大群年轻人感到惋惜，每当她在室外支起画架时，这些年轻人便会聚集在她身边。

只有这种对自然光照的密切观察，才可能向印象派揭示了色彩中的奥妙之处，它们闪烁于表面上，也潜藏于阴影中。在写于普罗旺斯的文字中，保罗·塞尚说："这里的阳光是如此强烈，在我看来，物体的轮廓不仅以黑色和白色，也在以蓝色、红色、棕色和紫色呈现出来。"对于这些画家来说，自然是绚丽色相的一支轻快舞蹈，很难通过混合传统材料来模仿。他们需要一条更宽的彩虹。法国诗人朱尔·拉弗格在1883年评论说：

> 在充溢着光的景观中……印象派画家认为光用以沐浴一切的，不是呆板的白色，而是由棱镜分解出的上千种鲜亮、缠斗的色彩……印象派画家按自然本身的面目来看待
> 和呈现它——也就是说，全然以色彩的共鸣来呈现。[5] 196

这些画家如何着手捕捉"色彩的共鸣"？毫无疑问，直觉和经验主义发挥了重要作用；但印象派画家也大量运用科学原理，至少是他们能理解并转化为绘画术语的那些。最重要的是互补色对比的概念，它在19世纪初由化学家米歇尔-欧仁·谢弗勒尔提出。

对比的科学

歌德的《色彩理论》中充满了色彩二元论。但是在指导艺术家合

理使用互补色方面贡献更多的，是化学家谢弗勒尔，而不是以物理学家自居的歌德。1824年，谢弗勒尔被任命为巴黎戈布兰印染厂厂长，并受命改善那里使用的染料显见的沉闷。[6]但他发现，染料本身无可指摘；相反，是染了色的线的编织方式，破坏了它们的鲜明色彩。互补或接近互补的色相被并排放置，结果是，从远处观看时颜色无法区分，在视网膜上相融成一种灰色。这是一种加色混合，类似于詹姆斯·克拉克·麦克斯韦用他的旋转圆盘产生的（见第44页）。艾萨克·牛顿在混合干色料的实验中观察到了类似的东西。他记述了黄色雌黄、亮紫色、浅绿色和蓝色如何混合在一起，在几步远的距离外给人鲜明白色的印象。

谢弗勒尔的观察结果让他试验了将互补色相邻放置的效果，他发现，对于小于产生光学混合所需的观察距离，并置实际上使两种颜色都得到了增强："在眼睛同时看到两种相邻颜色的情况下，它们会显得尽可能不相似，在光学构成和色调的高度上都是如此。"[7]

对色彩的感知受到周围环境的影响，这一点画家们早已通过经
197 验知晓；但谢弗勒尔将这一观点用科学权威的（越来越受尊重的）印记加以系统化。他的研究结果发表于1828年，随后迅速在艺术理论家之间传播。当谢弗勒尔在《论色彩的同时对比规律》（*De la loi du contraste simultané des couleurs*，1839）中增补并普及自己的作品时，这本书便成为画家们不可或缺的手册。[8]

谢弗勒尔用一个色轮来说明颜色之间的关系。色轮极为复杂，细分为74个区间，在白色和黑色之间有20度的色调变化：三维色彩空间的缜密制图就是从这里开始的。这些色标在他的《颜色及其在工艺美术上的应用》中有描述，该技术手册主要是为颜料和染料制造商撰写的。

德拉克洛瓦承认不喜欢科学家（说他们“总是在等待比自己更有能力的人为他们把门打开一指宽”），但是任何对色彩感兴趣的艺术家都不能忽略颜色感知的这个基本方面。他利用谢弗勒尔的见解，在自己的多例室内设计中使用相邻的互补色，其影响在《公寓里的阿尔及利亚女人们》(*Algerian Women in Their Apartment*, 1834)（彩图8.1）中便可看出（虽然不像一些人声称的那么明显），年轻的雷诺阿视之为“世界上最美的画”。但是，德拉克洛瓦作为一名“科学”着色师的声名是有问题的，功劳要更多地归于他的朋友、艺术评论家夏尔·勃朗对此概念的鼎力宣传，而不是归于他作品中的证据。此外，对比强烈的互补色也在安格尔的《土耳其宫女与奴隶》中表现明显，他在这幅画中把帷幔的鲜明红色与地板和家具的浅绿色并置——可以想见，德拉克洛瓦会对这种组合方式不屑一顾。

直到19世纪60年代，谢弗勒尔关于对比的互补色的法则，才经由对其著作的翻译而广为人知。夏尔·勃朗在《绘画艺术基本原理》中对这些观念的支持，后来也在法国成为标准指南，并对新印象派画家保罗·西涅克产生了形式上的影响。但是到了19世纪60年代，许多画家转而诉诸赫尔曼·冯·亥姆霍兹的混色研究，亥姆霍兹在1852年关于该主题的重磅文章被迅速从德语翻译成法语。[9]亥姆霍兹倡导的对比色与谢弗勒尔的相差无几，他认为，只有通过运用色彩对比，艺术家 198
才有望以不带自然的真正光彩的色料，来模仿自然光的效果：“因此，艺术家如果希望用他能够把握的色料，尽可能醒目地描绘出物体留下的印象，就必须画出它们产生的对比。”[10]

在亥姆霍兹的著作中，受到画家们特别青睐的是，从旋转圆盘的实验中，他将谢弗勒尔式互补色转变成艺术家可用的特定色料的混合物。在《现代色彩学》(*Modern Chromatics*, 1879) 中，这种方法由哥

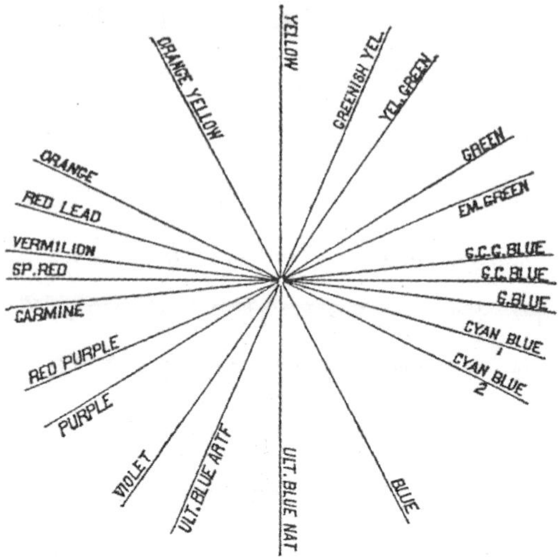

图8.1 在《现代色彩学》(1879)一书中，奥格登·鲁德从真实的艺术家色料方面显示了色彩对比，这种对比是通过彩色旋转圆盘的实验确定的。

伦比亚大学的美国物理学家奥格登·鲁德往前推得更远。作为对化学有所了解的业余（水彩）画家，鲁德对材料方面的基础色彩理论颇为关注。他那色轮般的对比图，用群青、翡翠绿、朱砂和藤黄这些色料，增强了“蓝色”“绿色”等不加修饰的色相（图8.1）。鲁德的书成为印象
199 派画家的标准文本，但此书作者的艺术传统主义意味着，他厌恶这些画家的作品。看到它们展出，据说他直呼：“如果这就是我为艺术所做的一切，我宁愿从来没有写过这本书！”

克劳德·莫奈（1840—1926）在描绘水的画作中，给出了他最具谢弗勒尔风格的一些颜色对比，在那里阳光的变幻是最明亮的。在《阿让特伊的赛舟会》(*Regatta at Argenteuil*, 1872)（彩图8.3）中，蓝色的水用强烈的橙色修饰；红屋顶的房子坐落在绿色的树叶之间；蓝紫色的人物和阴影与奶黄色的风帆相对而立。莫奈明确表示了他的意图——1888年，他如此呼应亥姆霍兹：“颜色的亮度应归功于对

比的力量，而不是其固有的特征……”当莫奈在《印象：日落（雾）》[*Impression: Setting Sun* (*Fog*)，1872] 中采用同样的橙色和蓝色的大胆并置时，那一轮太阳看上去几乎要从画布上跳下来。

进入物质的光

一旦领会了印象派画家的意图，我们就能明显看出，鲜明的新合成色料对他们的目标来说是如何不可或缺。19世纪90年代就职于巴黎高等美术学院的让-乔治·维贝尔，称它们为“只与强烈色彩搭配”的令人目眩的东西（*éclatistes*）；毫无疑问他是对的。维贝尔并不反对新材料本身；正如我们在上一章中看到的，他称许并推荐了其中的一些，因为它们的“鲜明和清新”。但是，令艺术界感到不安的是印象派使用它们时的强度：以纯粹的、有力的笔触，它们的丰沛被周围的色相强化了。“除了用三原色（红、蓝和黄）及其衍生色，永远不要作画。”毕沙罗向学生塞尚如是建议，据称此前他清除了自己调色板上的黑色、熟赭和赭石色料。[11]

此外，维贝尔关注这些未经验证的色料的稳定性是正确的。印象派画家并不总是留心危险，有时会付出代价。在告别过去的形式方法 200
的同时，他们也放弃了使画家能更好地了解材料的技术训练。他们以极大的热情接受了明亮的新色料，但几乎没有识别能力，通常是依靠供应商或制造商进行质量评估。缺点并没有被忽视——莫奈在19世纪80年代抱怨他的材料的不足之处——但是画家们除了向供应商表达不满外，也没有意愿或能力再做些什么了。

艺术原材料的这些经销商是些什么人？到19世纪中叶，艺术家材料的供应已经成为常规行业，具有属于自己的明确的分销渠道。在17世纪和18世纪，作为商品的色料往往被归类为进口香料或药物（某些艺术家材料也具有药物用途），因此由食品杂货商销售，这些人也经营食品和药物——让人想起在古希腊色料被称为“药”（*pharmakon*）。在18世纪中叶，法国的杂货商们（*épiciers*）开始有了专业分工，其中一些从根本上变成了艺术材料供应商，即颜料商人（*marchands de couleurs*）。

随着颜料制造越来越与化学合成相关，而不是对固体色料的简单研磨，它已经转变成了一个行业，大多数零售商所做的不过是把来自制造商的现成颜料打包而已。一些较便宜的颜色，包括铅白、锌白、铬黄、普鲁士蓝和合成群青等，被大量制造和销售，用于室内装饰。

18世纪，由方便的固体水彩的出现所推动的业余绘画的繁荣，为专门向艺术家提供上等材料的颜料制造商创造了利润丰厚的市场。其中就有威廉·里夫斯和托马斯·里夫斯两兄弟，他们于1766年在伦敦创立了自己的公司。1781年，皇家美术学会（Royal Society of Arts）的一个奖项使该公司有了获取皇家赞助的权利，公司毫不犹豫地把这一点用在广告宣传中。然而，18世纪在伦敦开展业务险象环生，正如
201 《先驱晨报》于1790年10月记录的：

> 昨天，一头受到虐待的牛跑进了女王陛下的颜料商里夫斯先生的商店，它位于霍尔本桥；牛撞破了商店的窗户，碰倒了差不多全部的颜料和存货，最后还是被控制住，带到了屠宰间。它在霍尔本撞翻两个女人，她们伤得很重，虽被送往医院却已无望康复。[12]

到19世纪初期，伦敦已经满是艺术家材料的供应商，互为竞争对手。其中一个是威廉·温莎和亨利·查尔斯·牛顿公司，成立于1832年。温莎&牛顿公司的颜料受到英国画家，包括透纳的高度评价。对于这些公司来说，接受过一些科学上的训练是义不容辞的：温莎是一位化学家，牛顿是一名画家。

18世纪40年代起，色料开始在马力驱动的“颜料磨坊”里，在机械化的石辊之间被压碎。到19世纪20年代，磨轮由蒸汽驱动。但是，不像手工研磨能受益于磨工的技术和判断力，机械研磨的产品一开始品质低劣。直到1836年，巴黎颜料商人布洛才首先开始把它们用作艺术家要求的“精细颜料”。

颜料供应的另一个主要创新是可折叠金属管，它于1841年由美国肖像画家约翰·兰德发明。锡管取代了此前存储油画颜料的猪膀胱包裹，使颜料在包装中远不会轻易变干。这对印象派画家的偏好，即室外绘画来说特别重要。雷诺阿说：“没有装在锡管中的颜料，就没有塞尚，没有莫奈，没有西斯莱或毕沙罗，后来被记者们称为印象派的一切都不会有。”有人认为，也不会有雷诺阿。

艺术家必需品的这种商业化，促使画家与他或她的材料拉开了距离——对绘画用主要物质不带个人色彩和情感色彩的这种态度从此发端，最终促使20世纪的艺术家采纳家用乳液。J.-F.-L. 梅里美于 202
1830年抱怨说，画家不再能够区分材料的好坏。

当然有不好的材料。对颜料商来说，底线是利润，他们往往很少关心颜料的质量或长期稳定性。梅里美说，这些人“对自己的直接利润极为上心，胜过任何画作保存方面的考虑”。他们使用了能使颜料保质期变长的黏合剂，但是代价是导致其在画布上的干燥性能变差。色料是颜料中最昂贵的成分，颜料制造商倾向于尽量减少色料的使用量。但是由于所有的油料在干燥时都会变得微黄，油料/色料比高的颜料褪色更为明显。为了在降低色料含量的同时保持颜料的硬度，一些制造商加入了蜡，这样就产生了易于裂开的黏性材料。一些零售商在色料中掺入填充剂，例如白垩或石膏之类的惰性材料，结果不过是使这些有色物质用得更多。甚至有故意伪造的情况：用一种色料冒充更昂贵的品种，或暗中与其混合。一些颜料的名称与其所含色料之间的模糊关联，只不过增强了造假的冲动。

作为对这种做法的防备，许多艺术家努力与特定颜料商建立良好的关系，依靠他们来为质量把关。毕沙罗和塞尚以及后来的梵高，用的是朱利安·唐吉家的，唐吉自1874年开始在蒙马特的克鲁泽尔街上经营一家小商店。丹麦画家约翰·罗泽把它描述为一家“不起眼的小小商店，比阿德尔加德［在哥本哈根］最蹩脚的二手经销商还寒酸……那里有成堆的画作，毫无疑问是用来抵材料钱的，其中就有相当名贵的”，为商店吸引了很多来访者。难以接近的梵高于1886年来到巴黎时，受到了唐吉的友待，梵高两次为这位商人画像，尽管多次抱怨他的商品。唐吉自己研磨色料，对艺术家来说，这样的供应商的优
203 势之一是，他可以提供定制材料：例如，梵高就对粗研磨的色料提出了具体要求。

在印象派画家中，只有埃德加·德加(1834—1917)对自己的颜料中到底有些什么表现出了好奇。德加的笔记本中包含许多化学配方和技术说明，他还对材料进行了自己的实验——虽然是以特殊的方式，并且几乎没有化学理论的支撑。出于对马奈部分画作中发生的变色的担忧，德加寻求方法保护自己的作品免受时间的蹂躏。同时，他在色彩理论方面的持久兴趣，由来自于斯曼的赞扬得到证实：“自从德拉克洛瓦以来，没有其他任何一位画家像德加这样了解颜色的结合和

掺杂，而德拉克洛瓦是德加长期的研究对象，是他真正的师父。”

印象派技法

印象派众多批评者中的一位提出，他们本可以把明亮的颜色填入枪中，然后朝画布上开火来实现想要的结果。在1874年的一场灾难性拍卖后，另一位批评者粗声说：“我们与紫色的风景、红色的花、黑色的河流、黄色和绿色的妇女以及蓝色的孩子们玩得很开心。”这是些什么样的颜色，竟激起如此的愤怒，尽管伪装成了风趣？

不用说，并没有独特的“印象派调色板”。但是该群体主要人物的作品采用了相当一致的颜色范围，对新材料有强烈偏好（彩图8.4），正是这些材料往往为印象派那才华横溢的全套技能贡献着最引人注目的效果。在从印象派画作中确认的20种主要颜料中，有12种是新的合成品：柠檬黄（铬酸钡）、铬黄、镉黄、铬橙、舍勒绿、翡翠绿、翠绿、铬绿、天蓝、钴蓝、人造群青和锌白。

和莫奈一样，皮埃尔·奥古斯特·雷诺阿（1841—1919）用相邻的互补色强化了河流场景的色调。在《泛舟塞纳河》（*Boating on the Seine*，1879—1880）（彩图8.5）中，深蓝色的水面上有一条刺目的橙色 204
小船与之形成对比，而船头的红色阴影补充了位于前景中的一丛绿色树叶，浅色的建筑物在其朦胧倒影的紫色中投下黄色高光。这幅画作中的色料（除铅白之外）仅限于7种，除红色外全是“现代”合成品：钴蓝、翠绿、铬黄、柠檬黄（铬酸锶）、铬橙（碱式铬酸铅）、朱砂和红色色淀。它们几乎不混合使用，新的纯橙色的影响从未如此明显，以浓重、纯净的笔触用于绘制船的轮廓。河是以纯钴蓝描绘的，只在某些地方加了些白色，并以红色色淀罩色来制造紫色阴影。这是直接来自颜料管的印象派。

莫奈也大量使用了非混合色彩，其典型如《雪下的拉瓦格》(*Lavacourt under Snow*，约1879)（彩图8.6）。这里用的是一种极为不同的大气照明（atmospheric lighting）：冷而肃杀，遮掩在太阳低垂的阴影中。然而，这些色相绝不是柔和的：雪闪耀着一种刺目的蓝色，由纯钴蓝中最亮的部分制成。群青和红色色淀被添加进来，为雪地蒙上灰色或锦葵紫。纯钴蓝、纯红色色淀和纯翠绿都可以在那些乡间小屋中找到。这里有暗淡的色调，树木和淡黄的天空中也有——橄榄色、卡其色、红棕色——但不是赭石色或土质色料：它们由明亮的色相，包括钴蓝、翠绿、镉黄、朱砂混合而成。与翠绿、翡翠绿、合成群青、红色色淀以及铅白一起，这些颜色构成了整个调色板；即使在此冬季风景中，莫奈也没有使用黑色。

这幅画极为清晰地展示了印象派对白色，即传统的雪"色"的态度。雷诺阿曾告诉一名学生：

> 白色在自然界中不存在。你得承认，在雪的上方有一片天空。你的天空是蓝色的。那蓝色必须显现在雪里。早晨，天空中有绿色和黄色……晚上，红色和黄色必定出现在雪中。[13]

华莱士·史蒂文斯在他的《满云的海面》(*Sea Surface Full of*
205 *Clouds*) 一诗中呼应了这一描述：

> 在早晨那蓝色的雪中
> 普照万物的太阳，以及它的威严，

变成粉红色，刺穿坚硬如冰的忧郁。

有人可能会说，印象派的白色总是完全粉碎成它的光谱片段。在某种意义上，所有的印象派都用白色作画；因为他们的作品通常在光谱上包罗广泛，没有遗漏原色或二次色，正如毕沙罗的《有风景的调色板》含蓄承认的。因此，据说莫奈的画如麦克斯韦用于研究加色混合的色轮一般，如果旋转起来，将模糊成银灰色。[14]

硬币的另一面是黑色。阴影——如果你愿意，也可以称之为与光互补的对应物——在印象派的风格中发挥着核心作用。但对这些画家来说，阴影不是暗色的，而是注入了颜色。“阴影不是黑色的，没有阴影是黑色的。”雷诺阿说，“它总是有一种颜色。大自然只认识颜色……白色和黑色不是颜色。”梵高附和道：“绝对的黑色并不真正存在。”

那么，克劳德·莫奈该如何处理《圣拉扎尔火车站》(*La Gare Saint-Lazare*) 那阴沉、乌黑的内部？这幅作品他在1877年画了不少于四个版本。这里是用现代的、工业的情趣进行的户外绘画：我们透过机车散发出的滚滚烟雾和蒸汽，看向车站顶篷之外。然而，灰色、棕色，甚至是该系列中色彩最暗的作品中的黑色，都没有用到土质色料，而几乎完全来自新的、明亮的人造颜色的复杂混合物：钴蓝、天蓝、合成群青、翡翠绿、翠绿、铬黄，同样还有朱砂这种更老的红色——以及一种强烈的绯红色淀，它可能以现代合成染料为基础。白色是铅白，此外莫奈确实极少量地使用了象牙黑。但在整体上，屋顶、火车和乘客的暗色、偏黑的色相，是除黄色和白色之外所有色料奇妙混合的结果。这种“暗色”在某些地方带有绿色，在其他地方则带有紫色。画作所代表的是以非凡的方式展示印象派的信念——几乎推到了哲学

206 的极端：即使是最昏暗的阴影也充满了颜色。

本可以用土质色料制成的棕色，在这里也煞费苦心地由复杂混合物构成，例如朱砂与钴蓝和天蓝的混合，此外还有绿色、红色色淀和铬黄的混合。与《雪下的拉瓦格》相反，未混合的色料几乎不存在。

该系列中车站内部的其他视图更为明亮：一个视图有丰富的绿色，另一个有丰富的蓝色、锦葵紫色和黄色。但是它们都含有复杂的色料混合物，证明了莫奈决心用色彩鲜明的材料来构建场景。

如果自然中没有黑色，阴影有任何特定的颜色吗？如果有，那么对印象派来说，它肯定是蓝紫色——与阳光的黄色互补的颜色。[15] 印象派画作中丰富的紫色是备受嘲笑的主题：被指为“紫到躁狂”，即使是虑事更为周到的于斯曼也曾认为他们患上了“靛蓝躁狂症”，仿佛这是一种真正的集体病症，一种色盲。然而在对紫色阴影的这般识别中，没有什么醒目的新东西。歌德有一次评论称：“白天，由于雪的黄色色相，偏向蓝紫色的阴影已经可以观察到了。”1856年，德拉克洛瓦在描述一个男孩在明亮的阳光下爬上喷泉时，谈到“光线中黯淡的橙色，从阴影中浮现的部分是极为生动的蓝紫色”。

但莫奈更进一步，他宣称：“我终于发现了大气的真正颜色。它是蓝紫色的。新鲜空气也是蓝紫色的。从现在起三年内，每个人都将以蓝紫色作画。”[16]

尽管有这种对蓝紫色和锦葵紫色的偏好，印象派获取它们时还是倾向于通过混合（通常是用红色色淀给钴蓝或群青罩色），而不是利用在19世纪50年代和60年代可以获取的钴紫和锰紫色料。这些新色料仅具有一般的着色能力，但是能给出比通过混合获得的更强的色相。莫奈比大多数人都更喜欢它们；另一方面，雷诺阿在《在剧院》（*At the Theatre*，1876—1877）和《伞》（*The Umbrellas*，1880—1881）中为无处

不在的锦葵紫和紫色保留了色淀/钴蓝的混合物。 207

沙龙的拒绝

没有哪个创新者能指望一帆风顺。令人惊奇的是，面对着在19世纪60年代和70年代每迈出一步都会堆积到他们身上的蔑视、嘲笑和刻薄的话，印象派画家竟然找到了意志力量继续走下去。起初，他们几乎处于赏画公众的视线之外——他们的作品会被重要的沙龙一次又一次地拒之门外。就售卖而言，这是一个死亡之吻；甚至有购买者要求，如果他们购买的画作后来被评委会拒绝，就要退款。即使在19世纪60年代后期对评委的甄选流程进行了各种改革之后，裁决程序仍然牢牢掌握在毫不宽容的当权派手中。

在早期被标记为印象派的画家中，赢得沙龙偶尔（即便是勉强的）青睐的几乎只有爱德华·马奈（1832—1883）一人。马奈也许是该画派中最不激进的一个，他至少有一位有影响力的支持者，那就是正在衰老的德拉克洛瓦，后者到1857年时已不再被视为对艺术的威胁，最终当选为法兰西艺术院院士。事实上，马奈完全不认为自己是革命者，终其一生他都渴望得到公众和学界的接纳；这就造成了他与同僚，特别是不妥协的埃德加·德加之间关系紧张。在许多方面，马奈认为自己正在追随居斯塔夫·库尔贝所标示的道路，库尔贝在19世纪50年代作为现实主义画家获得声望，也留下一些恶名。库尔贝的作品直接从自然绘制，其捕捉到的自发和真挚，完全不必归功于法国学院派艺术家们有意为之的优雅和镇定。当他的一些最珍贵的作品被1855年世界博览会的评委会拒绝时，库尔贝采取了戏剧性的一步，即在官邸附近布设自己的画展——结果大大激怒了批评家们，备受其嘲弄。现实主义被认为是危险的，在1857年沙龙开幕时，法国国务大臣恳求艺术家继续“忠实于他们杰出大师的传统”，忠实于“充满美感的传统道
208 路那崇高而纯净的区域”。

克劳德·莫奈和奥古斯特·雷诺阿也钦佩并模仿库尔贝，不过库尔贝仍然谨慎对待这些年轻人的敬意，后者的现实主义已经不再苍白无力。现实主义渗透于马奈的《草地上的午餐》(*Déjeuner sur l’Herbe*, 1863) 和莫奈的《花园中的女人》(*Women in the Garden*, 1866)，而这两幅作品都被评委会拒绝。令人惊讶的是，马奈的裸体研究作品《奥林匹亚》(*Olympia*, 1863) 被1865年的沙龙接受，虽然也引起了愤怒的咆哮，说竟敢描绘一个真正的人（“一个伸展在纸上的瘦弱模特”），而不是古典传统的理想化小雕像。正是这一点，再加上对色彩的新奇运用和大胆实施，引起了敌意。这些年轻的现实主义画家以一种粗俗的态度来展示人的本来面貌——事实上，通常就是互为模特或以他们的伴侣为模特。马奈自称厌恶使用专业模特。

1863年沙龙的评委会特别苛刻，拒绝了提交画作中的三分之二。这样排斥的就不仅是现实主义创新者这一小部分人，从而引起了轩然大波；皇帝拿破仑三世被迫介入，裁定被拒绝的作品在工业宫的另一部分单独展出。但这次“沙龙拒绝品展”是一场灾难。由于从源头上蒙羞，展览变成了公众嘲笑的奇观，评委会认定这“与艺术的尊严不一致”，下不为例。

然而，一旦确立，这个想法显然成为一个大棒，许多心怀不满的艺术家都可以用它来敲打沙龙；1873年举行了第二次“沙龙拒绝品展”，为即将成型的印象派画家团体提供了一个橱窗，但再次受到媒体和公众的嘲笑。到1874年，该团体实在是受够了，雷诺阿、莫奈、德加、毕沙

罗、西斯莱、摩里索、塞尚等人决定举办他们自己的画展。马奈显示出更为保守的本能，没有参加，因为他觉得只有通过沙龙本身才能获得正当的承认。

莫奈对于为自己的作品命名态度极为随意，1874年展览之前不得不宣布画名时，他建议就以“印象”为前缀——于是就有了《印象：日落（雾）》(1872)，印象派的原型作品之一。这个词被一名讽刺评论家借用，他戏称整个团体为“印象派”。他们完全不讨厌这个标签，很 209
快自己就开始用起来。

这个另起炉灶的画展要说真有什么的话，那就是比“沙龙拒绝品展”更具灾难性。由于拒绝接受“良好的艺术风格、对形式的热爱以及对大师们的尊重”，整个团体受到猛烈抨击。1876年，他们举行了第二次团体展览，得到了大体相同的反应。他们那明亮而陌生的色彩冒犯了评论家的敏感天性：“试着让M. 毕沙罗理解树不是蓝紫色，天空不是新鲜黄油的颜色”，一个评论家说，而雷诺阿那肉体色调中的“绿色和蓝紫色斑点”“表示的是尸体完全腐烂的状态”。不用说，除了马奈（偶尔还有雷诺阿），所有人都没有获得商业成功；尤其是莫奈，他经常处于绝望的窘迫中，不得不写信向赞助人求助，以避免遭到驱逐而流落街头。

点状色彩

但是，随着这么多革命性变化的发生，慢慢地，敌意变成了冷漠，随后渐渐被纳入主流。到19世纪80年代，舆论风向正在转变，这部分要归功于一些评论家（例如于斯曼，但其他大多数支持者在法国之外）的努力，这些评论家对该画派想要达到的目标有所了解。1884年，从原来的印象派圈子产生的一群“独立”艺术家创立了独立艺术家团体(后更名为“协会”),成为他们相互支持的正式基础。

正是通过这个团体,保罗·西涅克(1863—1935)才注意到乔治·修拉(1859—1891)的作品,修拉在该团体的第一次画展上展出了《阿尼埃尔的浴场》(*Bathers at Asnières*, 1883—1884)。这件强烈而令人难忘的作品,以“杰出的平涂笔触,层层涂刷”,引起西涅克的共鸣;他从中认识到了一种“对对比的规律,对亮部、暗部、固有色以及颜色的相互作用等元素的有序分离,以及对它们的适当平衡和比例的理解”,这种理解赋予画布“完美的和谐”。

210 西涅克正确地推断了修拉的作画过程。修拉说,正是“光谱元素的纯度[构成了]技术的基石……自从拿起画笔的那一刻起,我就一直在这个基础上寻找光学绘画的准则”。修拉在色彩中对纯粹光度的堂吉诃德式(如后来表明的)追寻,使他以最系统的方式试图实现一种在艺术中着色的真正科学的方法;正是这一点使他的作品完全不是真正印象派的。尽管表面上存在相似之处,但修拉的风格是全新的,西涅克不禁为之着迷。

乔治·修拉所受的训练在许多方面是极其传统的。在巴黎高等美术学院,他最初奉安格尔为偶像,不过也受到德拉克洛瓦吸引。也许通过对后者的兴趣,他知道了谢弗勒尔的色彩理论以及夏尔·勃朗对它们的阐述,这启发他将调色板限定于仅包含加色法和减色法原色,即红色、黄色、蓝色和绿色,他只会将之与白色混合。关于修拉如何尝试将这些理论观点应用于在画布上创建色彩,多有论述,但大部分都是误导性的。有一种倾向认为他完全掌握了那个时期的光学物理学,而事实上,似乎他的理解既粗略又有瑕疵。这些局限注定了修拉没有机会完全成功地实现自己的意图,但他所用材料的缺陷也是一个原因。

修拉意识到色料的减色混合——调和 (blending) ——不可避免地降低了亮度，因此破坏了在表面上描绘阳光那明亮光辉的努力。于是，他决心在光学上完成自己的混合：通过并排放置点状的互补色，修拉希望它们能在视网膜上实现光学混合，以获得比色料混合更大的亮度。这种效应在奥格登·鲁德的《现代色彩学》中有清晰描述：

> 不同的颜色以线状或点状并排放置，然后相隔适当的距离观看，使得色彩调和或多或少在注视者的眼里实现了。在这些情况下，色调在视网膜上混合，产生新的色彩，与通过旋转圆盘的方法获得的颜色相同。[17] 211

这就是牛顿在有色粉末实验中观察到的，也是谢弗勒尔从对织线的研究中推断出来的。约翰·拉斯金在《绘画要素》(*Elements of Drawing*, 1857) 中描述了同样的现象，并谈到了颜色的调和：通过用干画笔在画布上涂一种颜色，并将少许的另一种颜色“巧妙地插入间隙”，以便制造出“互相交织的颜色小颗粒”。[18] 但最吸引修拉的事实是，就在两种互补色调和处前方的观看距离位置上，眼睛隐约看到两种颜色合为一种，并且颜料表面看起来如发光一般闪烁着光泽。修拉相信，这就是艺术家在真正用光作画，捕捉（比如）阳光在草地上的光芒。他自称为一个“印象–光亮派”(*impressioniste-luministe*)，并把自己那以紧密间隔的点绘画的方法称为“光绘法”(*peinture optique*)。这种方法后来被称为点彩画法。

但是我们并不清楚修拉在画《阿尼埃尔的浴场》时是否读过鲁德，[19] 随着他对光学混合理解的深入，这幅作品也在演变。这幅画最初不是用点彩法画的，而是以一种先驱风格，其中短笔触以纵横交错的方式交织在一起。修拉在1887年以更加有力的点彩风格重绘了这幅作品——不过只是在部分区域，这表明他并不认为在贯彻自己的想法时很有必要完全统一。

对于实现“干净”的光学混合，有许多因素是至关重要的。首先，点必须足够小。然而，相比于观看者的距离，修拉似乎并不太关心这个大小问题。在他的杰作《大碗岛的星期天下午》(*Sunday Afternoon on the Island of La Grande Jatte*, 1884—1885)（彩图8.7）中，点状笔触的大小差别很大；有时在物体的边缘处，会通过使点变小对那里进行加强。

此外，通过光学混合实现的效果高度依赖于用来产生它们的颜色。正如托马斯·杨在试图从三种“原色”的旋转光盘中重新得出白色时发现的，在光谱上不纯的原色将得出灰色而不是白色。考虑到这一点，人们可能料想修拉会担心自己的色料的性质，而不是理所当然
212 地认为19世纪的化学研究为他提供的蓝色、黄色、红色和绿色足以完成任务。然而，修拉似乎既没有不安，也未做进一步调查，满足于使用相当典型的印象派调色板：镉黄，或许有铬橙，朱砂，钴紫，人造群青，天蓝或钴蓝，翠绿或翡翠绿，以及铬绿。

鲁德关于光学混合那定量的、针对特定色料的配方，想必对修拉及其追随者非常有用，只不过鲁德在他的实验中使用了多种旧色料：藤黄、印度黄、红铅、胭脂红色淀、普鲁士蓝。但是我们并不清楚，对这些“原色”色料与他们自己的调色板在光谱上的关键差异，修拉或西涅克是否极为重视。如果两位艺术家从他们的材料中移除的更少，会不会是另外的情形？

然而，这不是让修拉感到失望的理解上的唯一鸿沟。1886年，评

论家费利克斯·费内翁对修拉的作品进行了详细的（虽然有些误解的）分析，[20] 列出了这位艺术家在对色彩感知所做的贡献中进行的以下区分：

1. 固有色：在白光下物体的颜色
2. 直接反射光：从表面不加变化地反射的部分光照
3. 间接反射光："穿透表面的色光的微弱部分，在通过部分吸收加以修改之后被反射"
4. 邻近物体投射的色彩反射
5. 周围的互补色

这是对西涅克的列表更为彻底的系统化，但包含着一些奇怪的想法。修拉仍然拘泥于"固有色"的概念，而莫奈和雷诺阿拒绝了这个概念。固有色对于艺术家来说是极为传统的概念，在修拉的思想中之所以获得分量，是由于鲁德的评论，即被艺术家称为固有色的是物体在白光 213
中的颜色。但是这种颜色**只有**在白光照明下才有意义，它不是能表明自身从何而来的物体的某种固有属性。换句话说，鲁德的意思是我们感知的色彩主要是直接反射光，只有当光照是纯粹的白光时才变成"固有色"。所以，上面所列的修拉的第一条和第二条实际上是同一回事，只是处在不同的光照条件下。

修拉似乎将"直接反射光"与纯粹的日光等同了起来，这就需要他将某种色彩归于日光本身。他总结说，这种色彩基本上是橙色（"太阳橙"），而勃朗和德拉克洛瓦都曾如此认为；这促使修拉在自己的绿草中加入了橙色的点。

费内翁的评论为修拉希望实现的结果提供了清晰的总结，比这位艺术家自己写出的任何东西都更清晰：

> 一个人所有的……不是有色色料的混合物，而是色光的混合物……已知的是，光学混合物总是比色料混合物亮得多，如鲁德创立的许多亮度方程所显示的。[21]

修拉的不完全理解造成的结果是，他的成对互补色的点容易给人的印象不是亮度的而是灰度的——颇为讽刺地让人回想起谢弗勒尔关于戈布兰挂毯的问题。结果，他的点彩画作品似乎覆盖着珍珠光泽——这不是想要的效果，但肯定是画作能唤起梦幻般感觉的一个原因。然而，对于西涅克来说，这种灰度是严格的点彩画法的失败：

> 点彩画法……只是使画作的表面更为生动，但不保证亮度、色彩强度或和谐。并置时互为盟友、彼此增强的互补色，如果混合，即使是在光学上混合，也会成为敌人，相互毁灭。红色和绿色如果并置会相互激活，但是红点和绿点会形成灰色和无色的聚集体。[22]

214 1891年，31岁的修拉英年早逝，他关于颜色的"科学"态度的追寻于此戛然而止。1885年第一次看到这种技法的效果时，毕沙罗对从中感受到的可能性极为兴奋，一度热衷于此道。他承认他寻求

> 一种基于科学的现代合成方法，即基于谢弗勒尔提出的色彩理论、麦克斯韦的实验和奥格登·鲁德的测量方法；以光学混合物替代色料混合物，就意味着将色调分解成它

> 们的组成元素，因为光学混合物激起的亮度比混合色料产生的更强。[23]

在这方面，毕沙罗显示出自己是“老”印象派画家中最为开明也最有好奇心的一个——不像他以前的同伴们，他们中的许多人（如莫奈）蔑视点彩画创新。毕沙罗把这个老团体视为“浪漫的印象派”，与“科学印象派”西涅克不同。1886年，费内翁为他们创造了一个新的标签：新印象派。然而，1886年在最后一次印象派团体的画展上参展时，他们被限制在一个单独的房间，《大碗岛的星期天下午》是主要展品。毕沙罗从前的学生——尖刻的保罗·高更，对这个新团体的鄙视尤其不加掩饰，称他们是“堆积小点的小小绿色化学家们”。到1888年，对于点彩画作品创作时必须经历的费力过程，毕沙罗失去了耐心，这种过程与他自己清新而直接的方法格格不入。他曾给年轻同仁们写过一封信，此信堪称精美雅致的典范，信中他解释称自己将放弃他们那大胆却终归狭隘的方法。

走向抽象

早期印象派画家团体中，可能没有哪一位比保罗·塞尚（1839—1906）受到更多的蔑视；或许并非巧合的是，他也是这个团体中最激进的，并且从长期来看也是最有影响力的。塞尚没有创立流派，相反，215
可以说他创立了整个20世纪作为艺术的建设性原则的色彩观念。渐渐地，他的方法，即将平涂的色彩区域分割成棱镜面的镶嵌画，使他进一步远离印象派，远离艺术中主观和短暂的东西，而更接近于捕捉场景的恒常方面。塞尚开始使用建筑意义上的色块来为他看到的东西建立基本结构，即“主题”；这是一种客观现实，没有心理或情绪的干预。1877年，他最后一次与印象派画家共同举办画展；到1904年，塞尚表达的一个看法把自己放在了对立的另一极：“对画家来说，光是不存在的。”

塞尚的调色板显示了广泛的多样性：从强烈、明亮的色调到柔和的土质颜色。他受到谢弗勒尔和夏尔·勃朗关于互补色的著作的影响，但是更多地以色彩关系的形式体现它们，而不是简单地加以并置。对于塞尚来说，调节 (modulation) 就是口令：他对高色调色料的使用受到更微妙的色相的调节，从而将色块焊接成连贯的整体，实现珍珠般的温暖，而不是印象派那大胆、闪烁的对比。塞尚对新的合成色料的使用节制而谨慎，部分原因在于他小心地避免使用跑色的颜色，还因为他有些令人惊讶地在自己的技法中固守着传统特征。在最新的色料中，只有翠绿在塞尚的作品中占据突出地位；他运用的唯一不太稳定的色料，似乎是铬黄。

这种新旧材料的混合可见于塞尚的《普罗旺斯的山坡》(*Hillside in Provence*，约1885) (彩图8.8)，它是这位艺术家在19世纪80年代的代表作。画中泼洒着亮色，但给人的总体印象是柔和的泥土中强烈的绿色。对于后者，翡翠绿和翠绿都用上了，而橙色和棕色岩石是由与朱砂混合的黄色和赭色土质色料构成的。前景由黄色色淀透明色层赋予了偏黄的绿色色调。阴影中有黑色色料，这本身就是与印象派的裂痕的标志。偶尔的谢弗勒尔式对比，是以柔和的色调描绘的。从这
216 种构图中可以推断，塞尚并不完全像他的印象派同道们那样，认为新的色料的出现是良机。他是现代最重要的着色师之一，他的构想却并不是技术的产物。

保罗·高更（1848—1903）在19世纪80年代也变得越来越孤立于印象派团体，既是地理上的也是风格上的。他厌倦了印象派总是如此写实地表现自然，禁锢于“表现事物的镣铐”（这已经表明自从19世纪60年代以来，众人的态度发生了多大变化！）。在一篇预见到整个现代主义时代的评论中，他以恳求的口吻说道：“不要从自然中复制太多，艺术是一种抽象。”高更自己的风格，他称之为“综合主义”，突然转向了对于色彩纯粹想象性或象征性的运用。“色彩本身在它给我们的感觉中就是谜一般的。”他写道，“……我们无法按照逻辑使用它，否则会令人费解。”然而，对瓦西里·康定斯基之类极富想象力的艺术家来说，这种趋向抽象的冲动甚至是由“老”印象派揭示出来的。当年轻的康定斯基看到莫奈的《干草垛》（*Haystacks*）系列于1895年在莫斯科展出时，他看到了纯色作为抽象艺术之基础的未来：它向康定斯基显示了“实物……并非画作不可或缺的要素”。

1891年，高更离开法国去了塔希提岛，吸引他的是对异国情调的偏好，这种趣味与温文尔雅的印象派格格不入。在那里，高更希望在“狂喜、平静和艺术”中生活；除了短暂访问法国，他一直留在热带，直到1903年在马克萨斯群岛去世。他的调色板一如既往地丰富，但对色调的细致运用臻于成熟。对高更来说，互补色的鲜明对比不适用，他也没有回避土质色料；他发现熟赭对描绘橄榄色皮肤的塔希提人是不可缺少的。

高更使用了大多数现代颜料，包括钴蓝、翡翠绿、翠绿、镉黄、铬黄、钴紫，以及一种被称作“查伦蓝”的钴蓝和硫酸钡的混合物，却很少直接从颜料管中应用它们。普鲁士蓝和群青是高更通常不混合使用的仅有的两种颜色，替代了他基本上避免使用的黑色。但在偏远的塔希提岛，他苦于材料的匮乏，很受挫败。在1902年写给画商（也是

217 他的材料供应商）安布罗斯·沃拉尔的信中，高更说出了自己的困境：

> 我打开了你的盒子。画布和胶料——完美。日本纸——完美。但是颜料!!!……你以为我用这六管白色和绿土色能干什么，况且我还很少用它们？只剩一小管胭脂红色淀了。你必须立即送来二十管白色、四大管胭脂红色淀……[24]

……以及现代调色板上的其他颜料。作为画布的替代，高更常常使用未涂底子的粗麻布和普通麻布——不仅是为了省钱，也是因为他似乎喜欢那粗糙的肌理。

高更的综合主义被他描述为“艺术的统一，和谐的构图，观念的内在统一，形式与色彩的理解和连贯”，这种观念渗透于自称为纳比派的法国画家们身上，包括莫里斯·丹尼斯、爱德华·维亚尔、保罗·塞律西埃、克尔·格扎维埃·鲁塞尔、皮埃尔·勃纳尔等人。由对色彩富有表现力的运用所激励，纳比派的形成围绕着塞律西埃在一个雪茄盒盒盖上绘制的一小幅作品，该作品被戏称为《护身符》（*The Talisman*）（彩图8.9）。在法国蓬塔旺附近的布瓦达默，塞律西埃在高更的指导下创造了这一彩色景观。更年长的那位给出的建议据称是沿着下面这些对话展开的：

> 高更：“你怎么看待那棵树的颜色？”
>
> 塞律西埃：“黄色。”
>
> “好，使用你最好的黄色。你怎么看泥土的颜色？”
>
> “红色。”

“那就用你最好的红色。”[25]

纳比派这个团体在精神上近于野兽派（见第346页），它存在的时间很短——到1900年时已精疲力竭。但高更的影响范围远为广阔，持续时间也长得多。

文森特·梵高（1853—1890）是另一个从印象派运动中崭露头角的偶像破坏者，在世纪末到来之际为一种新的绘画铺平了道路。梵高生于荷兰，1886年前往巴黎与弟弟提奥一起生活，弟弟向他描述了印象派创造的新风格。通过研究德拉克洛瓦的作品，梵高对同时对比及 218
互补色的效果产生了兴趣；不过，他的调色板最初相当柔和。在看到印象派所使用的大胆、原始的色彩后，他的艺术风格转变了。不过梵高后来声称，自己的创作“受到德拉克洛瓦而不是［印象派］观念的滋养”；他走了与高更相同的路径，在运用颜色时极为自由、充满联想：“我不是试图精确复制眼前的东西，而是更为随意地运用颜色，来强有力地表达自己。”

在所有的西方艺术中，几乎没有任何色彩表现比梵高《夜间咖啡馆》（*The Night Café*，1888）（彩图8.10）这类画作中的更为强烈，这幅画是红、绿两种互补色沐浴在酸性黄光下形成的一个纯粹噩梦。“我试图用红色和绿色来表达人类的可怕激情。”他告诉提奥，“画中到处都是完全不同的红色和绿色的冲突与对比。”除了19世纪的绿色、黄色和橙色，还有什么颜色能对抗这些“血红色”的墙壁吗？事实上，这幅画作告诉我们的正是红色受到了多大的挑战，因为只有红色到19世纪末的时候还没有得到实质性的更新。

和塞尚一样，梵高也没有培养起追随者。但他用色彩表达的痛苦尖叫和令人眩晕的能量，为挪威人爱德华·蒙克（1863—1944）和德国表现主义提供了表达方式。如果说亨利·马蒂斯使色彩成为快乐和幸福的物质，高更把它显示为神秘的、形而上的媒介，梵高则把色彩表现为恐惧和绝望。蒙克在关于《呐喊》(*The Scream*, 1893) 的评论中称，"我……把云画得如真正的血一般。色彩在呐喊"；这呼应了梵高对《夜间咖啡馆》的乐观评论：他解释说，"在这个地方，人可以毁灭自己，发疯，或者犯罪"。

梵高的咖啡馆是由颜料厚厚地堆积而成的，太容易被解读为画笔和调色刀那野性、疯狂、不受约束的笔触的产物。但是，梵高在给弟弟的一封信中揭示了另一个动机：

> 在印象派的倡导下大量使用的所有色彩都是不稳定的，因此更有理由不去担心在涂抹它们的时候过于粗
> 219 糙——时间会使它们变得温和。

事实上，他的材料订单显示出对市场上一些最易跑色的颜色的偏好(见第257页和第284页)；很明显，梵高既非不知道这一点，也不是因为陷入疯狂而无暇顾及。相反，人们几乎怀有这样的印象，即梵高主要关注的不是长期保存，而只是把这些炫目的想象从脑子里拿出来。

很显然，这个脑子被病态的黄色点燃了，此即他的咖啡馆灯光的"柠檬黄"，也是他在阿尔勒感受到的硫黄黄。在《播种者》(*The Sower*, 1888) 中，它是太阳的悲愁光辉的黄色，这个球体没有提供温暖或舒适，却隐约地像一个病态的、炽热的月亮。

然而，各种色彩都以不寻常的强度冲击着梵高。他坚持认为，"**颜色本身就表达着一些东西**，没有它就无法作画，不得不用；那很美，是真美——也是正确的"。他的每一个想象都能在画家有可能使用的纯

色相中见到：

> 深蓝色的天空点缀着蓝色的云，一些云的蓝色比高密度的钴固有的蓝色还要深，其他云的蓝色更为清晰，像银河的蓝白色……海是极深的群青——就我所见，海岸是一种蓝紫色和微微的黄褐色，而在沙丘上……是一些普鲁士蓝的灌木。[26]

所有这一切让人忍不住假定，梵高仅仅依靠本能在创作。然而，他对色彩的处理，尽管有明显的怪异之处，却是有条理的。他给弟弟提奥的信以及信中写到的购买颜料的交代，都表明这位画家在尽力获得正确的颜色组合。他对色彩理论有浓厚的兴趣，并且通晓谢弗勒尔的同时对比规律。对梵高来说，黑色和白色也是色彩，并且像红色和绿色、蓝色和橙色一样互补。这是心理学家埃瓦尔德·黑林在19世纪70年代提倡的一个观念。

梵高清楚地表明，他之所以能够将灵感转移到画布上，新材料是如何必不可少：

> 我有新的想法，也有新的方式来表达我想要的东西，因
> 为更好的画笔会帮助我；我为那两种颜色——胭脂红[27]和 220
> 钴而疯狂。钴是一种神圣的颜色，对于布置周围气氛而言，
> 没有什么有它那么美。胭脂红是葡萄酒的红，也像葡萄酒
> 那样温暖和轻快。翡翠绿也是如此。不使用这些颜色就是
> 没有经济头脑，镉也是如此。[28]

然而，“人类的可怕激情”肯定在文森特·梵高的内心世界涌动

着。当友善的毕沙罗在巴黎第一次见到他时，就断定这个荷兰人“要么会走向疯狂，要么会把印象派远远地甩在身后”。最终，这两点梵高都做到了：他从来没有真正地从自己在1888年（在这一年他攻击了保罗·高更）的崩溃中恢复过来；尽管毕沙罗努力想为这个精神失常的年轻人找个好医生，他还是于1890年在法国瓦兹河畔的欧韦自杀了。“他安息了，”提奥在给妻子的信中写道，“在玉米地里一处阳光明媚的
221 地方。”

第九章

对紫色的激情

——染料，以及颜料的工业化

谁没有听说过推罗的贝壳如何
包裹着蓝色，这染料中的染料，
只需一滴就能创造奇迹，
像阿斯塔蒂*的眼睛那样？
为商人卖的生丝着色？

——罗伯特·布朗宁

老派炼金术士们日日夜夜寻找金子，却从来没有找到善用魔力的普罗透斯**，虽然他们在所有的气体和所有的金属中追逐他。实际上，如果他们找到了，我们很怀疑这样的发现是否像珀金斯[原文如此]的紫色那样有用……一项有利于贸易的发现对于一个人来说比找到一座金矿更好。

——《一年四季》(1859年9月)

“紫色是魔石。”散文家亚历山大·泰鲁说；当推罗紫这种最珍贵的古老染料比黄金本身价值更高时，谁又能怀疑这句话？在公元3世纪，一磅染了紫色的羊毛价值是面包师年工资的三倍左右。

这种古老紫色的巨大价值，以及它与皇室和身居高位者的关联，

---

* 古闪米特人神话中主管生育和爱情的女神。——译注

** 希腊神话中的海神，善预言，能随意改变自己的面貌。——译注

已经成为传奇故事。并非巧合的是，当第一种合成的锦葵紫染料在19世纪中叶出现在市场上时，它是以推罗紫这一取巧（且完全不准确的）的名字出售的。

然而，现在很难知道这些传说为自身赋予了怎样的意味。“紫色”是古代流动的色彩概念，古代的染料涵盖的颜料范围从偏蓝色到深红
222 色，取决于其制备方式和固着于布料上的方式。

通常与紫色相关的希腊词是*porphyra*，其拉丁语形式为*purpura*。但是在整个古代和中世纪，*purpura*也可以指暗红或绯红的暗部；事实上，紫色也充满着与血的关联。普林尼说：“这种推罗色作为凝固的血的颜色时最受欢迎，它经反射而变暗，经透射的光而变得鲜明。”公元3世纪，罗马法学家乌尔比安对紫色的定义是：除了由胭脂红染料着色外的所有红色材料。

染料的故事中充斥着这种血红色，无论是绯红色、猩红色还是真正紫色那偏向蓝色的光泽。这些染料中没有蓝紫色，也没有淡色或灰色。不，最受珍视的染料都是大胆、刺目的颜色；在令人眼花缭乱的可见度比伪装的朦胧更受欢迎的时代，人们可以合理地称之为尚武的颜色。自然提供的这些绯红色，比其他任何同等亮度和饱和度的颜色都更为丰富，王侯们长期为它们当中的上品耗费钱财。

不同寻常的是，出于偶然而不是经由筹划，现代染料时代发轫于一种紫色，这种紫色能比肩古代最负盛名的染料。19世纪关于染料颜色的化学研究成果丰硕，它带来的影响比其对色料制造的影响更加显著也更为有力，并且效果更为深远。合成染料不久就出现在艺术家的画布上，但是催生了巨大的全球产业的，却在于它们侵入了城市街道的时尚。在本章中，我们将明确看到颜料对化学的影响，一如我们将看到的化学对颜料的影响。

在羊毛中染色

普林尼毫不怀疑真正紫色的优点，这些优点要归功于腓尼基城市推罗：

> 那种珍贵的颜色，闪耀着深色玫瑰的色相……正是为获取这种紫色，罗马的束棒和战斧[*]清出了一条路。它是高贵青 223
> 年的徽章；它将元老院议员与骑士区分开来；它被召唤来安抚诸神。它使每件衣装变亮，并与黄金共享胜利的荣耀。出于这些原因，我们必须原谅对紫色的疯狂欲望……[1]

公元前1600年前后，腓尼基人从克里特岛勇敢地向外挺进。根据一种说法，这次外出是由对染色的热爱激起的，为了染色，腓尼基人曾使用来自陈旧尿液的氨水；这项令人厌恶的营业让腓尼基的染匠不受上流社会待见。在雅典，由于这个原因，染料店被转移到城市最边缘的地方，即使他们的紫色受到尊崇。

人们已经知道，从公元前15世纪开始，小亚细亚地区就在制造推罗紫。希腊人从腓尼基人那里学到这项艺术；荷马的《伊利亚特》和维吉尔的《埃涅阿斯纪》提到了用推罗紫染色的服装。染料是从原产于地中海的两种贝类中提取的，拉丁语称它们为 *buccinum*［蛾螺，即 *Thais haemastoma*（地中海岩螺）］和 *purpura*［荔枝螺，即 *Murex brandaris*（染料骨螺）］。根据乔治·菲尔德的说法，希腊传说认为，推罗紫是由赫拉

---

* 罗马最高国家权力的象征。——译注

克勒斯发现的，他看到自己的狗嘴巴上染了紫色，便归因于狗刚刚吃过的贝类。其他传说声称，这条狗的主人是腓尼基人的神麦尔卡特。

着色剂在软体动物头部附近被称为“花”的腺体中产生，该腺体中含有透明液体。这种液体的提取，或者通过打碎壳体，或者通过在压机中加以挤压。暴露于阳光和空气时，液体开始由发白的颜色转变成浅黄色、绿色、蓝色，最终成为紫色。很难想象，这个颜色序列的炼金术意义（见第88页）不会引起极大的兴趣。

亚里士多德在《动物志》(*Historia Animalium*) 中描述了提取过程：

> 该动物的“花腺”位于准肝脏和颈部之间，这些部位彼此附着得相当紧密。从颜色上看，它像一个白色的膜，这就是人们要提取的；如果被取走或被挤压，它会用花的颜色弄
> 224 脏你的手……人们把小的样品打碎，包括贝壳和所有东西，因为提取器官不是件容易的事；但在处理较大的样品时，他们首先把壳剥掉，然后再取走花腺。[2]

每个贝类只产生一滴染料，这就是此物如此极度珍贵、腓尼基人口中有相当一部分投身于制取它的原因。一盎司的染料需要牺牲掉约25万只贝类动物。至今，腓尼基人的壳堆仍然杂乱地分布于地中海的东岸。

这些提取物中最受珍视的色调，是通过混合来自两个物种的液体产生的。骨螺 (*Murex*) 的染料本身色彩明亮，而罗马人想要的色相是带有黑色的。普林尼在《博物志》中描述了这一过程：

> 蛾螺染料被认为不适合单独使用，因为它给出的颜色

> 都会褪色；不过，它能由荔枝螺完美地固着，并且能为后者的黑色色相赋予时兴的朴素和近于绯红色的光泽。这种推罗色的获取方式是，首先将羊毛浸入一大桶未加热的荔枝螺提取物中，然后将其转移到某种蛾螺染料中。[3]

在共和时期的罗马，这种壮丽的颜色严格地保留给身居高位者。紫色和金色的长袍只能由胜利的将军穿着，而正在作战的将军有权穿纯紫色长袍。元老院议员、执政官和裁判官的托加袍边缘允许有紫色的宽条，骑士和其他同级别的人穿着窄条。在帝制时代的罗马，限制更为严格：到公元4世纪时，只有皇帝本人能穿“真正的紫色”，并且任何拥有用这种“皇家”染料（甚至是其廉价仿制品）染色的布匹的人都会受到重罚。[斯德哥尔摩纸莎草纸（见第67页）中包含了三种模仿紫色染料的配方。] 瓦伦提尼安二世、狄奥多西和阿卡狄乌斯统治时期，在皇家染厂之外制造推罗紫可以被处死。

与皇家的这些关联稳定了这种颜色的价格，甚至在它不再附着于 225
染料之后。一种无机紫色材料的镶嵌石头，在6世纪拉文纳的圣维塔莱教堂中用于皇帝查士丁尼一世的长袍；在同一幅镶嵌画中，皇后狄奥多拉的那些袍子是以金色镶边的紫色。到这个时期，拜占庭的皇帝们被视为基督在地球上的代表，将皇家的颜色转移给基督本人是很自然的：圣维塔莱的镶嵌画显示的耶稣穿着一件紫色的宽大外衣。在后来几个世纪中，红色、绯红和偏紫的群青在基督长袍上的使用，从与推罗紫的联系中获得了正当性。

但是，当君士坦丁堡于1453年落入土耳其人之手后，制作紫色的方法在存世数百年后从西方世界失传了。尽管有古典学者的描述，该方法在此后的几个世纪中仍然是一个谜，直到法国动物学家费利克斯·亨利·德·拉卡兹–迪捷斯在1856年重新发现了它——对紫色来说这是吉祥的一年，如后来的事实所证明的。这位法国人看见一个地中海渔夫用黄色图案标记他的衬衫，图案用的是蛾螺属贝类动物；后来，图案在阳光下变成紫红色。然而，直到1909年，奥地利化学家P. 弗里德伦德尔才推断出其着色剂分子的全部化学性质，并发现它几乎与蓝色靛蓝相同。

化 学 表 亲

谁会想到，印度土生土长的豆科植物竟会与地中海的贝类动物有什么关联？然而，产生皇家荔枝螺的有机化合物不同于木蓝属（*Indigofera*）植物的蓝色提取物之处仅在于，它在氢位于靛蓝中时，拥有一对溴原子。我们完全不清楚，为什么贝类动物会产生一种与植物中发现的复杂物质如此接近的变体（化学家会说是**衍生物**）。

罗马作家维特鲁威在公元1世纪提到了靛蓝，这是西方第一次提到染料。普林尼说，靛蓝的价值仅次于推罗紫，并暗示了它那浓郁、暗沉的色调与这种皇家颜色之间的亲缘关系：

> 靛蓝……来自印度，在那里它作为泥浆粘在芦苇的泡沫
> 226 上。以这种方式分离时，靛蓝是黑色的；然而，在稀释时，它
> 会产生介于蓝色和紫色之间的美丽颜色。第二种靛蓝漂浮
> 在紫色染坊的大桶上，这是紫色产生的泡沫。[4]

这“第二种”，可能是推罗紫本身在光诱导下，通过失去溴降解为靛蓝的结果。靛蓝似乎不是被罗马人用作染料，而是作为涂料的色料——

被用于罗马军队的游行盾牌。与大多数天然有机染料不同，靛蓝可以以纯粹的粉末形式作为色料使用，而不是必须作为色淀来构成。

使用靛蓝作为染料需要一些化学上的精细技巧，因为它不易附着在羊毛上。它必须首先用所谓的还原剂处理，还原剂将其转化为无色、可溶的形式，叫作靛白或“无色靛蓝”。人们只能猜测，是什么给了古代染匠那样的信心，使他们对这种不起眼的材料锲而不舍，毕竟它只能以无色形式被羊毛纤维吸收——不过随后在暴露于空气时会变回浓郁的蓝色。“想想原始化学家们在这里感受到的存在主义的痛苦，”化学家罗尔德·霍夫曼说，“费了那么大劲获得了有色的染料，然后眼睁睁看着它的颜色消失，盼望着，盼着它会回来。”

尽管存在这些复杂的情形，靛蓝染色似乎非常古老。据推测，它存在于公元前3000年前后底比斯的一件长袍上；从约公元前2400年起，它为埃及木乃伊缠带提供边缘处的条纹，并被认为至少从公元前2000年起就在印度使用。以色列人使用了一种蓝色染料，似乎是靛蓝及其用溴加以冲淡的表亲二溴靛蓝的混合物，即推罗紫。希伯来人的上帝指示摩西，他的人民应该穿着带有缘饰的服装，缘饰的其中一股绳线染成名为*tekhelet*的蓝色。这种染料是从环带骨螺(*Truncułariopsis trunculus*)制备的。该物种中的雄性分泌靛蓝本身，雌性释放二溴靛蓝。但是，在公元8世纪，制造*tekhelet*的秘密在犹太传统中失传了，正统犹太人的祷告披肩中的绳线从此便没有颜色。霍夫曼提出了一个有趣的问题，即其中真伪现在是应该根据化学成分还 227
是制备方法来判断。在19世纪，这是一个困扰着许多染匠的问题，当时其他天然染料是合成的。

靛蓝分子也是被称为菘蓝的染料中的蓝色着色剂，菘蓝是遍布于欧洲和亚洲的植物欧洲菘蓝(*Isatis tinctoria*)的提取物。菘蓝在北欧曾被广泛用作染料，直到17世纪开始，被从印度进口的靛蓝取代为止。人所共知的是，凯尔特人正是用这种物质装饰自己来面对罗马军团，正如尤利乌斯·恺撒所记录的：“所有的布立吞人都用菘蓝把自己染成蓝色，以便在战斗中让外貌显得更为可怕。”[5]

尽管这种着色剂具有如此化学特性，菘蓝还是被视为与靛蓝不同的染料。普林尼称它为*glastum*，派生自凯尔特语词*glas*，意思是“蓝色”。和靛蓝一样，菘蓝染料是通过发酵从其来源植物中提取的。斯德哥尔摩纸莎草纸中的一份配方规定，把该植物经太阳照射发热后浸泡在尿液中，每天踩踏，持续三天。要是有谁认为自然染色是一个温和、良性的过程，当他发现菘蓝染色具有如此破坏性且令人不快时，他一定会感到震惊。发酵释放大量的氨，这也许是有毒“工业”排放最早的例子之一。而菘蓝植物作为一种极耗营养的物种，消耗了它生长的土壤。因此，菘蓝的种植者偏爱迁移，把疲惫的不毛荒地留在身后。中世纪欧洲通过了法律来遏制这种破坏行为。

靛染工艺是经过极为慎重的考虑后传入西方的：到了16世纪，波斯人和亚洲人着色技术的优越性得到广泛承认。英国探险家理查德·哈克卢特以典型的沙文主义口吻评论道：

> 英格兰有世界上最好的羊毛和布料，而王国的布匹不加入好的染料就没有好的销路，因此殷切盼望能看到国外的染色工艺，以便这项工艺可以被引入王国，且是以最卓越
> 228 的水平。[6]

为此目的，他派遣染色大师摩根·哈布尔桑前往波斯，并嘱咐他：“必须非常仔细地了解将要经过的所有国家的材料，只要它们有可能用于染

色，不论是药材、杂草、树皮、树胶、泥土，还是其他什么。”[7]

适当的时机到来时，靛蓝开始向西方传输，随之而来的是进口商和本土的菘蓝种植者之间的争斗。事实是，靛蓝尽管作为着色剂是相同的，却是更好的染料。然而，无论是由于在处理时经验不足，还是纯粹出于恶意的谣言，流传的说法是它不可信赖：在17世纪的德国，靛蓝被谴责为“有害、欺骗、令人心烦和具有腐蚀性”。纽伦堡的染匠甚至在18世纪末还不得不宣誓，称不会使用它——不过到那时很大程度上只是一种形式，因为靛蓝已经在整个欧洲使菘蓝黯然失色。

猩　红　热

群青蓝是中世纪画家最珍视的色料，但最上等的布匹还是会被染成深红色。这将解释中世纪晚期一些画作中的色彩象征主义，这种象征主义似乎与色料本身的价值无关。在萨塞塔的《圣弗朗西斯放弃遗产》(*St Francis Renouncing His Heritage*，1437) 中，放弃行为被表现为把一件珍贵的红色长袍抛到一边。而扬·凡·艾克的《圣母与洛林大臣》(*The Virgin with Chancellor Rolin*) (彩图9.1) 中，圣母那辉煌的绯红色褶裥，与中世纪早期绘画中的群青色服装形成对比；另一方面，由于紫色色调，它又与最珍贵的古代染料产生了关联。

猩红色或绯红色布料通常以昆虫提取物胭脂虫红来染色，这是胭脂红色淀色料的着色剂。15世纪佛罗伦萨的一本染匠手册，把这种浓郁的红色称为“我们所拥有的第一种，也是最高级的，同时也是最重要的颜色”。然而，对于确定织物价值的是布料的质量还是颜色的质量，还不够明确，因为两者可能变得难以区分。猩红色今天是绯红色的近 229
义词，但在11世纪，它指的是一种色相未明的布。中世纪早期德国的猩红是一种特别精细的羊毛布，这种布可能被染成几乎任何颜色，从黑色到蓝色，再到绿色。然而不可避免的是，有价值的纺织品倾向于吸引有价值的染料——为什么不用其中一个来为另一个染色，而白白浪费呢？所以优质的猩红色布最经常用胭脂虫红染色。14世纪之前，“猩红色”表示的是染料；不久以后它成了一个表示颜色的词。

对于略带紫色的染料，相同的转变以相反的方向发生。在10世纪的西班牙，*purpura*渐渐表示一种丝织物，在随后的几个世纪中，“紫色”布可以是几乎任何颜色。这显示了关于颜色及其用途的观念与体现它们的材料之间的联系是多么密切。正如我们在靛蓝——既是螺也是豆科植物的提取物中看到的，即使以材料来为颜色命名，只要有色物质的基本化学成分保持神秘，其正当性便很有限。在19世纪，染料的制造和使用过程中的这种身份问题，将前所未有地受到严格审视。即使是自然和人为之间的区别也即将消失，代替它们的是一个体系，其中着色剂完全由化学家的密码来定义。

对颜色的公共趣味

在帝制时代的罗马，人们可以通过皇家法令来控制颜色的应用和需求。到19世纪中叶，纺织工业中的颜色使用有了一个新的决定因素：时尚。一旦新兴的工业革命创造出了繁荣的中产阶级，这个过程就开始说服欧洲的民众（特别是妇女），让他们相信正确选择服饰是极端重要的。和今天一样，织物制造商以一重幻象取悦消费者，让后者认为自己是时尚的制造者，而不是受害者。1857年，苏格兰染匠约翰·普拉尔向颜色化学家威廉·珀金兴奋地讲述着为珀金的新染料赢得“社会中**无所不能**的阶层，即女性”的青睐的前景。“一旦她们为之疯狂，而你又能够满足需求，”他向年轻人保证，“你的名声和财富就跑不掉了。” 230

这并不是夸张。纺织业，特别是棉花制造业，是工业革命中最重要的一个领域。主要依靠纺织业，英国才有了1850年之前的工业霸权，而该行业的阵痛也是造成英国随后经济衰退的核心因素。英国纺织工业总部位于北部城市曼彻斯特和格拉斯哥，它的基础在于棉布服装生产和廉价棉布印花。纺纱技术的进步经常被强调为工业化背后的主要因素，但是棉布印花事实上可能是棉花产业的支柱。羊毛和丝绸产品走向了更精致（虽然利润仍然相当丰厚）的市场——法国里昂工业领域的辉煌就依赖于其丝绸工厂。米卢斯和鲁昂是法国纺织业的另外两个主要中心。但在巴黎，当然，面对着高级时装（*haute couture*）元老的无情凝视，新的染料或者挺立，或者跌倒。在该世纪初期，英国和法国拥有欧洲最强大的纺织工业；德国、荷兰和瑞士位于第二阵营。

染色这一行业到中世纪晚期已牢固确立，并受行会管制。但它的发展路径在17世纪发生了分化。此时流行将染色的图案应用于纺织品上，这给染匠带来了相当大的挑战，他们那时还不能简单地把整块布浸泡在染料中。菘蓝和靛蓝在织物上能形成图案，是使用了“防染材料”——遮蔽留白区域并在随后移除的糊剂和蜡。这种“蓝色印花”似乎大约自17世纪20年代起在欧洲被采用。另一种备选方法是模版印花，在西班牙和意大利至少从13世纪起就开始应用。大约在1500年，图书印刷商开始使用雕刻的铜版代替木版，纺织印花商也迅速跟进。由于纺织品的模版印花是用油性颜料和油墨而不是染料进行的，并且由于印花布通常是用刷子手工修整的，该操作流程通常被视为绘画和印刷行业的分支，而不是染色的分支。

231 当新的纺织品图案装饰方法在17世纪70年代从印度引入欧洲时，这种分工得到了加强。印度人研制了制作不褪色图案的配方，这种图案耐洗、防晒。其中要用到媒染剂：使染料能够黏附到织物的丝线上并在洗涤时牢牢握紧的固定剂。媒染剂在织物丝线中的化合物和染料中的化合物之间建立了联系。早期的染匠往往是通过试错发现正确的媒染剂——为什么一种物质有效而另一种物质无效，其中没有明显的道理。许多媒染剂是含金属的盐，但是某些有机物质，例如白蛋白（血液提取物）或来自牛奶的酪蛋白，也是有效的。

在引入印度图案装饰法之前，欧洲已经认识到媒染剂的重要性；但印度染匠完善了将媒染与多色图案装饰相结合的技术。从印度进口的印花纺织品，根据它们的印地语名字*chint*，在英语中被称为chintz（印度印花布），通常用茜草红来染色。当欧洲染匠开始使用印度技术时，用靛蓝工作的"蓝色印花工"与用茜草工作的印度印花布制造商之间，便产生了分裂。蓝色印花工有时发现自己与染匠行会关系紧张，后者认为只有自己有权将靛蓝应用于织物。与墨水和油性颜料印花工联合的红色印度印花布制造商，则较少引起这个团体的抱怨。

以颜色为业

从其天然来源提取染料并将其固着于纺织品中，越来越需要化学专业知识。在整个18世纪后期，染料制造商越来越意识到从专业化学家那里寻求意见的好处，例如在新媒染剂开发这类问题上。化学技术可以服务纺织工业这一点，在1766年被苏格兰化学家威廉·卡伦突显出来：

> 石匠想要水泥吗？染匠是否想要一种方法，为布料染
> 上特定的颜色？或者，漂白工人是否想要释放所有颜色的 232
> 手段？能提供这一切的，必然是化学哲学家。[8]

当然，西奥菲勒斯在12世纪就炼金术想必会有几乎相同的说法。但是对卡伦的时代和接下来的那个世纪来说极为特别的是，既出现了对自然的有机和无机物质进行复杂修改的手段，又出现了对应用化学家工作内容的理论认识。

19世纪初的所有主要染料公司都聘用专业着色师，即同时精通化学理论、颜色制备的应用化学和纺织品行业实践的人。我们可以追溯他们的起源，不是追溯到18世纪初的染匠，而是追溯到画家、绘图员、设计师和印花工的行会。在17世纪初，化学家在染匠行业中扮演的重要角色很难察觉。一点不假，伦敦的皇家学会于1664年任命了一个委员会（其中包括罗伯特·波义耳），研究在织物上进行不褪色印花的方法。18世纪早期的化学家，例如格奥尔格·恩斯特·施塔尔和皮埃尔–约瑟夫·马盖就曾声称，如果不谙熟化学，就不可能进行染色。但是，染色可以通过对传统智慧死记硬背般的传承，以竞争的方式沿着中世纪工艺的方向进行——这种观念直到接近该世纪中期某些技术创新出现时才受到严重挑战。

这些创新行为中，最重要的是在18世纪30年代引入“英国蓝”工序，它在英国被称为“铅笔蓝”。该工序使得靛蓝被直接从金属版印到布料上。以前，由于靛染的传统媒染方法与印刷技术不兼容，必须掩盖住将要留白的区域。通过在大桶中添加雌黄的权宜之计，这个问

题在英国蓝工序中被克服了。1764年，此方法与机械创新相结合，使
233 英国蓝印花工艺能够使用木版而不是印版（plates）。在此工序中，化学方面的训练是掌控染料和媒染剂的复杂混合物的先决条件。

此外，1752年，爱尔兰的弗朗西斯·尼克松为媒染剂发明了一种增稠剂，使其能够留在印版上；从此以后，红色茜草染料直接通过金属版印花成为可能。这些创新实现了多色纺织品印花，很快四色（红—蓝—黄—绿）印花在整个欧洲就变得相当平常了。

漂白剂的发展进一步突出了化学的重要性。18世纪初，纺织品是用硫酸漂白的，这对织物几乎没有益处。法国化学家克劳德-路易·贝托莱在18世纪80年代表明，卡尔·舍勒发现的氯显示出漂白能力，且没有酸的腐蚀性后果。

染料制造商往往发现他们的化学家名列画家行会的成员之间——因为印度印花布印花与此行会，而不是与染匠行会之间的联合会，已经建立了一个色彩专家库，这个专家库不仅熟悉艺术家的需要，而且熟悉纺织品制造和印花的需求。这些人要做的，就是确保专业化学和颜色技术之间紧密联系起来。

在1766年前后写下的文字中，在巴塞尔开展业务的棉布印花商让·赖讷声称，一个好的着色师应该对化学，对色彩的组成以及纺织印花的具体实用性，都具有良好的认识。（他还继续声称，这样的人目前还不存在，显然暗示他自己作为工厂经理的位置不可或缺。）赖讷还指出了一个单独类别的着色师——流动的"秘术师"，从一个工厂到另一个工厂，兜售他们制造颜色的秘密。因此，中世纪的秘术观念——严密守卫的奇异秘密——显然仍在盛行。赖讷说，这样的人对行业是一种危险；但在新的工业时代，他们注定无法长期存在。到18世纪晚期，大多数着色师被一家公司一雇用就是许多年。而在19世纪中叶，

纺织品印花厂的着色师职业被视为训练有素的化学家最重要的从业选择之一。 234

黑魔法

化学和染色行业之间初步联合结出的第一批果实之一，是一种被称为苦味酸的黄色染料。在18世纪晚期发现的这种有机化合物，可以通过用硝酸处理苯酚来制备。苦味酸是从19世纪40年代起作为染料开始制造的，当时发现了一种从煤焦油中制作苯酚的方法，煤焦油是为煤气照明提供燃料的煤气工厂的副产品。从这种不吸引人的黏性黑色残余物中制备苦味酸，的确是从低级物质中提取"黄金"的一种情形。

随着煤气照明在19世纪30年代受到欢迎，人们很有兴趣寻找方法将其焦油残留物转化为有用的东西。正是这个非常实际的问题，在19世纪40年代引起了德国化学家奥古斯特·威廉·霍夫曼的注意。霍夫曼先是于19世纪30年代末在吉森师从尤斯图斯·冯·李比希研究煤焦油，后于1845年来到伦敦担任皇家化学学院的首任院长。

在这里霍夫曼和他的学生发现，煤焦油的蒸馏会产生各种不同的碳氢化合物，包括苯、二甲苯、甲苯、萘和蒽。所有这些化合物都有强烈的气味（"芳香族"），并且相对于在原油中发现的石蜡化合物如甲烷、乙烷、丙烷和丁烷，都具有高得出奇的碳氢比。霍夫曼的学生查尔斯·曼斯菲尔德，设计了将这些刺激性化合物从乱糟糟的黑色物质中分离出来的工序，并于1848年获得了该工序的专利——由此看来，商业上的前景并没有被忽视。

苯酚（也称为石炭酸）是一种具有消毒功能的酸性物质。最初，它是由化学家兼实业家弗雷德里克·格拉斯·卡尔弗特于1847年在英国开发的商业煤焦油产品。从19世纪50年代开始，苯酚被用于肥皂、污水处理以及作为医院的消毒剂。苯与密切相关的化合物甲苯和二甲苯可用作溶剂，例如在新发明的干洗方法中。显然，煤焦油产品有市场需求。

235 苦味酸的亮黄色结晶提供了第一个迹象，表明煤焦油中的芳香族物质可能成为色彩醒目的化合物的原料。丝绸容易吸收苦味酸的番红色相，1845年，里昂的丝绸染色商吉农&马尔奈公司开始使用这种染料。四年后，他们以工业规模制造这种染料；1851年，公司的黄色丝绸自豪地在伦敦的世界博览会上展出。

19世纪中叶，英国和法国是欧洲伟大的染料中心，一国的创新不可避免地会被对手国家复制。格拉斯·卡尔弗特在1849年开始制造苦味酸，而在1855年，路易·拉法尔公司成立了一家工厂，致力于在里昂附近进行苦味酸的合成。同一年，吉农工厂发现了一种将苦味酸应用于羊毛的方法。然而，该染料具有严重的缺陷，注定不会被长期应用。首先，它很难牢固地附着到棉纤维上，这就阻碍了其应用于棉布印花——而真正的财源就在这里。不过，最后终结其命运的，是耐光性差。到1863年，苦味酸已经失宠，虽然其变化形式此后又被制造了许多年。

紫色年代

19世纪中期另一种短命的合成染料是被称为骨螺紫的紫色染料，它是由从秘鲁海鸟粪中提取的尿酸合成的。这些凝固的鸟粪的大量沉积物富含尿素和尿酸，从1835年开始被挖掘并出口到欧洲。在英国，骨螺紫也作为“罗马紫”售卖，企图从与这种传奇的古代染料的关联中借势。事实上，甚至在19世纪50年代就有人（相当错误地）断言，骨螺紫在化学上与推罗紫完全相同——到这个十年结束时，推罗紫的秘密被重新发现，令巴黎为之兴奋，却没有带来商业利益。

也许是这种营销伎俩起了作用，敏于时尚的人在该世纪中叶营造出对紫色的偏好。这种合成色的一个替代品是所谓的法国紫——某些欧洲地衣的一种浓郁的、不太褪色的天然提取物。该物质与中世纪染匠的染色巴豆相关，也与用作酸度指示剂的石蕊提取物相关，根据 236
固色剂的不同，它的色相可以是从蓝色到红色不等。但是，需求量最大的是强烈的紫色形式，染匠詹姆斯·内皮尔于1853年评论说：“如果这种颜色能够获得耐久性，并固定在棉花上，其价值将不可估量。”它可以在没有媒染剂的情形下应用于丝绸和羊毛，而19世纪50年代后期发现的棉花的适当媒染工序，引起了对法国紫的极大热情。它在法国也被称为“锦葵紫”[mauve，来自“锦葵”(mallow)一词]，到1857年这个词在英国已经成为颜色词，而不是染料的识别符号。锦葵紫成为高级时装的颜色；19世纪50年代末和60年代初构成了“锦葵紫十年”。在阿瑟·休斯的《四月之爱》(*April Love*, 1856)（彩图9.2）中，紫色织物的华丽条纹占据着主导地位，那是对这种颜色的赞歌。

弗雷德里克·格拉斯·卡尔弗特堪堪错过了对锦葵紫运动做出决定性贡献的机会。他是首批看到化学（特别是应用于煤焦油产品时）可能打开合成染料的新世界的人之一，1854年他试验了另一种煤焦油提取物：苯胺(aniline)。该化合物可能与着色剂密切相关——暗示这一点的是其作为靛蓝的提取物的外观。这个名字本身来自靛蓝的葡萄牙语词*anil*，后者又来自阿拉伯语*an-nil*，是对梵语中表示“深蓝”的*nila*一词的转用。

格拉斯·卡尔弗特记述称，当苯胺用氧化剂处理时（氧化剂将含氧化学基团引入化合物中），会产生紫色和红色染料，它们可以固着在恰当媒染的丝、羊毛和棉上。在使用漂白粉末来氧化苯胺时，格拉斯哥的染匠兼化学家亚历山大·哈维获得了类似的结果。不过，由于从茜草提取物中已经可以获得浓郁的绯红色染料，这些合成替代品没有得到进一步开发。

当时，世界上可能没有哪位化学家比奥古斯特·威廉·霍夫曼
237 更了解苯胺了。19世纪40年代期间，他阐明了其与苯酚，以及与衍生了这两者的“母体”化合物烃苯的密切关系。19世纪50年代，霍夫曼开始怀疑，煤焦油化合物或许能为主要的抗疟疾药物奎宁的化学合成提供合适的前体。在那些日子，疟疾在欧洲仍然猖獗，需要大量的奎宁。该物质首先于19世纪20年代进行了化学分离，是从南美洲金鸡纳树的树皮中提取的。生产和进口都很昂贵，因此从丰富的原材料如煤焦油提取物合成它的方法将具有巨大的医疗价值（更不用说商业价值）。

19世纪50年代中期，霍夫曼让他的年轻学生威廉·亨利·珀金着手探索合成奎宁。作为伦敦一名建筑师的儿子，十几岁的珀金在伦敦城市学校师从托马斯·霍尔时，就显示出化学上的天分。霍尔是霍夫曼从前的学生，他安排珀金于1853年进入皇家化学学院，当时小伙子只有15岁。霍夫曼交给他的任务是制造与芳香族煤焦油碳氢化合物类似的苯胺，于是，珀金在他父母的家中建立了自己的个人实验室。这对珀金家族来说不是什么新鲜事。威廉的祖父托马斯·珀金就曾在他位于约克郡黑桑顿那座房子的地下室里进行实验，在当地也算个小有名气的炼金术士。

珀金于1856年试图制造合成奎宁时，是在他伦敦东部沙德韦尔

家里的一座花园棚屋里进行的。他的起始物料是一种被称为烯丙基甲苯胺的化合物，衍生自煤焦油甲苯。珀金推理的方式只不过是计数原子，即两个烯丙基甲苯胺分子可能与氧结合，产生一个奎宁分子和一个水分子。换句话说，他希望烯丙基甲苯胺的氧化可能是获取合成奎宁的一种手段。

然而并不是。当珀金用氧化剂重铬酸钾来处理烯丙基甲苯胺时，获得的不过是一种红棕色污泥。有机化学家们很快就熟悉了这种反应——它通常意味着这些试剂结合在一起产生了难以理解的一团糟，最好从水槽中冲洗掉。但是，极为天真的珀金相信这团东西值得进一步研究。这个18岁的年轻人就这样开启了化学工业，把实验室设在家 238
里，就像现代青少年把它设在自己的卧室里那样。

珀金决定使用苯胺本身作为起始物料，来进行相同的反应。这一次，氧化产生的是黑色固体，溶解于甲基化酒精中得到紫色溶液。布会染上这种颜色吗？许多年后，珀金冷静地解释称“在试验由此获得的着色物质时，我发现它是一种非常稳定的化合物，能为丝绸染上美丽的紫色，长久耐光”。那色彩的确华丽，即使是在今天（彩图9.3）。

虽然引人注目又出人意料，珀金的发现就其本身来说并不是染料制造方面的突破。在他之前，其他人已经从煤焦油化合物中发现了明亮的偏红色彩，但是没有得出什么结果。珀金所处情形的不同之处在于，由于年轻气盛又缺乏经验，对于把他的发现应用于商业面临的巨大障碍，他没有立即被吓倒。

在实验室中从苯胺制备染料固然很好，但是苯胺已经是一种昂贵的物质，是由煤焦油苯通过两个步骤制备的。首先，使用硝酸将苯转化为硝基苯；然后将其“还原”成苯胺。[9] 当时，多步骤化学合成在工业规模上是闻所未闻的：根据常规经验，如果不能在一锅中获得产品，它就不值得费神。

但在面对这个问题之前，珀金需要知道他的染料是否有用。他把测试样品送到位于珀斯的苏格兰染色商约翰·普拉尔父子公司，这家公司对结果大为赞叹——前提是，他们说，“你的发现不会使这种物品过于昂贵”。这足以使珀金下决心申请专利，他前往珀斯直接合作，试图找到适合棉花的媒染剂。但是，他访问的格拉斯哥棉布印花商们却无动于衷，声称这种紫色染料会被漂白剂去除，并对成本心怀恐惧。珀金的苯胺紫似乎注定是一种高附加值的特殊产品，适用于丝绸，而不是羊毛或棉花。

239 在这一点上，珀金有许多选择。如果倾向于谨慎，他可能会放弃整个想法，继续学术研究。或者，他有可能把所有权卖给普拉尔或其他哪家公司，让他们去为染料的商业化伤神费心。但相反，他说服父亲乔治和兄弟托马斯，说他们应该创办一家企业。1856年10月，珀金从皇家化学学院辞职，这让霍夫曼颇为失望；随后，珀金家族开始选址，建立一家小型工厂。

现在无法回避的一个问题是，如何扩大合成的规模，同时又不使它耗资太多。珀金找到了将硝基苯转化为苯胺的相对廉价的方法，但是从苯和硝酸大规模生产硝基苯是危险的。铁容器不能使用，因为它们会被浓酸腐蚀，于是使用了巨大的玻璃器皿——伴随着破裂和爆炸的风险。苯可以以合理的价格从煤焦油蒸馏商那里购得，但是其形式相当不纯，在使用前必须重新蒸馏。

也许正是对紫色的狂热拯救了珀金父子的企业，从外表判断这是一种疯狂的信仰行为。在法国，法国紫的制造商实际上垄断了紫色染料，里昂丝绸染匠想要打破这种局面。伦敦化学学会于1857年3月宣布了珀金的发现，使得它在欧洲大陆向剽窃行为敞开大门，因为在那里珀金的专利无效。他试图在法国获得专利权，但失败了，法国和德国两国的颜色化学家都开始用苯胺紫进行试验。到1858年底，它被法国棉布印花商投入使用，这就逼着英国棉布印花商重新考虑自己不这样做是否正确。珀金父子的工厂订单有了增长，现在这家工厂已经在哈罗附近的格林福德格林全面运转。

珀金继续面临着与染料的制造和使用相关的技术问题。1857年，他发现一种媒染程序对棉花有效。后来，通过使用与硫酸混合的较低浓度的硝酸，珀金父子能够用铁制容器替代玻璃器皿了。他们首先将这种染料作为“推罗紫”来推广，但到1859年，该染料已经直接被称为“锦葵紫”——相比于与古代的关联，与巴黎高级时装的关联能够带来更多好处 。到1857年5月，珀斯的约翰·普拉尔已经有信心告诉珀金，他的新颜色开始“盛行”了；在接下来的一两年里，它让竞争 240
对手骨螺紫和法国紫失去了销路。

以今天的标准衡量，对锦葵紫的狂热的确是华而不实的，保守的评论家们对此皱起了眉头。英国《笨拙》杂志（*Punch*）抱怨伦敦患上了“锦葵紫麻疹”。其他刊物的态度则宽厚一些。查尔斯·狄更斯的期刊《一年四季》（*All the Year Round*）在1859年9月高度赞扬了珀金（不过把他的名字写错了）：

> 当我从窗口望出去，珀余父子的紫色的典范似乎触手可及——紫色的手从敞开的马车中向外挥舞——紫色的手在街边的门口互相摇动——紫色的手从街道的两边相互威胁；紫色条纹的宽大外衣挤满四轮马车、堵塞了出租马车、群集于汽船、填满火车站：全部都奔向乡村地区，就像紫色天堂里那么多的候鸟。[10]

苯胺繁荣

即使在最为愚钝的颜色化学家看来，苯胺紫似乎也不太可能是从煤焦油衍生物中获得的唯一的浓郁色相。许多企业家开始用苯胺进行试验，依靠的往往只是坚定的经验主义。其中一个例子是弗朗索瓦–埃马纽埃尔·韦尔古，他曾在里昂附近路易斯·拉法尔的苦味酸工厂当过经理。韦尔古似乎用他在货架上可以找到的随便什么试剂来处理苯胺，1858年底或1859年初，他的运气来了。[11] 他将苯胺与氯化锡混合，得到一种深红色物质，他称之为复红 (fuchsine)，灵感来自倒挂金钟 (fuchsia) 花的颜色。

韦尔古于1859年初离开拉法尔，把他的发现卖给了竞争对手、染料制造商弗朗西斯克·勒纳尔和约瑟夫·勒纳尔，后者于1859年开始制作复红。同年，爱德华·钱伯斯·尼科尔森在英国发现了合成这种红色染料的新方法。尼科尔森和他的业务伙伴乔治·莫尔都曾是霍夫曼在皇家化学学院的学生。他们与伦敦颜料制造商乔治·辛普森一起
241 创办企业，于1853年在伦敦南部的沃尔沃思开始生产精细化学制品。从19世纪60年代起，辛普森、莫尔和尼科尔森公司以“品红”(roseine) 这一商品名制造复红。但是后来，这种颜色被更普遍地称为“洋红”*，以纪念这座意大利城市，1859年6月，法国军队就是在这里打败奥地利人的。

霍夫曼自己在1863年发现，用乙基碘处理苯胺红能产生一种蓝紫色化合物。这种“苯胺蓝紫”由辛普森、莫尔和尼科尔森公司授权

---

* 原文magenta，即意大利城市马真塔。——译注

许可，于1864年开始制造，与珀金的锦葵紫形成了激烈的竞争。1860年，法国化学家夏尔·吉拉尔和乔治·德莱尔偶然发现，改变洋红的配方能产生一种新的染料，即苯胺蓝。

现在，苯胺染料工业进入了盛期，英国、法国、德国和瑞士遍布着新公司。其中一些成为当今世界的化工巨头。在德国，弗里德里希·拜耳公司于1862年以销售复红以及一系列苯胺蓝和苯胺蓝紫开启业务。几位工业化学家合作，于1863年在美因河畔法兰克福附近的赫斯特镇创立了苯胺染料制造商迈斯特&卢修斯公司。1865年，几家小型德国公司合并形成一家染料和碱公司，名为巴斯夫。拜耳、赫斯特和巴斯夫这三家德国公司现在主导着欧洲化工市场。

瑞士为法国实业家们提供了避风港；法国的专利法适用于产品而不是工序，这一事实使实业家们陷入了困境。1859年，在瑞士，巴塞尔的亚历山大·克拉韦尔的丝绸染色公司开始生产苯胺染料，约翰·鲁道夫·嘉基的染料厂也是如此。这两家公司（即汽巴和嘉基，现在合并为一家公司）成为瑞士的化工巨头。

理论的影响

作为化学学术研究的积极推动者，霍夫曼抓住机会，把新的合成 242
染料工业的成功，宣传为纯化学研究之价值的标志——这是对现在常见的老调，即纯研究能得出宝贵的技术派生产品的最早阐述之一。

如珀金和尼科尔森这般注重实效的人，把他们化学上的才智应用于开发新的染料以及制作和固着它们的更好技术，霍夫曼则决心推进对这些化合物的构成，以及这种构成与其色彩的关联的认识。1863

年，他清晰表达了对化学科学不断推进的认识所孕育的雄心：

> 化学可能……最终系统地教会我们制成着色分子，其具体色调可以比较确定地预测，就像目前预见我们理论概念中化合物的沸点和其他物理性质时那样确定。[12]

这一明确的陈述其实是我的叙述的支点。自古以来，化学技术人员对于**为何**他们从事的行业带来了颜色的转变并不缺乏兴趣，对染料和色料的成分也并非漠不关心。但他们主要的关注是实用方面的，理论上的认识则来自后天的经验，如果有这样的认识的话。到霍夫曼的时代，化学气候已经发生了变化。他认为，对颜色的理性合成来说，时机已经成熟了。化学家将来会基于对物理和化学原理（这些原理决定着它的物质表现形式）的理解，按照要求来制作颜色。颜色的化学不再是试探性的东西，而是精确的科学。

19世纪60年代后期至80年代，霍夫曼的梦想开始实现。从经验主义以及学术科学和工业研究的临时联合中，出现了一个基于科学的染料和颜料产业，该产业越来越受到理论的指导。这一点之所以成为可能，要完全归功于这些年来在基础的有机化学领域取得的巨大飞跃。

染料的化学性质是有机的，着重于碳基化合物。直到19世纪，几
243 乎所有这些物质都是生命有机体的提取物。对这些“天然产物”的研究在18世纪由卡尔·舍勒开创，尽管推断出天然产品中的共同因素是碳的，是分析大师安托万·拉瓦锡。当时可用的分析化学方法能够确立的，不过是这些化合物中各种元素（通常是碳、氢、氧、氮）的相对比例。

这就定义了物质的**化学分子式**：不同元素的比例列表，以化学家的简写形式表示，其中下标（在19世纪末之前是上标）表示的是每种类型的原子。于是，苯是C_6H_6——碳原子和氢原子各六个——奎宁是$C_{20}H_{24}N_2O_2$。当霍夫曼和珀金开始从煤焦油产品中合成奎宁时，这就是他们继续推进的全部依凭。事实上，正因为缺乏理论上的理解，才使他们无法意识到真正的挑战是多么艰巨。

然而当时，人们并不认为这些分子式反映了相关分子的实际构成——它们只是元素分析的实验结果的编码。没有什么可以表明原子在空间中如何排列；就其组成原子的界限清楚的结构排列来说，甚至也不存在分子的这种“原子结构”的清晰概念。很少有人谈原子如何排列，因为没有什么是已知的。情况更像是通过收集所有相同的字母并标出它们的重复数来书写单词，于是奎宁（quinine）变成了qui$_2$n$_2$e，或者“acceptance”这样的词变成a$_2$e$_2$c$_3$ptn（对于这种物质来说则是pe$_2$na$_2$tc$_3$）。如何理解这些表述，才能从中获取它们真正的意义和形式？更难的是，如何将一种排列重新表述成另一种？

这种困难在有机化学中最为显著，其中，即使元素的范围很小，分子式也很复杂。表现极为不同的化合物，其分子式可能看起来相似，或者类似的化合物的分子式看起来可能不同。而且，这些元素的组合还有一种扩散性，一种看似无穷无尽的多样性。相比之下，无机化合 244
物似乎被限制在范围小得多的一组排列中。

因此，19世纪初有机化学面临的根本挑战是分类；直到19世纪50年代，其中的多数工作涉及的都是纲领性的体系，即涉及将不同的有机化合物排列成组，以显示某种共通的化学性质的方法。这项努力中最有成果的观念之一来自法国化学家奥古斯特·洛朗，他在19世纪30年代提出，有机化合物包含一个“核”或“根本的基”，决定着它所属的组。换句话说，化合物应根据它们的“核”分组，这些核被外围的原子簇以各种方式修饰着。

听起来可能没有什么争议，但洛朗的想法极具争议性，因为它与当时的普遍信念冲突；时人认为，有机分子和许多无机物质一样，根本上是二元的，由两个电极相反的“基”组成。洛朗假定有机化合物的核主要是碳骨架，其中碳原子的数量提供了分类的基础。这种碳骨架观念是当今所有有机化学的基础。在洛朗的体系中，苯胺（C_6H_7N）的核衍生自苯（C_6H_6）的基团C_6H_5（今天称为“苯基”）。苯酚（C_6H_6O）属于相同类别。

1852年，英国人爱德华·弗兰克兰得出了有机化学的第二个关键概念。他提出，任何给定元素的所有原子与其他原子形成特定数量的键——既不多也不少。此即后来被奉为“化学价”的概念。正如弗兰克兰所说，“一种元素的结合能力总是由相同数量的原子满足”。这是分子构建的核心规则。

德国化学家弗雷德里希·奥古斯特·克库勒揭示了化学价对有机分子结构的全部意义，当时是1857年，他显示碳原子是四价的：它与其他原子形成四个键。举个例子，这就是甲烷分子（CH_4）含有四个氢
245 原子的原因。到1858年，克库勒认识到碳在生命化学中的核心地位源于其形成链的倾向，这种倾向从相同的基本成分提供了无穷无尽的结构多样性。[13]

但在有机化学中，要在分子水平上解释其物质的多重数量，还需要另一个概念。苯的分子式C_6H_6，无法通过其中所有碳原子都附着于四个其他原子的任何链结构来合理解释。该分子似乎不含有足够的氢来满足碳的四重价。霍夫曼在19世纪50年代表明，许多煤焦油芳香族化合物，如甲苯、二甲苯和苯酚，都与苯有关，都同样地缺乏氢。

由于不断发现这些芳香族化合物在煤焦油染料中有着丰富的应用，克库勒对它们兴趣大增。他对芳香族分子神秘结构的解决方案，现已成为一种传说，也带着所有传说都有的含糊不清。这位德国化学家对他所取得的突破进行的回顾性描述有多少添油加醋的成分？他在多大程度上真的要感谢那个梦，梦里一条毒蛇吞噬自己的尾巴形成闭合的圆圈？他又从早期对这个问题的研究中获得了多少灵感？我们可以真正确定的是已发表的记录：1865年，他提出芳香族化合物在洛朗的意义上有一个核，这个核由一只含六个碳原子的环组成。

因此，苯是一只六角形的环，氢在每个角上包住碳原子的末端。[14]在苯酚中，氢原子中的一个被羟基 (OH) 取代，而在苯胺中它被氨基 (NH_2) 取代。有了这一洞察，化学家们对苯胺染料的探索就有了结构基础。这一新理解带来的第一个收获是，既表明自然的化学可以同样在实验室中实现，又开启了合成染料对天然染料的优势。

艺术史学家曼利奥·布鲁萨廷说，一旦发生这样的情况，

> 会有一种不同的观看和感知颜色的方式，因为会有一种完全不同的制作它们的方式；与之相伴的是，化学颜色的现代工业在地平线上诞生了，在老染坊的密室里若隐若现，带着它那罕见的染了色的服装及其过时的特权行业。[15] 246

重塑自然的颜色

茜草属植物染色茜草，作为用于茜草红色淀色料的绯红色染料的来源，可能首先是在印度种植的。在古代，茜草在亚洲和远东地区广

泛生长，在古典时期的希腊，也有它存在的证据。十字军东征之后，染料在欧洲变得普遍，在中世纪的法国和意大利，茜草田欣欣向荣。虽然化学技术人员似乎不太可能在17世纪之前生产良好的茜草红色淀色料，其提取物作为染料还是备受珍视，提供了强烈的、耐久的红色。它主要用于所谓的“土耳其红”棉布染色，这是一种使用金属基媒染剂的复杂操作，得出的颜色不那么容易褪色。

1820年，让-雅克·科兰和皮埃尔·罗比凯两位法国化学家从茜草根中分离出一种红色化合物，并确认这是该染料的主要成分。他们称之为茜素（alizarine），这是以地中海东部地区用来指称茜草的词*alizari*命名的，该词来自阿拉伯语。这种根提取物还含有另一种相关的化合物，他们取名为“红紫素”（purpurine），这种天然染料中淡淡的橙色就来自它们（虽然名叫红紫素）。后来，两种化合物都去掉了名称最后的“e”。到了1850年，茜素有了自己的化学分子式（虽然并不正确地暗示了与煤焦油提取物萘的明显关联），人们也在继续寻找合成方法，想以低于栽培品种的成本提供这种具有重要商业价值的染料。

此后一直没有什么进展，直到1868年，德国化学家卡尔·格雷贝和卡尔·利伯曼推断出了正确的分子式：$C_{14}H_8O_4$。当时，格雷贝和利伯曼在柏林的商业研究所（Gewerbe Institut）工作，带领他们的是那个时代最优秀的有机化学家之一——阿道夫·贝耶尔。与伦敦的皇家化学学院一样，该研究所相当重视染料和染色，这两个年轻的德国人投奔贝耶尔时都身怀染色工业的实际经验。

247 十四个碳原子的框架表明的是与蒽，而不是与萘的亲缘关系。[16] 1868年夏天，格雷贝和利伯曼的持续努力有了结果，得出了从蒽到茜素的三步合成路线。这种合成离工业上的实际应用还很远，特别是因为它要用到昂贵的溴；但两人能够将权利出售给热切的巴登染料公司，该公司不久后更名为巴斯夫。

不妨略微考虑一下这种合成代表着什么。锦葵紫和洋红是合成染料，是在自然界中不存在的、偶然发现的化合物。另一方面，作为在生命有机体中发现的复杂的有机分子，茜素是天然产物，并且由容易获得的原料来构建，是经过理性筹划和推理的。[17]因此，合成茜素作为与这种天然产物完全相同，但是通过人工方法制备的分子，其产生可以说是比苯胺染料的发明更重要的一步。它表明，有机化学家正在变得能与自然比肩，自古以来纺织品着色主要依靠的天然染料，也不再需要从比自身重上数千倍的动物或植物物质那里耐心地提取。天然的和人工的已经合二为一了。

不过，在合成茜素实现商业化之前，还需要比格雷贝和利伯曼更好的体系。这种体系不久就来了：答案是使用硫酸代替溴。考虑到茜素的巨大市场以及由此附着于其合成上的利益，并不令人吃惊的是，这种解决方案由三个团体各自独立地实现，全部都在1869年。就职于赫斯特公司的化学家费迪南德·里泽是一个；格雷贝本人是另一个，他与德国最有创造力的工业化学家之一、巴斯夫首席化学家海因里希·卡罗合作完成。而在英国，只有威廉·珀金得出了同样的结论，从而重振了他在格林福德格林那身陷困境的公司。巴斯夫和珀金提交专利申请只相隔一天，为了避免争议，他们同意划分市场：珀金只在英国销售合成茜素，而巴斯夫只在欧洲大陆销售。

由于普法战争造成的破坏，珀金一度几乎是世界上合成茜素的唯 248
一生产者。“在1870年，我们生产了40吨。”他后来回忆说，“1871年，220吨；1872年，300吨。”1873年，作为一位35岁的富翁，他把珀金父子公司出售给布鲁克、辛普森和斯皮勒，这家染料公司的前身就是辛普森、莫尔和尼科尔森公司。日益激烈的竞争，再加上仍然存在的行业危险带来的艰难，让珀金得出观点，认为“茜素的繁荣已经一去不复返”。他转过身去享受纯粹研究的乐趣，任凭时间的流逝让他给世人留下胆怯的名声。

新的视野

合成茜素不仅更为明亮，而且很快就比天然茜素更为廉价。随着染匠和印花商在19世纪70年代（并非心甘情愿地）渐渐接受这一点，茜素成为这个十年中的明星颜色，苯胺染料则黯然退场。茜草的栽培也突然显得多余，十年内就濒于消亡了。在不到十年的时间里，德国的茜素生产扩大了近100倍：1880年生产了12000吨。这巩固了染料工业，使其成为当时工业方面的主要关切，德国则主导了这个市场：到1878年，全球销售的染料中德国产的占了大约60%。

茜素的合成提供了一种暗示——如果仍然需要暗示的话，即要想保持竞争力，则需要染料公司对化学研究给予积极支持。他们不再能够靠着色师偶然的试错进行勘察来勉强应付；新染料的开发现在是通晓理论的化学家的事了。可以说，现代工业研究的基础奠定于格雷贝和利伯曼获胜之后的十年里。

学院派化学家继续对工业发挥着至关重要的作用。情况往往是，只有霍夫曼或克库勒那样敏锐的人才足以回答的有关化学结构的困难问题，现在成了应用化学家的基本知识。正是霍夫曼揭示了曙红的结构，这是一种明亮的粉红色物质，由煤焦油衍生物荧光素制成，巴斯夫于1874年开始销售。1866年，克库勒澄清了另一种染料的分子结
249 构，这种染料类别极其重要，被称为偶氮染料。

这些化合物在19世纪50年代后期由德国化学家彼得·格里斯发现，他于1858年来到皇家化学学院与霍夫曼合作。据说格里斯的外表相当古怪，从中很难看出其内心与颜色化学的完美合拍。学院的门房拒绝放这个人入内：他穿着“一件红棕色的大衣，里面是一条海绿色的贴身衣物、一条明亮的红色针织围巾，以及一顶不论是大小还是形状、不论是此前还是此后在牛津街都很罕见的庞大礼帽”。同时，这位化学家一直只顾着用德语向门房大喊“我叫格里斯，哪儿也不去了！”，直到霍夫曼赶来平息了这场吵闹。

首先出现的偶氮染料是一种被称为苯胺黄的亮黄色，通过使苯胺与亚硝酸发生反应来制作。1863年，这种染料和其他偶氮染料由辛普森、莫尔和尼科尔森公司投入商业领域。1876年，就职于伦敦的德国化学家奥托·维特将染料化学引入新的水域。他仔细研究了偶氮染料的结构和色彩之间的关系，从而能够在合成**之前**就成功预测一种新的橙色染料的颜色。第一次有人显示出，化学研究不仅是指导合成提炼的事后认识的载体，也可以是预测工具。至少在人们的愿望中，颜色可以根据要求来制造了。

随着在化学技术上取得进步，工业化学实验室开始多样化。19世纪70年代，苯胺和其他芳香族化合物接受了检验，以投入药用。柳树皮提取物的止痛功能早已为民间医学所知，1860年，德国化学家赫尔曼·科尔贝表明，这种被称为水杨酸的化合物可以从苯酚合成。拜耳公司在1897年以阿司匹林为商品名销售一种更受欢迎的衍生物。19世纪80年代，赫斯特公司开始涉足制药市场。

但是，使用合成化合物作为药物的化学治疗这一概念，主要来自德国人保罗·埃利希对煤焦油染料进行的生物应用。19世纪70年代，埃利希使用合成染料为细胞染色，这使它们更容易在显微镜下被研

究。埃利希注意到，这些染料黏附到某些组织而不会黏附在其他组织
250 上。（作为基因携带者，染色体的名字就来自它们吸收染色的倾向。）埃利希猜想，类似的因素在这里也发挥着作用，决定染料是否会粘到纺织纤维上。当观察到某些染料会杀死吸收它们的微生物时，埃利希看到了治疗的可能性。他合成了染料化合物，作为药物进行测试，并以这种方式于1909年发现了一种含砷染料，它能破坏引起梅毒的螺旋体微生物。以洒尔佛散作为药名，这是自中世纪使用汞以来，首次能够缓解此类致命疾病的药物。

到20世纪初，多种煤焦油染料已经被设法投入药用：刚果红用于治疗风湿病和白喉；吖啶黄、百浪多息红和龙胆紫变成抗菌剂；荧光素染料红汞作为消毒剂投入应用。《曼彻斯特卫报》于1917年宣布，"任何服务于现代染料制造商的东西，都直接服务于国民健康"。

煤焦油化学制品强烈地影响着日常生活，甚至在大众新闻报道中，它们也受到称颂。《笨拙》杂志就曾赞美过它们：

> 在生活的小游戏中
> 几乎没有什么可以称得上美或有用，
> 但你可以根据黑色煤焦油的物理基础
> 从蒸馏器或罐子中提取
> 油和软膏，蜡和葡萄酒，
> 以及名为苯胺的可爱颜色：
> （只要知道方式）从黑色煤焦油中
> 可以制取任何东西，从药膏到星星。[18]

没有哪个时期像19世纪的最后几十年那样，对颜色的需求如此

推动着科学的进步。技术史学家安东尼·特拉维斯说:“一旦染料制作发展成为一种不断扩张的科学活动,现代化学工业就诞生了。”从明亮的紫色和有光泽的红色,以及令人震惊的粉红色和鲜明的黄色中,出现了这种最难以预测的现代技术中所有或好或坏的东西:破坏性疾 251
病的疗法、便宜和轻便的材料、芥子气和齐克隆B、足够发动两次以上世界大战的爆炸物,以及液晶和臭氧洞。换句话说,出现了现在这个时代。

消退的蓝色

不过,在19世纪落幕之前,还有一个挑战要面对,现代主义也携带着所有的魅力和恐怖降临了。即使是在19世纪80年代,世界上主要的染料之一仍然是一种天然提取物。它来自处于英国殖民笼罩下的印度,而对于英国来说,靛蓝工业是这个帝国在亚洲最赚钱的活动。1870年,印度有2800家靛蓝工厂。这种蓝色染料大量用于如军服之类批量生产的物品,同时也在中国充当最重要的纺织品着色剂,因而受到全球瞩目。市场处于英国的掌控之下,这让正在扩张的瑞士和德国染料制造商颇为懊恼。靛蓝的合成将打破这种依赖关系。

从1876年开始,阿道夫·贝耶尔开始与巴斯夫公司的海因里希·卡罗合作制作靛蓝。贝耶尔推断,复合的吲哚是靛蓝的“母体物质”,正如蒽是茜素的“母亲”。不过,蒽在煤焦油中是现成的,而吲哚没有方便易得的来源。框架本身必须经由构造得来。这就使得靛蓝的合成成为一种不同类型的挑战。[19]

贝耶尔在1877年首次获得成功,他使用甲苯作为起始物料——这种化合物价格昂贵,阻碍了其工业应用。直到三年后,他才确定了一条更为可行的路线，那时赫斯特公司也在赞助他。这条路线以及其他合成策略在未来一两年中获得了专利，但仍然不适合商业化。在某种程度上，贝耶尔受限于对他的目标的分子结构缺乏了解，直到1883年，这个问题才得到解决。这项杰出的应用工作突破了有机化学的诸多新领域，于1905年为贝耶尔赢得了诺贝尔奖。

252 直到1890年，大规模制造靛蓝才有了良策——攻克这个难关的是位于苏黎世的瑞士联邦理工学院的卡尔·厄曼，而不是贝耶尔。厄曼发明了两种从相对廉价的碳氧化合物中合成靛蓝的方法。其中之一从萘开始，萘首先被转化为邻苯二甲酸酐。使靛蓝的这种合成切实可行的关键，是用硫酸汞作为催化剂加速反应。在染料工业向前发展的许多偶然事故中的一例，即在德国生产邻苯二甲酸酐的过程中水银温度计破裂时，发现了该催化剂，并且汞金属与桶中的硫酸发生了反应。

这再度表明了问题的难度——以及各家染料公司的韧性：合成靛蓝的生产还要再花七年时间才能走向繁荣。虽然成本最初略高于天然的进口品种，到1897年，巴斯夫已经能够以每公斤16马克的有竞争力的价格生产合成靛蓝。在接下来的七年中，价格下降到不到一半。1900年前六个月，在德国生产了1000吨人造靛蓝，印度的靛蓝种植开始陷入困境。

由此看来，印度基于靛蓝耕种的地方经济，其命运完全取决于遥远欧洲发生的技术进步。当对西方的出口不再有需求时，印度的产业被无情地抛弃。回想起欧洲从印度工匠那里学到了精细的棉布印花技巧时，这一点就显得更加讽刺了。同时，值得记住的是，靛蓝种植极大地浪费了土地资源。1900年10月，巴斯夫总经理海因里希·布伦克建议，在印度种植靛蓝的土地现在应该转而种植粮食作物；这是一个值得努力的目标，但忽略了一点：印度经济建立在出口业务之上。

合成靛蓝的意义对英国来说令人难堪地明显。1899年的一份报告宣称：

> 从科学的角度来看，人造靛蓝的生产无疑是伟大的成
> 就；但如果能够大量生产，使得靛蓝种植完全无利可图，它 253
> 就只能被视为国家灾难。[20]

为了延缓这样的危机，英国政府下令，所有的军服染色时一律只用天然靛蓝，而不用德国的合成靛蓝。然而，这不过是枉费心机：第一次世界大战开始时，天然靛蓝90%以上的欧洲市场都已消失，印度相应数量的种植靛蓝的土地也消失了。化学工业赢得了胜利。

直到1916年，英国才开始制造自己的靛蓝，最终还是由于要给军装染色，不得已而为之。即使在那时，提供制造手段的也还是德国技术。染料公司迈斯特&卢修斯在第三方合作伙伴布鲁宁的加持下，于1909年在曼彻斯特附近的埃尔斯米尔港开设了一家工厂，为英国市场生产靛蓝，同时规避了德国的专利法。这座工厂在战争期间被征用，并由颇有进取精神的曼彻斯特染料公司伊万·莱文斯坦接管。

战争结束后，莱文斯坦与英国染料有限公司合并成立英国染料公司，后者于1926年与其他公司合并，成为帝国化学工业公司(ICI)。在某种程度上，这种联合是试图与德国的那些巨头竞争，后者也完成了相同的过程。1916年，以赫斯特公司为中心的一群染料生产商，与拜耳公司、巴斯夫和柏林染料制造商爱克发公司(Agfa)的现有财团合并，成为强大的染料工业利益集团，又名法本

公司。对于这家卡特尔在20世纪上半叶的长袖善舞，有一个很好笑又很生动的评论：在小说《万有引力之虹》中，托马斯·品钦（可能是化学素养仅次于普里莫·莱维的小说家）把法本公司视为居于幕后，谋划第二次世界大战进程的超级大国。这或许是异想天开，但并非全无道理。

终于不褪色

254 认识到现在生产的大多数主要类别的染料，包括偶氮染料、与茜素有关的"蒽醌"染料以及靛蓝，到20世纪初都已经被发现，会让人清醒。珀金、霍夫曼、贝耶尔、卡罗及其同时代人确实给我们带来了一道新的彩虹：茜素的红色、偶氮染料的黄色和橙色、苯胺的绿色和蓝色、靛蓝本身的颜色，以及苯胺的蓝紫色和紫色。苯胺染料现在几乎已经从市场上消失，但是偶氮染料和蒽醌染料都可以各自独立地跨越光谱。阿道夫·冯·贝耶尔于1871年合成的黄色化合物荧光素，带来了重要的罗丹明染料家族，由巴斯夫于1887年开始制造。

早期偶氮染料对棉花毫无亲和力，这是一项重大缺陷。但在1884年，德国化学家保罗·伯蒂格创造了一种红色偶氮染料，它可以不加媒染剂而应用于棉花。爱克发公司将其作为刚果红出售，大获成功，由此推动了其他黄色、棕色和蓝色的不褪色偶氮染料的出现。

作为重要性仅次于偶氮染料的一类染料，蓝色和绿色酞菁染料是又一次意外发现。1928年，在制造被称为邻苯二甲酰亚胺的精细化学制品的过程中，苏格兰染料公司（后来与帝国化学工业公司合并）注意到一种蓝色物质。这种污染物的化学构成由伦敦帝国学院的帕特里克·林斯特德于1934年阐明,人们发现,这种成分与德国化学家H.德·迪斯巴赫和E.冯·德·魏德于1927年独立发现的化合物完全相同。林斯特德称之为酞菁,它与植物色素叶绿素具有亲和力,含有嵌入环状有机分子的金属原子。在1935年至1937年之间,帝国化学工业公司开发了一种被称为“不褪色单星蓝”(Monastral Fast Blue)的含铜酞菁染料,它呈深而浓郁的绿松石色。通过加入氯而制成的绿色版本,在20世纪50年代成为重要的染料。这些着色剂被广泛用于现代油画颜料的色淀色料中。

合成纤维自20世纪20年代开始引入,与乙酸纤维素,以及随后又延伸纳入的聚合物如尼龙和聚酯一起,给染料工业带来了新的复杂性。与棉花相反,这些合成丝线中的纤维分子紧密地堆积在一起,对 255
于染料分子来说不那么容易渗透,结果是传统染料不能很好地黏附。此外,将染料固着于棉纤维上的分子间相互作用,在拒水的合成纤维中通常不会发生。由于缺乏合适的染色方法,乙酸纤维素的商业化大大延迟了。

1922年,英国染料公司引入了“苯丁胺”染料。这些染料不溶于水,作为极细的粉末分散在整个液体中,能黏附于如乙酸纤维素、尼龙、聚丙烯腈和聚酯这样的纤维上。1923年,英国染料公司和英国塞拉尼斯公司同时发现了一类新的蒽醌染料,这种染料会黏附于乙酸纤维上。

棉花此时仍是最重要的商业织物,已经给染匠造成了持久的问题,后者长期以来一直在努力寻找一种途径,使染料以真正不褪色的方式亲近纤维。将珀金的锦葵紫这样的苯胺染料固着在棉花上的媒染剂,在那个时期已经差强人意,满足不了我们今天期望的耐久性标准。即便到了1904年,柏林苯胺公司还在叹息,“绝不褪色的染料不存在，阳光和雨水最终会使它们的颜色全部消失”。

但在1954年，两位英国化学家——帝国化工的伊恩·拉特和威廉·斯蒂芬，发现了如何使染料永久植根于棉花中。理想的解决方案是在染料分子和棉纤维中的（纤维素）分子之间产生强力的化学键。拉特和斯蒂芬发明了一种通用方法，通过偶联分子将染料与纤维连接起来。有了附着的偶联剂，染料就变成了“活性的”，从而能够与纤维素和羊毛纤维形成键。

帝国化工在1956年以商品名普施安销售这些“活性染料”。不可避免地，汽巴-嘉基、巴斯夫、赫斯特和拜耳迅速开发了各自的版本。制造色彩明亮、不易褪色的棉布服装第一次成为可能；几年内，布满原色和二次色的大胆图案成为多彩伦敦的一种时尚宣言。

画布上的煤焦油

256 鉴于靛蓝和茜草红作为艺术家颜色的悠久历史，人们可能认为，煤焦油染料及其继承者对美术的影响想必是巨大的。19世纪晚期的一些画家宁愿事实并非如此。对于让-乔治·维贝尔来说，苯胺染料是“绘画的灾难”，他呼吁对这些新材料进行紧急测试。它们的讨人喜爱正是问题所在：这种诱惑给人的往往是虚假的希望，因为从新颜色制成的色淀色料容易迅速变色或褪色。据马克斯·德尔纳称，“它们被轻率地引入绘画，考虑不周，造成了大量损失”。文森特·梵高就是枉顾这些警告的画家之一，他偏爱的一种容易跑色的曙红色淀对其部分作品造成了严重破坏。

当煤焦油颜色最初为艺术家所知时，其退化有时极为迅速——就发生在几天内，以致这种新材料短期内名声就臭了。因此，它们在19世纪的艺术中没有发挥主要作用。阿蒂尔·洛里于1960年开始对艺术家材料进行调查，在以“油画放心使用”的名义推荐的色料列表中，除了“茜素色淀”外，没有任何一种基于合成染料的单一颜色。

然而，谨慎到如此地步是没有根据的。在此世纪之交以前警惕煤焦油颜色当然是明智的，但后来情况已经有所改善。1907年，艺术家的合成颜料制造商一致同意，他们的产品应该在上市前经过几年的稳定性测试。茜素色淀已得到承认，它比天然茜草红色淀更为耐久；同时已形成决议，其他合成颜料在提供给画家之前应具有类似的可靠性。[21]然而，对于任何厌倦了商界现实的人来说，德尔纳对随后事件的描述都不会令人惊讶：“不幸的是，这份协议被一个制造商打破了，其他人随即竞相效尤。热情的断言和离谱的广告随之而来，接下来又回到对事实更为清醒的思考。”[22]

例如，柠檬黄的煤焦油颜色，作为比现有的铬黄和镉黄更明亮、更
耐久的材料被销售，结果却完全是另一种情形。但是逐渐地，金子从糟 257
粕中被筛选出来。1911年，与偶氮染料相关的所谓汉莎色料在德国推出。汉莎黄G被证明比茜素色淀更为耐久。就连谨慎的德尔纳也建议使用法本公司的合成阴丹士林黄，把它与镉黄混合作为金色印度黄的替代品，另外建议阴丹士林亮桃红作为朱砂和浅茜草红色淀之间可信赖的折中色。他补充说，法本公司的“日光牢固红”或许可以冒险作为朱砂的替代品，而阴丹士林蓝则可作为普鲁士蓝的替代品。如果需要蓝绿色，酞菁蓝色淀在20世纪40年代之前则被视为绝对安全的选择。

到20世纪中叶时，面对数百种以染料为基础的合成颜色（图 258
9.1），艺术家们发现，由于制造商在选择名称时反复无常，要想审慎用色丝毫没有变得更为容易。各家公司在为新色料根据其经典的对应

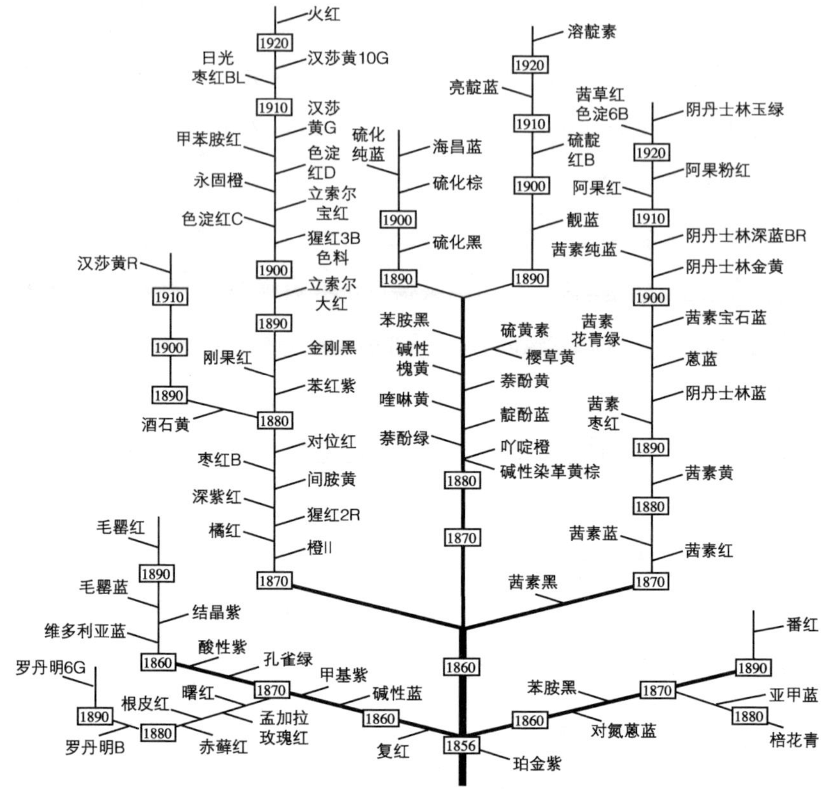

图9.1　到20世纪初，煤焦油和相关的有机颜色以令人眼花缭乱的多样性激增。

物命名时毫无顾虑，就好像决定用“印度黄”“朱砂”和“钴蓝”来表示色相而不是物质一般。“通常杜撰出来的是最随意、最荒诞的名字和混合物，”德尔纳于1934年抱怨，“无法核实，最好别用。”但是最终，还是无法避开合成颜色，艺术家也越来越无意这样做。对于他们中的许多人来说，新材料不仅仅是调色板上那么多的新色相，而且是更深层次
259 的东西：那是一个新时代的代表，在这个新时代，技术至高无上。

第十章

午夜暗影

——关于蓝色

蓝色里有着怎样的极乐啊。我从来不知道蓝色会蓝到什么程度。

—— 弗拉基米尔·纳博科夫,《黑暗中的笑声》(1989)

蓝色为其他颜色带来共鸣。

—— 保罗·塞尚

什么是蓝色？蓝色是那从看不见变得能看见的…… 蓝色没有维度。 它“的确”超越了其他颜色共有的维度。

—— 伊夫·克莱因

蓝色中有什么东西如此一贯地诱惑着画家们？威严，是的；忧郁，当然，还有神秘。按康定斯基的说法，

> 在蓝色中能找到深刻意义的力量……蓝色是典型的天上的颜色。它创造的终极感觉是与安息相近的。当蓝色下沉得几近于黑色时，它唤起的悲伤几乎超越了人类情感。[1]

这种悲伤是不是表现在暗色的天空中，以梵高的封笔之作《乌鸦飞过麦田》(*Crows Flying over a Cornfield*, 1890) 最为著名？毕加索的蓝色时期 (1901—1904) 恰逢他在巴黎的贫困岁月，当时这位艺术

家正为密友卡洛斯·卡萨吉马斯自杀而陷入沉思。卡尔·荣格提出，这些冷淡、阴郁的肖像画，画中人罹病、饥饿、年老、贫穷，沐浴在蓝色
260 的光亮中，代表着进入地狱的神话之旅，“在那里主导一切的是夜晚的蓝色，是月光和水的蓝色，是埃及冥府的杜亚特蓝”。《喝苦艾酒的人》(*The Absinthe Drinker*, 1901) 和《老妇人》(*Old Woman*, 1901) 仍然秉有印象派的影响，画中人的衣着是午夜的蓝色；《蓝色房间》(*The Blue Room*, 1901) 和《生命》(*La Vie*, 1903) 则带有柔和的阴影。

但也有丰沛的蓝色，如提香的《酒神巴库斯与阿里阿德涅》就是首先要称颂的那类画作。在亨利·马蒂斯的《蓝衣女人》(*Lady in Blue*, 1937) 中，衣饰在画框中没有为伴随的原色留下什么空间 (克莱福特·斯蒂尔的《1953》留得更少)。在《画家及其模特在勒阿弗尔的画室中》(*The Artist and His Model in the Studio at Le Havre*, 1929) 中，拉乌尔·杜飞把两个人物嵌入天蓝色的房间中，房间只是从打开的窗户中延续着海和天空的景观。在马蒂斯充满想象力的《蓝色裸体》(*Blue Nude*, 1907) 中，模特本身就带有这种阴影，却没有带给她活力。这位模特瘦削的身形似乎预示着毕加索《亚维农的少女》(*Demoiselles d'Avignon*, 1907) 中那些图腾般的立体主义女性；她们被包围在蓝色中，像包裹于一袭被单。

康定斯基对蓝色的亲近在1911年有了具体表现，当时他和德国画家弗朗茨·马克创办了一份艺术年鉴，名为《蓝骑士》(*Der Blaue Reiter*)，名称来自1903年康定斯基一幅以蓝色骑手为主题的画。马克在《蓝马I》(*Blue Horse I*, 1911) 和《大蓝马》(*Large Blue Horses*, 1911) 中顽固地按字面意义追求着主题。年鉴的名字逐渐被用在一群以马克和康定斯基为中心的艺术家们身上，其中 (一度) 包括保罗·克利和巴黎人罗贝尔·德劳内。马克于1916年在第一次世界大战中丧

生；不过，康定斯基在“蓝色四人”(*Die Blaue Vier*)中保持了对蓝色的热情，这是他在1924年与克利、莱昂内尔·法宁格和阿列克谢·冯·亚夫伦斯基组成的一个团体。克利于前一年绘制《来自“水手辛巴达”的战斗场景》(*Battle Scene from “Sinbad the Sailor”*)，其蓝色由各种色调拼凑在一起，如孟塞尔色标一般。

我曾大略考虑过，这本书是否可能完全放弃年代顺序，将叙述按各种原色和二次色来划分。那样可能很有趣。但是，为了避免不断地重弹老调，就要求更多的叙述技巧，而这超出了我的能力。因为，即便在任何年代有什么技术能比产生其他颜料更容易、更丰富地产生某些颜料，这么做时通常也有其社会、科学、美学和艺术方面的考虑作为背 261
景，这种考虑对各种颜料都同等程度地适用。

那么，为什么还要挑出蓝色来单独讲述？纵观颜料制作的历史，人们会禁不住得出结论：蓝色一直是特殊的；这一点应该已经很明显。它是最古老的合成色料，在中世纪晚期被奉为神圣纯洁的象征。然而，它要比红色和黄色晚好几个世纪，才获得作为原色的地位。尽管在1704年前后，一种蓝色色料的出现代表着第一种现代人造色彩，但一直到19世纪初，画家们都痛感缺乏易获取的、高质量的蓝色。

事实是，上好的蓝色很难找到。

蓝色的诞生

我们追溯蓝色在古代的重要性时面临的问题是，由于它没有被明确地视为自成一种颜色，最古老的表示蓝色的颜色术语是模糊的。显然，蓝色色料在最早的一批文明中就有了，包括蓝铜矿、靛蓝和埃及蓝玻璃料。然而，古代文献中还没有意识到蓝色的原色特征。它被视为一种与黑色相关的颜色——也可以说是一种灰色。在公元前5世纪，希腊哲学家德谟克利特写到了一种相当于靛蓝（*isatin*）的颜色，可以由黑色和淡绿色（*chloron*，德谟克利特的四种“简单色”中的一种）混合而成。我们可以想象这种结合的结果，并从中看出一些迹象，这些迹象表明希腊人对于我们所知的蓝色的完整性是漫不经心的。

也许更准确的说法是，蓝色对古希腊人来说是暗色的一种。在大多数希腊文本中，表示“黑色”的词是*melas*，意指“深暗”，它在光谱上位于与*leucos*即亮色相反的一极。在许多希腊绘画的幸存碎片中，蓝色被用作染黑剂，并且通过将一些黑色木炭色料与白色混合，可以
262 获得明显的蓝灰色。（实际上我们已经看到，鲁本斯这样的艺术家如何在两千年之后仍然以此种方式制作蓝色。）看起来，这种“作为暗色的蓝色”的态度可能提高了古人在忧郁色相中发觉蓝色的能力，而不是使对各种蓝色的感觉变得迟钝。罗马人维特鲁威描述了一种通过燃烧干燥的葡萄酒沉淀物来制作黑色色料的配方，并说：“使用品质更好的葡萄酒将使我们不仅能仿制黑色，而且能仿制靛蓝。”

柏拉图和亚里士多德继承了德谟克利特的大部分哲学（尽管并不太赞同他的原子论）。亚里士多德对蓝色的态度，以及对原色的总体态度，是很难辨识的。在《论感觉及其对象》（*On Sense and Sensible Objects*）中，他将深蓝色确认为明和暗之间的“未混合”中间色，而他在《气象学》（*Meteorology*）中只列出了红色、绿色和紫色作为彩虹的未混合色。亚里士多德的《论颜色》只将白色和金黄色列为原色，也就是被宣称为属于四种元素的颜色。

所有这一切并不意味着古人对我们所知的蓝色，即天空和海洋的蓝色，没有**感知**。有许多希腊语词似乎可以翻译为这种色相；一个是

kuanos，我们的“青色”（*cyan*）一词的来源。然而，这些词中没有哪一个能作为基本的色彩术语而等同于英语中的 *blue* ——不依赖上下文，在伯林和凯所做分类的意义上。似乎希腊人拿一些类似我们的青色、群青、靛蓝、海军蓝、宝石蓝和蔚蓝色的术语在凑合着用，没有哪个词把它们共同归类为单一的感知概念。

我们已经看到，面对着谈论颜色时的这种不确定的理论基础，古典时期和中世纪的作者们会将对艺术家颜色的讨论锚定于色料的物质本质上。原则上这是值得称许的，因为画家从来不使用“蓝色”，而是用靛蓝、钴蓝、普鲁士蓝等。然而，在实践中，仍然有引起混乱的充分可能。让今天的我们颇感奇怪的一个典型例子是，在中世纪蓝色和黄色之间界限模糊（见第15页）。

普林尼在《博物志》中对希腊画家阿佩利斯、阿埃蒂翁、墨兰提俄斯和尼科马库斯的四色调色板所做的描述，列出的不是颜色，而是色料。其中包括“阿提卡黄”，即来自阿提卡的黄色色料。但普林尼 263
用于黄色的词是一个矿物术语—— *sil*，而不是更明确的 *crocum* 或 *glaucus*。*Sil* 是一种黄色赭石。但是在16世纪，当蓝色开始成为一种“基本”的颜色时，一些写作者认为它当然应该在普林尼的清单上。意大利人切萨雷·切萨里诺于1521年提出了奇怪的主张，认为 *sil* 是群青。到那个世纪的后半叶，在法国的一部艺术百科全书中，*sil* 已经与某种色度的蓝紫色联系在一起。

这可能是因为普林尼声称，赭石 *sil* 和蓝色矿物 *caeruleum*（可能是蓝铜矿）都发现于金矿和银矿，因此一开始被弄混了。但是在中世纪晚期，用术语 *cerulus* 来指黄色使这种纠缠关系更为混乱。即使是古法语中的 *bloi*，即英语词blue和法语词 *bleu* 的词源，也可能意指蓝色或黄色。

四色古典调色板必定包含蓝色这一观念，由路易·德·蒙洛西耶在颇有影响力的《绘画评论》(*Commentary on Painting*，1585) 中更为牢固地确立了；他说："因为很确定的是，白色、黑色、红色和蓝色这四种颜色在绘画中用得最少，所有其他颜色都由它们的混合组成。"四色调色板这种转变的实现，是通过声称，虽然矿物 *sil* 可能是几种颜色之一 (有时是黄色、有时是蓝紫色)，阿提卡的 *sil* 却是蓝色的。(甚至乔治·菲尔德也在1808年认为，硅酸盐——"硅石"——是各种蓝色的矿物来源。)

不足为奇的是，黄色在德·蒙洛西耶四色体系中的缺席，反过来引起了关注。(就德·蒙洛西耶本人而言，黄色可以从红色和绿色中制备这个想法，看起来似乎来自亚里士多德。) 在17世纪中叶，法国人马兰·屈罗·德·拉尚布尔无法让自己相信阿佩利斯没有黄色也能应付，他总结说，普林尼说的 *sil* 必定既指蓝色**又**指黄色，因为 *sil* 看起来可以是这两种颜色中的任何一种。

这种语言杂耍反映了一种需要，即调和普林尼的权威与17世纪时日益强烈的将所有"现代"原色——红色、黄色和蓝色——纳入基本颜色集合中的愿望，"所有其他颜色都由这个集合构成"。我们可以
264 把蓝色进入这些体系的时间确定为16世纪后期，可以有把握地说，到17世纪，必须把蓝色包括进去已经没有什么争议了。在《关于颜色的实验和考察》(*Experiments & Considerations Touching Colours*，1664) 中，罗伯特·波义耳强调了这一点：

> 只有很少的简单色和原色(如果可以如此称呼它们的话)，可以说从其各种组成中得出了所有其余颜色……我还没有发现，要展示这种奇怪的多样性[一位画家]要运用**白**

> **色**、**黑色**、**红色**、**蓝色**和**黄色**以外的颜色；几乎无法想象的是，这**五种颜色**以各种方式**复合**和（如果可以这样说）**分解**，足以显示各种品种和数量的颜色，比如画家调色板上从未有过的那些陌生颜色。[2]

很快就要轮到所有颜色的古典起源，即白色和黑色，来为自己的原色地位做辩护了，这种地位正变得越来越随意。艾萨克·牛顿表明，在任何生成意义上，它们肯定不是原色。在19世纪，米歇尔–欧仁·谢弗勒尔仍然承认，这两种颜色，再加上红色、黄色和蓝色，作为“原”色在古代的调色板中发挥着主要作用；但托马斯·杨的色觉理论（见第47页）在对色彩的科学分析中，没有为它们留下位置。

横跨海洋

中世纪晚期，当蓝色被证明存在于最著名、最珍贵的色料，也就是群青中时，其无论如何都很难继续成为从属的颜色。比最好的红色（朱砂）更昂贵的颜色——实际上，比黄色在中世纪的类似物，即金色本身还要昂贵——怎么可能不是原色？群青、朱砂和金色是中世纪调色板的荣耀；无疑，一种将价值等同于美德的文化，必定倾向于赋予这种崇高的三色组合以特殊地位。我认为，如下说法应该不会言过其实：与任何理论思考带来的进步一样，正是由于色料制造方面的技术 265
进步，在画家技艺的全部知识中，蓝色才显得如此突出。

青金石意思就是“蓝色的石头”。它是一种深沉、浓郁、诱人的蓝色（彩图10.1），但是这种颜色的纯度一经研磨便会消失，这就是蓝铜矿为古代世界提供了天然的蓝色色料的原因。这种蓝色的石头实际上是矿物的混合物；其颜色来自主要组分——一种叫作lazurite的青金石矿物（不要与蓝铜矿混淆）。

群青在无机色料中是不寻常的，因为其鲜艳的颜色不源自过渡金属的存在。青金石矿物是铝硅酸盐化合物，是一类矿物中的一种，其中晶体的基本骨架由铝原子、硅原子和氧原子组成。铝硅酸盐通常是无色的，但是青金石矿物的出色之处在于，其组成成分中也包含硫。硫原子以两个和三个基团簇集，其晶体通过在不同硫原子之间使电子穿梭移动来吸收红色光。

青金石的深蓝色通常带有金色条纹，这增加了它作为半宝石的吸引力。这些是愚人金——黄铁矿，即铁和硫的化合物。方解石（碳酸钙）和其他硅酸盐矿物通常也存在，它们解释了粉状石头的灰度。然而，青金石有时用作色料时，通过简单研磨即可制备。例如，它出现在6世纪到12世纪的拜占庭手稿中，出现在6世纪和7世纪阿富汗的壁画中，也出现在11世纪中国和印度的绘画中。但是，除非石头是由特别纯的青金石矿物构成，否则就不会产生宏大效果。在任何埃及、希腊或罗马艺术中，都没有识别出研磨过的青金石（我们应该把它与真正的群青区分开）。

制造群青的技术似乎是一项中世纪的发明：20世纪初皇家美术学院研究艺术家材料的专家阿蒂尔·洛里认为，优质的群青在1200年前后开始出现在西方艺术中。在12世纪20年代从事著述的西奥菲勒
266 斯没有提到它——他的蔚蓝就是蓝铜矿。

青金石是一种稀有矿物。实际上在整个中世纪，其唯一来源地是巴达克尚，位于现今的阿富汗。虽然在奥克苏斯河上游地区很难获得这种珍贵的蓝色石头，但自从美索不达米亚文明时代以来，为获取它，许多采石场似乎还是进行了发掘。只是在相当晚近的时期，才在西伯

利亚和智利发现了大量矿藏。

马可·波罗于1271年来到这些采石场，并对它们感到惊讶：

> 这里有一座高山，从中开采出了最好和最细的蓝色。在石头地面上有矿脉，蓝色就从其中制得；还有许多山，银就是从那里开采的。平原上很冷。[3]

我们不知道是谁发现了从粉状青金石的碎屑中提取高贵色料的方法。丹尼尔·汤普森提出，真正的群青是在欧洲人还不知道如何制作它之前，从东方进口到欧洲的。他问，为什么欧洲人会坚持称之为“群青”，毕竟同时也进口了其他许多用于制作色料的原料？阿拉伯炼金术文献中对此提取过程的早期描述支持这个想法。一种配方被归于炼金术士贾比尔·伊本·哈扬，但是这种配方的年代定期远远晚于哈扬在9世纪去世的时间，因此不过是借用他的名字来增加权威的许多类似作品之一。

根本的难题在于将蓝色的青金石矿物与杂质分离。大多数配方说，研磨后的青金石应该与熔化的蜡、油和树脂混合成糊状。随后，将这种糊状物用布包裹，在碱液的溶液中揉捏。蓝色颗粒被洗出，并沉淀在液体的底部。

自中世纪后期开始采用的这个过程由琴尼诺·琴尼尼进行了细致描述，我们从中得以窥见，工匠们为了获得这种最精细的色彩如何不遗余力：

> 首先，准备一些青金石。如果想认出品质好的石头，选择在你看来蓝色最浓郁的，因为它是像灰烬那样全部混在一

267 起的。那种含有最少灰烬颜色的就是最好的。但要确保它不是蓝铜矿石，蓝铜矿石看起来非常悦目，有点像瓷釉。把它放在青铜研钵里碾碎，盖起来，使尘粉无法飞走；然后把它放在斑岩板上，无水加工。接着拿一只有盖子的筛子，如药剂师用于筛药的那种；筛它，如果发现有必要，就再次把它碾碎。记住，加工得越精细，得出的蓝色就会越好，但是颜色不像蓝紫色那么美……这种粉末全都准备好后，从药剂师那里为每磅青金石取六盎司松香、三盎司玛蒂脂和三盎司新蜡；把所有这些东西放入一个新的小瓦锅中，熔为一体。然后拿一块白色的亚麻布，把这些东西裹入一只上釉的盥洗盆里。再取一磅这种青金石粉末，将它们彻底混合，做成一块可塑物，全部结合在一起。再取一些亚麻籽油，在手上始终充分涂抹这种油，以便能够掌控可塑物。这种可塑物必须保存至少三天三夜，每天加工一点；记住，可以将其以可塑的形式保存两个星期或一个月，或你喜欢的任何时长。想从中提取蓝色时，采用这种方法：用一根粗杆子做成两根棍子，厚薄适中……然后把可塑物放在此前放置它们的上釉盥洗盆里；往里面放一小碗碱液，要相当暖热的；用这两根棍子，每只手一根，翻转、挤压和揉捏可塑物，翻过来覆过去，就像用手揉面团，方式是一样的。完成这一步，直到看到碱液已浸透蓝色，再把它倒入一只上釉的碗里。随后再拿出同样多的碱液，把它倒入可塑物，用两根棍子像之前一样加工。待碱液变得相当蓝时，把它放入另一只上釉的小碗，再把同样多的碱液倒入可塑物，然后按照通常的方式挤压出来……以同样的方式在许多天内持续这样做，直到可塑物不再使碱液着色；现在

> 把它扔掉吧，它已不再有任何用处……每天都从碗里排出碱液，直到蓝色变干。待它们完全干燥，用皮革、膀胱或其他囊状物把它们包起来……[4]

不可思议的是这种方法竟然有效，人们即使到今天也没有完全弄 268
清。它有可能取决于矿物颗粒的表面性质：青金石矿物最容易被水润湿，因此首先离开“面团”，悬浮在溶液中。正如琴尼诺指出的，需要在新鲜碱液中进行多次连续揉捏以提取所有色料。最大的、颜色最浓郁的颗粒首先跑出来，而最后“洗下的污垢”中既有无色杂质也有蓝色颗粒。这种低级“群青灰”被用于生产浅蓝色油性釉料。“记住，”琴尼诺说，

> 如果有好的青金石，从前两种产出物中得到的蓝色将值八达克特一盎司。后两种产出物比灰烬还要糟糕，因此要谨慎观察，以免为了低级蓝糟蹋了上好的蓝色。[5]

不可想象的是，即使结果看起来不那么美，制造群青所耗费的成本和精力还是被承受下来。它的色相标志着从黄昏到夜晚的过渡，带着一点紫色来增加威严感。琴尼诺狂热地赞美它：“群青蓝是一种鲜明、美丽的颜色，最为完美，超越所有其他颜色；找不到任何词来形容它，也不知道拿它来做什么，它的质量无法超越。”[6]

象征和物质

我已经指出了色料方面的支出对绘画艺术造成的影响。使用群青不仅是为了显示财富，在中世纪的神圣作品中，更重要的是它把德

性传递到绘画中。这一点在圣母无处不在的蓝色长袍上表现得最为明显 (彩图10.2) 。对修道士画家来说，此种材料的使用传达了恰当的敬意。但是随着艺术家越来越多地与富有的赞助人订立私人合同，就可以通过规定使用群青，不仅显示赞助人的财富和社会地位，还突出他本人的虔诚和功德。因此，例如，我们发现1417年的一份合同委托
269 一位艺术家绘制圣母马利亚的一座祭坛，“用上好的颜色，特别是上好的黄金、上好的群青蓝和上好的色淀”。类似地，安德烈·德尔·萨托的《哈匹圣母》(*Madonna of the Harpies*, 1515) 的合同，要求圣母的长袍用“至少每盎司五弗罗林”的群青来表现。

由此看来，为什么基督的母亲如此典型地穿着蓝色，其原因相当世俗——这项惯例一直持续到文艺复兴之后很久。然而，历史学家经常试图从象征意义上证明选择蓝色的合理性：蓝色是“天上的”、属于精神的色彩，意味着谦卑或类似的东西 (对于任何一种原色，人们不必费力就能找到合适的象征性关联) 。包豪斯艺术学校最重要的色彩理论家约翰内斯·伊滕认为，“蓝色的孤独本性，以及它的柔和与深刻的信仰，我们在关于圣母领报的绘画中常常会遇到。内心在倾听的圣母，穿着蓝色”。[7]显然，色彩理论如果不能体察色彩的物质属性，就有可能忽视明显的东西。

然而，油画的出现对群青的显赫地位提出了挑战——在油料中它不再那么庄严。为了恢复完全饱和的蓝色，艺术家被迫增加铅白，从而破坏了材料的纯度。随着人文主义侵蚀了对表现宗教价值的材料的崇敬，这种技术上的危急情况无疑更容易接受；不过，它也可能强化了这种侵蚀。根据艺术史学家保罗·希尔斯的说法，“将白色加入蓝色这个看起来很小的变化，是中世纪色彩转向早期现代色彩的一个显著迹象”。

乔瓦尼·贝利尼是最早接受油画技术的威尼斯画派画家之一，在

他的《阿戈斯蒂诺·巴尔巴里戈总督跪在圣母子面前》(*Doge Agostino Barbarigo Kneeling before the Virgin and Child*, 1488) 中，基督的母亲穿着的蓝色长袍只用了最低限度的铅白亮化，因此褶缝的立体感相当弱。但是贝利尼的学生提香在《圣母子与施洗者圣约翰和亚历山大的凯瑟琳》(*Madonna and Child with Saints John the Baptist and Catherine of Alexandria*, 约1530) (彩图10.3) 中，为圣母马利亚的长袍所绘的蓝色要浅得多；到了这个时候，画家在混合群青方面受到的约束已经越来越少，提香正在使用绘画技能，而不是依赖材料的主要属性来表现蓝色丝绸的丰富性。这种变化相应地又释放了艺术家，使他们能够创造范围更广的蓝色，希尔斯认为它有助于使文艺复兴时期的画布充满光亮： 270

> 只有克服了长期以来不愿将群青与白色混合在一起的心理，画家才能自由地发现在一个整体范围内不同亮度级别的蓝色的价值……到15世纪，蓝色正在摆脱它与繁星之夜，即天之穹顶的关联，转向白昼的快乐天空。[8]

滥用群青的倾向大多局限于意大利，主要是出于商业原因：其港口是色料流向西部的渠道。群青在北欧艺术中并不罕见，但运用得更加克制：一位评论家在1566年指出，群青在德国很少被发现。阿尔布雷希特·丢勒是极少数使用它的德国画家之一，他在给赞助人的信中曾大声抱怨群青的费用。1521年，丢勒在安特卫普购买的群青价格是土质色料的一百倍。

对于作画面积比木板画家大得多的壁画画家来说，这项巨大的支出几乎让人无法使用最好的蓝色。瓦萨里描述的一个例外，揭示了这种珍贵的蓝色在分配时是如何谨慎。他讲述佩鲁吉诺如何受佛罗伦萨的杰苏阿蒂男修道院委托画一幅湿壁画，其预算已经过扩充，以纳入珍贵的群青。杰苏阿蒂的修道士们本身就是佛罗伦萨最为知名的群青供应商，毫无疑问，这就是他们能负担得起的原因。

但该修道院院长担心，佩鲁吉诺可能会试图把群青替换为一些便宜的材料，于是就在他作画的时候看着这位画家。受到这种不信任的冒犯，佩鲁吉诺顿起报复之心。将刷子浸入水性色料后，在将颜料抹到墙上之前，他暗中挤压笔毛。这样一来，佩鲁吉诺看起来就比实际上更快地耗尽了色料，因为笔痕是如此微弱。于是他不断要求加入更多的色料，这些色料都逐渐积累在底部。后面，当院长不在的时候，佩鲁吉诺又把这些值钱的东西恢复起来供自己使用。

遗憾的是，这个故事可能完全是杜撰的——但它传递的信息是足够准确的。它让人想起，当前拉斐尔派的丹蒂·加布里埃尔·罗塞蒂、
271 威廉·莫里斯和爱德华·伯恩–琼斯在牛津大学画一幅壁画时，罗塞蒂打翻了一整锅天然群青，那时它还是极为昂贵的色料。不得不为此买单的委员会备感窘迫。

杰苏阿蒂的院长担心色料被调包成更便宜的类型，无论如何都是多虑了，因为在湿壁画中并无好的、令人信服的色料来代替群青。靛蓝易于变黑，大青则以难以运用著称。通常的替代物蓝铜矿，对湿壁画是无用的，因为它遇水会变成绿色：晶体吸收更多的水，铜改变其色相（见第131页）。蓝铜矿石可以在干燥的状态下（干壁画）涂覆到墙壁上，但这样会很不耐久，且易于剥落。结果，蓝色在中世纪和文艺复兴时期的湿壁画中并不显眼。一个华丽的例外是乔托在帕多瓦的阿雷纳礼拜堂的作品（约1305）（彩图4.3），这幅画似乎不计成本。普鲁斯特《追忆似水年华》中的马塞尔，提到了保存得惊人完好的壁画：

“整个天花板……和湿壁画的背景是如此之蓝，看起来那灿烂的白昼似乎随着参观者一起跨过了门槛。”

在16世纪后期，蓝铜矿的供应变得暂时短缺，于是对群青产生了更大的需求；这意味着意大利人占有了其中的大部分，因为群青是通过意大利的港口运出来的。在意大利以外，上等的蓝色的供应几乎遇到了一场危机。尚不明确的是，这是否解释了为何老彼得·勃鲁盖尔在《三贤王的膜拜》(*The Adoration of the Kings*，1564) 中既不使用群青也不使用蓝铜矿，而是使用卑微的大青来表现圣母的长袍。但将近一个世纪后，西班牙人弗朗西斯科·帕切科写道，在西班牙即使富有的画家也无法获得群青。

蓝　血

虽然情况并不总是这般糟糕，上等的蓝色在数百年中对画家来说仍然是奢侈品。与红色 (朱砂、红铅、茜草红和胭脂红色淀) 和黄色
(印度黄、藤黄、那不勒斯黄、雌黄、铅锡黄) 相比，蓝色的选择范围极为 272
有限。大青和碳酸铜蓝是与蓝铜矿近似的廉价备选对象，但在数个世纪中，靛蓝是与群青有着类似的深色色调的唯一替代物。然而，这是一种拙劣的替代，其淡淡的绿色调无法媲美群青的华丽紫色。

18世纪初，由于柏林颜料制造商迪斯巴赫的一次偶然发现，这种情况有所缓解。这就是那种快乐的意外，在艺术家的颜料史上发生过多次，事实上在一般的技术创新中也不少见。我强烈怀疑，如果细节长久以来没有在时间这部书中成为被遗忘的传说，我们还会发现同样的情景伴随着更古老色料的出现。迪斯巴赫本来想制造一样东西，结

果却造出了另一种，这是不纯试剂那令人愉悦的“受害者”。化学的进步主要依赖于蒸馏者、精炼工和制造商的粗心，当然，我这么说没有不尊重他们的意思。

迪斯巴赫当时正在制作胭脂红色淀，要用到硫酸铁和钾碱。他从一个名叫约翰·康拉德·迪佩尔的炼金术士那里获得了钾碱，迪斯巴赫就在他的实验室里工作。据推测，为了节约成本，迪斯巴赫请求迪佩尔给他一批被动物油污染过的钾碱，这些钾碱正要被丢弃。迪斯巴赫很快就发现，这样节约是不对的，他得出的红色色淀极为浅淡。既已弄糟，那就全力补救，于是他试图加以提纯，随后颜料先是变成紫色，再变成深蓝。

迪斯巴赫感到困惑，欠缺化学知识的他于是向迪佩尔讨教。这位炼金术士推断，蓝色来自硫酸铁和被污染的碱之间的反应。他能说出来的也就这么多了；但事后回望，我们可以看出，碱已经与迪佩尔那从血液制备的油发生了反应，生成亚铁氰化钾（一种在德语中仍被称为*Blutlaugensalz*的化合物）。亚铁氰化钾随后与硫酸铁结合，形成被化学家称为亚铁氰化铁的化合物，其色料名称普鲁士蓝更为人所知（即
273 使是对化学家们来说）。

迪斯巴赫是在1704年和1705年之间完成他的偶然发现的，这种蓝色物质很快就在柏林作为艺术家的材料投入生产。化学文献中似乎都没有提到它，直到1710年，《柏林杂记》（*Miscellanea Berolinensis*）上的一次匿名交流盛赞它的美感，并主张把它作为一种“比肩甚至胜过群青”的颜色。

这份报告继续声称：“它是无害的：这里面的东西都不含砷；没有什么不利于健康，而是一种药物。那些由糖制成的东西可以用这种颜色涂抹后吃下去，毫无危险。”令人惊奇的是（考虑到其含有氰化物），

事实基本如此：这种色料没有显著的毒性，还被用于化妆品。

关于合成过程，法国化学家让·埃洛于1762年指出："恐怕没有什么比获得普鲁士蓝的过程更为特别；必须承认的是，如果不假偶然机会之手，则必须有深刻的理论来发明它。"事实无疑如此。合成过程被当作秘密、怀着猜疑守护着，直到英国人约翰·伍德沃德从德国获得了一份对此过程的描述，他立即于1724年在《皇家学会哲学会刊》(*Philosophical Transactions of the Royal Society*) 上加以公布。他叙述的方法太过详尽，其实没有必要；关于获得的产物人们知之甚少，以至于没有人可以确定什么是必不可少的，什么不是。

到了这个时候，迪斯巴赫的学生德·皮埃尔也在巴黎制造这种色料，迪斯巴赫把配方告诉了他。(由于这个原因，这种颜色也被称为巴黎蓝。) 德国化学家格奥尔格·恩斯特·施塔尔详细描述了这种蓝色色料在1731年的发现过程，到1750年，它在欧洲已广为人知。普鲁士蓝的价格只有群青 (在1770年为每磅2几尼[*]) 的十分之一，是极有吸引力的替代品。18世纪后期的画家们，包括托马斯·庚斯博罗和安托万·华托，经常使用它。

普鲁士蓝的丰满色相使一些色彩理论家和技术专家把它列为"原色"蓝的候选对象。雅各布·勒布隆在早期尝试三色印刷时，就是
按原色来使用它的 (见第312页)。虽然由于颗粒极细而呈半透明，普 274
鲁士蓝其实具有很高的着色强度——在白色中加入一点点就能赋予强烈的蓝色。在美国，这种颜色以特有的美国式直率被称为"铁蓝"，最迟自1723年起便被用作房屋涂料，并且也被证明适合作为丝绸和棉布的染料。

---

* 英国1663年发行的一种金币，等于21先令。——译注

艺术家和颜料商更为谨慎。1850年，乔治·菲尔德评论说，它“在纯度和亮度方面绝对无法媲美钴和群青，也没有后者那完美的耐久性”。在《古代和现代颜料》(*Ancient and Modern Colours*, 1852)中，W. 林顿称它为“对着色师来说丰富而迷人的色料，不能过于依赖，但又难以避免”。

19世纪，这种颜色变得越来越不那么“难以避免”；不过，从18世纪到20世纪的画作中，不难发现普鲁士蓝。到1878年，温莎&牛顿公司已经在出售一系列基于这种材料的颜料——不仅是普鲁士蓝本身，还有安特卫普蓝（混入白色）和另外两种由它和藤黄混在一起形成的绿色。威廉·贺加斯、威廉·布莱克和约翰·康斯太勃尔都是用它混合绿色的人，它也出现在莫奈、梵高［尤其明显的是在《日本姑娘》(*La Mousmé*, 1888) 中］和毕加索所用的蓝色中；对于毕加索来说，相比于钴蓝或群青这些明亮色调，其略带灰绿的色调在“蓝色时代”更适合他的忧郁目的。虽然不是现代画家最受欢迎的颜色，普鲁士蓝已被英国艺术家和雕塑家阿尼什·卡普尔以引人注目的方式运用；在《万物内心之翼》(*A Wing at the Heart of Things*, 1990)（彩图10.4）中，卡普尔将其与树脂结合成浆料，涂在轮廓上。

普鲁士蓝和相关的亚铁氰化物颜料今天仍然大量生产（方法远为简单），主要由于价格低廉而作为商业涂料受到青睐。这种蓝色也被用作印刷油墨，直到被苯胺染料取代。

合成高贵

然而，对于艺术家来说，普鲁士蓝仍然不能取代群青。和靛蓝一

样，它带有淡淡的绿色调；正如乔治·菲尔德所说，它可能不太稳定 275
（见第302页）。到了19世纪的黎明，人们仍在竭力寻求强烈的、经济上能够承受的蓝色。

到那时，化学家已经接受了一个观念，即自然的无机材料可以通过实验室合成重新创造出来。化学家的技艺必定能够召唤出人造群青吗？

合成需要知道化学成分，令人沮丧的是，那是难以捉摸的。问题是，用多种元素合成群青（更恰当地说是合成青金石矿物）不仅复杂，而且充满了变数：钠和硫（有时是钙）含量可能不同，并且一些样品在晶格中还含有氯离子或硫酸根离子。

1806年，法国化学家J. B. 德索尔姆和F. 克莱芒在《化学纪事》上发表了对群青组分的第一次精确分析：他们说，这是一种苏打、二氧化硅、氧化铝和硫的化合物。这让人们得以在随后识别出各种工业化学过程，尤其是制造苏打的杂质和副产物产生的明显类似的蓝色化合物。事实上，这种物质已经为人所知有一段时间，虽然人们对它们的化学性质了解甚少。1787年，歌德对意大利石灰窑中发现的蓝色沉积物发表了评论，指出它们经常在当地的装饰作品中被用作青金石的替代物。因此，这是通过合成方式制造这种正品的一个线索。

1814年，法国化学家M. 塔萨尔特请尼古拉·沃克兰分析从一家玻璃厂的苏打窑中获取的蓝色材料。沃克兰报告说，该物质在组成上与德索尔姆和克莱芒提出的群青配方相似；塔萨尔特于是向全国工业促进协会建议，称化学家或许可以使用这种见解来开发人造群青。1824年，协会采纳了这个想法，提供6000法郎以奖励任何设计出可行生产工序来制造群青的人，不过前提是产品能以每公斤不到300法郎的价格销售。此类诱饵之前也有过：英国皇家艺术学院在1817年曾

276 提供一笔总额小得多的奖励，为实现同样的成就悬赏。

6000法郎足以吸引各种各样的骗子，最初来申报奖励的只不过是改头换面的普鲁士蓝或1802年发现的钴蓝（见第178页）。但在1828年2月，协会确定，来自图卢兹的颜料制造商让-巴蒂斯特·吉梅完成了任务。吉梅在巴黎创立了一个群青制造工坊，之后立即开始以每磅400法郎销售——价格大约是其天然色料成本的十分之一。吉梅赢得了奖金。

然而仅仅一个月后，协会就收到一名竞争者对奖金的主张，他是来自图宾根大学的德国化学家克里斯蒂安·格梅林。关于这种色料，格梅林独立地发现了一个略有不同的制作过程——此外，他说，他一年前就完成了，只是当时没有公布。吉梅回敬称，事实上他早在1826年就制作完成了自己的工序，但一直保密，直到告诉协会。

这件事争议了许多年。吉梅最终显然能够证实自己的主张，这让法国的委员会（即使不能让法国以外的人）感到满意，所以奖金仍然是他的。结果，人造群青甚至直到今天仍被称作“法国群青”。

德国人F. A. 克蒂希没有参与这场争夺，但作为第三位实业家，他与吉梅和格梅林大约在同一时间也开发了一种制造方法。他的生产基地是位于迈森的瓷器工厂，在那里他于19世纪30年代制造群青。吉梅于1830年在索恩河畔弗勒里厄开始工业规模的生产，很快就有工厂在法国和德国的其他地方生产这种颜料，随后英国、比利时和美国也开始生产。

吉梅和格梅林的方法都是基于相同的过程，就是把所有必要的元素扔在一起，加以烧煮。将瓷土（高岭土，一种铝硅酸盐）、苏打（碳酸钠）、木炭、石英或砂（硅石）和硫的混合物在炉中加热，对得到的绿色玻璃状物质（“绿色群青”）加以研磨和洗涤，以除去可溶的杂质。干

燥的绿色材料被再度加热，转化为蓝色物质，然后再次洗涤，并研磨以 277
产生色料。产出物的精确颜色可以通过改变各种成分的含量来调节。

想象中有人可能认为，鉴于与天然群青相关的成本，艺术家会张开双臂欢迎合成产品。事实则更为复杂，或许反映了对群青长期怀有的敬畏之心。工业熔炉得出的产品真的能提供相比肩的东西吗？然而，法国化学家J.-F.-L. 梅里美记叙称，吉梅的群青被安格尔用于《礼赞荷马》(*The Apotheosis of Homer*) 中，这幅作品的创作年代为1827年，那时吉梅甚至还没有申报奖励。这肯定有助于支持吉梅的优先权要求，更不用说在保守的安格尔身上揭示出一种进步的倾向。

透纳很有兴致试验新型色料（见第182页），有证据表明，他在19世纪20年代后期曾将合成群青用作水彩颜料。然而，没有明确的迹象表明，透纳冒险将这种新材料用在了油画上，除了一个事实：在他的两块调色板中找到了人造群青，其中一块是他在1851年去世之前最后使用的。事实上，据说透纳曾想从其他人的调色板上自取一些群青，用于皇家美术学院一幅悬挂着等待上光的作品，但有人大喊那是“法国的”，也就是说是合成的，于是他便作罢。19世纪上半叶，这种人造色料在英国声誉不佳，其实有些冤枉，而透纳显然受到主流观点的影响。乔治·菲尔德的意见对透纳来说颇有分量，前者继续从青金石中制造自己的群青。

然而，成本之间的显著差异还是不能忽视。19世纪30年代初期，天然群青在英国是每盎司8几尼，而合成群青每磅价格在1到25先令之间：差别在100到2500倍之间。此外，尽管有种种谣言，其合成材料与天然材料其实同样耐久。到19世纪70年代，人造群青成为画家的常用蓝色——甚至比钴蓝更为常用，毕竟钴蓝明显更为昂贵。它在印象派画家的调色板，特别是在雷诺阿密集使用蓝色的《伞》（*The*

278 *Umbrellas*，约1880—1885）中发挥着显著作用，也被塞尚用于精致的混色。梵高《麦田和丝柏树》（*A Wheatfield*, *with Cypresses*, 1889）中的亮蓝色也靠它来表现。

20世纪的蓝色

看到群青作为中世纪无可争议的色料女王，在20世纪落魄成随时能够买到的另一种蓝色，让人难免有辛酸之感。这是绘画材料常常经历的命运轨迹：从奇异的、显赫的外来物品，带着稀有香料或熏香的全部神秘，变成廉价商品。但也许这个观点过于消沉了，毕竟艺术肯定受益于调色板的巨大扩展。随着更多色调的蓝色被引入，这个过程一直持续到了20世纪。

两种新色料于1935年到达：单星蓝和锰蓝。第一种是由帝国化学工业公司的铜酞菁制成的色淀色料的英文商品名（见第255页）。对它有很多溢美之词，比如说它是“自普鲁士蓝和人造群青以来最重要的发现”，其巨大的商业影响也无人怀疑。作为蓝色色料，它完全没有群青的华丽色相；单星蓝的重要性在于，它几乎能完全吸收红色和黄色，同时透射或反射蓝色和绿色，这就使其成为三色印刷可用的理想青色（见第十二章）。

锰蓝是附着于硫酸钡颗粒的锰酸钡，同样显示出微绿色。它于1935年被德国颜料卡特尔法本公司申请专利，最初用于为水泥着色。锰蓝从来没有成为艺术家的主要色料——这些日子，蓝色颜料市场太不景气，除非能提供极为特别的东西。

正如本章开头所指出的，我们不需要费力寻找就能在20世纪的

8.6　莫奈的《雪下的拉瓦格》（约 1879）是以钴蓝描绘的冬日景象，认可的是“自然界中不存在白色”的印象派信条。

8.7　乔治 · 修拉的《大碗岛的星期天下午》（1884—1885）是明确的新印象派作品。颜色不是通过调和色料，而是通过互补色相中小点的紧密并置来混合的，如此并置是想在观看者的眼中建立“感应”。

8.8 保罗·塞尚的《普罗旺斯的山坡》（约 1885）显示了他对翠绿的喜爱，以及他用色块绘画的技法。

8.9 保罗·塞律西埃的《护身符》（1888）是一种受情感驱使的速写，启发了纳比画派使用鲜明的颜色。

8.10　关于《夜间咖啡馆》（1888），文森特·梵高说："这是我画得最丑的画作之一。"不过这是有意为之的，因为"我试图用红色和绿色来表达人类的可怕激情"。

9.1　扬·凡·艾克的《圣母与洛林大臣》（约1437）中的圣母，所穿的长袍不是传统的蓝色群青，而是绯红色，反映了染上这种颜色的布的极高价值。

9.2　阿瑟·休斯的《四月之爱》（1856）显示了“锦葵紫十年”的影响。

9.3 约1862年的一件丝绸连衣裙，用珀金的锦葵紫染色；右下的小图为一瓶苯胺染料。

10.1 青金石，经过费力的过程，有可能从这种石头中提取出群青。

10.2　杜乔的《圣母子与圣徒》（约 1315）是中世纪在圣母长袍上使用群青的典型。

10.3　向油画颜料的过渡迫使艺术家将群青与铅白混合，提香《圣母子与施洗者圣约翰和亚历山大的凯瑟琳》（约 1530）中圣母所穿长袍的蓝色，在中世纪艺术家们看来必定太浅了。

10.4　阿尼什·卡普尔《万物内心之翼》(1990)中的岩石状外形，被覆以普鲁士蓝。

10.5　伊夫·克莱因的国际克莱因蓝［在《IKB 79》(1959)中可以看到］主要是一种合成群青，但结合了一种不会降低色料的光泽和强度的黏合剂。

10.6　作为艺术的色料：伊夫·克莱因的《圣丽塔神龛的祈愿奉献物》（1961）。

11.1　在 20 世纪 60 年代清洗之前，提香的《酒神巴库斯与阿里阿德涅》（见彩图 5.7）让人对文艺复兴时期威尼斯画派的颜色运用产生了错误印象。

11.2　柯西莫·图拉的《寓言人物》（约 1459—1463），最早（局部）用油料完成的意大利作品之一。

11.3　杰勒德·大卫《教士贝尔纳迪诺斯·德·萨尔维亚蒂斯和三圣徒》（1501 年后）的颜料层横截面，取自圣多纳蒂安紫色斗篷的某个部位，显示了如何将红色色淀和蓝铜矿的混合物置于偏红的底层色之上来形成颜色。黑色颗粒是从素描底稿上落下的木炭。

11.4　康平的一位追随者绘制的《炉栏前的圣母子》（约1440），由于艺术家使用的红色色淀褪色，紫色长袍随着时间的推移变白了。

11.5　安东尼奥·德尔·波拉约洛的《阿波罗和达芙妮》（约1470—1480），其中的暗色树叶和棕色景观并非作者本意，而是绿色“树脂酸铜”变色造成的。

11.6　扬·凡·海瑟姆的《陶土花瓶里的花》（1736）描绘的蓝色叶子似乎很奇怪。它们曾经是绿色的，但黄色色淀已经褪色了。

12.1　雅各布·勒布隆的三色印刷工艺能够对颜色进行出色而细致的调节，1722年前后被用来制作了这个女性头部的图像。

12.2　乔治·巴克斯特的彩色版画，比如仿自V. 巴托洛缪的《蜀葵花》（1857），用油画颜料而不是油墨制成，实现了不同寻常的鲜明和耐久。

12.3　扬·维米尔《德尔夫特远眺》电子图像的不同查色表的效果。a显示了很好的选择，b使用的查色表对原作的捕捉相对逊色，c的查色表选择完全不恰当。

a　b　c

13.1　野兽派画家对明亮色彩的运用，罕有比安德烈·德朗《伦敦桥水域》（1906）更为大胆者。

14.1　家用涂料能产生强烈而明亮的颜色，同时又不会产生传统油画颜料的“绘画性”笔痕。对于《陶器》（1969）等作品，帕特里克·考尔菲尔德使用的是皇冠公司和多乐士公司制造的家用涂料。他说：“如你所知，我的画上看不出任何笔触，跟伦勃朗不一样。”

14.2　马克·罗斯科色域绘画作品《红色上的赭色和红色》（1954），是否保留了风景的残留痕迹？

14.3　莫里斯·路易斯的《VAV》（1960），是把高度稀释的丙烯倒在画布上绘成。

14.4 肯尼斯·诺兰德的“标靶”系列作品，比如《干旱》（1962），运用丙烯和PVA乳液来得到平整的颜料表面，边缘轮廓清晰。

14.5 弗兰克·斯特拉的《六英里尽头》（1960）用工业铝涂料绘成，代表了美国硬边画派的物质极少主义。

14.6 超越极少主义，超越颜料：斯特拉的《瓜达卢佩岛》（1979）半是绘画半是浮雕，由航空航天工程中使用的铝合金蜂窝材料制成。画室里有的东西最后都出现在作品中："我们有成罐成罐的小金属片之类的东西以及［色料］粉末……的确四处撒了许多研磨后的玻璃。"

作品中看到蓝色主题。我希望特别说一说伊夫·克莱因：由于对颜料技术不同寻常的投入，克莱因发明了一种新的蓝色，以他的名字命名。

克莱因在20世纪40年代末和50年代初的早期单彩画，使他对于 279
黏合剂在色料上的效果感到困扰。他喜欢干粉末的浓郁度——"如此清晰而有光泽，如此古老的亮度"，但又意识到，一旦与黏合剂混合形成颜料，它们总是会有所减弱：

> 色彩的情感魔力消失了。看起来，每个粉末颗粒已经被胶或任何把它固定于其他颗粒以及基底的材料逐个地消灭了。[9]

克莱因渴望找到一种方式来保持纯色的强度，从而实现其全部潜能来唤起观看者的情绪。

他向爱德华·亚当求助，亚当是巴黎的化学品制造商兼艺术家材料零售商。在亚当的帮助下，克莱因于1955年找到了解决方案：一种名为罗多帕M60A的定色剂树脂，由罗纳–普朗克化学制品公司生产，可以通过与乙醇和醋酸乙酯混合来稀释。克莱因说："它赋予色料微粒完全的自由，就像它们以粉末形式存在时那样，它们或许彼此结合，但是仍然是自主的。"[10] 对克莱因来说，产生的无光泽天鹅绒肌理具有一种"纯能量"，让色彩的每一个细微之处把自身显示为"与原色属于同一种类的活物"。他使用黏合剂创造有肌理的单色表面，颜色壮观，包括金黄色和深玫瑰粉红色。然而，克莱因发现观众之所以欣赏自己那明亮的画布，似乎很大程度上是由于其装饰效果，而这完全不是他的本意。于是克莱因决心对自己加以限制，以单一颜色作画。这样一来，此种颜色就必须是真正不同寻常的。

有什么会比琴尼诺那卓越的群青更加特别，虽然现在它已是合成化学的产物，离开了其矿物来源？然而，琴尼诺喜欢的是这种材料的富丽堂皇，克莱因则被某种更抽象的东西吸引，那是一种蓝色的观念，将引领观众超越任何表面的辉煌。对他来说，实现这种蓝色所涉及的技术成就，只是通向概念目的的一种手段。由此看来，他在1960年为
280 这种新颜色申请专利为“国际克莱因蓝”，与其说是商业行为，倒不如说，一方面是对他的媒介所代表的形而上学观念的正式确认，另一方面也是确保其他人不会以破坏“这种纯粹理念的真实性”的方式来使用它。

克莱因1957年在米兰举办的“蓝色时代宣言”展览，公布了他一系列的蓝色单彩画。为了强调他想要超越表面的意图，克莱因为每块画布定了不同的价格，尽管事实上所有画布都“完全相同”。他认为，价值应该反映出创作作品时情感的强度，而不是它“看起来的样子”。得到的成品仅仅是创造力的记录。这种对**制作过程**（*making*）的强调是克莱因对现代艺术的一个持久贡献。

米兰画展取得了巨大的成功。巴黎是先锋派精英容易陷入激烈的派系纷争的地方，此处对这次画展的反应更为复杂。不过，克莱因的大胆概念很快为他赢得了国际赞誉，并得名“克莱因单色”。

这些闪烁着微光的蓝色作品，主要通过前缀为“IKB”*的编号系统来识别（彩图10.5），要想充分领会必须观赏真迹——任何复制品都无法显示其真正水平。克莱因用辊子或海绵来施用颜料，从1958年开始他又把辊子或海绵融入作品本身，用树脂保存并用蓝色色料浸渍。

---

* 即International Klein Blue，国际克莱因蓝。——译注

随着克莱因的作品扩展到新的概念领域，包括他那专注于虚空的气动时代、他与让·廷格利合作的动力雕塑，以及他的身体印记，克莱因基本上仍然忠于他的蓝色宣言。《广岛》(*Hiroshima*, 1961) 在更深的蓝色空间中捕捉蓝色剪影，其远远伸出的肢体让人回想起原子弹下被蒸发的受害者那幽灵般的白色影子。《人类开始飞行》(*Humans Begin to Fly*, 1961) 那欢快的蓝色轮廓标志着他的信念，即人类可以超越身体的限制。克莱因于1961年在意大利卡西亚圣丽塔女修道院神龛放置的精致的祈愿奉献物 (*Ex Voto*)，通过呈现封闭在透明塑料中的未经掺杂的色料，把他颜色上的目标带向逻辑上的结论 (彩图10.6)。这里的祈祷伴随着从中世纪沿袭下来的三原色：群青、金子和一种取代朱砂的完全现代的深粉色。281

在《蓝色地球》(*Blue Globe*, 1957) 和关于地形学的《星球救援》(*Planetary Reliefs*, 1961) 那涂着国际克莱因蓝的世界中，克莱因揭示了对一颗行星的乌托邦视野，气候调节的"永久奇迹"使这颗行星显得舒适而和谐。没有什么比尤里·加加林*于1961年所说的话更能让人对这一视野加深印象："从太空中看，地球是蓝色的。"一年后，即1962年，克莱因英年早逝。282

* 苏联宇宙员，人类历史上第一个进入太空的人。——译注

第十一章

时间这个画家

——不停变化的画布

在现代艺术的历史中，颜色的使用和滥用足以构成一个悲伤的篇章，它讲述的是严重的无知，以及更为严重的冷漠。

—— 乔治·菲尔德，《色谱法》(1869)

一种被称为红铅的颜料…… 只适合用在画板上；如果用于墙上，它暴露在空气中会很快变黑，失去颜色。

—— 琴尼诺·琴尼尼，《艺匠手册》(约 1390)

“修复”这个词选得很不好，严格说来它表示的事是无法做到的。一幅画的真正修复，显然只有原作者才可能做到。

—— 马克斯·德尔纳，《艺术家的材料》(1949)

提香的《酒神巴库斯与阿里阿德涅》在伦敦国家美术馆的墙上光彩照人，令人难忘地证明着威尼斯人对强烈色彩的热爱。但是，在1967年至1968年清洗这幅画作之前，我们会有多么不同的印象！光芒四射的蓝铜矿色天空曾是朦胧的略带棕色的锦葵紫，整个画面弥漫着一种昏暗，使“肉汁棕色”最浓的康斯太勃尔看起来绝对容光焕发（彩图11.1）。

不足为怪的是，清洗后的画作在露出本相时引起了愤怒。即使公众已经适应20世纪艺术的大胆色相，却仍然被这个想法弄得措手不及：提香的色调同样刺目。至于对古代大师们的态度，自维多利亚时
283 代以来，公众的品味似乎没有什么改变；在维多利亚时代，灾难性的

“修复”(restoration) 工作将艺术中最辉煌的形象之一变成一团昏暗的乱麻，还被认为与保守审美观的朴素偏好和谐一致。

从《酒神巴库斯与阿里阿德涅》的可怜命运中，我们可以看到“修复”在早期时代的准确意义。虽然在1806年至1807年清洗后接近当今的状态，颜料表面还是严重剥落，部分是由于画作在16世纪和17世纪被卷起来了(在画布而不是画板上作画的一大风险！)。为了解决这个问题，画作受损最严重的地方进行了重新绘制，渐渐地，它便成为以19世纪和20世纪早期风格进行重新诠释的殖民地。每一次重画都加上一层厚厚的蜂蜜状上光油，那是维多利亚时代修复人员钟爱的。所以，现代的“清洗”实际上要刮去多层上光油和颜料。

但至少，清洗是绝对必要的。我经常感到困惑，为什么梵高的《向日葵》(*Sun Flowers*) 受到如此高的评价——这件作品看上去单调乏味、死气沉沉，不是这位艺术家的典型风格。原因在于，我们没有看到艺术家画的是什么。那些肮脏的赭石曾经明亮，后来色料 (铬黄) 却随着时间的推移而退化了，我们看到的不过是真实绘画的影子。马克斯·德尔纳认为，在这种情况下，我们应该感谢时间让向日葵变得更为神秘。我不敢苟同，并认为梵高的画作在艺术领域里几乎是最不神秘的了。尽管如此，《向日葵》绝不是这位荷兰画家被时间不可挽回地改变的唯一作品。

于是我们可以看到，画作永远都没有完工。没有哪位艺术家画过在时间中凝固的图像；所有绘画都是一个永恒的过程，随着时间着力于色料，每一个场景注定要重新调整色调对比。当约翰·拉斯金说，“你作品中的每一个色相，都被其他地方增加的每一笔所改变”时，他可能补过一句，“也被随后发生的一切所改变”。当艺术家已经归于尘土数百年，时间——有时被比作过于热心的修复人员——仍在继续重

284 塑着色彩，让这里变暗，那里变淡，嘲笑我们试图以权威的姿态宣布图像创作者在色彩运用上的意图。即使是简单的清洗行为，正如一位绘画修复人员所指出的，“也是在进行批判性的解释”。

我们不得不问：是否有哪幅作品有“原始”版本？ 在基本上变成层层叠加的复制品之前，画作能承受多少修饰，无论修饰时多么细致？在伦敦的维多利亚和阿尔伯特博物馆，在令人生畏的保护性昏暗光线中挂着的德文郡狩猎挂毯，据说是经过大幅翻新，原件连一针都没有保留下来（但仍然被视为真品）。当唯一的视觉参照是五百年前的色料斑块时，追问我们是否可以极为详细地谈论（比如）威尼斯文艺复兴时期的色彩运用，就是合理的。如果艺术家施用颜料时，知道时间会调和它们，那么“真实”色彩的问题又会变得多么复杂（见第219页）！

本书当然是基于这样一个假设，即我们对于从前时代的艺术中的色彩运用，**能够**进行有意义的讨论。我认为我们可以对此怀有信心：对色料样品的用心恢复和仔细分析，能让我们相当详细地复原艺术家的意图和技法。此外，要想推断艺术家对色彩的态度以及材料对这种态度的影响，没有必要去看作品在绘制时究竟是何模样。然而，在本章中，我们将更仔细地看看时间在艺术中发挥的作用——因为本章和下一章都以格言的形式提醒我们，不应该过分相信我们对艺术的视觉领会。看到的就是我们理解的，但不一定是我们**想要**理解的。艺术家的材料可能是大美的物质，但也是不可信的。

拯救过去

任何一家大的美术馆都要有专门的保护工作者团队，以免藏品迅速落入糟糕状态。这些团队提交的技术报告读来让人清醒。在这里，你可能会遇到最喜欢的画作，比如《酒神巴库斯与阿里阿德涅》，在保护工作者加以处理之前，它们几乎无法辨认。很快，你就会带着怀疑的眼光徘徊在美术馆里，问自己：这是**修复前**还是**修复后**的？这些天空真的应该如此冲洗吗？这些绿色真的如此昏暗吗？遗憾的是，许多变化是不可逆转的，但是识别它们的能力让人能够重新评估图像，感受到这些群青变黑之前、那些红色色淀褪色之前，该有多么美。你很快就开始认识到，若不了解色彩如何老化，就不应该对画作进行批判性分析。 285

修复重要作品是一项繁重而艰巨的任务，许多不那么杰出的画作悬在美术馆的墙上，永远没有机会排到修复队列前面。伦敦国家美术馆里汉斯·霍尔拜因的《使节》(*The Ambassadors*)，最近被修复出了原有的荣耀，对于每一幅类似的画作，都会有半打左右次要的画布永远被湮没，成了棕色。

为了体会一幅名画身上可能会发生什么，以及其如何影响我们对它的感受，来看一下柯西莫·图拉那光彩夺目的《寓言人物》(*Allegorical Figure*，约1459—1463)(彩图11.2)。这是主要用油料绘制的最早的意大利画作之一。所用的色彩美不胜收，由一种罩色技法绘成，带有明确无误的荷兰标记。一般认为，这幅画是这位意大利画家对罗吉尔·凡·德尔·维登作品的回应，凡·德尔·维登在1450年访问意大利期间可能与图拉见了面。

没有人知道主题是什么——这是一个深不可测的形象，由此而更为引人注目。图拉笔下坐着的人物凝视着远方，带着一种神秘的近乎怪异的宁静。但是，我们能否从20世纪50年代一个评论者的描述中看出她是一个“冷血的恶魔”？看起来，这就是她在20世纪80年代的清洗和修复工作之前的样子。颜料表面的开裂，以及一些变色而迟钝的修饰，为这个形象留下狰狞的表情。此外，她那用高光和阴影精细塑造的脸，那时显然退化成了平面的、“面具般光滑”的容颜。显然，时光的变迁改变了这幅画的整体色调。

286 当美术馆里的保护工作者深入这幅画作的历史，去揭示损害的起源时，他们发现了一个悲伤的故事。这幅画最初属乔治·索姆斯·莱亚德所有，莱亚德在1916年去世时将其遗赠给国家美术馆。1866年，莱亚德确定画作需要翻新，于是把它与其他几件作品一起送给米兰的修复师朱塞佩·莫尔泰尼。这项工作收费可不低：莱亚德抱怨，他花费的钱与当初为购买这些画支付的钱一样多。

莫尔泰尼采取的态度在当时并不反常，他认为送到自己这里来的作品将受益于以“提升”为目的进行的改造，使它们更符合19世纪的趣味。这可能涉及大幅度的重绘。幸运的是，图拉轻巧地逃脱了，也许只是由于莫尔泰尼试图减少粉红色衣纹那深色阴影的对比，让它受了些损伤。然而，莫尔泰尼似乎为这种鲜艳的颜色涂上了一层棕色上光油。这种棕色并不是上光油制造过程中的任何缺陷造成的，而是完全有意的。莫尔泰尼用淡黑色和红棕色色料（例如卡塞尔土）为他的上光油染色。经过这番“高雅”的修改，画作返回了它的主人手中。

随后在1921年，国家美术馆穿越整个伦敦把画作送到维多利亚和阿尔伯特博物馆，对木制画板进行防蛀处理。由于是在隆冬时节从室内取出来的，当暴露于温度和湿度的变化时，画板可能发生了翘曲，导致颜料表面开裂。在维多利亚和阿尔伯特博物馆，画作被用氯仿熏蒸——后来才发现，这使颜料受到伤害，起了气泡。如果用了绿色树脂酸铜，损坏就会特别严重，因为有机溶剂在颜料中会使树脂发生软化和膨胀。

1939年，有人曾试图修复剥落部分。画板被送往一家商业修复公司，这家公司试图用一些沉重的工具按压松散的碎片，把它们重新附着上去。然而事与愿违，许多碎片直接粉碎、溃散了，颜料就这样丢失了。其中最严重的损害，后来进行了手工修饰。

20世纪80年代保护工作者的第一项任务，就是去除过去约一个
世纪在画板上积累的所有污垢。棕色上光油和后期修饰相对容易用
甲基化酒精擦掉。在一些受损的区域，如粉红色长袍上的剥落处，已 287
经施用了厚厚的黑色颜料，这些颜料被用解剖刀小心地刮掉了。

这一清洗过程揭示了画作的一些特征，这些特征在此前是模糊的，如右手边下方奇怪的阵阵云雾，以及粉红色长袍和淡粉色大理石之间的颜色差异。女人的脸复原了最初的、更温柔的表情。使用胶水和热抹刀，颜料的气泡和薄片被重新附着上了。

然而，这幅清洗过的图像看上去令人沮丧：交织着细密的开裂之网，在一些地方人物看起来像是透过网格看到的（图11.1）。保护工作者拿定主意，认为这种开裂应该保留下来——毕竟，这是老化过程不可避免的方面，是一种被称为“龟裂纹”的显示真实性的印记。但如果画作想完全适于展示，对颜料进行一些修饰是必不可少的，特别是在脸部区域。实现这一点，使用的是与图拉工坊中那些主要色料尽可能紧密匹配的色料，以现代调色剂黏合。缝隙被一点点填充，直到开裂变得不过如细线一般。在损坏特别糟糕的情况下，修饰者则根据画作的老照片来操作，这些照片是当画作还在威尼斯的莱亚德藏品中时拍摄的。

得知这样的作品通常被覆盖以当代的细微笔痕，而不是代表着文艺复兴时期大师们纯粹的手艺，可能令人感到失望。但很显然，若非如此，则要么面对一个扭曲和褪色的版本，经过调整以迎合另一个时

图 11.1　清洗后、复原前，图拉的《寓言人物》遍布开裂网格。

代的错位评判，要么得到一个破碎的表面，从中很难看出画作最初的力量和鲜明。

我们可以从一个事实得到些许安慰，即今天美术馆的维护观念将重点放在保护而不是修复上。重绘有时不可避免，但是通常会控制在最低程度，[1] 并且多数努力放在维持画作的原始完整性上，而不是（徒劳地）试图重新绘制，让它永远保持颜料第一次干燥时的样子。也就是说，保护工作者寻求的不是**完成**绘画，而是创造一个平衡的整体，创
288 造性地与损坏和老化合作，而不是掩饰它们。在一些情况下，大面积的损坏根本不加修饰，而只是呈现为空白的中性色，让观看者可以看到它们在哪里，又不为它们分心。在明亮的区域可能留下少许污垢，否则，这些区域色料老化上的差异会使它们与更柔和的周边不一致。正如恩斯特·贡布里希对修复工作者进行的解释那样，“我们期待于他

们的，不是恢复单个色料的原始色彩，而是某种远为棘手和微妙的东西，那就是保存［色调的］关系”。[2] 289

为图拉的画作进行修复工作有一个意想不到的收获。为了确定重绘区域，用X射线对画板拍了照。这就突出了强烈吸收X射线的色料，例如含铅的那些。X射线显示了一个王座的轮廓，王座背靠一排类似管风琴的高高的柱子，显示出艺术家最初有完全不同的安排。这幅画在完成过程中完全改变了，这在15世纪是极不寻常的。我们可能永远不知道发生了什么事改变了图拉的计划。

表 皮 之 下

肮脏的上光油和开裂是我们欣赏绘画的物理障碍，就其本身来说，它们的影响通常可以或多或少地消除。但化学反应就不那么容易处理了。正如铁会生锈一般，铜会腐蚀，银也会无光，因此把色彩赋予颜料的化学化合物易于与空气中的物质或与光发生反应。这些化学反应会改变它们的外观，有时幅度很大。铁栏杆或铜屋顶可以通过刮去变色的表膜来加以清洁，木材或画布上的色料薄层却会由于这样的反应完全改变，通常也没有简单的方式将其恢复到原始状态。画家如果想创造出能传诸后世的作品，色料的变色可能是各项危险中最令人不满的。

情况一直是这样。化学的进步让人能够更好地理解使颜色退化的工序，但是不一定能提供更好的手段来防止它们。化学提供的颜色越来越多，同时也为它们的退化创造了更多的可能性。此外，艺术家还会用材料做试验，但他们已不再是化学家，很少能预见到这种探索行为的后果。颜料公司现在会定期测试自己销售的颜料的耐久性（20世纪之前他们不一定会这么做），却无法总是预料到艺术家将如何使
290 用它们。

所以，艺术家材料的不可靠性在各个时代一直引起抱怨。我们在前面的章节中已经看到了一些例子。乔舒亚·雷诺兹尤其喜欢把时间用在一知半解的实验上，据说他的许多画作“几乎一离开画室就毁了”。1805年，美国画家奥古斯特·沃尔·考尔科特描述了英国艺术家约翰·奥佩如何“观察到画家被他们的工具所控制，就像工具被他们控制一样，似乎认为这门技艺大部分要取决于材料”。很可能，奥佩当时满脑子想的都是雷诺兹。

然而，我们如何知道，现在类似黄赭石的东西曾经是鲜明得诱人的柠檬黄？如何知道这一块浅粉红色离开画家的画笔，就成为玫瑰色的胭脂红色淀？要想知道一幅画是如何老化的，就要能够识别所使用的色料。这是如何做到的？

这个问题不仅涉及画作的衰变，而且与本书的整个主题相关——因为有人会很合理地问我，基于何种权威我说在提香会使用群青的地方丢勒使用蓝铜矿。专家确实可能极为深入地探究，紧盯着偏绿的蓝铜矿和偏紫的群青之间的色相差异。但是，若不对色料的身份进行科学分析，没有哪位历史学家或保护工作者会如此深信不疑。

化学家具有一系列了不起的方法，来检测这种或那种元素或离子的存在。溶解在水中的铅化合物在暴露于硫化氢气体时，会释放出浓黑色硫化铅沉积物；当与氯化钡混合时，可溶的硫酸盐会沉淀出白色硫酸钡。如果正在分析的是一堆粉末，这样的测试完美适用。但没有人会允许你从莫奈的画中刮下所有的黄色，以便分辨出其组成成分。色料分析通常必须使用最小的材料碎片，例如用锯下的皮下注射针的

针头挑下来的。偶尔，甚至如此尺度的作品也可以应用“湿式”化学测试，不过有时是在显微镜下进行的。但通常情况下，需要用更复杂的方法来明确识别一种色料。 291

对于现在能够获得的许多色料，是有可能做一些概括的。光谱技术属于这样一类技术，其中样品的化学成分吸收一些特定波长的辐射：这是一种声称我们在测量色料色彩的详尽方式。但与“红橙色”“亮绿色”之类的简单描述相比，这是一种更加精确和定量的对颜色（因而也是对化学特性）的评估：这种评估确定在每个波长上吸收多少光。而且，相关的“颜色”可能落在可见范围之外——例如，所吸收的辐射可能由X射线或红外线组成。

用于检测特定元素的最佳光谱技术之一被称为能量色散X射线分析（EDX），它是一种测量由样品**发射**而不是被样品吸收的特定波长的方法。实际上，当受到电子束（如在电视机内产生的）刺激时，样品就会带有某种“颜色”（即某一波长）的X射线的光亮。激光微光谱分析技术大致也是如此，其中激光脉冲被用于突然加热样品，使其汽化。随后，蒸汽在两个带电电极之间通过，触发火花。火花更像是电子束，但是比在能量色散X射线分析中使用的能量更低；它刺激辐射的发出，这种辐射通常处于可见范围内，并且能诊断存在的元素。

辐射的吸收而不是发出，提供了傅立叶变换红外（FTIR）光谱分析的基础，其主要涉及的是在比可见光的波长更长的波长下，观察红外范围内样品的“颜色”。当原子之间的键被辐射激发成共振振动时，化合物会吸收红外辐射。共振频率是化合物中存在的特定化学键所特有的。

在显微镜下观察微小的样品，可以获得光谱分析无法提供的洞察。例如，如何才能分辨一个19世纪的群青样品是天然的还是合成

的，在两者的化学成分基本相同的情况下？透过显微镜看到的色料颗
292 粒的形状，可以很好地说明材料的制备方式。青金石的研磨通常产生尺寸差别很大的颗粒，而人造色料往往由更圆、更规则和更小的颗粒组成。通过干燥法（见第87页）制备并研磨的合成现代朱砂，颗粒尺寸有各种大小；而由潮湿法得到的朱砂是从溶液中作为细粉末沉淀出来的，颗粒大小均匀。

某些色料能够以多种形式来制备，这些形式化学成分相同，但原子在晶体中的排列方式略有不同。作为砷的橙色硫化物，雄黄就是一个例子：在正常的晶体形式之外，还存在一种不同的形式，叫作副雄黄，它也是橙色。要把它们区分开，需要知道原子在哪里。这可以由从色料颗粒发散出来的X射线的图案来推断。晶体中原子的规则堆叠，在某些角度比其他角度更强烈地反射X射线，这种现象被称为衍射。对于排列方向各不相同的一堆晶粒，这会产生一系列反射X射线的同心环，可以记录在摄影胶片上。环的位置和亮度构成对原子在空间中的位置的记录。通过这种方式就有可能推断，保罗·委罗内塞在他的《寓言》（*Allegories*，约16世纪70年代）的橙色色相中同时使用了（无疑是不经意地）雄黄和副雄黄。

为色淀色料赋予颜色的有机染料，更难以明确地识别。知道这种染料含有碳、氢和氧没什么用，因为多数天然产物都是如此，不会帮助我们把茜草红色淀（由茜素和红紫素着色）与来自美洲的胭脂虫红色淀或来自地中海的胭脂色淀（两者都由胭脂红酸和胭脂酮酸着色）区分开。然而，有一些湿式化学方法可以用来区分它们，甚至达到分辨美洲胭脂虫红和地中海胭脂的程度。如果样品足够大，能提供可测量的光谱，红外光谱分析会揭示不同有机分子的独特振动。

293 薄层色谱法分析技术允许分离有机染料中的各种分子组分。各

种组分被溶剂携带着通过一层薄薄的胶状物，通过的速度取决于其尺寸和化学结构。因此，不同的组分逐渐分离成胶状物上的不同条带。含有相同组分的两种染料，将在任何时刻产生出在相同位置互相匹配的条带。通过使用所谓的高效液相色谱法，甚至可以区分染料来自不同产地的各种胭脂色淀：来自旧世界（波兰）或新世界的昆虫物种，产生大体相同的着色分子，但比例不同。

分析艺术家的绘画技法，通常就是仔细察看色料是如何施用到画布上的。有时，仅仅通过在以低角度掠过表面的强光，即所谓的侧光下拍照，就能推断出很多东西。正如日落之前阳光在田野上的流动，这会产生夸张的阴影，突出颜料表面的浮雕（图 11.2）。在正常光线下看似缺乏层次的颜料薄层，会突然变成山丘和山谷的地形，显示出画笔在哪里是长长的横扫，哪里又是短短的轻涂。画笔的力道就这样跳跃到视野中，而在梵高那狂野的想象中，其方式几乎令人惊讶。根据遮蔽型胶带*在颜料中留下的脊状凸起，我们还可以看出现代“硬边”画家在哪里使用了这种胶带。

通过显微镜察看颜料表面，显示给我们的是眼睛不容易看到的细节：例如，在哪里颜料是以湿画法施用的，在哪里底层色以及手绘或仪器绘制的线条未被完全覆盖。我们看到，沙子的颗粒迷人地嵌在莫奈的海滩场景中。但从显微镜观察的颜料层横截面中，还可以推断出更多东西，这些涂层揭示了古代大师们如何通过细致地应用多个层次来建立场景。在杰勒德·大卫 16 世纪初的一幅画作中，紫红色的衣纹是通过蓝铜矿和红色色淀的混合物覆盖在红色底层上而显示出来的，而在红色之下，来自原始素描稿的黑色木炭颗粒落在白色底子上（彩图

---

* 在绘画时用于遮盖无须着色的部分。——译注

294 11.3）。16世纪佛兰德斯画家扬·戈塞特所绘的一只梅红色斗篷，被认为是由红色色淀覆于深灰色之上构成的。我们通过这种方式发现，17世纪的凡·戴克有时应用双层底子——一层棕橙色，一层灰色。在这两层底子上，他极有条理地涂上混合物：群青和大青的天空，覆盖在仅由大青构成的垫层或多重施用的混合红色色淀上。在这些隐藏的涂
295 层中，艺术家工作过程的复杂性开始充分显现。

图11.2　用斜（侧）光照亮画作，能揭示绘画笔法的布局和风格。这里显示的是卡米耶·毕沙罗的《山坡上的修道院》（*Côte des Boeufs at L'Hermitage*，1877）。

忽视的历史

琴尼诺·琴尼尼对他的材料那容易跑色的属性并不陌生：

> 一些色淀是由剪下的布料制成的，很能吸引人的目光。当心这种类型，因为它……完全不耐久，无论带不带坦培拉，并会迅速失去颜色。[3]

他显然是在谈论来自昆虫的色淀，它由胭脂虫制成，不如茜草红色淀稳定。但是，中世纪艺术家很难对他们的色淀色料进行任何有把握的概括，因为要防止褪色还取决于制备方法、染料结合的无机颗粒，以及混合色料的调色剂。同样，大体正确的是，当色淀色料——其中的着色剂是精细的有机分子——暴露于光线中时，它们比来自矿物的色料更容易褪色。

这种变化可能会完全颠覆艺术家的意图。在14世纪和15世纪，宗教场景中的重要人物，特别是耶稣或圣母马利亚，常常被描绘为穿着豪华的紫色长袍（见第229页）。这些人物的着色，通常是群青与红色色淀混合，或者以红色色淀罩色。然而，在这个时代的许多画作中，红色色淀已经完全褪色，结果长袍在高光部分和中间调部分是淡粉色（其中包含大量的白铅），在阴影和褶皱部分是深深的偏蓝的紫色，在这些地方它们都被用群青变暗。

一个特别引人注目的例子是《炉栏前的圣母子》（*The Virgin and Child before a Firescreen*），由法国画家、弗莱马尔的罗伯特·康平的追随者于1440年前后绘制。圣母那宽松的长袍占据了画作下半部分的大部分空间；但它们几乎和纸一样苍白，而曾经，它们可能是暖色的锦葵紫（彩图11.4）。

使中世纪和文艺复兴时期的画家面临无法耐久的危险，甚至在他们的有生之年就可能变得明显的，并不是只有色淀色料。朱砂提 296
供了更可靠的红色，但不是绝对的。和雄黄一样，硫化汞采用两种结晶形式：朱红的红辰砂，以及黑色的黑辰砂或"黑色硫化汞"(见第87页)，后者在大多数合成朱砂的方法中首先出现。恢复成黑辰砂有时会发生在画布上，特别是在暴露于短波长(蓝色)光时。这个过程在鸡蛋坦培拉中比在油料中更为常见，可见于中世纪木板画，例如纳尔多·迪·乔内的《祭坛：三圣徒》(*Altarpiece: Three Saints*，约1365)中，在这幅画中圣徒那红色轮廓的宽大外衣上拼凑着肮脏的棕色。同样的情形也出现在后来的油画作品中。

马克斯·德尔纳声称，朱砂的变暗"早已为古人所知"，这就是庞贝古城的朱砂墙板上覆盖着蜡的原因。用红色色淀为它罩色，在文艺复兴时期成为普遍做法，这种做法也提供了一些保护——虽然并不清楚古代大师们是否知道这一点，或者他们不过是想深化和丰富橙色色调。不过，琴尼诺警告要当心未加保护的朱砂的不稳定性，特别是在湿壁画中：

> 记住，它就本性来说不该暴露于空气中，但在木板上要比在墙上更为耐久；因为随着时间流逝，由于暴露在空气中，当朱砂被使用并放在墙上时，它会变黑。[4]

红铅是一种更不可信的颜料。铅在色彩上的慷慨也有它的缺点：除了红色、白色和黄色，当暴露在空气中时，它容易形成黑色化合物二氧化铅。没有上光油的保护，红铅会迅速变暗，这使得它完全不适用于湿壁画。这种退化已经在中国、突厥斯坦和阿富汗的壁画上出现过，在那里红铅变成了巧克力棕色。此类变暗的过程出现的范围很广泛，比如在15世纪印度的细密画、17世纪和18世纪的日本画，以及13世纪到17世纪的瑞士壁画中。变黑也可能由暴露于被含硫烟雾污染的空气中引起，这导致黑色硫化铅的形成。

即使是备受推崇的群青也不能避免衰变。在一些中世纪祭坛画 297
中发生了变暗现象，从而使长袍变成最为不祥的蓝黑色。偶尔，画作成为所谓“群青病”的牺牲品，其中蓝色褪色成斑驳的灰色或黄灰色，其原因尚不完全明确。

然而，一般来说，群青是一种极为稳定的颜料，其光彩几个世纪以来几乎没有变弱。蓝铜矿也有可能优雅地老化——但是有时，当施加在粗砂颜料顶部的上光油渗透在颗粒之间时，施用色料的粗糙肌理可能会引发问题，使色料层随着老化和变暗而变色。存在许多这样的实例：蓝铜矿厚涂层在多年后变暗，几近于黑色，可能是由周围介质的退化引起的。例如，在迪里克·鲍茨的《圣母子》（*The Virgin and Child*，约1465）和杰勒德·大卫的《圣母子与圣徒和供养人》（*The Virgin and Child with Saints and a Donor*，约1510）的圣母长袍中，这一点表现得就很明显。这种色料本身相对稳定，除非暴露于酸（例如硫污染）中，酸会通过将碳酸铜分解成黑色氧化铜而破坏颜色。

蓝铜矿在成分上几乎与绿色矿物孔雀石完全相同，并且可以在多年后转变成孔雀石。这在湿壁画作品中尤为常见：中世纪意大利教堂中充满了蓝色变成绿色的例子。另一方面，孔雀石本身通常极为稳定，在这些壁画中耐久性很好。

绿色铜色料铜绿就不是这样了。铜绿随着年代增加而变暗的倾向变得臭名昭著：琴尼诺强调“它看起来很美，但不耐久”。马克斯·德尔纳说：

> 铜绿以及其他蓝色和绿色的铜颜料……古代大师们之所以不得不用，是因为缺乏其他色料。他们很清楚这些色

> 料的危险性和不相容性，并采取预防措施将它们放置在上光油层之间。铜绿是晚近的大师们画布中阴影部分变黑的原因，例如里贝拉把铜绿用于油料而不是坦培拉中，并且没
> 298 用上光油加以保护。[5]

丹尼尔·汤普森说：“没有其他哪种色料，像铜绿这样受时间的意外影响如此广泛，如此具有灾难性。”

然而，这种不好的名声可能大大冤枉它了。在各种媒介中对铜绿进行的现代测试几乎显示不出它有变暗的迹象，这表明是总体颜料配方的某个方面导致了退化，而不是铜绿本身有任何内在缺陷。一个明显的罪魁祸首，是将铜绿与树脂混合以制作一种泛称为“树脂酸铜”的色料，这种做法在15世纪后期相当常见（见第129页）。有机树脂的光诱导分解会使颜料变黑。这个时代的绘画现在大量装饰着深棕色或近于黑色的植物叶子，在外观上显出某种马格里特风格的光线技巧（彩图11.5）。这个时代的意大利风景画则充满了黄褐色的山丘和森林，委罗内塞的《爱的寓意III：尊敬》[*Allegory of Love III (Respect)*，约1570] 由于绿色衣纹变成棕色而走了样。

任何有自尊心的研究15世纪和16世纪绘画的学者，现在都会警惕这些变化，并会对美术馆墙上的图像进行适当的心理转化。但是汤普森在20世纪20年代所写的作品中评论称，变暗的铜绿（他的大体意思必定是指树脂酸铜）“每天都误导艺术史学家”，诱使他们感受到一个中世纪的倾向，即“悲伤地描绘最阴郁的秋日”。

不是所有的变色都是环境作用的结果。一些色料彼此在化学上互不相容，发生反应后会引起组分的变化。这些不良反应促成了传统上对色料混合的谨慎。早期画家们对其化学起源一无所知，于是提出

了经验法则。琴尼诺说，“铜绿和白铅在每个方面都是不共戴天的敌人”，汤普森则指出，在“白铅对于中世纪的书籍或木板画家几乎不可或缺，画家无法惬意地依赖不能与白铅混合的色料”的时代，这会带来极大的不便。不过，现代测试没有发现这两种色料的混合会产生任何有害影响——事实上，它们常常一起使用。同样，我们仍然想知道早期艺术家各自有什么不同的做法，为他们带来了困难。无论如何， 299
类似琴尼诺发出的这类警告应该有相当大的刺激作用，让人去开发新的、更安全的色料。

据说铜绿与雌黄也不相容，否则它们混合起来会提供动人的草绿。这更容易理解：在水性调色剂（例如鸡蛋坦培拉或胶料）中，铜绿中的铜可以与雌黄中的硫结合，产生黑色硫化铜。雌黄在相容性方面一直声誉不佳。赫拉克利乌斯的10世纪文本《论罗马人的颜色和艺术》警告说，“雌黄不容于‘书页’，不容于绿色，也不容于红丹”。（他还着意澄清，这并不反映它们的各种颜色的相容性，只是物质本质的问题——即化学的问题，如果他知道这个词的话。）在乔瓦尼·保罗·洛马佐的绘画手册《论绘画》（*Trattato dell'arte de la pintura*，1584）中，作者警告说，“除了石膏、赭石、蔚蓝、大青、绿色蔚蓝、绿土、铁锈、西班牙棕以及色淀，雌黄是所有颜料的敌人”。这些警告在多大程度上有充分依据还不清楚，但明智的艺术家往往会加以留意：在《圣海伦娜的灵视》（*Vision of St Helena*，约1570—1580）中，委罗内塞确保雌黄是单独使用的。

雪上加霜

用油料代替鸡蛋坦培拉后，通过将每个色料颗粒隔离于一层油料中，解决了部分相容性问题。但是，17世纪和18世纪的一些画家得寸进尺，让调色板上复杂地布满来源不明的混合物。引入可靠性未经检验的新色料没有什么帮助。克劳德·洛兰、加斯帕尔·迪盖和尼古拉·普桑等风景画家使用的复杂混合物，可能会经历不可预知的变化，特别是因为它们包括比传统铅锡黄或那不勒斯黄更不稳定的新黄色色料。

一些画家手册试图通过推荐预防技术来限制损害。在颇有影响
300 的《绘画的基本原理》(*Elémens de peinture pratique*，1684，由C. A. 容巴尔于1776年大幅扩充) 中，罗歇·德·皮勒提倡使用油料和上光油层来隔离不同的颜色。但在巴洛克时期，实验越来越多。向油性调色剂中添加树脂以加速干燥过程 (甚至凡·戴克兄弟也浅尝过)，成为委拉斯开兹、伦勃朗和鲁本斯等画家的普遍做法。树脂和香脂也可以提高颜料的耐久性，但它们容易变暗或变黄，并且施用时若不细致会引起皱纹。

到了18世纪，艺术家们认为自己仍然没有在哪一种光谱颜色上，得到了充足的色料供应。对于蓝色来说，蓝铜矿和群青是稀缺的，而大青，初期是难以处理，此后则由于钴从色料颗粒中滤出而容易褪色。[在委拉斯开兹本来光彩照人的《圣灵感孕》(*Immaculate Conception*，约1618) 中，大青的天空变成了令人沮丧的棕色。] 作为一种有机染料，靛蓝不耐光。1710年关于发现普鲁士蓝的报告开篇说道："把油料与颜色混合起来的画家基本上没有什么来呈现蓝色，无可厚非地，他们希望有 [一些] 更令人满意的。"

最浓郁的红色是色淀，主要是胭脂和茜草红，但这些色料可能不会持久。在乔舒亚·雷诺兹的肖像画《阿尔伯马尔伯爵夫人安妮》(*Anne, Countess of Albemarle*，约1759—1760) 中，伯爵夫人的苍白面孔曾经是更健康的粉红色；随着颜色从 (可能是胭脂) 红色色淀

中耗尽，肤色已经变成死灰一般。

仍然没有纯净和明亮的紫色；而就橙色而言，雄黄只是很少量地使用。绿色仍是一个特殊问题。意大利人乔瓦尼·安杰洛·卡尼尼在17世纪中叶评论称，混合的绿色在调制时应该总是比在自然中出现的“更清新”，因为它们会随着时间流逝变暗。罗伯特·多西在《艺术的侍女》中宣称：“我们现在被迫从蓝色和黄色中复合出的绿色，难保不会挥发（fly）或变化。”

这主要是使用易于跑色的黄色色淀的结果。随着黄色组分（有时是蓝色底层色上面的一层透明色层）在光的影响下失去色相，树叶往往会变成奇怪而病态的蓝色。彼得·拉斯特曼的《朱诺发现朱 301
庇特与伊欧》（*Juno Discovering Jupiter with Io*，约1618）获得了暗色的蓝绿植被，而扬·凡·海瑟姆的《陶土花瓶里的花》（*Flowers in a Terracotta Vase*，1736）由于色淀色料的褪色，叶片变成斑驳的蓝色（彩图11.6）。1830年，J.-F.-L. 梅里美评论道：“在许多佛兰德斯画作中都能看到树叶已经变成蓝色，因为与群青混合的黄色色淀已经消失了。”

人们曾希望，18世纪初发现的普鲁士蓝至少能满足愿望，成为一种取代群青的蓝色。但到了该世纪中叶，它的褪色倾向已经变得明显。多西警告说，普鲁士蓝（含有白色氧化铝）中更浅淡、更明亮和最有吸引力的品种“极易消失，或变成灰绿色”。与高比例的白色混合时，这种色料更容易褪色，正如18世纪画作中的天空经常出现的情形。庚斯博罗［如《庚斯博罗的森林》（*Gainsborough's Forest*，约1748）］、华托［如《意大利式休闲》（*Récréation italienne*，约1715—1716）］和卡纳莱托［《威尼斯：石匠的院子》（*Venice: Campo San Vidal and Santa Maria della Carita*，1726—1728）］的许多作品中的天空，曾经应该是更深的蓝色的地方，都已变成浅蓝灰色，如被冲洗过一般。[6]

1834年，画家弗朗茨·费恩巴赫注意到此褪色过程有一个奇怪的特点。他使用普鲁士蓝装饰一个户外雨篷的部分区域。他把它放在阳光下任其干燥，他回来后惊讶地发现，颜色几乎完全消失了。第二天早上去检查损坏情况时，他看到颜色又完全恢复了。乔治·菲尔德也注意到普鲁士蓝的这种能力，即在阳光下褪色再离开光照后，能部分地恢复颜色。

随着19世纪鲜明得诱人的新色料的涌入，画家遇到的困难随着选择范围的扩大成比例地增加。对于颜料制造商用来诱惑倒霉蛋艺术家们的产品，从来没有哪个时期像现在这样急需梅里美和菲尔德这样的专业人士来进行彻底检验。许多迫不及待使用新颜色的艺术家，自费进行了检验。前拉斐尔派的威廉·霍尔曼·亨特就是深受色相在画布上转移或消失之苦的人之一，他后来成为倡导对颜色进行适当检
302 测的斗士。在1875年给颜料供应商查尔斯·罗伯逊的一封信中，他抱怨一种新的茜草红色淀不够稳定：“如果我劝你不要用这种颜色，因为它无法满足艺术家的要求，代替之前用茜草红来完成的细致工作，我觉得不仅是为你好，也是为这个行业好。”他的沮丧在描述一种橙色朱砂变成棕色时表现得很明显，他说，因为要返工重画，这“至少浪费了我十个月的生命”。亨特说，“在菲尔德先生的时代”，情况要好得多。

菲尔德提醒要当心铬黄，正是它后来使梵高的向日葵黯淡无光：“黄色和橙色铬酸铅，尽管能承受日照，由于时间流逝、空气污浊以及其他色料的影响，品质却会变得劣于赭石。”他告诫艺术家，由于没有选好着色材料，补救是无望的：“没有牢固的架构，就没有［绘画的］希望；没有哪种化学作用可以巩固病态的框架，恢复褪色的颜色，阻止消耗带来的破坏：在濒死的艺术面前，科学无能为力。”[7]这样一来，画家和化学家就更有理由密切合作了：“令人愉快的是，存在一种更为健康

的状态。当这种状态来临时，艺术将不会那么羞于向她的姊妹求教：为了双方的利益，应该有更紧密的联盟。”[8]

但是，新色料可能突然遭遇的变化很难预料。在相当程度上，它取决于如何准备、如何混合以及处于哪种调色剂中。菲尔德明确地警告要当心碘红 (见第185页)；然而英国画家威廉·马尔雷迪能够在《寡妇》(*The Widow*, 1823) 中运用它而未发生灾难，霍尔曼·亨特也在《凡伦丁从普洛丢斯之手拯救出西尔维娅》预备草图中用这种颜色进行试验，把它与柯巴树脂上光油混合作为保护层，似乎经受住了时间的考验。(然而并不清楚的是，亨特是否足够信任它，把它用于终稿。) 英国画家塞缪尔·帕尔默的评论中，有一种茫然无助的语调：

> 绘画这件事在化学上是如此复杂，充满无形的微妙；
> 我听马尔雷迪先生说过不止一次：两个人用相同的工具、以 303
> 同样的调色板作画，甲的图画会干燥，乙的图画不会；甲的
> 图画会耐久，乙的图画会褪色。[9]

当然，印象派画家及其继承者本可以从菲尔德这样的人身上受益。事实却是，他们倾向于把提醒当成耳边风——并付出了代价。一些新的色料，如钴蓝和柠檬黄 (铬酸锶)，老化状况很好；其他色料则完全不是。锌黄 (铬酸锌) 在油料中会呈现绿色，这对乔治·修拉那仔细斟酌的点彩画法而言是灾难性的。锌黄的变色在《阿尼埃尔的浴场》(1883—1884) 中很明显，《大碗岛的星期天下午》(1884—1885) 中的草坪则由于铬黄的衰败而布满褐色斑点。材料的限制如何破坏艺术家精细的用色意图，明显的例子则少得多。

直到20世纪，颜料制造商才开始认真看待他们对艺术家的责任，

在出售之前彻底检验产品（见第257页）。同时，越来越多的人认识到，艺术家有义务了解自己运用的材料——不是作为科学家，因为此时还不能要求太多，而是作为一个知道如何充分利用它们的匠人。正如马克斯·德尔纳所说，

> 不能指望艺术家成为化学家；他只会成为一个受害于浅薄涉猎的人，这种涉猎弊大于利……［但］支配着艺术家材料的法则对于所有艺术家都是一样的，无论他们属于什么流派。谁要想正确地使用材料，实现最佳效果，就必须知道这些法则并加以遵守，否则迟早会为错误付出沉重的代价……**工艺必须再次成为艺术的坚实基础。**[10]

德尔纳学院（正式名称为国家绘画领域技术测试和研究院）于1938年在慕尼黑国家艺术学院的创立，可以被视为对这种必要性的认
304 可。自1911年起，德尔纳本人一直担任巴伐利亚皇家艺术学院的技术方法导师，直到1939年去世；他付出了很多努力，让绘画界重新熟悉一些技法，这些技法使得古代大师们的一些作品比19世纪绘画维持着更好的保存状态。

然而，对于这整件事来说，有一种漠不关心、形式主义和令人压抑的东西，几乎激起了艺术家们的反抗，正如印象派反对法兰西艺术院的学院派束缚一样。什么样的艺术家会想要受缚于法则，哪怕是在可怕后果的威胁下？用材料进行实验，以及经常出现的不幸，在整个20世纪不胜枚举。似乎每一代艺术家都必须亲身学习经验，就像每个人
305 都必须找到属于自己的风格和属于自己的物质表达手段。

第十二章

捕捉颜色

——艺术如何在复制中显现

即使在最完美的艺术复制品中也会缺少一种成分：艺术品的即时即地性，即它在问世地点的独一无二性 …… 原作的即时即地性组成了它的原真性。*

—— 瓦尔特·本雅明，《机械复制时代的艺术作品》（1936）

现代画家无法用自己的颜料逼真地模仿它，如果他们尝试复制，原作值多少几尼，我们现在就只需付多少先令。

——詹姆斯·珀西瓦尔爵士，论雅各布·勒布隆的印刷工艺（1721）

艺术形象第一次成为短暂的、无所不在的、无实质的、可获取的、无价值的、自由的。它们围绕着我们，就像语言围绕着我们那样。

——约翰·伯格，《观看之道》（1972）

有多少莫奈和毕加索的作品悬挂在哪怕是最不起眼的郊区墙上？人们可以通过几乎任何街道的窗户看到伟大的作品，它们展示在壁炉地面的上方或用别针固定在破旧的卧室角落里，加了画框，光彩夺目。我们现在都可以做收藏家，因为用随便一顿饭的钱就能买到不错的复制品。在我们书架上的那些封面之间，是价值堪比一整座美术馆的杰作。

---

* 译文引自［德］瓦尔特·本雅明：《机械复制时代的艺术作品》，王才勇译，中国城市出版社2002年版，第84—85页。——译注

很难抱怨艺术的这种民主化过程。许多艺术家都曾希望看到艺术从美术馆的高雅氛围中被取出来，放到喧闹的大街上。但纯粹主义
306 者可能会抱怨说，背景的消失会使作品掉价——米开朗琪罗那人类和上帝伸出的手指，若作为话语片段的视觉对等物被编排到贺卡上，其文化意义就会被剥离，转变成诙谐的卡通。

过度曝光稀释了影响，这确实有些令人难过，就像一首喜欢的歌曲，由于重复播放而变得乏味。如果《格尔尼卡》在萨特小说的封面上盯着我们看了许多年，再看到这幅画的原版，我们真的还会像它的主题应该唤起的那样，感到同样的震撼吗？在1936年的著名随笔中，[1]社会历史学家瓦尔特·本雅明提出，“在机械复制时代，黯淡的是艺术作品的光晕”。但我们很难期望，艺术的大众传播没有代价就能实现。

然而……我们的各大美术馆仍和以往一样观者如潮。如果说有什么不一样，那就是复制品的唾手可得激起了对原作的欲望。在相当大的程度上，访问艺术书籍中光洁图像的源头的冲动，来自想从“物品”而不是图像的无形神秘中感受乐趣的欲望：这些标记正是出自梵高、鲁本斯、马萨乔之手。图画成为一种历史文物，美术馆成为人类想象力和聪明才智的博物馆。去看《蒙娜丽莎》的人，没有谁是想查验这幅画的美——如果这样做，在伸头探脑的人群中挤来挤去，一瞥这幅照明不足、小得可怜的作品后，他们会失望而返。

本雅明声称，大规模复制将艺术从“原真性的仪式”中解放出来。在本雅明的想象中，彩色摄影和电影会实现这一点。但是看起来，我们不过是用一种仪式代替了另一种。人们现在去美术馆，不只是想了解艺术家做了些什么，也是想在熟悉的图像脚下朝拜。一种宗教般的庄严气氛主宰着我们的艺术大厅——我们轻声细语，我们举止恭敬，我们做着巴黎人在19世纪喧闹的沙龙里不会做的一切。约翰·伯格

说："艺术作品被包裹在一种完全伪造的宗教气氛中。这些作品在讨论和呈现时，仿佛圣洁的遗物一般。"[2]

对于严肃的艺术研究者来说，至少有另外一个很好的理由去看原作；艺术图书的热心收藏者可能已经注意到了这一点。有几次，**这幅**提 307
香作品看起来与**那幅**提香作品相像？在一本书中，《圣母升天图》全部是金色的秋光和昏暗的阴影；在另一本书中，这幅画则是春天那乳白色的光辉沐浴着人群，圣母那橙红色的长袍几乎是粉红色的。[3]对于像《达娜厄》这样着色复杂的图画，则没有哪两个复制品看起来是一样的。那么，如果只是基于复制品，能不能对颜色进行任何可靠的讨论？

然而，许多艺术批评必然以这种方式进行。所有关于艺术的书面话语必须依赖于复制品来形成观点。[4]在口头阐述，例如大学教学中，彩色幻灯片可能是展示讨论对象的媒介。我很幸运，自家门口就有两家美术馆——泰特美术馆和国家美术馆，从它们那里我借鉴了许多实例，也比较容易欣赏到原作。但是，我的大部分研究还是必须依靠书籍提供的图像；通过仔细研读相关主题的多个文本，我无比清晰地看出这些图像是多么不可信赖。根据约翰·盖奇的说法，色彩复制技术的局限性"本身就是艺术领域颜色史的一部分"。

如果是在三十年前写这本书，我遇到的困难会比现在大得多！即使只是在马德里偶然看到普拉多美术馆里的那些画作，也让我知道我手上《普拉多藏品》(*The Prado*, 1966) 一书中的复制品只能让人对这些作品有个极为粗糙的印象。赫伯特·里德的《现代绘画简史》(*Concise History of Modern Painting*) 也是如此，我手上是1985年的版本。这两本书都出自一家极为专业的艺术出版商之手，它通常在插图上不惜工本。

所以我认为，不论从哪方面探究化学对色彩的影响，关键的一点是询问在把图像呈现到书页上的过程中，化学技术能为我们提供多少帮助。这并非如人们可能期望和希望的那样，是一个逐渐改善质量的线性故事；事实上，今天有些人担心，随着出版的经济因素压倒对准确性和耐久性的考虑，水准可能会下降。

此外，今天的技术正在改变视觉信息的传播方式，其程度是自古登堡时代以来未曾有过的。我以完全的电子形式研究了一些画作，我
308 知道这样的说法听起来已经像科学家在20世纪50年代自豪地说，“我的计算过程由数字计算机辅助完成”。我们现在有访问和显示信息的全新方式，不需要多少远见就能预见到，书本扮演的许多（即便不是全部）角色将在未来一二十年内被计算机取代。这些变化如何影响艺术复制的质量，部分是物理学和电子工程的问题，但其界限最终也是由显示器屏幕那发光的色彩背后的化学性质来划定的。

大众的艺术

曾有一段时期，对一幅画拥有自己版本的唯一方法就是找人临摹一幅——不论是否合法。即使是在19世纪，许多人仍是通过单色版画才知道古今大师们的作品的。透纳的作品，在他的声名如日中天之时，不断地以这一方式被转录，其结果有点像用火柴棒难以置信地再现建筑奇迹：技巧赫然，但难免不得要领。透纳的绘画运用的是色彩、光和肌理的语言，以黑色轮廓和交叉影线的网络重绘这些画作，愚笨中又自有迷人之处。

从印刷机被发明的那一刻起，用彩色油墨印刷就有了实现的可能，在15世纪的手稿中确实偶尔使用彩色排印。让一页纸经过数台印

刷机，这些印刷机上安装着分割好的木版，用以压印不同的区域，凭借这种方法，几种颜色就可以印到同一页面上。这显然是一个烦琐的过程，无法轻巧地完成。在1482年，似乎是埃哈德·拉特多尔特首先解决了不同木版对齐的问题。在16世纪和17世纪，通过这种方式，图片粗略地以两种或更多种颜色呈现，一种原始的明暗对照可以通过套印黑色影线或遮蔽阴影来实现（图12.1）。卢卡斯·克拉纳赫是有着悠久传统的大画家中，首批尝试彩色印刷技术的人之一：这种传统后来 309
纳入了亨利·德·图卢兹-劳特累克、爱德华·蒙克和索尼娅·德劳内。但作为一种**复制**的手段，没有理由否认，相比于精致的黑白铜版线，多版套色技术对彩色绘画的呈现要远为出色。

就我们现在所知，最早的全彩印刷尝试在18世纪由画家雅各布·克里斯托夫·勒布隆做出，他于1667年出生在美因河畔的法兰克

图12.1 《农神萨杜恩》(*Saturn*)，由乌戈·达·卡尔皮在1604年根据波尔代诺内（约1485—1539）的一幅素描完成的多版套色印刷品。

福，父母都是法国人。勒布隆凭借的观念（由罗伯特·波义耳阐述）是，所有的颜色都可以从三种原色合成，这些原色被认为是红色、黄色和蓝色。他由此意识到，原则上所有的颜色应该都可以由这三种颜色来获取，方式是通过叠加“分区”：每种原色用一块不同的印版。每块印版印下图像的一个单色部分，其中油墨的密度对应于这种原色在原
310 作中的强度。例如，黄色区域将在“黄色”印版上复制，但在红色和蓝色印版上留为空白。橙色特征在红色和黄色印版上都会出现，这样叠加在一起的两种半透明油墨将通过减色混合产生二次色。

但是，如何备好单色的分区？勒布隆别无选择，只能凭借手和眼睛。令人惊讶的是，他开始手工雕刻每块印版，其根据是自己对每种原色在图像的各个部分占据多少所做的视觉判断。有人可能会把这种做法与将乐器发出的音符分解成单独频率的尝试相比较：不仅要说明存在哪些频率，还要说明数量是多少。勒布隆作品的幸存样本，如他自己创作的《水仙》（*Narcissus*），色调为温暖的肉色，叶子为冷绿色，揭示了制版者以这种方式分解复杂色彩的近乎神奇的能力。

勒布隆在制版时使用的，是17世纪由一位德国军官在阿姆斯特丹发明的美柔汀（mezzotinting）技法。铜版的表面全部用一种被称为“摇点刀”的类似凿刀的工具粗糙化，摇点刀的弯曲端部被切割出一系列平行线，以在软铜中制造毛边。该粗糙表面能吸取并留住油墨。通过使表面不同程度地重新变得平滑，油墨密度便实现了层次渐变。整片的空白区域必须加以磨光。这种技术的名字得自一个事实，即它比线刻这一替代技术能更加忠实地复制“中间”色调。

为了使三色法奏效，油墨必须是上好的原色。例如，如果红色有一些偏蓝，当用黄色套印时，只会产生一种肮脏的棕橙色。但是，这种“纯粹”的颜色在勒布隆的时代无从获得，他不得不克服一个问题：如

何将科学家提出的理想的混色理论，用化学家提供的不完美的色相来实现。他所处的两难困境的根源，与使得早期画家之所以对色料混合保持慎重所考虑的因素是相同的：它们并非“在光谱上是纯的”，它们的亮度在组合时会受到损害。

勒布隆的努力使他深入了色彩理论，到18世纪20年代，他相信自己已经发现了“色彩的规律”，有些人认为自古代大师时代以来这 311
种规律就不为人知了。勒布隆在《绘画中的着色和谐；根据简易规律和必然规则归结为机械惯例》(*Coloritto; or the Harmony of Colouring in Painting; reduced to mechanical practice under Easy Precepts and Infallible Rules*, 1725) 中提出了这些想法，并在这本书中说道：

> 天才的画家们，如果细读我发现的规律，并以这种方式略加实践，很快就会在这本书的理论部分，判断出提香、鲁本斯和凡·戴克的知识是否可靠，无论他们的共同报告或传统是否拥有秘密，无论除了这三位之外的任何大师，对它有没有任何明确和常规的认识。[5]

这些“规律”现在基本已经成为从原色准备二次色的常规方法：

> 绘画可以用三种颜色，即黄色、红色和蓝色，来表现所有可见的对象；因为所有其他颜色都可以用这三色（我称为原始色）来构成……这三种原始色彩的混合物形成黑色，以及所有其他的颜色。[6]

但是在这里，勒布隆发现自己不得不尽可能恰当地面对一种区别，即加色混合和减色混合之间的区别，它在当时还很隐蔽：

> 我讲的是材料的颜色，或画家使用的颜色，因为所有原始的、难以触摸又无法感知的颜色的混合物，都不会产生黑色，而是产生相反的白色；正如伟大的艾萨克·牛顿爵士在他的《光学》一书中表明的。[7]

尽管勒布隆谈到了“画家使用的材料颜色”，他需要的还是半透明的油墨，而不是不透明的颜料。因此，勒布隆的着色剂主要是染料，他的印刷工序可能从棉布印花行业获得了一些灵感。

对于蓝这一原色，勒布隆使用了新的普鲁士蓝，实际上它对承担这项任务来说是一个绿过了头的色度。他似乎还试验了靛蓝。勒布
312 隆的黄色是一种暗沉的黄色色淀。红色是全部原色中最难制成的，他觉得不得不配制一种茜草红色淀、胭脂红再加一点辰砂的混合物。原则上，理想的三原色结合形成黑色；但在实践中，这些（以及任何其他）原色色料的简单混合物更偏向于棕色。所以，勒布隆发现自己不得不用手对图像进行最终修饰，比如加上黑色。

因此，他如此热切地强调自己的技术“简单易行”和“万无一失”，流露出的是对其缺陷的某种绝望。也许比缺乏原色油墨更麻烦的事实是，要不了多少次压印，铜版的细部就会变得模糊。鉴于制作它们时所需付出的巨大辛劳和耐心，这的确是一个严重问题。

然而，这种方法在实用性方面所缺乏的，勒布隆用夸口和热情来弥补。1704年，在阿姆斯特丹向名流们展示了这种工艺的一些早期样本后，他开始寻找赞助人。结果在荷兰一无所获，他又希望1705年在巴黎能有更多的运气，但再次无济于事。直到1719年来到伦敦，他才

设法说服富有的显贵、身为上校的约翰·吉斯爵士，使后者拿出所需的钱来创立一家企业。凭借吉斯的支持，勒布隆得以获得乔治一世的许可，复制肯辛顿宫的一些画作。两人在1720年创立了一家名为“图画工作室”(Picture Office)的公司，着手为25幅精选的绘画作品复制数千份副本。

但是勒布隆没有经商的禀赋，很快公司就陷入了财务困境。在会见这位企业家时，霍勒斯·沃波尔(罗伯特爵士的儿子)对他印象平平，把他描述为“要么受了骗，要么在骗人，我想是前者……他是一个充满热情的人，也许像其他多数充满热情的人一样，既是前者又是后者”。[8]另一方面，吉斯则咒骂和欺凌公司的每个员工，深信这符合企业的最佳利益。

事态继续恶化，直到指定了一个委员会来调查图画工作室的业务。调查结束后，勒布隆的董事长一职被拿掉。然而，复制品的质量实际上看起来相当出色(彩图12.1)——沃波尔称它们为“相当差强人意的副本”。事实上，有些复制品伪装在厚厚的漆层下，几乎能以假 313
乱真。在公众难得在美术馆以外观赏全彩艺术的时代，这种看似难以置信的欺骗远没有那么难以置信。但无论这种复制工艺有多少优点，它就是没有那么大的赚头。

勒布隆没有却步，他于1727年成立了一家新公司，目的是在汉普顿宫(位置在现在的伦敦维多利亚和阿尔伯特博物馆)的拉斐尔壁画素描大样上应用他的另一项发明，一种以挂毯形式重建绘画的方法。他相信在挂毯中，红色、黄色和蓝色丝线如果巧妙地组合，也足以创造出所有的色相。这次冒险再次一无所获，勒布隆终于被迫逃离英国躲避债务。他于1741年在一贫如洗中离世，去世前在荷兰和法国还多次尝试重振这项印制技术，都没有成功。

勒布隆的方法只在他身后持续了几十年。在巴黎，还在勒布隆仍然在世时，雅克·戈蒂埃·达戈蒂就研制了一种类似的方法，并与勒布隆激烈地争论优先权问题。戈蒂埃似乎在勒布隆去世后获得了这种三色法的所有权，并声称在接下来的几年里完善了它。他的努力幸存下来的几个例子基本上不支持这种说法，虽然在戈蒂埃的创新之中，引入了第四种，即黑色的印版代替手工修饰。戈蒂埃的儿子们在18世纪70年代继续这项事业，并在18世纪80年代把这一方法传给了意大利人卡洛·拉西尼奥；拉西尼奥满怀干劲地实践它，但没有什么大的进展，后来此方法就从人们的视野中消失了。

颜色之书

勒布隆的发明作为一种观念超前于时代，因而缺乏实现的物质手段。18世纪研制的替代的彩色印刷技术，没有野心从区区三种半透明的原色中产生所有颜色。相反，这些技术直接放置制版者选定的任何颜色，确保不同颜色的区域互不重叠。这意味着色彩范围通
314 常极为有限。

最简单的技术是老的多版套色法，其中木版被用于压印平面色区域，这些区域随后用黑色粗略地遮挡。通常应用的只有一两种颜色，所以图像并不像我们所知的那种“彩印”，而只是如乌贼墨色这样的暗部的斑斑点点，主要是为了让人的眼睛从单色页面中放松放松。

多版套色印刷那乏味的缺乏层次的色域，可以用“半色调”技术来避免，这种技术能够通过改变着色的线或点在白纸上的密度，来捕捉到明度或色调的细微差别。其中的原理，与在报纸图像中获得灰度的原理相同：当点足够小时，它们看起来就合并成平滑的色调梯度。

勒布隆使用的美柔汀法是半色调方法，被广泛用于施用渐变的固有色，而不是勒布隆那雄心勃勃的三色混合物。

半色调印刷的基本组成部分是一块金属版，上面覆盖着由点、凹线或凸线构成的均匀区域，它们在不同区域中被磨光到不同程度。在点刻法中，点是通过用针刺穿印版上的保护膜并用酸腐蚀暴露的金属来产生的。由此得到的微小空腔，将在用墨辊涂覆印版时留住油墨或颜料，随后印版再被擦拭干净。印版被压到纸上后，油墨浸入纸中。与线刻类似，这是一种所谓的“凹版”印刷术：只有在从印版的表面去除材料、留下刻痕的地方，油墨才施用到纸上。

点刻法在17世纪由一个名为让·卢特玛的荷兰金匠发明，并被法国人让·夏尔·弗朗索瓦发展成一种实用的印刷方法。弗朗索瓦的努力在18世纪50年代得到法兰西艺术院的支持，这表明正如印刷对于商业目的来说是必要的，它对于美术来说同样必要。由于每种颜色通常需要一块单独的印版，大多数版画家都懒得使用两三种以上的颜色（更有可能是买不起）。英国人威廉·温·赖兰于18世纪70年代在伦敦开了一家版画店，他宁愿只使用一块印版，在不同的区域用不同的 315
颜色手工涂刷。

无疑，这种方法相当粗糙，但对于难得在艺术复制品中看到任何颜色的公众来说，点刻得到的复制品就算是美的了。对这种复制品的需求相当旺盛，如果不是由于沉迷于自己的时尚品味、纵容情妇的奢侈需求而赊了大笔的账，赖兰本会变得富有。这些费用是如此之巨，赖兰被逼上绝路而伪造纸币——这是死罪，在1783年要了这位版画家的命。

在18世纪后期推行的另一种半色调技术，是飞尘法。该项发明通常归功于法国画家兼雕版师让·巴蒂斯特·勒普兰斯（1733—

1781)，虽然他可能是从别处获得了这种知识。金属版上覆盖着斑驳的树脂，这些树脂充当着避免酸蚀刻的保护层。颗粒极细，所以印成的复制品看起来几近于淡彩素描。19世纪初，通过为单块印版手工上墨制作的这种版画，被广泛用于书籍插图。

平版印刷术 (Lithography)，字面意思即“从石头上画”，是在1796年由慕尼黑的约翰·阿洛伊修斯·塞内费尔德发明的，他用这种技术来复制丢勒的彩色素描。在该技术中，诸如大理石这类石头的抛光板被用油性蜡笔画下标记，然后用注入水的墨辊润湿，再用另一个墨辊上油基颜料或油墨。油墨不溶于水，于是被潮湿的石头排斥，但附着在蜡笔留下的标记上。于是，图像被印在了纸上。

这种技术通常以多版套色的方式用于木版印刷，尽管在19世纪30年代曾有过不成功的实验，想将其拓展为三色工艺 (仍然无法获得透明度适中的油墨)。但在1837年，巴黎平版印刷商戈德弗鲁瓦·昂热尔曼对这种方法加以改进，使其成为被称作彩色平版印刷术的多版工艺，能够印出色彩范围和精妙程度都令人赞叹的颜色。由于这项工作，昂热尔曼从一贯持鼓励态度的全国工业促进协会获得了一个奖项。

316 在英国，平版印刷技术一开始相当卑微：伦敦的托马斯·德拉鲁在1832年为平版印刷工艺申请了专利，用于印刷纸牌。但有些人有更大的野心。建筑设计师欧文·琼斯于1836年与威廉·戴印刷公司合作制作了一本彩色书，展示了格拉纳达的阿尔罕布拉宫，金色油墨熠熠生辉。琼斯那本带有插图的《装饰法则》(*Grammar of Ornament*, 1856)，后来成为英国设计师的标准文本。

在1851年的世界博览会上，琼斯、昂热尔曼等人展示了他们的彩色平版印刷作品；评委会宣称 (相当乐观地)，这项技术能够产生与优秀画作相媲美的效果。19世纪50年代，自动平版印刷机开始使用锌金属墨辊代替手压机。1852年，戴的公司冒险制作透纳《燃着蓝色灯光的船》(*A Vessel Burning Blue Lights*)的彩色平版印刷复制品——这是一个雄心勃勃的项目，他们显然表现出色。透纳那朦胧、流畅的风格要求印刷者首次放弃用黑色来勾勒轮廓，转而用纯粹的色彩来描绘图像。

由约翰·拉斯金等人于1849年创立的阿伦德尔协会，同样有愿望将这些新技术应用于美术。出于明显的教育上的原因，该协会开始复制早期的意大利湿壁画：协会希望刺激公众，让他们意识到文艺复兴时期的艺术振兴。彩色平版印刷术被用于复制如佩鲁吉诺的《圣塞巴斯蒂安的殉难》和贝利尼的《圣母子》这样的作品。这是一项艰巨的任务：每幅选定的画作首先要由一位受委任的艺术家手工临摹，然后被转化到平版印刷用的单块印版上。这样的努力让许多人第一次感受到原作的光彩；富有的人还有机会拥有自己的个人版本。

可能不那么高尚但同样令人印象深刻的，是在梨牌香皂的“泡沫”广告中，对约翰·埃弗里特·米莱斯的一幅画进行的著名的彩色平版印刷复制——该举动只获得了米莱斯勉为其难的赞赏。

当时包含彩色插图的书中就有威廉·布莱克的那些作品，布莱克
本人既是一个印刷者兼雕版师，也是一位诗人兼画家。他有时徒手用 317
颜料作画，这是一项极其劳累的任务。但是，从各种说法来看布莱克
一点也不细心，或者他对时人所期望的整洁的惯例毫不在意。后来的
一位评论者说，布莱克的颜料是如何

> 应用于所有的轮廓型插图，以及在文本的侧面或横跨文本呈现为污斑；很大程度上正如人们可以想象到的，一个孩子拥有一盒颜料，去破坏一本书。这很容易加深一个看

法，即布莱克是精神病患者。[9]

到18世纪末，彩色印刷变得极为重要，当皇家研究院于1799年在伦敦由科学家拉姆福德伯爵创立时，专门设立了一个部门来研究这项工艺的科学需要。部门负责人是一位名叫威廉·萨维奇的约克郡人，他开始弥补有色油墨的短缺问题。这些新材料出现在萨维奇的杰作中，这是一本名为《装饰性印刷的实用技巧》(*Practical Hints on Decorative Printing*, 1823) 的插图书，耗时八年才完成。他没有使用什么太复杂的东西，不过是以木制印版实现的多版套色方法——但是准备得极为细致和丰富，结果有时很精致。这本书中的某些图像需要多达29块独立的木版。

木版印刷这项技艺由乔治·巴克斯特 (1804—1867) 推到极致。他使用油性颜料，而不是油墨，获得了前所未有的鲜明且耐久的色相 (彩图12.2)。他的《画册，或画作陈列柜》(*Pictorial Album*, *or Cabinet of Paintings*, 1836—1837) 是英国第一本全彩畅销书——也可以说是第一本茶几书*。它表明，如果以足够的勤奋加以应用，用当时的方法可以达到怎样的高度；由于巴克斯特所做的工作，彩色印刷开始蓬勃发展。

1855年，第一批彩色插图出现在《伦敦新闻画报》(*Illustrated London News*) 这份期刊上。这些插图结合了木版和蚀刻技术，虽没有什么特别的长处，却足够畅销，于是这份报纸继续定期出版彩色增刊。1861年，著名的伦敦木刻师埃德蒙·埃文斯出版《画册》(*Art Album*)，
318 试图向广大公众提供彩色的美术作品。20世纪初，木版印刷仍被视为

---

* 即放在咖啡茶几上做摆设的书，多为印制精美而内容贫乏的大开本画册。——译注

足以满足这种努力，当时维也纳的内夫勒兄弟使用它来制作美术印刷品。这种方法提供的生硬而不妥协的轮廓，很适合德国表现主义画家在风格上的目标，如恩斯特·路德维希·基希纳和卡尔·施密特-罗特卢夫，他们在战前几年完成了许多木刻。

现在看来没有疑问的是，18世纪和19世纪的许多彩色复制品，由巧妙的手精心制作的木版、印版和墨辊印刷完成，它们本身就是艺术品。然而，甚至在19世纪50年代之前，这种手工工具加工的替代品就开始出现了，因为技术人员已经发现如何让光绘制自己的图像。

全视透镜

许多技术不是在有了技术手段时，而是在观念进步释放它们的潜力时成熟的。摄影所必需的材料和方法，在投入应用之前已存在了一百年。

还在1725年，德国解剖学家约翰·海因里希·舒尔策就推断出，某些银盐变暗是由于暴露于阳光下。他以这种方式产生出图像：用从纸上剪出的字母盖住一个玻璃瓶，瓶中包含白垩和硝酸银溶液。由于银金属从可溶性银盐中形成，液体暴露于太阳光线的部分会变暗。银的微小颗粒吸收可见光，于是显出暗色。[10]

相机背后的光学技术甚至更为古老。大约在10世纪末，摩尔人学者海桑描述了相机暗箱：这是一个暗室，外部视图通过一个小孔投射到暗室中的屏幕上。装有镜头的便携式箱形照相机暗箱在16世纪末被推出，很快成为自然科学家的标配。

但直到19世纪，才有人想到将“相机”的图像产生功能与感光银 319

盐的图像记录潜力结合起来。1800年，托马斯·韦奇伍德试图将来自相机暗箱的图像印到涂有硝酸银的纸上。他能够创造“蒙片”（如树叶、昆虫翅膀甚至画作）的负像，却无法设计一种方法来避免纸张在曝光时进一步变暗，从而保存图像。这个过程吸引了皇家研究院化学家汉弗莱·戴维的兴趣，戴维后来与韦奇伍德合作探究摄影的这种原始形式。

第一张“定影”的负像照片由法国人约瑟夫·尼塞福尔·涅普斯于1816年拍摄，涅普斯把自己位于索恩河畔沙隆附近的窗外景观印在了涂有氯化银的纸上，然后部分地用硝酸“定影”（从而对于进一步改变不那么敏感）。1826年，他用相机曝光铺在金属版上的一层薄薄的油性沥青，创造了一个真正的正像。沥青在受光的地方变硬了，其余的地方则可以用油和石油冲洗掉。由于沥青保护金属免受酸的侵蚀，该方法可用于制造印刷用的蚀刻金属版。这是被称为照相凹版印刷的技术的原始形式。因此，摄影从一开始就是与印刷结合在一起的。

在去世前四年，涅普斯与巴黎的剧院设计师路易-雅克-芒代·达盖尔展开合作。到1837年，达盖尔已能够在镀银铜版上制作永久照片，曝光时间约为30分钟。银盐的缓慢变暗阻止了对移动物体的捕捉：达盖尔的街道场景有一种幽灵般的、空寂无人的气氛，因为漫步的行人被抹去了，无法看见。受达盖尔之邀，美国画家兼发明家塞缪尔·莫尔斯观看了他的图像。莫尔斯是如此描述的：

> 平日里行人和马车熙来攘往的大街，此时完全冷冷清清，只有一个人在刷靴子。当然，他的脚被迫静止了一段时间……于是，他的靴子和腿是明确的，但是没有身体和头，

因为它们都在运动。[11] 320

在达盖尔的方法中，镀银底版暴露于碘蒸气，碘蒸气形成一层薄薄的碘化银。随后，在汞蒸气的存在下，碘化银在相机中曝光。汞以微小液滴的形式沉积在曝光区域，与银形成汞银合金。碘化物随后溶解在定影剂（硫代硫酸钠，当时被称为次亚硫酸盐或“海波”）中。汞对应于图像的亮部，而阴影在下面的银中被复制。冲洗好的底版必须用玻璃保护以防止汞被擦掉。

法国政府从达盖尔那里购买了这项工艺的所有权，于1839年在法兰西科学院和艺术院的一次联席会议上公之于众。看到结果，艺术家保罗·德拉罗什深受震动，惊呼“从今天起，绘画已经死了”。（听说这句在今天仍广泛流传的惊呼并没有成为历史现实，真让人感到安慰。）以这些“达盖尔银版摄影法”的形式存在的摄影，被认为不是记录生活的手段，而是一种新的艺术媒介。

由于多项创新缩短了曝光时间，到19世纪40年代初期，摄影肖像工作室开始出现在伦敦和纽约。新的摄影媒体取代了达盖尔那笨重而脆弱的银/汞版。1840年，英国发明家威廉·亨利·福克斯·塔尔博特引入了卡罗摄影法，其中没食子酸被用来使浸入纸中的碘化银显影。（显影剂促进曝光的银盐转变成银金属颗粒；定影剂通过除去未曝光的银盐使图像耐光。）卡罗法产生负像，从中可以产生正片。1844年，福克斯·塔尔博特出版了第一本用照片做插图的图书——《自然的铅笔》（*The Pencil of Nature*），照片单独粘贴在书中相应的位置。这本书告诉读者，“当前作品中的印版是仅以光为媒介压印的，没有来自艺术家铅笔的任何辅助”。

与卡罗法一样，弗雷德里克·斯科特·阿彻在1851年推出的火棉

胶法也是一种“湿版”技术，其中相纸在现场准备，在仍然潮湿时曝
321 光。溶解在乙醚中的硝化纤维素（第一种合成聚合物）与碘化钾混合，倒在玻璃版上，用硝酸银使其易于感光。一旦曝光，将玻璃版用没食子酸或硫酸铁显影，并用海波或氰化钾定影。因此，摄影师需要携带一个小型化学实验室（更不用说便携式暗室）（图 12.2）。在出现便携、

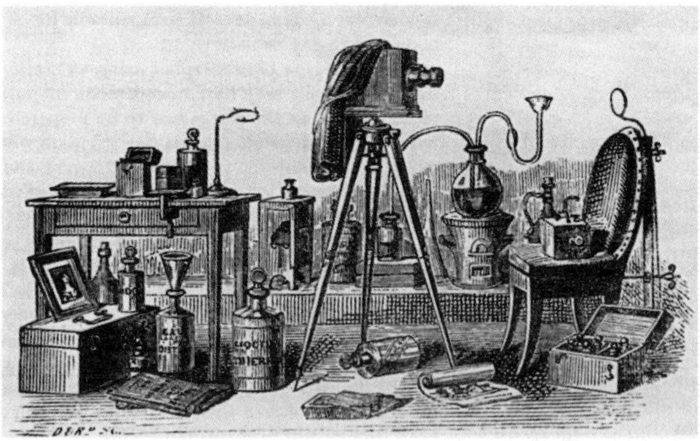

图 12.2　19 世纪中叶的摄影师不得不随身携带一个小型化学实验室。上图的版画表现的是 1859 年前后的一位风景摄影师，下图是用达盖尔银版法拍照所需的设备。

坚固、容易显影的照相媒介前，摄影永远不会成为大众市场的爱好。

理查德·希尔·诺里斯于19世纪50年代中期发现，液体明胶可用于将制备好的火棉胶混合物作为感光乳剂保存，这种乳剂随后可以在“干”版上预先制备。湿润时，明胶会软化，使得显影剂可以发挥作用。到1867年，利物浦干版与摄影公司开始出售用鞣酸保存的火棉胶/溴化银感光乳剂的干版。

福克斯·塔尔博特于1852年推出了第二个关键的创新。他发明了涅普斯原始照相凹版印刷法的一种变化形式，其中感光的明胶膜与曝光度成比例地硬化，被用作通过酸蚀刻制造印版的蒙片。通过用一个黑布网格来曝光底版，他可以得出点刻图像，这种图像捕捉到的是半色调，而不是由均匀的黑色和白色（曝光和未曝光）区域组成。通过用刻有垂直交叉的平行线的两片玻璃代替布网，这种半色调照相凹版印刷在19世纪80年代得到了改进。

福克斯·塔尔博特的明胶膜于1853年被维也纳的保罗·普雷奇采用，用于他的“珂罗版”照相印刷法。明胶硬化后，会失去吸水能力。这就允许以与平版印刷术相关的方式来使用膜：油性平版印刷油墨被膜的柔软区域（这些区域吸水）排斥，引向硬化的区域。但是，两个区域之间并非泾渭分明，而是存在与曝光强度相关，因此也与硬化程度相关的渐变。因此，珂罗版印刷可以捕捉到半色调而不需要网筛，并且没有后者常见的颗粒特征。因此，它能以出色的保真度再现图像，并且今天仍然用于制作高质量的复制画。然而，仅仅几百次压 322
印之后，珂罗版就会用坏，因此该技术成本高昂且仅适于较少的印量。

19世纪90年代，业余摄影开始繁荣。乔治·伊斯曼位于纽约的摄影公司，于1889年获得了柔性赛璐珞摄影胶片的专利权。该胶片可以整齐地包装成卷，此外伊斯曼还推出了容纳这种胶片的一种小型相机，取名柯达。显影只能由伊斯曼公司来完成，因此，具有已曝光胶片的整个相机必须被送到公司制作照片。返回时，又预先装好了新的胶片。“你按按钮——剩下的交给我们。”他们的广告如此宣称。

摄影是否本身就是一种艺术，还是说只是一种复制和记录的手段？早期的许多摄影师也是画家，虽然镜头后的他们往往比画架后的他们更为出色。19世纪40年代，苏格兰风景画家戴维·奥克塔维厄斯·希尔和他技术上的合作者罗伯特·亚当森使用这种卡罗摄影法来捕捉醒目的人像，虽然本意是想作为希尔绘画的参考作品，其本身却备受好评。19世纪50年代，法国艺术家古斯塔夫·勒格雷成立了法国摄影协会，将这种新技术作为一种艺术形式来推广。到20世纪，类似的协会也存在于伦敦和纽约。

由于早期照片中产生的鲜明的色调对比，使用它们作为参考资料的画家们找到了一种描绘世界的新方式——与学院派形式化的明暗对照法大相径庭。马奈和德加在19世纪60年代研究了摄影，马奈《奥林匹亚》的直截了当曾让怀有传统鉴赏眼光的人大为光火，它利用了摄影风格的布光方式。对于画家兼艺术史学家欧仁·弗罗芒坦来说，这种大胆的直接带来的威胁是使绘画的精神水准下降：“如此清楚，如此明确，如此徒有其表，如此粗俗不堪。”

20世纪20年代，超现实主义者曼·雷和匈牙利构成主义画家拉斯洛·莫霍伊-纳吉等艺术家表明，通过操纵摄影过程，人们可以得出图像，其一点一滴都与画笔画出的同样充满想象、引人注目。然而，这
324 一媒介所具有的大部分艺术力量，正是来自“直接”摄影的真实性。若操作得当，它得出的视觉不仅或激动人心，或充满美感，或令人不安，或触目惊心，而且曾经**真实地存在于**某个时间点。亨利·卡蒂埃-布列松和罗伯特·卡帕那纪录片风格的照片，跨越了纪录和艺术之间

的这个引人注目的边界，在其中摄影似乎拥有了一种社会变革的力量，没有任何画作可以唤起这种力量。瓦尔特·本雅明提出，如果在艺术中，“原真”不再有意义，那它必然变得具有政治性。对于摄影和电影来说，情况无疑是这样。

然而，我的目的不在于追溯摄影的艺术史，而是要看它对绘画作品的复制产生的影响。企业家们不会浪费时间把它做此用途。例如，佛罗伦萨的阿里纳利氏三兄弟，即莱奥波尔多、朱塞佩和罗穆阿尔多，在1852年创立了一个摄影工作室，不仅致力于人像摄影，也从事艺术和建筑作品的单色复制。然而，摄影可以提供的全部不过是乌贼墨色和灰色的色调速写，很难看出它如何能够一直满足艺术爱好者。

麦克斯韦的格纹丝带

彩色摄影的发明早得惊人。看到第一批摄影图像被困在达盖尔银版法的玻璃下，或在福克斯·塔尔博特的卡罗法相纸上用暗银色衬托出来时，观看者渴望有色彩来重新创造在他们眼中留下印象的世界。所以，画家们会为这些早期的照片手工着色。1859年，版画制作者乔治·巴克斯特为一个创意申请了专利，该创意就是使用他复杂的木版技术为照片着色。

然而，这只是在图像显影后添加“假色”的一种更为有效的方法。如果能从摄影曝光直接制作彩色印版，那会好得多。19世纪50年代后期，爱丁堡摄影学会的一位伯内特先生提出了一个建议——现在回头来看相当明显：要运用照相凹版印刷或其他照相蚀刻方法来实现这一点，可以通过在印版上用手抹去不需要颜色的区域这一简单的权宜
之计。多色版画可以由单独着色的斑块累积而成，方式与当时手工雕 325

刻的多色版画的制作相同。在为此目的而制备印版时，珂罗版方法变得大受欢迎。

用照相的方式制作印版肯定比手工雕刻它们要容易。但是，图像中每种不同的颜色仍然需要单独的一块印版。只从三种原色产生全色图像的三色法，意味着极大的节约。为了实现这一点，首先需要以感光的方式曝光照相底版，以从原色中获得分色。

物理学家詹姆斯·克拉克·麦克斯韦关于色彩光学和加色法原色的研究，以及他对托马斯·杨的三色视觉理论的认识，给了他一个清晰的概念，即如何以这种方式从单色分色 (monochrome separations) 中创立彩色图像。1857年，他写道：

> 根据［杨的］观点，这三个基本效应对应于红色、绿色和蓝紫色三种感觉，并且将分别向感觉中枢传达红色、绿色和蓝紫色图像的感觉，使得通过叠加这些图片，实际的杂色世界得到呈现。[12]

他于19世纪50年代末期开始为此目的进行实验。在室外自然光线下，在由带有各种颜色条纹的格纹丝带制成的、钉在黑色天鹅绒上的蝴蝶结上，他和助手托马斯·萨顿为火棉胶照相底版曝光。通过在物体和底版之间放置彩色滤光器，他们获得了单独记录每个加色法原色的光的负片。例如，丝带中吸收蓝色和绿色光的红色部分，不会出现在通过蓝色和绿色滤光器完成的曝光中。

这些滤光器是含有彩色溶液的玻璃容器。接触颜料制造领域的人使用的肯定是标准染料；但作为科学家，麦克斯韦更加熟悉学院派化学实验室的颜色：含氨的硫酸铜的皇家蓝、氯化铜的绿色，以及硫代

硫酸铁的红色。 326

为了从负片分色中重建全色图像，麦克斯韦通过这些分色中的每一种投射色光，并将投影的图像叠加在屏幕上。他于1861年在皇家研究院进行演讲展示，公布了他的结果。尽管展示取得了巨大的成功，[13]麦克斯韦还是意识到了它的局限性。他知道，自己使用的通用摄影乳剂对红色光和绿色光远没有对蓝色光敏感，因此重建的图像缺乏真实性：

> 如果红色和绿色的图像像蓝色图像那样被完全拍摄，[结果]将是丝带的一幅真正彩色的照片。通过发现摄影材料对不易折射的[长波长]光线更敏感，可以大大改善对物体颜色的呈现。[14]

事实上，感光乳剂对红光的反应太弱，以至于根本不能记录红色分色。但现代研究表明，对麦克斯韦来说走运的是，紫外光也由他的格纹丝带的红色部分反射，这反而能够将银盐转换为银金属。

对于19世纪的彩色摄影师们来说，需要拍摄同一场景的三个独立图像自然是极大的不便。1893年，有进取心的美国发明家弗雷德里克·尤金·艾夫斯用他的“彩色图”(Kromogram)让事情变得更容易，这种图可以通过红色、绿色和蓝紫色滤光器连续不断地拍摄三个负片。到1900年，他已经找出了一次拍摄三个负片的方法。然后，通过他自己发明的被称为“彩色镜”(Kromscop)的特殊投影设备来观看，彩色图片就得到了重建。

作为重建彩色图像的方法，在商业上更为成功的是1907年由电影摄影术的发明者奥古斯特·吕米埃和路易·吕米埃兄弟研制的彩色底片。这些底片上涂有微小的染成红色、绿色和蓝色的马铃薯淀粉颗粒，在其上放置感光乳剂。曝光是通过染色层进行的，该层发挥着滤
327 光器功能。在显影之后，从该负片制备透明正片，负片中透过淀粉颗粒传递的原色光的小斑点被加以光学组合，以产生类似电视屏幕的像素的彩色图像。

吕米埃兄弟在设计了彩色底片系统的原则之后，过了许多年才将它们投入实践。他们被麦克斯韦发现的问题挡住了去路：现有的感光乳剂不是“全色的”，即对所有波长的可见光同样敏感。直到1905年至1906年，法本公司染料厂的化学家们发明了新的红敏染料，摄影乳剂对红光的吸收才得以增强，以产生真正的全色底片。

从历史角度看，彩色底片系统相当特殊。它代表着一种手段，即通过在胶片的前面**原位**安装一种彩色滤光片的点彩画屏幕，使摄影乳剂选择性地敏化特定颜色的光。但在1873年，德国科学家赫尔曼·威廉·弗格尔已经提出了一种更好的方法，不再需要麦克斯韦的液体滤光器。他设计了摄影感光乳剂，通过向只吸收红色、绿色或蓝色光的乳剂中加入染料，这些乳剂本身能仅通过三种原色中的一种变暗。这些染料的颜色必须与它们使底版变得敏感的颜色**互补**：红色染料使底版不是对红色光（它反射或透射这种光）而是对绿色光（它吸收这种光）敏感。

事实上，绿色的理想敏化剂将同时反射红色**和**蓝色光，因此看起来会带有紫色——被称为洋红的颜色——而不是纯红色。同样，就蓝色敏化剂而言，它反射红色和绿色光，这两种光加色结合成黄色。而红色敏化剂反射绿色和蓝色光，因此具有绿松石的外观，印刷商称为青色。换句话说，理想的敏化剂将吸收大约三分之一的白光光谱并反射三分之二：青色（“白减红”）、黄色（“白减蓝”）和洋红（“白

减绿”）。

弗格尔使用化合物萘酚蓝或花青苷作为红敏底版，粉红色曙红用于绿敏底版。最初，他认为不必为蓝色分色添加（黄色）敏化剂，因为感光乳剂中的溴化银主要对蓝光敏感。但是，他后来使用黄绿色荧光 328
素作为蓝色敏化剂。你可能会注意到，所有这些都是煤焦油染料，都是在相当晚近的19世纪70年代才开始出现的（见图9.1）。

弗格尔兴致勃勃地用这些分色制备三色印版——毕竟，这就是彩色摄影最终为大众提供复制品的方式。但是，他用染料使乳剂对特定颜色变得敏感的方法，也被用于制作彩色透明胶片和彩色正片——这为20世纪60年代业余彩色摄影提供了巨大市场。

朝这个方向迈出的下一步，是1911年德国化学家鲁道夫·菲舍尔发明的一种胶片，它消除了对三种颜色分色的尴尬需求。在菲舍尔的胶片中，三种染料敏化乳剂没有在单独的底片中分开，而是在单个基底上层层叠加（图12.3）。所有的现代摄影胶片都是基于这种设计。 329

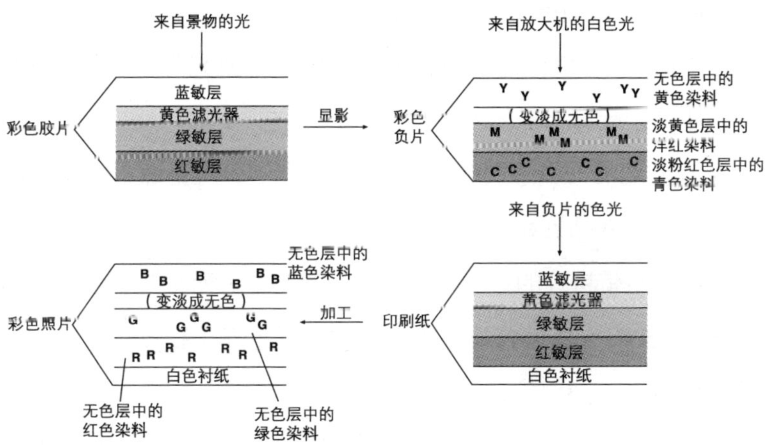

图12.3 摄影胶片包含三个感光层，每个感光层由染料敏化为三种加色法原色之一。黄色滤光器保护绿敏和红敏层免受蓝色杂散光的影响。为了形成负片，用黄色、洋红色和青色的有色染料代替由光的作用形成的银颗粒。为了获得正片，通过负片曝光三层胶片，并且在曝光区域中添加蓝色、绿色和红色染料。

胶片被转换成真正的彩色负片（从中可以得出正片照片）的方式，在今天与菲舍尔所做的略有不同，但原理大致一样。

这样做的目的，是将有银颗粒沉淀的变暗乳剂区域转换成适当色相的半透明区域。所谓的偶联剂，被用于在这些区域中沉积染料，这些染料与感光层敏化的颜色互补。例如，在蓝敏层变暗的地方，偶联剂在银颗粒上沉积黄色染料。然后从乳剂中以化学方式除去沉淀的银颗粒和未曝光的银盐，产生负片透明胶片。

受益于广告公司、艺术画廊和工业企业对彩色摄影的需求，爱克发和柯达这样的摄影公司在20世纪早期快速增长。（你可能还记得，爱克发是从柏林起家的染料制造商。）在20世纪30年代，两家公司分别推出“爱克发卡乐”（Agfacolor）和“柯达克罗姆”（Kodachrome）彩色胶片，下一个十年间他们则把从负片透明胶片制作正片彩色照片的方法推向了市场（图12.3）。

为了减轻材料所具有的最为恶劣的缺点，现代摄影胶片是一种拼凑的东西。银盐向银的转化对高频辐射（即对蓝光）特别敏感，所以位于蓝色下面的红敏和绿敏层必须用插入的黄色滤光器加以保护，以免暴露于通过蓝敏层的任何外来蓝色光。

更成问题的一个事实是，染料作为原色不可避免地不够完美：青色染料吸收一点绿色和蓝色，洋红吸收一些蓝色。这意味着负片中的青色可能将略带粉红的色调传给正片，洋红被黄色沾染。为了抵消这种情况，额外的浅色染料被添加到负片的青色和洋红色层中，以便恢复色彩平衡。

理想状况下，染料应当在它们各自的波长范围内具有敏锐的吸
330 收带，相互之间没有重叠。例如，以这种方式，绿光将不会污染蓝色分色。但是光吸收的物理特征不会以这种方式发挥作用：随着波长改

变，吸收的量总是或多或少存在平缓的上升和下降（见图12.4）。人们已经付出相当多的努力，制作在特征上尽可能接近理想状态的染料，即接近纺织工业中所用的那些染料，后者在设计时不是为了满足这种狭窄的约束。因此，由奥托·维特在19世纪（见第250页）发起的朝着理性合成颜色的努力，对于彩色摄影的真实性变得至关重要。

对油墨的信念

詹姆斯·克拉克·麦克斯韦专注于通过投影来以加色法重建他的三色图像，但是不需要多少天赋就能够体会到，他的摄影分色可能被用来通过现有的照相凹版或照相平版印刷技术制备三色印刷的印版。19世纪60年代初有好几个人想到了这一点，优先权就变得有争议了。1862年，法国人路易·迪科·迪·奥龙提出，印版或许可以由通过彩色玻璃曝光的照片制成。1865年，英国人亨利·柯伦在给《英国摄影杂志》（*British Journal of Photography*）的一封信中勾勒了一个类似的概念，虽然他并不知道麦克斯韦的工作。这迫使他开始重新发明彩色摄影：

> 今天早上我突然想到……如果发现物质只对原色敏感……就有可能通过类似如下一些方法获得具有自然色调的照片——获得仅对蓝色光线敏感的负片……[15]

但是，把这些想法付诸实践的功劳必须归于维也纳的巴龙·朗索内，他在1865年开始将三色原理运用于光刻技术。朗索内与维也纳平

331 版印刷工约翰·豪普特合作，制作了一幅中国寺庙的版画，这是朗索内作为奥地利帝国东亚远征队队员时拍摄的。豪普特发现有必要为黑色和棕色添加两块额外的底版，以获得满意的结果。

弗格尔的染料敏化摄影乳剂，通过消除滤光器能更直接地制备分色印版。随后，将每块印版以与相应的敏化染料相同的颜色涂上油墨：通常为黄色、洋红色和青色，加上用于强调的黑色分色。例如，由绿敏乳剂制备的印版用洋红色油墨涂覆。

如弗格尔所理解的，关键的考虑是油墨应以与染料敏化剂**完全**相同的方式吸收光。若非如此，颜色的重新组合就无望忠实地捕捉到原始场景的色相。例如，如果使用微红色油墨而不是洋红色，则它会在最终的照片中应该反射蓝色光的地方吸收蓝色光。

弗格尔说，理想状况下，油墨中的着色剂应该与敏化剂中的那些染料完全相同。这是对化学制品和摄影制品制造商的隐性命令，要求他们使各自的产品彼此匹配。但这是行不通的，因为不是所有的染料都能生产出可用的油墨，原因既有化学上的也有经济方面的。换句话说，在摄影时代，一如在手工镌版 (handengraving) 时期，三色印刷的成功卡在了材料问题上。

结果不可避免地是一种妥协：人们不得不用任何能够获得的油墨凑合应付。弗雷德里克·艾夫斯 (他于19世纪70年代后期将福克斯·塔尔博特的半色调方法引入三色摄影印刷) 在1888年提出，应该使用普鲁士蓝 (偏绿)、曙红 (偏蓝) 和一种未指定的“明黄色”。但是摄影师E. J. 沃尔在1925年写道：“更符合严格的理论要求的印刷油墨……似乎 [代表着] 进步最大的领域……理论上完美的油墨仍然可望而不可即。”[16]

实际上，“理论上完美的” 油墨在现实中是不可能的。正如摄影

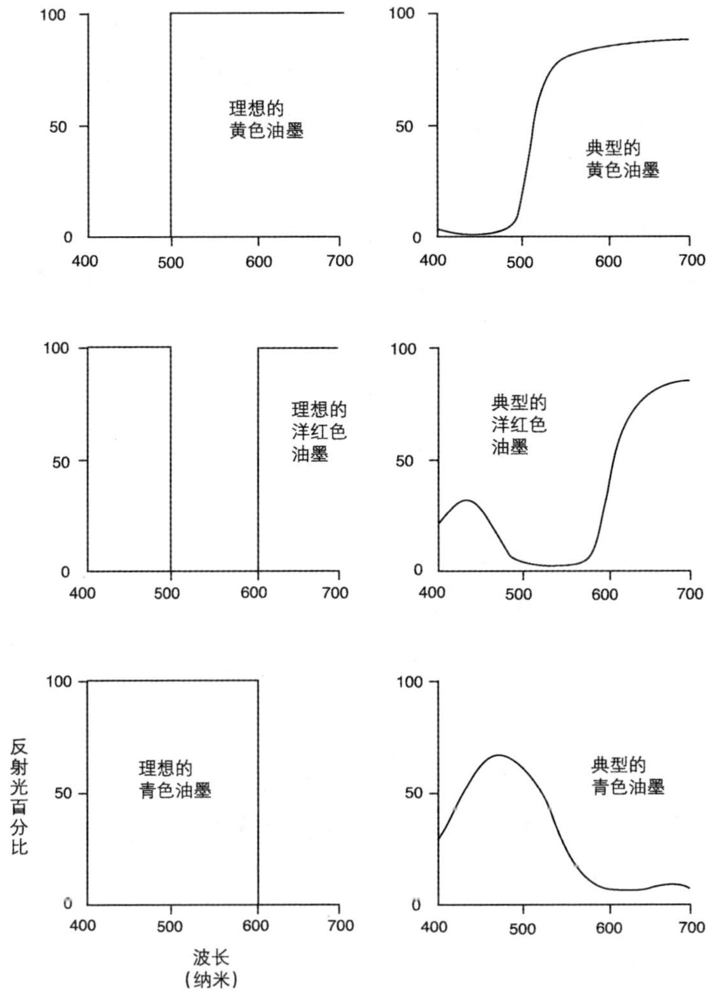

图 12.4　用于彩色印刷的油墨应该理想地吸收在明确限定的波长带中的光，没有重叠。在实践中，这种理想是永远无法实现的，并且吸收带有些重叠，从而损害了颜色复制的保真度。

胶片中的敏化染料一样，理想的三色印刷油墨中的每一种油墨，都将在非重叠的相当大的部分中吸收三分之一的可见光谱 (图 12.4)。但 332
光吸收过程的物理性能不允许这样：实际的印刷油墨具有边缘平滑的吸收带，侵入到彼此的领域。这就限制了它们在叠加时准确捕捉颜色的能力。

你可以从老书中的任何彩色照片中判断出，印刷油墨如何有效地（或无效地）应对了这些缺陷。对于那些年纪太小而无法获得第一手记忆的人来说，很难逃避这样一种观念：第二次世界大战以后的那
333 些年，世界上的事件都发生在宝石红嘴唇和酞菁蓝天空那浓墨重彩的特艺色（Technicolor）*的光芒中，正如第一次世界大战是在单色中进行的。

复件对原作的忠实程度总是会由油墨的质量来决定。油墨是彩色的构件，人们必须尝试用它们在太阳下重新创建每种颜色，并且这样得出的颜色只可能是近似的。例如，朱砂有自己独特的色相，它以特有的方式拨动着光谱中的许多根弦。用青色、黄色和洋红（它们各自拨动着自身的交融和声）来模拟它，就类似于通过以不同比例混合钢琴、长笛和大管上发出的音符来努力再现小号的声音。人们可能用不同的三重奏乐器力争获得相同的结果，并能获得多少有些忠实的近似。因此，一组中世纪三联画那浓郁的朱砂色给人留下的印象（比如从插图书中看到的），完全取决于印刷商对油墨（以及其他材料）的选择。我们可以肯定的一点是，这种印象永远不会与你站在画作原件面前所得到的一样。

1920年，渴望消除这种疑虑的英国艺术类杂志《颜色》（*Colour*），从多位“伟大艺术家”那里获得证词，证明他们的复制品精确无误。然而，至少在20世纪50年代之前，艺术史学家仍然不愿意接受彩色摄影——甚至是摄影照片，更不用说书中印刷的副本——作为记录图像

---

* 1914年在美国成立的一家电影制作公司，于1916年推出双色染印法，1932年研发出三色染印法。特艺色的彩色胶片技术在20世纪20年代至50年代被广泛应用于好莱坞电影。——编注

的有效方法。

到20世纪60年代，根据艺术史学家埃德加·温德的说法，对绘画作品的彩色摄影复制仍然极为原始，最好还是依靠黑白图像。他说：

> 普通的照相底版对较大范围的色调敏感，比能用彩色记录的更广，所以对提香、委罗内塞或雷诺阿作品的最佳黑白复制，就好比对管弦乐乐谱认真的钢琴转录，而彩色印刷，除了部分例外，就像一支简化的乐队，所有的乐器都跑调了。[17]

从当时的一些图书来判断，他的观点不失公允。约翰·盖奇评论说，在剑桥的艺术讲座中使用彩色幻灯片在那时是例外而不是常规。 334

数字色彩

原则一如既往，技术却日新月异。现代彩色印刷几乎总是从电子图像进行。不需要有“拷贝”能让人握在手中，并在电子扫描原稿和用有色油墨印刷再现的阶段之间进行视觉检查——没有平版印刷的印版，没有摄影负片。即使用到了“摄影”，那也可能是将反射光直接在数码相机中转换成利用磁性记录的数据的矩阵，而不是在摄影感光乳剂中留下印记。然而最终，仍然完成了复制，如勒布隆所做的：通过将三种颜色的油墨进行减色混合和光学混合，并加入黑色作为强调。计算机软件必须执行细致的思考过程，将扫描的图像数据转换为输出指令，通过半色调方法重新得出色值，用数码电子产品模拟福克斯·塔尔博特用一片黑色薄纱所做的事。点刻成半色调的三色法，仍然是将颜色准确置于页面上的最有效方式。

电子系统允许对颜色复制进行大量的控制，但是这不等于说它们能实现完美的精度。它们**可能**非常准确，但这不是常规，数字处理有它自己的复杂性。

为了将彩色图像（无论是绘画原作还是原作的照片）转换为电子形式，扫描仪得包含一些器件，这些装置能产生与落在其上的光量成比例的电流。着色的滤光器将落在这些器件上的光分成红色、蓝色、绿色成分。

为了以数字方式存储，图像被分解为小块的网格，每个小块分配单一的一种颜色。该网格的细度最终决定着分辨率（精细程度），此
335 分辨率可以在电子存储图像的印刷版本中恢复。网格越精细，分辨率越好——但也需要更多的空间来存储图像。通常，图像将被存储在与对应于最终的半色调印刷的“颗粒大小”相比更精细的网格上。并不罕见的是，例如，扫描的图像被分解成每英寸数千个小块，而以每英寸300点的分辨率打印几乎就足以实现最高的质量。

在印刷之前，会判断扫描图像中的颜色的保真度和平衡，方式是在监视器屏幕上加以查看。以电子形式存储的图像，是以计算机屏幕上发光磷光点的颜色绘制的。

屏幕上的每个网格点或像素包含三种不同的磷光体材料微粒。当它们受到从监视器背面向屏幕发射的电子束撞击时，磷光体会发出特定颜色的光：一个发红光，一个发蓝光，一个发绿光。电子束被快速扫过屏幕，使得眼睛连续地记录每个发光的磷光点。

因此，磷光体实现了另一种原色系统，这种系统可能与扫描仪的彩色滤光器稍微不同，并且不同于印刷油墨的黄色/青色/洋红色。计

算机必须知道，如何在这些不同的系统之间移动它的颜色参照系。但是任何从三原色构造颜色的方法，无论是加色还是减色，必然不可避免地“丢失”一些颜色。通过三种颜色的加色混合能够进入的色彩空间，可以由CIE色品图（见第50页）上的三角形区域表示，三角形的三个角具有这三种颜色（图12.5a）。(但是请记住，这不会显示不同的亮度，所以棕色相当于黄色。）由于完整的色彩空间不是以直线，而是以曲线作为界限，没有哪个原色三角形可以完全包围它。有可能从某一组原色的混合获得的颜色范围，被称为**色域**（*colour gamut*）。

那么，对于由扫描仪记录，且“复制品”中的原色系统——无论是屏幕磷光体还是印刷油墨——不能复制的红光、蓝光和绿光的组合，应该如何处理？计算机有两种常用的方法来处理落在色域外的颜色。336
最简单的是将它们移动到色域的最近边界，从而逼近不能用最接近的颜色捕捉到的任何颜色。这意味着原始图像中视觉上互不相同的两个颜色区域，在复制品中可能变得相同。避免这种后果的另一种方法是，均匀地压缩图像的整个颜色范围，直到所有网格点都嵌入色域（图12.5b）。这会在整个图像中略微移动所有颜色，但能保持极为接近原始图像的平衡。

屏幕磷光体的色域由制造它们的材料决定。可以想象，用于全色屏幕的理想磷光体将对应于尽可能地位于舌形CIE色品图的“角”中的颜色，以纳入尽可能多的色彩空间。但事实上，最好不要冒险过 337
于深入地进入这些完全饱和的角，因为这将需要使用在可见光范围的边缘发光的红色和蓝色磷光体。在这些末端，需要极高的光强来产生对可感知的亮度的感觉。从磷光体中提取这种亮度，在技术上很难实现。因此，由于种种原因，被视为“理想”的磷光体具有更为有限的色域（图12.5a）。同样，很难找到满足这种理想的材料：经典的绿色磷光

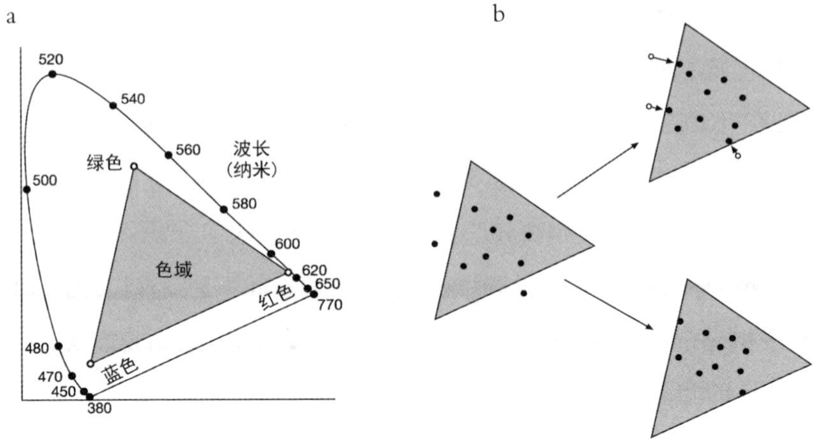

图 12.5　a. 电视屏幕上的磷光体的色域，显示在 CIE 色品图上。b. 如果扫描的颜色落在色域之外，则落在外面的颜色可以移位到色域的最近边缘，或者可以压缩整个"调色板"。后者保留着色彩关系，但将所有的颜色在板上移位。在实践中，为适应色域内所有已测量的点进行的调整，可能会在色彩空间中带着这些点走过相当复杂的轨迹。

体（硫化锌镉）不能复制强烈饱和的绿色。

因此，即使在艺术越来越多地被观看、被操纵甚至被创造的计算机屏幕上，材料的局限也限制了颜色上的可能性。随着新的屏幕技术投入使用，特别是基于液晶显示器或发光二极管的平面屏幕系统，新的层次的复杂性将加入这些限制中。在这一点上绝对无法看出，新技术将增强屏幕图像的颜色范围——事实可能恰恰相反。

总体上看，监视器屏幕的红色、绿色和蓝色磷光体，能提供大约1700万种不同的颜色组合。但是通常，已存储图像的调色板将受到更多限制，使得图像可以仅使用适度量的内存来存储。调色板通常包含256种颜色，每种颜色由红色、绿色和蓝色的特定组合构成，扫描图像的色相将通过"查色表"(colour look-up table)，即"clut"来与之匹配。因此已存储的图像可能具有比原始图像更窄的颜色范围：我们基本上是在用不可混合的256种颜色的调色板重新绘制图像。但是如果很好地选择了查色表（即数字调色板）来匹配原作的颜色，则应该有足够的多样性使人眼几乎无法发觉差异。另一方面，匹配不佳的查色表会产生色调被改变的图像（彩图 12.3）。

优化查色表是颜色匹配的一个关键方面。这可以以不同的方式在不同的计算机系统上进行；当图像在一个系统上扫描并且在另一个
系统上被观看或打印时，其颜色范围之所以有可能发生改变，原因正 338
在于此。监视器之间的差异，也可能由于磷光体亮度的变化而改变平衡。由于这些原因，图像如果在机器之间传输，可能会变亮或变暗：在 IBM 个人电脑上扫描的图像在 AppleMac 和 Unix 系统上显示时，往往看起来太亮，而反向传输会产生更深的模糊图像。

为了印刷扫描的图像，计算机必须将为不同强度的红色、蓝色和绿色光编码的网格，转换为以正确的比例和重叠在给定区域中沉积四种（黄色、洋红色、青色、黑色）油墨的指令，以产生与来自原始区域的红色、绿色和蓝色反射光相同的视觉效果。该计算过程由于多种因素而变得复杂——例如，纸的性质（比如白度和粒度）将影响任何给定的油墨组合的外观。在实践中，这些计算似乎极为耗时，无法“当场”完成，因此它们对于整个范围的不同的红/蓝/绿组合是预先确定的，印刷油墨和纸张的质量都考虑到了。接下来，所有计算机都要做的，是在一张存储的表中查找网格图像中每个色块的答案。

对于大规模印刷，例如对于本书，电子存储的图像将真正地体现在印版或墨辊上，这样它们随后就可以被机械地复制。为了将油墨施用于纸上，19 世纪开发的大多数方法仍在使用。带有墨辊的平版印刷，按吸墨和斥墨划分区域，是其中最常见的；这种方法通过“胶印”技术进行，油墨首先从印版转移到橡胶布上，橡胶布随后压到纸上。凹版法和凸版法（其中油墨分别保持在印版的凹陷处或携带于凸起区

域）继续在寻找着它们的小众市场。不使用印版，小规模印刷工作可以通过“直接成像印刷”更便宜、更方便地完成，其中复制是使用喷墨系统的电子数据直接产生的。

但是说到底，副本质量如何？印刷页面上的色域仍然取决于油
339 墨在多大程度上是优质的原色；理论上完美的油墨仍然“可望而不可即”。因为洋红色吸收太多的蓝色，青色吸收太多的蓝色和绿色，可能很难准确地复制低饱和度（看起来浑浊）的蓝色、绿色、青色和洋红色。只有在红到黄的范围内，三色复制才能成功捕捉到高饱和度的颜色。例如，纸张基材可能会进一步限制色域：比如，新闻纸使得高饱和度颜色失去光泽，这就是为什么报纸会为光洁的杂志增刊选用更高质量的纸张。色域可以通过使用补充油墨，例如强烈的蓝色、绿色和红色来扩展。这会增加印刷成本，只有要求最苛刻的任务才可以考虑使用。

计算机运用于艺术

正如印刷方法（如木版印刷和麻胶版印刷）本身已经被用作艺术表达的载体，数字时代也为艺术家运用线条和色彩提供了新的方式。计算机艺术仍然是一个新的媒介，人们还不确定是该把它作为一时的风尚听之任之，还是作为视觉艺术的未来欢呼致意。然而，我无法想象，既已存在一代更习惯于手握鼠标而不是画笔的艺术家，数字技术还不能被视为创造性表达的一种手段。到目前为止，还没有出现一个伟大的数字画家，能比肩那些运用从颜料管里挤压的杂乱东西的人，但电子梦想家们毕竟拥有自己的颜料箱快二十年了。

计算机在艺术中的使用始于20世纪60年代，当时数字技术仍然是新生事物，充满神秘，它所产生的图形艺术仅通过单纯的联想就能

获得赞誉。电脑制作的单彩作品在艺术画廊中展出；即使它们不比进入音乐厅的冗长的电脑音乐更有价值，但是，这是一个开始。美国画家罗伯特·劳森伯格是一位备受瞩目的艺术家，他看到了未来的雏形。1967年，他与贝尔实验室的物理学家比利·克吕弗发起了一项行动，叫作“艺术和技术实验”。

鉴于色彩在这些早期努力中都缺席了，20世纪60年代和70年代的计算机艺术专注于线条和体积，即专注于空间的建构，就不足为奇 340
了。在早期先驱者弗里德·纳克和曼弗雷德·莫尔那些由计算机生成的作品中，这种专注是显而易见的。但在20世纪60年代，德国哲学家马克斯·本泽想要找出计算机可以探究和利用来产生“美学上正确”的图像的确切法则，从算法角度看待艺术的危险在其中是显而易见的。有人提醒，科学家们正试图在绘画上施加严格的颜色规则，并“纠正”那些违背规则的作品。

计算机艺术想要扩张和蓬勃发展，三个最重要的要素是低成本、交互式界面和颜色。20世纪80年代，三个要素全都具备了，当时苹果推出了便宜的Macintosh个人电脑及其MacPaint交互式图形软件。（尽管名字很诱人，它们最初只能处理黑白图像。）随着彩色图形变得更加复杂，画家主动打起精神来探究新技术。大卫·霍克尼喜欢使用计算机进行照片拼贴，而安迪·沃霍尔买了一台阿米加（Amiga）计算机，用各种颜色组合来试验他的丝网印刷。

计算机技术现在是快速移动的目标，匆匆一瞥几乎捕捉不到什么持久的意义。艺术家现在有了虚拟的画布，在上面可以做出标记，类似于画笔的笔触、铅笔或色粉画出的线条、喷雾罐的喷溅等——每一类别有大约1700万种不同的颜色。画布可以在瞬间完成修改，毫无成本地开辟或丢弃。但是，当交互、动画、拼贴和交叉引用的可能性如此之大时，对手绘的模仿是否是利用新媒体的最佳方式，这个问题尚无答案。计算机现在最大的问题是它的多功能性：太多的选择会窒息艺术，如文艺复兴时期的着色家们所深知的。

而且，对于以数字方式创作的艺术作品，在真实性和原创性方面并没有公认的概念。每份硬拷贝印刷品是否都算原作？如果不是，到底什么**才是**原作？一些计算机艺术家通过制作限量版印刷品来处理这个问题——曼弗雷德·莫尔只为自己的作品制作一张印刷品。当然，在某种意义上，那些通过摄影创造美术的人面临着同样的困境，
341 但至少总是存在一张原始的负片。随着互联网使得数字图像的传播变得更加容易，并且由于它逐渐浸染于所有人自由获得的这种文化氛围，计算机艺术中的“原真性”问题及其对商业的影响可能会变得越来越复杂。

瓦尔特·本雅明所预言的艺术从仪式中解放尚未发生——部分是因为摄影从未真正获得与绘画或雕塑相同的艺术地位。也许真正提供这种解放的，将是计算机，而不是相机。

有关系吗？

毫无疑问，大多数艺术家，无论是在世的还是已逝的，看到他们的作品被复制后有时会变成什么样，都会（并且经常）感到蒙羞。我们不应该理所当然地认为事实就是如此。在一种意义上，精心制作的复制品本身之所以成为艺术作品，其选择的颜色即使未能精确地模仿原作，也有效地实现了和谐。这在勒布隆的三色印刷中是显而易见的，其手工制版带有真正非凡的技巧和灵敏。19世纪的单色版画努力传

达一幅伟大画作的精髓，其内在的艺术正当性自有理由。技术消除了许多艰苦的工作，但它需要人眼的指导来惟妙惟肖地复制一幅图像。

也许，当美国画家乔治娅·奥基夫的一些作品在1976年由维京出版社准备好印刷时，以上就是她当时的感受。作为一位对颜色的细微差别感觉特别强烈的艺术家，奥基夫仍然向印刷商表明："如果画作在印刷完成后感觉良好，即使颜色并不完全正确，也并不真正要紧。"[18] 342

第十三章

心胜于物
——在现代主义中作为形式的颜色

当我们明白颜色有属于自己的存在，无限的颜色组合有一种诗歌艺术和诗意语言，比此前的任何东西都更具表现力时，新的艺术将真正开始。

—— 索尼娅·德劳内

颜色越来越多地争取到了你。某种蓝色进入你的灵魂。某种红色对你的血压有影响。某种颜色使你更健康。这是音色的集中。一个新的时代正在打开。

—— 亨利·马蒂斯

自从中世纪以来，画家不断被提醒，他们的调色板远不足以捕捉自然世界真正的壮美。颜料制造商乔治·菲尔德在19世纪40年代说，古代大师们被迫“为了实现协调而使色调远低于自然”，因为他们的色料不够明亮。赫尔曼·冯·亥姆霍兹同意此说：

> 画家不得不对他的对象的光和颜色进行的表现……无法给出忠实于所有细节的再现。艺术家在许多情况下必须应用的经过调整的亮度比例，与此是相反的。[1]

有了现代调色板的塞尚，还是带着明显的痛苦意识到了这一点：“我无法达到在我的感官面前展现的强度。使大自然变得生气勃勃的着色方式丰富而华丽，这是我所没有的。”梵高似乎已经安于这种局限：“画 343
家最好从调色板上的颜色，而不是从自然的颜色着手。”

然而自从透纳开始使用明亮的新色料，绘画不可阻挡地朝着一种共识发展，即画家的任务完全不再是对自然的表现。预示着通向抽象的道路的，是梵高、塞尚和亨利·马蒂斯（1869—1954）所颂扬的从“自然主义”色彩中解放出来。马蒂斯说：“事情的真相是，我们与模仿的色彩保持着最远的距离。”

结果便是单色和强烈的原色的激增。马蒂斯断言：“我使用最简单的颜色。我不会自己改变它们，照看它们的是相互之间的关系。”《红色餐桌》（*La Desserte*, 1908）和《红色画室》的红色内饰几乎以不妥协的二维特征压倒一切，消除了图像体积的错觉。评论家约翰·罗素评论《红色画室》称，“这是绘画史上的一个关键时刻：颜色处于优势，并得到充分利用”。

野　兽

20世纪对颜色的所有运用，都必须结合马蒂斯来考察，正如对形式的所有运用都与塞尚有关。毕加索同样声称：“如果这个世纪所有伟大的着色画家有机会共同完成一面旗帜，上面包含每个人最喜欢的颜色，其结果肯定就是马蒂斯。”[2]

除了那些纯粹喜悦和快乐的，在19世纪化学的钴、铬和镉色相中令人愉悦的颜色外，这些颜色还包括些什么？1897年，马蒂斯放弃他先前灰暗的调色板，转向跳跃着新发明色料那明亮的蓝色、绿色和红色的调色板：很像是印象派的，尽管他不排斥如黄赭石和熟赭这样的土质颜料。他使用了钴紫，而钴紫只是偶尔在印象派中发挥主要作用；在浅色和略带紫色的色调中，他采用了新的镉红色。

344 值得注意的是，自16世纪从胭脂虫制成的胭脂红色淀推出以来，镉红本质上是红色色料中第一例主要材料创新。马尔斯红（合成氧化铁，见第154页）是对自古代以来就为人所知的红赭石的提纯；红色色淀的制造在19世纪初得到改进，但没有涉及真正的新出现的着色剂；苯胺红作为艺术家的颜料从来没有真正成功；合成的茜素是与埃及人从茜草根中提取的东西相同的化合物。除了红色，每种原色和二次色在19世纪都得到了颇有影响的新的体现。镉红基本上就是镉黄（硫化镉）中添加了一些硒代替硫。欣然以月亮命名的元素硒[*]，在1817年由瑞典化学家约恩斯·雅各布·贝采里乌斯发现——与镉发现于同一年。硒具有类似于硫的性质，通常与其自然而然地发生联系。

这种色料的起源不容易追踪，因为硫化镉橙本身可以非常接近红色，足以模糊界限。在（身后出版的）1869年版的《色谱法》中，乔治·菲尔德以赞许的口吻谈到被他称为镉红的色料。但是，由于直到1892年的一项德国专利之前，都没有技术文件详细说明这种硫化物—硒化物的结合，我们只能假设菲尔德的颜色（他描述为“橙猩红色”）不过是镉橙的一种特别深的变化形式。无论如何，现在冠以镉红名称的化合物直到1910年才能作为商业产品获得。1919年，拜耳化工公司开发了一种更可靠、更经济的生产方法。通过改变硒的量，颜色可以从橙色调整为暗栗色。

马蒂斯很喜欢这种强烈的新的红色，它有极好的稳定性。他讲述

---

* 硒的英文原文selenium，与希腊神话中的月亮女神同名。——译注

了自己如何试图说服雷诺阿采用“镉红”代替传统的朱砂，可惜没能成功。不过，由于这是在1904年，马蒂斯有可能说的是菲尔德调查的某种色料，其橙色色调应该比色调更深的现代品种更类似于朱砂。

与塞尚一样，马蒂斯觉得对于一幅画来说，是色彩之间的关系而不是形式赋予了它结构：“构图是这样一种艺术，它以装饰的方式把画 345
家可以调配的各种元素加以安排，以表达画家的情感……色彩的主要目的应该是尽可能好地表达情感。”[3] 马蒂斯相信，这种表现力无法从色彩运用“理论”中筹划出来，必须直接来自艺术家的敏感性：“我对颜色的选择不依赖于任何科学理论；它是基于观察，基于情感，基于每种经验的性质本身……我只是试图找到一种适合我的感觉的颜色。”[4]

然而，当从本能出发的着色师们谈论对颜色的运用时，我们要想寻找一致性就不明智了。马蒂斯有一次承认自己“算是半个好科学家”，他在同侪圈子中以坚持理论著称。在他位于巴黎的艺术学校里，马蒂斯让学生们接触谢弗勒尔、亥姆霍兹及其阐释者奥格登·鲁德，通过他们马蒂斯可能对材料产生了兴趣。无疑，马蒂斯从鲁德那里得出的理解是，红色、蓝色和绿色单独就可以“创造出相当于光谱的东西”：以鲁德研究的加色混合物的形式，它们当然可以做到这一点，但不是作为色料。这里依然有可能埋下了马蒂斯的《舞蹈》（*Dance*）和《音乐》（*Music*）的伏笔，两者都于1910年绘制，其中这三种颜色以平涂并置的形式出现，每一个都有准亚里士多德式的元素分配：蓝色的天空，绿色的大地，红色的肉体。

在世纪之交，随着印象派作势要成为新的当权派，新印象派奄奄一息，梵高也已离开人世，有足够的空间为一个新的先锋派虚位以待。这个先锋派首先出现在被称为野兽派的运动中，马蒂斯是其名义上的首领。荷兰野兽派画家凯斯·凡·东根如此评价这个群体：“人们可以谈论印象派这个流派，因为他们秉有某些原则。对我们来说，没有什么类似的东西；我们只是认为他们的色彩有点暗淡。”如果将莫奈的睡莲与库尔贝对比，这种指责是很难接受的。把他们与安德烈·德朗的《伦敦桥水域》(*The Pool of London*, 1906)（彩图13.1）对比，一切都变得很清楚。这里的颜色毫无保留，雄辩地说明了明亮的新色料的核心地位，就好像它们是从颜料管里依次挤出来的（事实上经常如此）。

346 和20世纪早期的其他主要运动一样，野兽派也是印象派的直接后裔。19世纪90年代在巴黎，马蒂斯于古斯塔夫·莫罗门下接受了既古典又开明的训练，但他于1896年为印象派的魔力所倾倒。很幸运地，这位年轻画家得到印象派画家中那位最慷慨、最有眼力的卡米耶·毕沙罗的器重，后者还培养了高更和塞尚，并赏识梵高的天才。

但是，马蒂斯的热情把他带往不同的方向。在塞尚的作品中，他不仅发现一种自威尼斯古代大师们以来就被埋葬的观念（即以颜色作为建构性媒介）得到了复兴，还发现了对色调的和谐与平衡的重视，而野兽派的其他一些画家对此很少在意。同时，从高更那里，马蒂斯了解了“原始”艺术的冲击和情感力量，以及对使用平涂颜色而不是具有立体感的颜色的领会。（与梵高和高更一样，他受到日本版画的强烈影响，这些版画在19世纪末的法国风行一时。）他把自己的影响极为明显地展示出来：

> 说色彩再次变得有表现力，就是在总结它的历史……从德拉克洛瓦到梵高，尤其是到高更，经由印象派（他们清理了地面）和塞尚（他推了最后一把力并引入了彩色的体积），我们可以追溯色彩功能的这种恢复，其情感力量的这一重拾。[5]

但是，对于高更来说色彩有神秘和象征的含义，而对于马蒂斯它不过是用来构成图画的东西。马蒂斯的许多绘画从画布上消除了深度，创立了一个二维平铺的彩色空间，几乎像一块挂毯。他说："阻止高更被纳入野兽派的，是他没有使用色彩来构建空间，以及他用色彩来表达情绪。"

安德烈·德朗（1880—1954）于1899年与马蒂斯结识。1901年，在巴黎的梵高回顾展上，德朗向马蒂斯介绍了莫里斯·德·弗拉曼克（1876—1958）。此三人是联系松散的野兽派团体的核心人物，而梵高画 347
展是催化剂，点燃了他们那燃烧的色彩。弗拉曼克在临别时大声说，他爱这个荷兰人甚于爱自己的父亲。据马蒂斯回忆，在此场合的弗拉曼克是"一位年轻的巨匠，在表达着他对独断色调的热情，并宣称人们必须用纯钴、纯朱砂和纯委罗内塞绿［翡翠绿］来作画"。谈起在巴黎郊区夏都岛*的那些日子里与弗拉曼克的交往时，德朗说："我们总是沉醉于色彩，沉醉于描述颜色的词语以及为颜色赋予生命的太阳。"

德朗的调色板甚至比马蒂斯的范围更广，几乎没有漏掉一种原色或二次色：所有的镉颜色都有，包括铬酸钡（柠檬黄）和马尔斯黄。莽撞和自我的弗拉曼克使用未经混合的现代颜色，绘制出像《有红色树木的风景》（*Landscape with Red Trees*，1906—1907）这样亮色调和刺目的作品，令人眩晕，最终也让他无法发展出成熟的表达方式（到1910年，他所能做的不过是效仿塞尚）。与该团体同样相关的拉乌尔·杜飞（1877—1953）据说已经避开了所有的棕色，使用了整个系列的马尔斯颜色（从黄色到蓝紫色）以及新的天蓝色。还有一个强有力的理由要提出来：是野兽派，而不是印象派，代表了19世纪色料技术进步最辉

* 印象派画家聚集之地，被称为"印象派画家之岛"。——译注

煌的成果——色彩从传统中的最终解放。

野兽派于1905年突然进入公众的视野，那一年该运动确立了自己的名称。那一年的春天，在独立沙龙（由新印象派画家发起）上，马蒂斯展示了《奢华、宁静与享乐》（*Luxe*，*Calme et Volupté*），那是他在圣特罗佩与保罗·西涅克一起进行的短途旅行中刚完成的。这幅画激发了很多讨论，启发了野兽派的其他画家向“分色主义”（Divisionism）靠拢，这种画法是由修拉的点彩画风格演变而来的。

但是，西涅克坚持认为，此风格仍然受到颜色对比和互补规则的束缚，这些规则最终使从本能出发的马蒂斯感到沮丧，从而与其疏远。在《奢华、宁静与享乐》中，他基本上不关心科学上的准确性——他那点画上去的色块太大了，无法按修拉的意图通过光学混合来“加工”。马蒂斯、德朗、乔治·布拉克等人所实践的分色主义，很大程度上只是
348 将颜色分离成未混合的小块（*taches*）。马蒂斯为保持纯色的完整性，经常表现出近乎中世纪的决心，他还批评新印象派用光学混合物破坏了它。

那个夏天，马蒂斯与德朗一起返回法国南部，回到小镇科利乌尔，在这里创造出了被认为界定了野兽派的风格。在看到高更的一部画集后，他们意识到，自己的方向不是分色主义，而是平面色，即“强烈着色的诸表面的和谐”。与其他野兽派画家一起，他们在1905年末秋季沙龙展示了这次短途旅行的成果。这项展览创立于1903年，作为独立沙龙之外一项门槛更高的替代；独立沙龙来者不拒，意味着精品容易被过多的劣作淹没。

秋季沙龙引起的喧嚣堪比印象派在1874年举行的首次展览，激起了对类似情趣的蔑视。“一锅颜料砸向了公众的脸上。”评论家卡米耶·莫克莱惊呼，蹩脚地重复着1887年拉斯金向惠斯勒发出的谴责。

其他人走得更远，几乎被这种低下品味逼疯。“如果没有审美价值，为什么把所有这些疯子放在一起，向公众展示他们的作品？”J.-B. 霍尔写道，“这场新闹剧意义何在？谁在保护他们？”……如此云云，直到最后来一句傲慢的点睛之语：“马蒂斯、弗拉曼克和德朗诸位先生的乱涂乱抹与艺术有什么关系？”

看到这些令人眼花缭乱的作品与一些传统的佛罗伦萨风格的雕塑展示在同一个房间，《吉尔·布拉斯》（*Gil Blas*）*的杰出评论家路易·沃塞勒对马蒂斯说：“看！多那太罗在野兽笼子里[*dans la cage aux fauves*]！”所以，和之前的印象派以及之后的立体主义一样（再次承蒙机智的沃塞勒的好意），野兽派被一句嘲弄的笑话打上了印记。

其他人更有洞察力。创新的纳比派画家莫里斯·丹尼斯说：“这是超越偶然事件的绘画，是为了自身缘故的绘画，是纯粹的绘画行为。”看起来就像他预见到了下一步不可避免地会迈向抽象。

但野兽派有更多的新芽。马蒂斯1905年底为他的妻子画的肖像 349
画《带绿色条纹的马蒂斯夫人像》（*Portrait with a Green Stripe*），似乎在宣布印象派的色彩理论的冗余之外，显示了通向表现主义的道路。在这里，互补色被放弃了，呈现的是不和谐：朱砂贴着紫色，绿色与粉红和赭色相邻。在《蓝色裸体》中，现在回头来看，马蒂斯似乎在为我们接受毕加索令人惊讶的裸体人物做准备。

也许是因为野兽派过于多产，其寿命极为短暂：到1908年，它已不再是一个连贯的运动。在短短四年时间里，野兽派短暂地既拥有康定斯基又拥有布拉克，他们是毕加索在立体主义创立时的两位合作者。野兽派可以被看作一种追赶时期，吸收了只是被印象派部分瞥见

* 巴黎的一份文学刊物，以法国小说家阿兰·勒内·勒萨日的一部作品命名。——编注

的新色彩的可能性。马蒂斯之后，无人回望。

颜色实验

20世纪早期的一些艺术家始终怀着希望，认为科学，而不是直觉，将帮助他们穿越非代表性色彩的凶险水域。1906年，意大利艺术家加埃塔诺·普雷维亚蒂发表了《分色主义科学原理》(*Scientific Principles of Divisionism*)，扩展了新印象派关于对比和光学混合的一些观点。对于意大利未来主义画家如贾科莫·巴拉和翁贝托·波丘尼，这本书产生了很大的影响。波丘尼的《城市的兴起》(*The City Rises*, 1910) 是一幅充满色彩生气的图像，但给人的印象是，比修拉对色彩的运用更为系统。“我想要的东西是新的、有表现力的、令人惊叹的。”这位艺术家说，他隐隐在总结着未来主义的宣言。

这幅画可能是对普雷维亚蒂那本书的转录，诱导法国人罗贝尔·德劳内 (1885—1941) 涉足分色主义。德劳内努力实现类似于彩色玻璃的发光效果，1907年至1912年间他在法国教堂研究过这种玻璃：1911年和1913年之间完成的一系列绘画被称为“窗”系列。他说：“颜色本身既是形式又是主题。”——但它是真正的色光，德劳内
350 试图模仿，首先试图通过分色主义有望实现的光泽来让人联想到透明度。德劳内随后放弃了用于由塞尚启发的平面色块的点，以及立体主义画家的几何设计。这些绘画，如《太阳圆盘》(*Sun Discs*, 1912—1913)，颜色饱和、鲜明，发着光亮，被称为“彩虹碎片”——虽然把它们看作牛顿色轮的突变会更好。诗人兼评论家纪尧姆·阿波里奈尔把这种风格称为俄耳甫斯主义。

在一些人那里，俄耳甫斯主义已被贬为不过是变得抽象的野兽派（德劳内确实在他职业生涯的早期经历过野兽派阶段）。看起来，德劳内正在寻找一种色彩的句法规则，而野兽派对公式没有兴趣。不过，他宣称对科学原则没有耐心：

> 色彩的形式让我发狂，但我不寻求对它们进行学术上的解释……没有哪种有限的科学与我朝着光移动的技术有任何关系。我唯一的科学，是在两种印象中进行选择：一种是宇宙中的光给我的匠人意识留下的印象，另一种是我试图通过发出一道命令把它们集合在一起的那些印象……[6]

然而，德劳内研究过谢弗勒尔，并且可能熟悉鲁德的色彩理论（普雷维亚蒂运用过它）。他利用互补色来提出“颜色运动”的想法。通过似乎矛盾的推理，他声称，并排放置的互补色会产生“慢速”运动，而在色轮上靠近的颜色，如橙色和黄色或蓝色和绿色，会产生“快速”运动。基于这些相当模糊的概念，德劳内坚持认为自己的作品不是真正的抽象，而是基于自然规则。

在美国，俄耳甫斯主义促进了被称为色彩交响主义的运动，其主要支持者是画家摩根·罗素和斯坦顿·麦克唐纳·赖特。色彩交响主义者的相交平面，如果说有什么区别的话，那就是甚至比德劳内的更为明亮。在这位法国人和他的俄罗斯妻子索尼娅（她本人就是一位成就卓著的画家和诗人）所追求的“纯洁的审美”中，人们可以看到极少主义的开始，这种艺术后来在美国发展成色域绘画。 351

但是，德劳内的弱点就在于包容性。他容纳了整个光谱，又没有做出对所有伟大艺术来说都必不可少的选择，于是面临着一个风险，即简单地绘制彩虹的颜色，而不是把它们构建成令人信服的作品。对于华丽的现代色料，有陷入太深的危险。

没有理论的学校

没有人可以否认，保罗·克利 (1879—1940) 是一位技艺高超、充满创造性的着色师。让-保罗·萨特对他的评价更高："克利是一位天使，他重新创造了这个世界的奇迹。" 然而，要想将克利的构图归结为任何色彩理论的原则，绝没有那么容易。他是一位色彩魔术师，在某一时刻忙于发光的柔和色调 [《干道和小径》(*Highways and Byways*, 1929)]，在另一时刻忙于充满光泽、精细调制的红色 [《日落景观》(*Landscape at Sunset*, 1923)]，随后又忙于梦幻般的黑色背景前的明亮原色 [《有黄鸟的风景》(*Landscape with Yellow Birds*, 1923)，《黑王子》(*Black Prince*, 1927)]。《姑姑身边的孩子》(*Child with Aunt*, 1937) 全是秋天的色调；《玻璃立面》(*Glass Façade*, 1940) 的玫瑰色、橙色、绿色和蓝色，就好像真正从背后照亮般发着光亮。《光和其余许多》(*The Light and So Much Else*, 1931) 在画名中突出了真实主题：光，表面上进行的是分色主义处理，但在其他方面丝毫没有借用新印象派的僵硬规则。

1914年，克利在突尼斯的阿拉伯文化中发现了梦幻般的色彩视觉，这种视觉激发了他的快乐顿悟；没有什么比克利对这种视觉的回忆，能更好地捕捉到色彩所滴注的纯粹的丰沛："色彩已经抓住了我；不再需要我追逐它了。我知道它永远拥有我。那就是这个幸福时刻的意义。色彩和我融为一体。"[7]

毫不奇怪，既然师傅 (*Meister*) 队伍中有克利和康定斯基，位于德国魏玛的包豪斯艺术、建筑和设计学校在20世纪20年代便极为重视色彩。包豪斯成立于1919年，为自己设定的任务——回头来看有些唐吉诃德意味——是既在艺术家和设计师身上培养创造力，又让他们的技艺与行业需求相协调。对于某些人的趣味来说，学校现在代表着所有在现代设计中无灵魂和功能性的东西，具有几何形式并拒绝纯粹的 352
装饰。对于其他趣味来说，它象征着一种卸下矫饰的前卫，是现代主义的核心基础之一。对纳粹分子来说，它只是一个“堕落”艺术的中心，于是他们在1933年关闭了学院。

包豪斯由魏玛艺术学院和魏玛工艺学校合并而来。它的首任校长是建筑师兼设计师瓦尔特·格罗皮乌斯，他的愿景是使制造行业重新认识到艺术的重要性。在过去，制作有用的人工制品的工匠既是技术人员也是艺术家，经过训练去制作既有功用又有审美愉悦（不同于毫无意义的幻想）的物品。随着工业化的兴起，这种关联已经丢失，大规模生产导致产品没有任何艺术价值。格罗皮乌斯说：“艺术家有一种能力，能将灵魂注入机器生产的无生命产品。”

为此，格罗皮乌斯开始招募技巧熟练又有想象力、同时支持纯艺术和实用艺术的人，让他们在包豪斯工作室教学，培养一批新的创意工匠。克利于1921年加入；次年，康定斯基接踵而至。教员中有了这两位名流，学校不愁吸引不来学生——但转头又发现，许多学生想成为现代画家，对实践技艺的训练没有兴趣。

这只是格罗皮乌斯面临的问题之一。学院早期的教职人员中包括约翰内斯·伊滕，他是教授绘画的老师，也是抽象画家兼艺术学者阿道夫·赫尔策尔的学生。色彩理论是赫尔策尔全神贯注的一个领域，他对颜色和声音之间的关系进行了研究。伊滕从导师那里获得了这种对色彩的热情，以及对非常规教学方法的偏好。

伊滕师傅是一个神秘主义者——马兹达兹南派信徒，该教派源出于古老的琐罗亚斯德教。他剃了头，穿着教士的袍子，并鼓励学生们也这样做。伊滕的观念借用了19世纪德国浪漫主义者和他们的继承人，即被称为“桥社”(*Die Brücke*) 的团体中表现主义画家的
353 情绪过度。他没有时间去关注正式的方法，而是考虑“自我发现”，并体验艺术创造力的原始材料。伊滕教学生进行呼吸和专注力练习，并鼓励他们移情于主题。在画圆圈之前，他们会摇着手臂描述圆圈；分析格吕内瓦尔德绘制的十字架时，他们必须像抹大拉的马利亚那样哭泣。

所有这一切使得伊滕成为一个有魅力、有争议且不随和的师傅。据他的学生保罗·西特罗昂称，“伊滕身上有一些恶魔般的特征。作为一位师傅，他或者受到强烈的爱戴，或者遭到对手同样强烈的憎恨——他的对手可不少。无论如何，不可能忽视他。”[8]

人们有一种感觉，即包豪斯在20世纪20年代初期是在几乎失控的无政府状态下运行的，尽管格罗皮乌斯付出了最大的努力。对于克利和康定斯基这样反复无常的人来说，这绝对算不上恶劣的环境，但它很难促成一种连贯的理论基础。没有哪个方面比包豪斯对色彩的态度更明显地表现了这一点。

包豪斯继承了魏玛工艺学校的一种传统，即由新印象派启发的对色彩的理性实验。伊滕自己渴望一种“色彩的基本原理”，但对于如何确立这样的原理没有提出明确的想法。康定斯基负责色彩方面的大部分教学工作，包豪斯精神认为应该从物理、化学和心理的角度来研究色彩。康定斯基试图在色彩心理学 (见第23页) 中进行“科学”的共识实验，便是这种精神的表现，然而结果不过是削弱了他对于色彩的情感语言那相当教条的想法。

事实上，似乎很清楚的是，克利、康定斯基和伊滕都没有透彻把握当代关于色彩的科学观点。克利的讲座援引了歌德的观点，以及奥托·伦格和欧仁·德拉克洛瓦这样的艺术家对互补色的运用。但他认为就艺术家而言，这些理论的价值是有限的——原因尤其在于，科学家的“颜色”与艺术家的色料不一样：“当然我们可能用上一点儿，但几乎不需要什么色彩理论。所有可能的无限混合物都不会产生施韦 354
因富特绿［翡翠绿］、红铅和钴紫。”[9]

没有任何真正的迹象表明，包豪斯的任何人对色彩的化学基础有任何了解。例如，伊滕与色彩的材料方面的隔膜，使他固执地认为，中世纪艺术中圣母长袍的蓝色具有的主要是象征意义（见第270页）。伊滕的《色彩的元素》(*Elements of Colour*)中包含很多令人感兴趣的内容，但完全没有留意色料这一色彩之源。

显然，这些都不会妨碍人成为真正伟大的画家，或者成为富有想象力的着色师；但有人可能只想知道，学生们会如何理解这一切。人们会发现，围绕包豪斯飘浮着各种色彩理论的碎片，不论其中的某一些与其他的如何明显地相互矛盾。难怪包豪斯校友、后来成为该校导师的约瑟夫·阿尔贝斯，要到一种纯粹经验的方法中寻求慰藉。他称色彩为“艺术中最有相对性的媒介”，易于随着背景而改变。包豪斯关闭后，阿尔贝斯移民到美国，在北卡罗来纳州的黑山学院教绘画。他在20世纪50年代开始创作名为《向方形致敬》(*Homage to the Square*)的系列作品，一直坚持到1976年去世，那时他那平涂叠加的方形已成为美国极少主义的象征。这些图像处于艺术和实验之间，为他颇有影响力的著作《色彩的相互作用》(*Interaction of Color*, 1963)提供了基础；他在这本书中呼应康定斯基，提出原色、二次色和三次色的某些组合具有特殊的情感意义。

不足为奇的是，鉴于伊滕对偶像的叛逆，他在包豪斯注定不会长期停留。他与格罗皮乌斯的愿景的根本争议，在于与商业世界妥协这一想法上。伊滕确信，真正的创造力必须源于不受工业那粗鲁的现实需求束缚的自我认知，并相应地安排他的课程。他要求格罗皮乌斯有个决断：或者纯粹做艺术，或者完全讲实用。但是格罗皮乌斯坚持
355 认为，“我是在这些生活方式的**融合**中，而不是在割裂中寻求统一”。1922年，他表达了忧虑：“如果与外部世界的运行和工作方法失去联系，包豪斯学院可能成为怪人的避风港。”伊滕心领神会，在白眼中离开，临别时明志要“坚守他的浪漫主义岛屿”。

格罗皮乌斯在1923年意味深长地提议用一名化学教师来替补伊滕，以促进重新把色彩作为材料来研究。(1923年的包豪斯宣言明确地将色彩归入此类，与木材、金属、玻璃等放在一起。)学院重新开设了染色技术工作室，该工作室曾是魏玛工艺学校的一部分。在1925年搬迁到德绍后，包豪斯重新确立了其作为实践训练场所的使命。克利和康定斯基继续教授绘画，但更多地是以“驻校艺术家”的精神往此机构中灌输美学，而不是作为一种新类型现代主义者的明星教师。

“谢谢，但还是算了吧”

包豪斯在20世纪20年代初对色彩的材料方面的明显拒绝，可能源于某种比该学校师傅的神秘倾向更为具体的东西。对于德国化学家弗里德里希·威廉·奥斯特瓦尔德(1853—1932)的色彩理论，伊滕的老师赫尔策尔是直言不讳的反对者。1909年，奥斯特瓦尔德因为在物理化学领域的研究工作被授予诺贝尔奖，该学科几乎是他和其他几个人创立的。作为一位自童年以来就自己制作色料的业余画家，奥斯特瓦尔德在所有方面都对色彩产生了浓厚的兴趣。

在诺贝尔奖获得者当中，很难说只有奥斯特瓦尔德一个人获得确信，认为所获的奖项让他随后的任何想法都无懈可击。但是，很少有人在传播这些想法的时候，会表现出如此坚定的武断和傲慢。他怀抱的信念是，在艺术中有绝对的色彩原则（当然，就是他自己的原则），违反这些原则会导致“错误”的艺术，需要纠正；这很难让他得到更崇尚本能的人的好感。再加上强有力的社会主义信念，即艺术应该服务 356
于人民，而不是个人，这就确定会使他面临不断的冲突。马克斯·德尔纳说：“当奥斯特瓦尔德教授分析提香，宣称一块披风的蓝色高了或深了两个色调时，画家们似乎觉得有点好笑！那就是提香自己的蓝色。”[10]这句话无疑说出了很多人的心声。

在包豪斯，克利和伊滕一样反对奥斯特瓦尔德的理论，并且同样激烈。1904年，年轻的克利是少数几个对奥斯特瓦尔德的手册《给一位画家的信》（*Malerbriefe*）表示热情的艺术家之一，称之为“对所有技术问题的出色的科学处理”，但克利后来的看法却相当尖刻：

> 在不久前读到奥斯特瓦尔德的色彩理论后，我开始理解大多数艺术家的一个共同之处，即对颜色作为一门科学的厌恶。我给了自己一点时间，看看是否能够成功地从中获得一些有价值的东西，结果只能得到一些有趣的想法……科学家经常发现艺术是幼稚的，但在这种情况下，位置被颠倒过来了……［像奥斯特瓦尔德那样］认为使用等值色调创造和谐的可能性应该成为一般的规则，则意味着放弃灵魂这一财富。谢谢，但还是算了吧。[11]

康定斯基却是矛盾的，并在1925年赞成奥斯特瓦尔德的观点，格罗皮乌斯和设计师中更倾向于技术的那部分人则一直以同情的眼光看待这些观点。

奥斯特瓦尔德的理论有一个特点，对一名科学家来说似乎很奇怪，那就是把绿色与红色、黄色和蓝色一起确立为“原色”。奥斯特瓦尔德的《色彩入门》(*The Color Primer*, 1916) 一书中给出的色轮，在24个区间中划给绿色的不少于9个。不过，对于绿色作为蓝色和黄色的“二次”混合物这一概念，奥斯特瓦尔德没有异议。相反，他认为绿色**在感知上**是自主的，承认了在很大程度上要归功于歌德的色彩的心理维度。奥斯特瓦尔德的体系来自维也纳心理学家埃瓦尔德·黑林的理论，后者设定了三组与歌德理论的二元论有强烈共鸣的“对立颜色”：
357 黑色和白色、红色和绿色、黄色和蓝色。

然而，奥斯特瓦尔德色彩理论最重要的方面，是他分配给颜色中的灰色成分的角色：他将灰度**值** (或亮度) 的维度引入色彩空间。奥托·伦格的色球 (见第52页) 试图通过从黑色一极前进到白色一极来拓展一维色轮，但它没有为灰色本身找到任何的地方。阿尔伯特·孟塞尔的三维色彩空间 (见第53页) 更进了一步，奥斯特瓦尔德1905年在哈佛见到孟塞尔时深受该空间理论的影响。奥斯特瓦尔德希望将这个抽象空间转化为一系列与艺术家相关的原则，即转化成实现和谐的色彩构图的手段。

他这样做时，首先是建立了一个均匀变化的感知步骤的灰度。根据奥斯特瓦尔德的说法，这些步骤服从黑色和白色的渐进比率之间的数学关系。然后，奥斯特瓦尔德将该灰度应用到他的24区间色环上的每个色相上，并且声称这样的色彩和谐是由于使用的颜色的值 (即它们的灰色成分) 是平衡的。这是《色彩入门》中阐述的中心思想，克利极为不屑地谴责了这本书。最终给画家的是一个建议：用白色调和颜色并实现色彩平衡。

这应该是对色彩理论的一项足够坚实的贡献，但奥斯特瓦尔德把它变成了一场运动的基础。他的化学专业知识让他有不寻常的能力，能将理论转化为与实际制作出颜色的色料相关的术语——奥斯特瓦尔德在德国颜料行业的顾问角色，意味着他能够把这个理论融入商业颜料产品。1914年，他代表德意志制造联盟 (Deutsche Werkbund) 在科隆安排了工业涂料和染料的“色彩展示”，并于1919年在斯图加特发起了一系列以色彩为主题的技术会议；今天，这些会议仍在定期举行。奥斯特瓦尔德的孩子们如此描述晚年的父亲：他在实验室不停地工作，胡子拉碴，上面满是色料颗粒，闪烁着彩虹的所有颜色。

20世纪20年代，奥斯特瓦尔德大力推广他的想法，使这些想法 358
在当时的欧洲艺术家中显得卓尔不群——无论是作为实践的基础还
是诋毁的对象。据说他在荷兰风格派 (De Stijl) 画家，如皮特·蒙德里
安、特奥·凡·杜斯堡和J. J. P. 奥德中已经成为偶像人物。但是极为
关心原色问题的蒙德里安，似乎很难理解奥斯特瓦尔德的理论对他自
己的颜色运用来说意味着什么：应不应该包括绿色？当这位荷兰人纠
结于如何根据一知半解的理论原则填补自己的网格时，克利则凭借不
受拘束的直觉让自己的网格光彩熠熠——从这番景象中，也许可以悟
出点什么。 359

第十四章

纯粹的艺术
——新的材料，新的视野

我认为，图画如果是从现实世界绘出的，它就更像现实世界。

—— 罗伯特·劳森伯格

这是一个全新的色彩概念，它被斯特拉权且用文字表述出来……当时他说……“我尽量把颜料保持得像在罐中一样好”……斯特拉试图把颜料“保持”得如此之“好”，表明他知道可能很难在原始状态下改善材料，一旦颜料被运用于艺术，就很可能不像在“罐中”那么有趣。

—— 大卫·巴彻勒，《恐色症》（*Chromophobia*，2000）

对于20世纪的艺术家来说，媒介传递着属于自己的信息。由立体主义画家探索，并由超现实主义者马克斯·恩斯特加以完善从而变得怡人的拼贴画，将现实世界的质地纳入构图。拼贴画直接描述了艺术家所处的社会环境：报纸、烟盒、咖啡馆家具的藤条仿制版，所有这些都赋予作品一种都市气息和直观性，画布上的颜料只能模仿。乔治·布拉克用沙子和锯末来强调他的颜料的坚固性，即物质特征。在马塞尔·杜尚的“现成品”中，媒介完成了所有的工作，艺术家只需加以选择就行了。重要的不是我们看到的东西，而是由其作为工作室产品的身份或在美术馆中的位置所提出的问题：什么是艺术？

什么是艺术？我们刚刚经历了历史上的第一个世纪，在此世纪中那个问题已经失去了边界。19世纪的批评家只需要区分好的和坏的，注意力的对象已经明确地定了框架、上了光、挂了起来，等候查看。今天，我们可以在街上路过一块广告牌、一堆碎石、一个举止古怪的人、一片涂鸦，同时自问：那是艺术，还是只是生活？ 360

20世纪的艺术家们让媒体传递了相当多的信息，在某些方面他们回归到了中世纪态度的世俗版本：材料具有自己的内在价值和象征意义。艺术的质料不再是它在中间的几个世纪所变成的那种被动工具，受到安排和运用，直到在图像本身之下消失不见。材料的选择本身可能传递着政治信息，或具有颠覆性，或具有精神性，或令人震惊。艺术是由动物尸体、人的体液、排泄物制成的。

然而，极少有——如果有的话——现代画家像中世纪或文艺复兴时期的画家那样理解了他们的材料。很少有人看起来关心他们的罐子（战后颜料的首选容器）里实际有些什么，或者表现出很多好奇心。无论如何，色彩受到新的合成着色剂发展的刺激，以令人困惑的方式大量出现，没有哪个艺术家有望跟上材料发展的步伐。结果，画家们多半取用他们被给予的颜色，做最好的打算。甚至马克·罗斯科——最重要的现代着色师之一，也是一个罕见的迷恋技术知识的人——偶尔也会使用无法抵挡时间侵蚀的色料，所以他的一些画作已经失去了冲击力。

这就是20世纪艺术的裂体生殖特征，很少有传统类别幸存下来。米开朗琪罗当然既是画家又是雕塑家，阿尔贝蒂既是画家又是建筑师。但他们做这些事时一次只做一件。毕加索也是如此，但到了20世纪末，边界消失了：绘画与平面画布无关了，装置可能会合并图像和空间，以及光线和触觉体验。艺术家的媒介是这个世界：树木和冰，城市及其附属物，山和天空。所以我们几乎不会感到惊讶的是，现代的

颜色也是一块多面的宝石，不再唯一地由颜料盒定义，甚至不再由彩
361 虹或孟塞尔图集定义。这样一来，艺术家如何获得色彩的问题，就变成了既是艺术哲学问题，又是相关的技术问题。色彩本身正在被重新发明。

工业色彩

马歇尔·麦克卢汉说“媒介即是信息”，其语境是20世纪60年代的波普艺术，这种艺术坚持认为除了媒介不可能有其他信息。在克拉斯·奥尔登堡的汉堡包雕塑中，这种媒介俗丽、粗糙、黏稠，因为这就是它描绘的快餐的性质。安迪·沃霍尔的工作是重复的，因为它引用的广告依赖于重复。艺术是批量生产、用后即扔的，因为它所嵌入的文化同样如此。从某种意义上说，这种艺术不过是在反映产生它的文化——它没有“说出”任何尚未被说过的东西。

然而，这是远离伊夫·克莱因、马克·罗斯科或杰克逊·波洛克的世界，更不用说远离马蒂斯和康定斯基。20世纪后期的主要着色师的关键主张是，是颜色本身——也就是说，其物质本质——将信息传递给观众的。信息可能是心理的、情感的、精神的；当然，对于这些艺术家来说，它不像波普艺术那样鲜明和直率。但它的传达方式不是通过仔细描述基督在十字架上的痛苦，或一个疲惫的老人含泪的眼睛，或一个女人脸上那破碎的、矛盾的表面——也就是说，不是通过线构。色彩自己说话，除了自己它什么也不代表。

这是一个激进的观念，虽然我们可以追根溯源，至少回溯到歌德的《色彩理论》。此观念的现代化身往往归结到康定斯基身上，他被

(无意义地) 描述为第一位抽象画家。关于康定斯基的顿悟有个传说，说他有次散步回来，瞥见自己早期的一幅具象作品倒立在一边。所有参考对象的移除，使得纯粹色彩的完全影响作用于他的感官。他意识到，对象——"物象"的作用不过是阻碍这种与色彩的直接交流，阻止进入物质形式之下更深层的现实。"只有当物象成为象征时，现代艺术才能诞生。"他说。 362

一个对于色彩不像康定斯基那样极其敏感 (和在神经系统方面敏感) 的画家，是否能得出这样的结论？这是深刻的洞察还是天真的神智学？这一点无关紧要。抽象是不可避免的；看看塞尚或高更的作品，任何人现在都可以看出这一点。当然，所有的艺术家都创造自己的"祖先"，如博尔赫斯说卡夫卡那样。但是很难想象，在西方艺术世界于20世纪的黎明还没有准备好接受抽象艺术时，它竟如此迅速地变得如此普遍——部分是因为它开始沉浸于强烈的色彩中。美国艺术家唐纳德·贾德说："对色彩的需求，其中的意义对早期具象绘画的破坏作用比任何其他东西都要多。"

然而对于想要以非具象的方式绘画的艺术家来说，色彩是一个不忠的盟友。因为真实事物也是彩色的，我们不能轻易放弃那种关联。根据艺术史学家菲利普·莱德的说法，

> 要想完成抽象的图像，你必须确保色彩不使人联想到或不呈现出非抽象事物，如天空、草、空气或阴影的气质（试试黑色，如果它太富诗意，试试铜或铝）。[1]

因此，抽象对色彩提出了新的要求。在20世纪下半叶，一些艺术家如莱德所建议的那样，使用完全未经严格"着色"的颜料，而且不是首先

用于美术。

其中一位是弗兰克·斯特拉，据说他“以工业方式”使用工业涂料，也就是说，像应用于建筑物或栏杆一般。在这里，色彩的媒介与其现成的美感相伴，是最适合现代时期的一种：匿名，没有魅力，批量生产。今天，每件东西都被赋予一种颜色，无论是办公室走廊、战舰还是计算机终端。它们不再是价格的标志：与群青近似的颜色可以成加仑地购买，染成紫色的布可以论码购买。

363 于是，20世纪下半叶许多主要艺术家，从美国抽象表现主义画家到波普艺术家，以及包括大卫·霍克尼和彼得·布莱克在内的英国画派，其作品只能参考他们所用材料的技术和经济背景来理解。这再次让人回想起中世纪和文艺复兴时期行会、合同和贸易模式所施加的限制，因为艺术家的**作品**，而不仅仅是他或她的**实践**，带有一种世俗考量的印记，涉及材料的成本、是否好买及其性能。利用新化学技术的辉煌产物，前拉斐尔派描绘了一个科学从来未经“污染”的世界。但对于杰克逊·波洛克来说，新型颜料不仅要求有新的技术，而且对画家现在面临的任务至关重要：“在我看来，现代画家无法以文艺复兴或任何其他过往文化的古老形式来表现这个时代，包括飞机、原子弹、收音机等。”[2] 然而对于波洛克和他的许多同时代人来说，使绘画风格的创新得以实现的新的材料形式，与其说与色彩相关，不如说关乎色料的黏合剂。色彩将要顺从的不是线条或形式，而是肌理和一致性。

新的媒介

从20世纪初开始，合成黏合剂被用于制造具有前所未有的品质的颜料。“我使用的大部分颜料是液体的、流动形式的。”波洛克说，他的喷溅技法不可能用其他任何颜料来实现。[3]他使用的亮光瓷漆涂料是为满足家庭和工业用途而批量生产的，价格足够便宜，让他能够涂覆巨大的画布，并能以其他昂贵材料无法实现的方式进行实验。

美国艺术家肯尼斯·诺兰德承认，在他和同行们选择这些大众市场涂料时，经济上的考虑是一个重要因素。在20世纪40年代，他说：“画画是挣不到钱的……他们弄不到好的艺术材料，几乎不得不走出去，开始使用家用涂料，即瓷漆涂料。”

然而，成本不是唯一的因素。墨西哥壁画艺术家戴维·阿尔法
罗·西凯罗斯（20世纪30年代，正是在他的纽约画室，波洛克和莫里 364
斯·路易斯开始试验商业涂料）意识到了这些材料的耐久性。当彼得·布莱克于20世纪50年代开始使用亮光瓷漆涂料时，部分是因为它们与露天展览会场绘画的关联，他对这种绘画极有兴趣。英国画家帕特里克·考尔菲尔德也对家用涂料产生了兴趣，因为它们鼓励不带个人特征的照牌画（sign-painting）风格，平面上没有明显的笔触（彩图14.1）。

20世纪50年代和60年代的这些画家以及其他年轻画家，也有逃离与油料相关的学院派“绘画性”的欲望。美国画家海伦·弗兰肯特尔惯于使用丙烯酸乳液，因为它们“不带情感”。英国艺术家约翰·霍伊兰说，在那些日子里，“油画颜料带有穷音乐家和没饭吃的艺术家的意味”。相比之下，像丙烯这样的新颜料媒介“令人兴奋的方式，似乎像人们对使用塑料和铝……以及其他工业材料感到兴奋一般”。几乎同样的冲动，导致19世纪晚期进步的法国画家们放弃了为作品上光的做法：这是对已成规范的学院派绘画实践标准的摒弃。甚至在20世纪的最初几年，20世纪50年代绘画如此典型的无光表面就已受到恩斯特·路德维希·基希纳这样的表现主义者的看重，因为它能给出“一

种更强烈的表达”。

正如从鸡蛋坦培拉到油料的过渡所显示的，一种新的颜料黏合剂改变了色彩的边界及其应用。例如，它改变了色料的光学性质，也改变了干燥时间——言外之意即颜色混合的时间。也许更为引人注目的是，那些直接从罐子里使用商业涂料的战后画家，比如彼得·布莱克，其调色板实质上是由制造商确定的；这些制造商为一个极为不同的市场生产产品，而且当时几乎没有意识到艺术家们正在使用他们的材料。弗兰克·斯特拉承认，在他绘画生涯早期，他的颜色范围与心血来潮的时尚之间是反向关系——他使用的家用涂料是打折出售的，因为它们的颜色在风格上已经过时了。“我只是接下普通涂料店不得不
365 提供的东西。”他说。以基本相同的方式，涂鸦艺术的显赫影响要完全归功于喷雾罐中产生的荧光色彩的范围。然而，很少有人像被公认为“波普艺术之父”的罗伯特·劳森伯格那样，让他们的调色板如此受制于涂料行业。他曾经买过一些便宜的、未贴标签的家用涂料，开盖后看到什么颜色就用什么颜色作画。

这些新型颜料是“塑料时代”的明显产物；但为了让人清醒，要提醒的是，这个时代开始于19世纪上半叶。1832年，德裔瑞士化学家克里斯蒂安·弗雷德里希·舍恩拜因发现，作为植物纤维主要成分的天然聚合物，纤维素可以通过使棉纤维与硝酸发生反应而转化为半合成材料。舍恩拜因得出的产物可以用模子制作并加以硬化，通常被称为硝酸纤维素或硝化纤维素。

19世纪60年代末，纽瓦克的约翰·海厄特和以赛亚·海厄特兄弟发现，如樟脑这样的“增塑剂”能使硝化纤维素变得柔韧；他们那被称为赛璐珞的新材料为兄弟二人带来了财富。但硝化纤维素最让人感兴趣的性质是其爆炸性，由于这种性质它也被称为火棉 (gun cotton)。

第一次世界大战期间，硝化纤维素被大量制造。

在战争结束时，突然之间，这种在当时显得冗余的物质严重过剩，于是便为它寻找新的用途。硝化纤维素溶解于有机溶剂并加入树脂，能提供一种清漆，这是一种合成漆。用色料着色后，它成为一种坚韧、有光泽、快干的涂料，后被称为瓷漆。[4]瓷漆涂料的这些特点使它们深受不断扩张的汽车工业青睐，位于美国的杜邦化学公司开始向通用汽车公司提供瓷漆。结果，为一辆汽车喷漆所需的时间从20世纪初的七至十天下降到20世纪20年代的大约三十分钟，这可是对大规模生产的强大推动。

20世纪30年代，西凯罗斯开始使用被称为杜科 (Duco) 系列的杜邦瓷漆。20世纪50年代，英国艺术家理查德·汉密尔顿使用了硝化纤维素喷漆，特别是在《她在微醺状态中》(*Hers Is Lush Situation*, 1958) 这幅以汽车为主题的画中。虽然他向当时一些 (捕风捉影的) 怀疑承
认，这些工业涂料既然如此费钱，必定比艺术家的颜料更好，但他做出 366
这种选择的主要原因其实是象征性的：

> 我希望作品与源头的关联越密切越好……一切的目标不是去代表对象，而是象征对象……它想要成为一辆汽车，所以我认为使用汽车颜色是恰当的。[5]

汉密尔顿在其他关于技术性人工制品的作品，例如在《她》(*$he*, 1958—1961) 中描述的家用电器上，使用了硝化纤维素瓷漆涂料；这也是出于大致相同的考虑。以汉密尔顿为核心人物的英国独立团体，明确提倡一种拥抱现代科技发展的艺术。

在艺术家圈子里，最著名的瓷漆涂料品牌大概是瑞普林 (Ripolin)，

由一家法国公司自20世纪初以来为家用而生产。亚麻籽油最初用作黏合剂，加入树脂后会韧化并形成高光泽度的表面。瑞普林的声誉要完全归功于毕加索，显然因为其耐久性，毕加索至少从1912年起就广泛使用这种涂料。他对瑞普林系列的认可赋予其一定的神秘感，激励后来的许多艺术家使用相同的材料。(不过有人提出，毕加索倾向于用“瑞普林”作为商业涂料的通用称谓，就像英国人把任何真空吸尘器都称为“胡佛”一样*——所以他可能实际上完全没用过瑞普林这个牌子。)

作为大多数工业和家用涂料中的黏合剂，硝化纤维素现在已由被称为醇酸树脂的新型合成树脂取代。这些都是聚酯聚合物，它们与油料混合以制备快干涂料媒介。第一种醇酸树脂生产于1927年，自20世纪30年代后期起在美国、自20世纪50年代起在欧洲，在商业涂料中被用作黏合剂。这种醇酸树脂能比硝化纤维素承载更多的色料，因此可以产生更强烈、不透明的颜色。杜邦公司从20世纪40年代开始使用醇酸树脂代替杜科系列中的硝酸纤维素，而瑞普林也从干性油转向
367 醇酸树脂。然而，艺术家颜料制造商们对于醇酸树脂引起的热情反应迟缓：温莎&牛顿公司是为艺术家提供醇酸树脂颜料的少数公司之一，这些颜料仅在20世纪80年代推出。

这些合成的树脂基颜料的一个不便之处在于，与油画颜料一样，它们必须用松香水之类的有机溶剂稀释——这种操作复杂而有害。不可避免的是，迟早会有人设计一种颜料媒介，操作方法类似于油画颜料，但可以用水稀释。1953年，丙烯酸乳液登场了。

丙烯酸塑料，包括有机玻璃 (Plexiglas) 这样的硬塑料，自20世

* “胡佛”（Hoover）本是一个著名吸尘器品牌，后在英语口语中演变成动词，意即“用吸尘器吸”。——译注

纪30年代以来已经可以从商业途径购得。液体丙烯酸聚合物不溶于水；但是在丙烯酸乳液中，聚合物那承载着色料的微小颗粒分散在水中，通过被称为乳化剂的皂状物质防止聚结。涂料膜层干燥后，水分蒸发，丙烯酸转化成牢固但柔韧的涂层。一旦凝固，这种涂料是不透水的。

第一种丙烯酸乳液是建筑涂料，但美国永固色料 (Permanent Pigments) 公司采用相同的配方，生产了一系列名为“丽唯特”(Liquitex) 的艺术家颜料。像安迪·沃霍尔和海伦·弗兰肯特尔这样的艺术家，在20世纪50年代对它们进行了试验，但其具有流动倾向的黏稠度不适合大多数人的趣味。一直到丽唯特于1963年修改配方，增强了黏稠度，变得更像油画颜料，才受到艺术家们的青睐。乔治·罗尼父子公司在20世纪60年代初推出了一种英国版，即克瑞拉 (Cryla) 系列。

除了可以用水稀释，丙烯酸乳液的另一个重要的吸引力是能快速干燥：新的涂层通常可以在一小时内覆上。正是这一点，促使大卫·霍克尼在1963年从油画颜料转向丙烯酸：

> 用油画颜料作画时，我总是要同时至少在三四幅图画上忙碌，因为那样才可以每天都持续工作……不得不等待颜料干燥。而现在，则有可能一直忙于一幅画。[6]

丙烯酸通常能提供与油画颜料相当不同的颜料表面：平坦而不透明，没有笔痕，对于追求20世纪60年代典型的非个人风格的画家来说是理想的表层颜料 (finish)。而且，霍克尼说，这种颜料能很好地服务于色彩：“使用简单而大胆的颜色时，丙烯酸是很好的媒介：颜色极为强 368

烈，且一直保持着强烈，不怎么改变。”[7]然而用水稀释为半透明状后，丙烯酸可以像油画颜料一样罩色，其优势是透明色层会在几分钟内干燥。霍克尼在《克拉克夫妇和珀西》(*Mr and Mrs Clark and Percy*, 1970—1971) 中使用了这种传统技法。然而有趣的是，后来，在开始以更为自然主义的风格作画时，他感到不得不回到油画颜料上。看起来，媒介必须适合主旨。

事实上，丙烯酸首次被用作颜料媒介，不是作为分散于水的乳液，而是作为与水不混溶的树脂，其中聚合物溶解在有机溶剂中。20世纪40年代后期，美国颜料制造商伦纳德·博库尔和萨姆·戈尔登与一家丙烯酸树脂制造商合作，为艺术家设计了马格纳 (Magna) 系列丙烯“溶液”颜料；他们的宣传语是：“五百年来第一种新绘画媒介。”管装的马格纳颜料稠度类似于油画颜料，可以用松节油稀释。它们甚至可以与油画颜料混合。该颜料能负载很多色料，因此可以相当程度地稀释而不损失颜色强度，而稀释后的油画颜料却会变得半透明。这一属性吸引着美国色域艺术家，如马克·罗斯科、巴尼特·纽曼和肯尼斯·诺兰德，以及像罗伊·利希滕斯坦这样的波普艺术家。博库尔很高兴能直接与艺术家们接触：他与画家莫里斯·路易斯合作，开发一种定制版的马格纳颜料，适合路易斯那极为个人化的风格。博库尔有时会测试新的马格纳产品，把它们免费提供给他那忠诚的美国画家圈子——这可羡煞了约翰·霍伊兰这样的英国画家，在1963年之前他一直无法获得丙烯酸。

除了丙烯溶液颜料，罗伊·利希滕斯坦从来没有真正使用其他任何媒介——这意味着多年来，他那明亮原色的色彩范围是由 (数量相当少的) 马格纳目录限定的。马格纳系列在20世纪80年代停止生产
369 后，利希滕斯坦买下了能够找到的所有库存。不过，萨姆·戈尔登的儿

子马克（现在是戈尔登艺术家颜料公司的负责人）在20世纪80年代后期创造出了类似系列的丙烯颜料，但色彩范围更广。他也愿意按照利希滕斯坦所要求的规格来调整产品，后者曾说："现在我可能有了四种不同的浅黄色，而不是一种。"

丙烯溶液颜料的一个缺点是，干燥后的颜料会再度溶解在松节油中，若喷涂过量往往易于流动，除非每层都上了光。利希滕斯坦已经准备好着手解决这个麻烦（"如果不解决，它会变得非常黏稠"），但对于不使用平涂、封闭色域的艺术家来说，所要求的条件很难满足。

然而，丙烯酸是昂贵的材料，大多数家用乳液涂料（即可以用水稀释的那些）现在也转而以聚乙酸乙烯酯（PVA）为基料。原理是相同的：PVA本身是一种不溶于水的聚合物，可用于形成坚韧的塑料和树脂，但在乳液中它作为液滴分散在水中。于20世纪50年代首次上市的PVA涂料，也具有快干这种吸引人的优点。这一点，再加上它们易于处理，诱使英国画家布里奇特·赖利在20世纪60年代使用它们。PVA那平整的表面，为她精细的、运用错觉艺术手法完成的构图提供了补充。临近20世纪60年代末，赖利开始越来越多地用彩色而不是黑色、白色和灰色来绘制她的"欧普艺术"（Op Art）作品，此时她开始寻找能带来强烈的色彩强度的材料。她不热衷于罗尼的丙烯系列，原因是考虑到它们太"浅"太"灰"，随后发现自己不得不向PVA中加入手工研磨的色料来混合出自己的颜色。这是一个费力而艰难的过程，可能导致不均匀的颜料表面。20世纪70年代，赖利最终转向丙烯，后来她有时会用油画颜料为之罩色，以使颜色更为稠密。

同时，对于肯尼斯·诺兰德来说，PVA的吸引力是经济方面的："你可以成加仑地购买［埃尔默胶，一种美国PVA胶］。我曾经把干色料放在里面。"毫无疑问，只有一个"成加仑"地提供负担得起的颜料

的时代，再加上崇拜尺寸和空间的文化哲学，才有可能产生像美国抽
370 象表现主义绘画这样大尺幅的作品。

色域和视野

对于马克·罗斯科（1903—1970）来说，巨大的尺幅是让观众沉浸于画作的一种方法：“无论以何种方式画更大的图像，你都在画中。这不是你能掌控的。”

这不是纯粹的自大。罗斯科想要画出的作品，是能够产生卓越效果、能够直指精神关怀的：“绘画必须像奇迹一般。”用艺术评论家罗伯特·休斯的话来说，罗斯科与巴尼特·纽曼和克莱福特·斯蒂尔一起，代表着抽象表现主义的“神学方面”。

罗斯科和纽曼用大片大片完整的色彩作画，没有任何具象的参考点。至少在原则上，除了原始的视觉印象、色相以及颜料本身的亮度之外，在这些作品中没有任何东西能使观看者做出响应。这就是康定斯基在逻辑上推到极端的视觉：对象完全消失，唯一剩下的是色彩。由于效果的强度被认为与图像的大小成比例，这些画家发现有必要以巨大的尺幅工作。他们已经逐渐被称为色域（Colour Field）画派。

然而，如果画布不是简单的单色，某种具象的东西就仍然存在。眼睛和大脑似乎需要它；它们合谋从并置的色域构建熟悉的形式，正如莱德警告的。罗斯科的《紫红色上的黑色中的两个开口》（*Two Openings in Black over Wine*，1958）变成了黑暗房间的一扇窗户，通过它可以看到紫红色黄昏的最后一点微光。《红色上的赭色和红色》（*Ochre and Red on Red*，1954）（彩图 14.2）只是凭借色域的水平格式

才呼应了风景：我们正往外观看，望向一片沙漠那闪着微光的热霾。

然而，根据罗斯科的说法，这些由发光颜色构成的矩形不是无限的天空或海洋，甚至也不是对它们的抽象，而是“事物”。毕竟，它们通常不会像被窗户设置边框那样去填充画布，而是在还不到边缘的时候停止，边界清晰。这就强行提出了一个问题，即它们是否真的是“色域”。在纽曼的作品中，该色域更加明确，通常由一条被他称为“拉链”的垂直线切断。在他的《谁害怕红色、黄色和蓝色III》(*Who's Afraid of Red, Yellow and Blue III*, 1966—1967) 中，黄色和蓝色的窄条 371
勾勒出一块几乎完全呈朱砂色的画布，无疑让人联想到某种深度，即红色位于其他颜色后方，因此我们看到的并不只是单调的颜色，而是一个场景。[8]

是什么驱使这些画家在原始的、非具象的色彩那痛苦的极简抽象艺术中寻求表达？对此，人们可以无休止地创建理论。我们感觉到了对20世纪中叶极端行为的一种回应：对广岛，对大屠杀，对核战争的威胁，以及特别是在美国，对一种日益反动的要求服从的战后压力。波洛克的回应是野蛮、阳刚、自我毁灭的反抗者式的，这种反抗者在20世纪50年代的美国电影中得到了引人注目的刻画。巴尼特·纽曼后来招致了嘲笑，原因在于他的一个虽然表面真诚、实则离谱的主张：他的画如果有人能看出门道，将意味着全球资本主义的结束。

由于艺术家自己的声明毅然具有这种格言般的特征，从中进行推断就格外受到鼓励，即便实际上不需要。罗斯科不愿用言语来解剖自己的作品：“一幅画不需要任何人来解释它说的是什么。如果有任何优点，它会自己表达出来。”这样说可能也未尝不可。例如，这是罗斯科在20世纪40年代中期告别具象表现时所说的：“并不是说形象已被消除……而是形象的象征，以及后来画布中的那些形状，代替了这些形象。”[9]

然而，与康定斯基关于抽象带来的挑战的说法相比，也许这没有太大的不同。不过罗斯科的解决方案是完全不同的。康定斯基在色彩中寻求一种视觉语言，对于色域画家来说，颜色（相当令人好奇地）只是一种达到目的的手段。罗斯科本人否认对颜色本身有任何强烈的兴趣，但又解释说他别无选择，只能用它作为工具：“既然没有线条，那还剩下什么可供作画？”如“着色师”所做的那样，以某种美学或理论上令人满意的方式安排色彩，这一想法把罗斯科吓坏了；他看到这种情况在画布上发生时，便毁了自己的画布。罗斯科愤怒地对一个记者说：“如果……只是被它们的色彩关系打动，那么你未得要领。”要领就是，

> 对于色彩、形式或任何其他东西之间的关系，我都不感
> 372 兴趣。我感兴趣的只在于表达基本的人类情感——悲剧、
> 狂喜、厄运等……在我的画作之前哭泣的人，与我画它们的
> 时候具有相同的宗教体验。[10]

可能是由于这个原因，罗斯科调低了他早期色域绘画那明亮调色板的色调，宁愿转而用黑色、棕色、灰色和深栗色，以免画作中受到欣赏的只是装饰性特征。

色域画派的目标无关乎色彩的华丽展示，却关乎崇高这一被19世纪的浪漫主义者所珍视的观念。如何描述它呢？一种巨大、孤独、沉默和无限的感觉——色域画家发现有必要把他们的作品扩大到令人敬畏的比例，原因就在这里。罗斯科强调，这种巨大的尺幅并不是想实现“宏伟和虚夸”，恰恰相反：“因为我想实现的是极具亲密感和

极富人情味。”只有通过这样的极端，绘画才能直接作用于观察者。相同的东西可以在索尔·勒维特的高色调抽象色彩构图中找到，它们直接画在美术馆的整面墙上，以便与建筑融合，给人无所不包的体验。

然而，色域画派中这种近乎宗教般强烈的情感，不利于非常务实的人。罗斯科几乎没有表现出组织色彩的任何系统的迹象，尽管如此，他也没有运用其他东西；纽曼和斯蒂尔除了偶尔变换一下原色，也没有显示什么更为理论性的东西。幸运的是，罗斯科对色彩有一种先天的敏感，但斯蒂尔被指责（我不会否认）是一个相当差劲的着色师，这对色域画家来说是个缺陷。正如约翰·盖奇所说，这确实是一种“没有理论的色彩”的艺术。这一点没有那么可怕，但我不禁怀疑，它同样是与材料保持距离的某种前提条件。罗斯科自己承认，他“与一千年的绘画传统分道扬镳了”——后果是灾难性的，至少在一个明显的例子中是如此。

罗斯科与他的材料的关系是矛盾的。一方面，他的画室技术中有一些与材料相关的中世纪的东西：在这里，他上到梯子的一半，雇用助 373
手在绘制纪念性的宗教作品（如那些受托为休斯敦的罗斯科礼拜堂画的）时搭一把手，把干色料、煮过的兔皮胶料和鸡蛋混合成一桶一桶的颜料。他的材料实验似乎部分以马克斯·德尔纳和琴尼诺·琴尼尼的实用手册为指导。然而，罗斯科流露出愿望，想摆脱颜料物理特征的限制：他把颜料大大稀释，以至于未刷底子的画布上与其说是作了画，不如说是沾了脏；根据他的密友多尔·阿什顿的说法，“罗斯科一直都知道，他的作画手段落在他的视野之后，因为手段是与材料相关的”。在作为赠送给哈佛大学的礼物而绘制的巨幅壁画画布中，这样的视野受限最多。

哈佛壁画可能最为明显地提醒着我们，当未经测试的现代材料辗转到达画家手中，画家又鲁莽地无视技术问题时，可能会发生什么。罗斯科于1962年把这些壁画送给了哈佛大学。在不到五年的时间内，它们就迅速衰败；到1979年，壁画已经被毁，于是便从视野中消失了。它们的价值在完工时估计约为10万美元；今天有人怀疑，罗斯科对于它们的被毁，应该是同意的。这部分是由于哈佛大学缺乏规划和维护不当的结果，但是用保护工作者玛乔丽·科恩的话来说，我们应该留意到，“对于绘画要想耐久有哪些最基本的要求，罗斯科完全无知或漠不关心”。

一如既往，罗斯科极为谨慎地选择了哈佛壁画（两幅板面画和一张三联画）的颜色：他说它们再现了基督的激情，暗色调代表他在十字架上受难，亮一些的色调代表他的复活。主导颜色是暗粉红和绯红。但你永远不会知道的是，现在它们变成了浅蓝。

罗斯科的绯红，是由合成群青、天蓝、钛白以及两种现代有机颜料，即萘酚红和立索尔大红混合而成的。萘酚红是一种偶氮色（见第250页），相当耐久；立索尔大红遇光极易散发，并如最为劣等的中世纪红色色淀一般已经褪色。现在立索尔大红已不被列入艺术家的材
374 料，但可能广泛存在于20世纪60年代的廉价颜料中。十有八九，罗斯科甚至不知道他的红色中有什么着色剂。他对材料的冷漠，往往从保护工作者伊丽莎白·琼斯的评论中便可看出：绘制壁画时，“若涂料用完，他便下楼去伍尔沃思超市买来更多——他也不知道那是什么涂料”。[11] 罗斯科的儿子说，这只是恶作剧式的嘲讽；罗斯科的作品中似乎也没有存在家用涂料的证据。但如果真是恶作剧，则戏谑中自有深藏的事实。

然而，这并不意味着罗斯科对由光导致的褪色风险一无所知：当他看到壁画所在的房间——哈佛大学霍利奥克中心的一个活动室光

照强烈时，便表示了这种担忧。但是，一般来说，罗斯科之所以坚持用柔和的照明来展示自己的作品（如在伦敦的泰特现代美术馆的“施格兰”壁画中所使用的），更多是因为他认为，过于明亮的光线冲淡了色彩的强度，让它们无法显示微妙的感应。另一方面，哈佛校方则认为，他们对待这些壁画，可以像对待挂在墙上的历任校长的油画作品那样，一视同仁。霍利奥克活动室被用于餐饮和社交活动，除了时间造成的损害，还要加上食物污渍、裂口和涂鸦带来的破损。*

罗斯科的实验性技术，即应用稀释的胶画颜料，再施以薄薄涂抹的油料、生鸡蛋和合成颜料，在罗斯科礼拜堂壁画（Rothko Chapel murals, 1965）中也留下了痕迹，这些壁画由于白色的条纹和破裂（或许是未溶解树脂结晶的溶胀造成的）而遭到破坏。但至少，在这些暗栗色单彩画中使用的合成茜素基红色保持住了强度。在其他地方，罗斯科使用的是可靠的无机红，即镉红和氧化铁，而他那些在纸和板上以丙烯完成的作品基本上没有失去光彩。看起来，这可能既是因为运气，也有其他原因：当罗斯科想要红色时，他把目光投向的是色相，而不是构图。

他本可以听取罗伯特·马瑟韦尔（1915—1991）的意见，做得更好，后者在某种意义上是抽象表现主义画派的精神领袖。“某些抽象派画家说的纯粹的红，”他在1944年说，“并不存在……任何红色都根植 375
于血液、玻璃、葡萄酒、猎人的帽子和上千种其他具体现象。”因此，马瑟韦尔是在为这项运动的“肮脏”一面辩护，为感觉论者而不是先验论者辩护。他认为，所有抽象派画家都必须面对的“对主题的寻找”，

* 2008年，哈佛艺术博物馆和麻省理工学院媒体实验室开始利用数字技术对哈佛壁画进行光学修复，具体方式是通过数字投影仪将光投射到褪色的画作上，对画作进行影像补偿，使其呈现原始色彩。这批画于2014年重新展出。——编注

可以通过绘画本身的物理过程进行，这要求对材料加以鉴别，查看它们的流动性或坚固性，以及结晶度和半透明度。他在评论波洛克的一次画展时说："绘画是他的思想的媒介，因此［寻找真正主题的］决心必须从绘画过程本身中得出。"这正是波洛克所确信的：作品有"属于自己的生命"，会通过他对材料的处理揭示自己。

威廉·德·库宁（1904—1997）的画作与波洛克一样，具有一种明白无误的物理特征，表达着艺术家对材料的敏感。德·库宁使用各种颜料媒介，包括油画颜料和用于招牌画的便宜瓷漆，有时会通过添加熟石膏和磨砂玻璃来增加肌理。他的一些作品用色明快，色调响亮；其他一些作品的色彩被摩擦过的木炭弄得脏兮兮的。他喜欢修改和重绘颜料表面，这使他在20世纪50年代放弃了醇酸基颜料，放弃的原因正是其他人喜欢它们的原因：这种颜料会快速干燥。

金色的面纱

肯尼斯·诺兰德（1924—　）和莫里斯·路易斯（1912—1972）所属的群体，于20世纪50年代用后绘画性抽象主义（Post-Painterly Abstractionism）这个烦琐标签，继承了抽象表现主义画家波洛克、罗斯科和马瑟韦尔的衣钵。和罗斯科一样，诺兰德和路易斯有兴趣通过用薄涂实现污点般的效果，来使颜色变得既有亮度又不乏神秘。他们于1953年共同拜访了海伦·弗兰肯特尔的画室，在那里40岁的路易斯似乎有了某种顿悟的体验。弗兰肯特尔那由高度稀释的油画颜料构成的极薄涂层，在《山和海》（*Mountains and Sea*，1952）中产生了水彩般的表面，路易斯从中感受到一种染色效果，艺术灵感由此得到激发。
376 不过，他和诺兰德对用稀释的油画颜料浸湿未刷底子的画布心怀警惕，担心颜料媒介会使纤维腐烂。所以，两人在20世纪40年代都欢迎博库尔的丙烯溶液颜料，因为马格纳颜料将保持它们的色彩强度，即使稀释到水一般的稠度。

20世纪50年代末，路易斯通过在画布上倾倒高度稀释的颜料，创作了他的“面纱”(Veil) 系列作品。重复应用一系列明亮色彩能得出半透明的、纱布窗帘的外观，其中所有的颜色混合成一种温暖的金棕色 (彩图14.3)。在这些作品中，路易斯的确在使用颜料，但并不是真正在作画：颜色浸入布中，仿佛是在染色。

在20世纪60年代的“展开”(Unfurled) 系列中，路易斯保留了倾倒技法，但在运用时施以了更多的控制，同时没有对颜色进行叠加和混合。他把倾倒与擦拭法相结合，将颜料引导到色彩的斜角带，使画布的大部分区域保持空白。由于各种颜色是单独显示的，路易斯便尤为关心它们的品质。他的调色板上大约有20种颜料，由博库尔直接提供；路易斯要求他每次都重新制作颜料，并在每种颜色的制备间隙仔细清洗机器。然而，丙烯酸黏合剂的极度稀释，意味着可能难以获得均匀的颜料表面——在这些作品中，有一部分存在色料颗粒聚集的迹象。

罗斯科和纽曼的图像，在某种程度上还有路易斯的“面纱”系列，散发出一定的神秘和朦胧效果，肯尼斯·诺兰德和弗兰克·斯特拉则希望绘画能更为直接，没有这些“额外”的特征。他们坚持的是，没有奇迹——看到什么就得到什么。他们的流派后来被称为硬边画派，以诺兰德鲜明的“标靶”(Target) 系列作品为代表 (彩图14.4)。

1969年，诺兰德说：“我想让色彩成为绘画的源头。我试图中和布局、形状和构图，以理解色彩……我想让色彩成为生发性的力量。”[12]换句话说，根本不会有任何线构，也不会有任何“意义”本

377 身——只是纯粹地绘画。这是一种明显的北美观念（你也会从中得出这样的文化结论）。来自旧世界的画家永远不会真正理解它，这可能就是约翰·霍伊兰发现自己对硬边风格的态度不受他所钦佩的美国人待见的原因吧。斯特拉和诺兰德的作品中明确显示的极少主义，在卡西米尔·马列维奇从20世纪第一个十年开始创作白色单彩“至上主义”（Suprematist）绘画，或者伊夫·克莱因20世纪50年代的蓝色单彩作品中，有过某种先例。马列维奇和克莱因还是坚持从哲学方面进行解释：以颜料表达观念。对于美国极少主义来说，那只是颜料。

对受教于色彩经验主义者约瑟夫·阿尔贝斯门下的诺兰德来说，甚至不得不用的颜料在某种程度上都是一种不幸，一种烦琐的涂层，代表着他所知道的把色彩施加到表面上的唯一方式。“要做的就是把色彩涂到能想象到的最薄的表面上，这个表面就好像被剃刀削到空气中。到处都是色彩和表面。那就是全部了。”难怪他如此欣赏新型丙烯的平整度和强大的覆盖力。

然而，坚持消除结构的诺兰德还是不得不采用某种设计。他的极少主义不是单彩的，而是色彩的相互作用；由于图像中有不止一种颜色，就必须有边界。他的解决方案是使用“中性”形式，不带（或者他希望不带）情感内容：首先是他的“标靶”系列的同心圆，然后是套叠的V形图案和平行的条纹。这不是什么新发明。阿尔贝斯的教科书中充满了以嵌套的方形为基础的图像，他阐述了促使诺兰德这么做的意图：“对我来说，色彩是表现风格的手段。它是自动的。我不是在‘向方形致敬’，而只是在为自己对色彩的狂热奉上佳肴。”[13]在这些用遮蔽型胶带标出的菜肴中，诺兰德端上来的色彩膳食是一种无声的约束。色彩可能完全饱和，但是相互之间的关系完全没有（比如说）俄耳甫斯主义那样的光彩。通常，会并列放置的只有相关的颜色——蓝色挨着绿色，橙色挨着红色和粉红色，不和谐只是零星地以突然的对比打断一下。

弗兰克·斯特拉20世纪50年代的早期作品完全是另一种情形。这些作品通常是单彩的，以线性、重复的设计穿过单一一种颜色（彩图14.5）。他被视为创造了一种物质主义（materialistic）的方法，尤为强 378
调材料；但斯特拉这么做时不过是通过坚持一种想法，即画家在材料方面并不需要任何特殊的东西。正如我们之前所看到的，对于斯特拉来说，色彩（至少在最初阶段）要听凭商业的摆布："我只是接下普通涂料店不得不提供的东西。"

有一次，这些商店只能提供一种金属铜涂料，用于阻止船壳上长出藤壶。另一次提供的是用于散热器的银色铝涂料。换句话说，这些金属涂料超越了色彩——制造它们不是为了视觉效果，而是因为悬浮的金属片具有的其他属性。通过放弃色彩，斯特拉把色彩带到了某个新的地方。

不过到了20世纪70年代，斯特拉的作品已经彻底改变。他对材料一如既往地漠不关心，喜欢用醇酸家用涂料或工业涂料代替丙烯酸乳液，后者在他看来"过于复杂"云云。这些醇酸树脂由本杰明·摩尔公司制造，斯特拉通常直接使用罐装的原色和二次色："没有尝试调整颜色，只是机械地加以使用。"

然而，他开始将这些颜色结合到半绘画、半雕塑的作品，即"浮雕画"中，这些画外表看起来像捡来的涂鸦之作，装饰着强烈的粉红、红色和绿色（彩图14.6）。他在纸上设计了形状，然后由一家金属加工公司用飞机制造业使用的铝合金蜂窝材料切割出来。他覆盖这些物体所用的不仅是涂料，还有像收集癖般加以归类的物质：闪光装饰片，小发光物，研磨后的玻璃。

是什么促成了这种变化？令人好奇的是，刺激斯特拉对材料的折中主义不断强化的，是一种感觉，即他以前的极少主义风格“材料性”太强——过多受制于纯粹的涂料。他说，这是康定斯基的遗产，后者从来没有相当成功地将颜料转化为空间，因此最终不过是“用色料填满景观”。斯特拉说，毕加索

> 看到了物质性（materiality）……的危险——新的、开放的、朦胧的抽象空间被其唯一真正的成分，即色料的大部
> 379 分堵塞和压垮的危险。毕加索的顾虑表达了一种担忧：即抽象带给我们的不是纯粹的绘画，而只是纯粹的颜料——我们既可以在博物馆的墙上也可以在商店货架上找到的东西。[14]

斯特拉认为，造成康定斯基的问题的原因，是他无法接受自己不是用纯色（他可能更喜欢如此），而是用一种需要根据人的意愿来理解和操纵的物质材料作画。“他从来没有［像毕加索］那样强烈地推开颜料，”斯特拉叹惜道，“似乎也从来没有如毕加索那般成功地穿透表面。”考虑到包豪斯在20世纪20年代神秘的反物质材料气氛，这种指责实在合情合理。另一方面，就毕加索和马列维奇来说，“在物质性的接受方面……两人都甘心忍受绘画的表面……将色料抹在他们用意志的力量生成的自我维持的表面上”。[15]于是，对于斯特拉来说，颜料就是某种必须克服的东西。

许多现代着色师都试图通过超越颜料来实现这一点；而对当代艺术色彩的全面考察也必须如此行事。例如，唐纳德·贾德和阿尼什·卡普尔的作品或许可以恰当地被视为雕塑。但是，贾德认为自己

是一个画家，把自己的师承追溯到德拉克洛瓦与绘画色彩理论家谢弗勒尔和鲁德，尤其是追溯到风格派画家那里。瓷漆涂料部分掩盖了他的木材和铝的极少主义结构，但贾德的调色板中也包括彩色塑料、金属以及有色映象的光。卡普尔把一种镜面金属光泽带入了颜色领域。美国艺术家詹姆斯·特里尔用色光的变幻来构图，这些光包括白昼的纯粹蓝色和夜间微光闪烁的天空，它们通过他的装置作品中的开口显示出来。其他艺术家使用彩色荧光灯的俗丽强光、灯箱的半透明光亮，或发光二极管那清晰的彩虹色（化学家仅仅在20世纪90年代，往其中添加了一种蓝色光亮），使场景更真实地容光焕发，这是印象派做梦也想不到的。当然，这些媒介中的每一个，都具有自己的伴生技术，有自己的历史、叙事和局限。每一个都重现了科学创新与艺术表达之间因果关联的舞步。 380

新 的 颜 色

现在是最终回到纯颜料的时候了，因为在整个20世纪，色彩的创新并没有停止。还有很多改进的余地。

在19世纪中叶，乔治·菲尔德能够测试几乎所有将色彩带到画家调色板的材料。今天，以工业化方式制造的着色剂清单，在染匠和着色师的圣经、九卷本的《国际色彩指数》（*Colour Index International*）中占了9000页。在这里，这些明亮、合成的泥土没有稀奇的名字，毫无商量余地地通过色相、用途和一个表示化学成分的数字编目，比如CI还原红13 CI No. 70320，CI 食品黄4 CI No.19140。旧术语的模糊性不见了，毫无疑问一些魔力也随之而去。这些材料中约600种是色料，而染料超过了9000种，证明了有机化学根据精确目标来制造颜色的力量。

然而，现在生产的色料中，白色的数量遥遥领先，社会学家或许能从中得出一些有趣的结论。对任何街道或商业建筑的内部随便一瞥都将提醒我们，这种"非色"(non-colour) 是我们的人造环境中广受喜爱的饰面。(当然，白色也广泛用于调节其他色料的饱和度，将它们调整为在当今被视为对人眼更为柔和的色调。) 追逐时尚的极简主义者为对单调的白色内饰的偏好付出了代价，大卫·巴彻勒对此颇为开心：

> 主人是一位英裔美籍艺术收藏家，聚会在收藏家的房子里举办……这座房子的内部是另一个世界，一个极为特殊的世界，一个极为干净、清晰和有序的宇宙……有一种白色不只是白，这里有的就是那种白色。有一种白色，排斥一切低于它的东西，也就是说几乎排斥一切……这种白色是咄咄逼人的白色。它影响了周围的一切，没有什么能够逃脱。[16]

381 然而，这种白色，今天最重要的色料，在20世纪之前并不存在。铅白是一种主要的前工业时代产品；尽管19世纪出现了作为艺术家颜料的锌白，铅色料在工业时代的背景下仍然相当出色，因为它的价格极具优势，并且在油料中更不透明、干得更快。1900年，铅白仍然控制着白色色料的几乎全部市场。但在1916年至1918年间，挪威和美国的化学制品公司发现了如何制造和净化金属钛的一种不透明白色氧化物，钛是德国化学家马丁·克拉普罗特于1796年发现的一种元素。

二氧化钛的覆盖能力比铅白强两倍，并且极为稳定。制造方面的困难一经解决，二氧化钛便迅速成为主要的白色色料：到1945年，它占据了80%的市场份额。结果，由制备铅白导致的致命铅中毒的发生率下降了：在英国，1910年发生了38起，1950年一起也没有发生。今天，任何种类的白色颜料，大多数都是“钛白”。

不过，20世纪的颜色用种类上的多样性弥补了应用广度的不足。20世纪50年代引入了一类全新的色料——被称为喹吖啶酮的色彩丰富且高度稳定的有机化合物。这些是“真正的有机色料”：粉末状固体，类似于研磨后的矿物质，但仅由有机分子组成。

第一种真正的有机色料（以偶氮染料的盐为基料）事实上可追溯到19世纪80年代。这些着色的有机化合物不必附着于无机颗粒以制备色淀色料，于是，将从合成染料工业演化出的日益合理的“颜色合成法”应用于色料制造就有了可能。1884年，第一种偶氮色料——酒石黄获得了专利。

喹吖啶酮发现于1896年，用了更长的时间才作为色料出现。1935年，德国化学家H. 利伯曼（不要与合成茜素的利伯曼混淆，后者于1914年去世）合成了适合用作色料的第一种喹吖啶酮。然而，直到二十年后，美国杜邦公司的化学家才开始寻找以商业形式制造它们的方法。喹吖啶酮色料从1958年开始上市，提供从橙红到蓝紫色的颜 382
色。它们很快被纽约抽象表现主义画家采纳，这些画家青睐强烈的色相。到此时，许多艺术家的颜料都用喹吖啶酮着色了。

如果没有这些有机色料，我们就有理由担心红色的未来了。镉红已经成为当今时代标准的浓郁猩红，它是一种在覆盖力和耐光性能方面优于任何色淀色料的颜色。镉是一种有毒的重金属，不过毒性不大，各种镉颜料对画家没有很大的危险。同样，关于重金属在一般环境中对健康的影响的担忧（突出表现在由铅和汞污染引起的问题上），导致了对包含这些元素的产品更为严格的限制。对于完全禁止镉用于涂料中，已经有过广泛讨论。目前还不清楚这种情况是否会发生；如果完全禁止，喹吖啶酮将是最有希望的替代品。事实上，标记为镉红或镉橙的涂料现在经常是用这些有机分子着色的——其名称，像许多世纪以来的其他名称一样，已经从成分的标记转变为色相的标记。

我们大可相信，新的替代品会继续出现。[17] 1983年，第一项专利授予了另一类有机色料，它们被称为二酮吡咯并吡咯 (diketopyrrolopyrroles) 或DPP。1974年发现了衍生出DPP的光吸收有机分子。这种分子最初是极小的反应产物，后由化学家阿卜杜勒·伊克巴勒在巴塞尔的汽巴-嘉基公司开发成商业上可行的化合物。DPP色料的范围在红色和橙色之间，其价格仍然昂贵；汽巴-嘉基生产这些色料，主要是用于汽车工业。毫无疑问，根据由来已久的模式，工业领域的更大关注会最终把这些颜色带入艺术家的市场。画家之所以会得到他们的颜料，原因一如既往：因为化学还有许多其他的消费者。

革命传统

383 但是，十年或二十年后，还会有什么人仍然在画画吗？这不是一项时髦的艺术。一年一度于英国授予年轻艺术家的透纳奖备受追捧，画家在其候选人中已经有些罕见了。(回想1984年第一届透纳奖，获奖者倡导的是枯燥乏味的超写实主义绘画，虽然毫无疑问它也是后现代主义绘画；我可以安慰自己的是，这个奖项不是永恒艺术的试金石。) 没有哪位画家新秀的名字会挂在每个人的唇边 (至少，时间上不超过几个星期)。我们仍然有幸拥有我们的弗兰克·奥尔巴赫、我们的霍华德·霍奇金、我们的卢西安·弗洛伊德，但我们有我们的克利、我们的戈雅、我们的拉斐尔吗？

我必须当心，不要变得像是带上了普林尼的口吻，哀叹阿佩利斯手握画笔的黄金时代一去不返；或者与普林尼相反，叹惜现在很少有人知道如何最好地使用强烈、鲜明的颜色，而不是散布在许多当代画布上的灰色泥巴，甚或伦勃朗棕色。事实是，20世纪绘画中有太多的伟大之处，世纪末的几年黯淡下来又有什么大不了的？例如，现在有谁会抱怨17世纪末的那段蛰伏期，彼时维米尔、委拉斯开兹、鲁本斯和伦勃朗已经谢世，却尚无新人站出来取代他们？

那么，下一批伟大的着色师将会把我们带往何处？他们的调色板上会有些什么？也许传统的着色确实会变得不那么重要，因为斯特拉和波普艺术家的金属片和荧光飞溅已经被补充了新的可能性：珠光颜料（约翰·霍伊兰已经在使用它们），或者随着人视角的改变而改变色相的色料。两者都是作为汽车涂料制造的。也许艺术家们会使用随温度改变颜色的液晶，或是能在同一时间提供一条光华四射的彩虹的液晶。

也许吧。当然，我认为所有这些媒介都会被用到，找到途径来利用技术所提供的东西——因为这就是艺术之道。我希望，这就是本书传达的一个核心信息：技术为艺术家打开了新的大门。当然，技术人员并不就能规定艺术家将要经历什么，或者他们在另一边会达到怎样的程度。梵高说："未来的画家是此前从未有过的着色师。"我真的希 384
望如此。有趣的讽刺是，颜料制造商、色彩理论家和颜料制作者（有务实倾向的手工艺者），传统上都是循规蹈矩的人，他们把闪烁着光亮的新工具献入梦想家手中，后者用它们去做疯狂的事，打破模具，发动革命。愿这番景象长存。 385

注 释

第一章 注视者的目光

引语：

W. Kandinsky, *Über das Geistige in der Kunst* (1912), M. T. H. Sadler译为*The Art of Spiritual Harmony* (Constable and Co., London, 1914), 后以 *Concerning the Spiritual in Art* (Dover, New York, 1977)之名再版。

Brassaï, *Conversations avec Picasso* (Paris, 1964), F. Price 译为*Picasso and Company* (Doubleday, Garden City, NY, 1966)。

1. E. H. Gombrich, *Art and Illusion* (Phaidon Press, London, 1977), 5th edn, p. 30.
2. A. Callen, *Techniques of the Impressionists* (New Burlington Books, London, 1987), p. 6.
3. 比伦大概指的是含钴的大青，一种劣质的蓝色。他未能把它与印象派画家调色板中完全不同的“钴蓝”区分开。
4. B. Riley, in T. Lamb and J. Bourriau (eds), *Colour:Art and Science* (Cambridge University Press, Cambridge, 1995), pp. 31–32. (应作者要求略有改动。)
5. 引自 A. Blunt, *Artistic Theory in Italy 1450–1600* (Oxford University Press, Oxford, 1962), p. 28。
6. L. B. Alberti, *On Painting*, transl. C. Grayson (Penguin, London, 1991), p. 63.
7. 此处达·芬奇正沉迷于文艺复兴时期的人文主义者最喜欢的一项消遣，即论证一种艺术胜过另一种艺术。例如，我们可以发现，达·芬奇的同时代人贝利尼赞美绘画胜于诗歌。文艺复兴时期的学者们在古典文本中发现了这样的辩论（意大利人称之为 *paragones*）；由于一切古典的都是好的，他们便努力模仿。 386
8. Alberti, *On Painting*, p. 61.
9. L. M. Principe, *The Aspiring Adept: Robert Boyle and His Alchemical Quest* (Princeton

University Press, Princeton, NJ, 1998), p. 33.

10. Le Corbusier and Amédée Ozenfant, “Purism” (1920), in R. L. Herbert (ed.), *Modern Artists on Art: Ten Unabridged Essays* (New Brunswick, NJ, 1964).

11. 其他人为这些关联提供了优雅的论证，尤其是马丁·肯普在他的精彩作品《艺术的科学》(*The Science of Art*) 中。但肯普公开承认，对于我希望填补的那个差距，他恰恰没有理会：他忽略了“对新色料的化学成分和制造方式如何影响在绘画过程中进行幻觉式模仿的参数，进行任何持续的探讨”，虽然突出了这种考虑的重要性。

12. J. Kristeva, “Giotto’s Joy”, in *Desire in Language*, transl. T. Gora, A. Jardine and L. S. Roudiez (Oxford University Press, Oxford, 1982).

13. Le Corbusier, “The Decorative Art of Today”, in *Essential Le Corbusier: L’Esprit Nouveau Articles*, transl. J. Dunnett (Oxford University Press, Oxford, 1998), p. 135.

14. C. Blanc, 引自 C. A. Riley, *Color Codes* (University Press of New England, Hanover, NH, 1995), p. 6。

15. D. Batchelor, *Chromophobia* (Reaktion Books, London, 2000).

16. Y. Klein, 引自 S. Stich, *Yves Klein*, 展览目录 (Hayward Gallery, London, 1995)。

17. O. Sacks, *Uncle Tungsten: Memories of a Chemical Boyhood* (Knopf, New York, 2001).

18. P. Levi and T. Regge, *Conversations* (I. B. Tauris & Co., London, 1989), p. 59.

19. M. Platnauer, “Greek colour perception”, *Classical Quarterly*, XV (1921).

20. Alberti, *On Painting*, p. 85.

21. 出处同上, p. 84。

22. W. Kandinsky, *Reminiscences* (1913), in K. C. Lindsey and P. Vargo (eds), *Kandinsky: Complete Writings on Art* (G. K. Hall & Co., Boston, 1982), vol. 1, pp. 369–370.

23. Kandinsky, *Concerning the Spiritual in Art*, p. 25.

24. 出处同上, pp. 38–41。

387 25. Riley, in *Colour: Art and Science*, p. 63.

第二章　撷取彩虹

引语：

J. Dubuffet (1973), “L’Homme du commun à l’avrage” (The Common Man at Work). 引自 *Colour since Matisse*, 爱丁堡国际艺术节上的一次法国绘画展 (Trefoil Books, London, 1985)。

C. Blanc, *Grammaire des arts du dessin* (1867), 译为 *Grammar of Painting and Engraving*。

P. Guston, 引自 B. Clearwater, *Mark Rothko: Works on Paper* (Hudson Hills Press, New York, 1984), p. 11。

1. Isaac Newton, *Opticks* (London, 1706), reprinted by Dover (New York, 1952).
2. 出处同上。
3. Wolfgang von Goethe, *Die Farbenlehre* (1810), C. L. Eastlake 译为 *Theory of Colours* (1840)。
4. H. Maguire, *Earth and Ocean: The Terrestrial World in Byzantine Art* (1987), p. 30.
5. 为什么**速度**的变化会引起**方向**的变化，原因很微妙。基本上，光线走的是从A到B的最快路径；考虑到速度上的差别，弯曲的路线比直线能更快地穿过。
6. Newton, *Opticks*.
7. Aristotle, *On Colours*, 793b, transl. Hett. 见第三章第14条注释。
8. 涂了色的圆盘上的色料也吸收光线，所以，为何麦克斯韦的旋转圆盘给出了加色混合而不是减色混合，可能令人不解。答案是，圆盘的有色区域在相同的地方和时间并不全部吸收光线。在圆盘上的任何位置，每个时刻只有一个区域在吸收光线。其移除的白光光谱部分，在稍后当不同颜色的区域覆盖该点时被替代。整个光谱就这样被传递到人的眼睛：虽不是瞬间，但是以很快的速度前后相继，与瞬间也没什么区别。
9. G. Field, *Chromatography* (Winsor and Newton, London, 1869).
10. 引自 F. Birren, *History of Color in Painting* (Van Nostrand Reinhold, New York, 1965)。
11. 1685年，数学家兼画家菲利普·德拉伊尔评论说："画家知道一些色相，它们在烛光 388
下比在日光下远为鲜明；也有许多色相在日光下极为明亮，在烛光下则完全丧失美感。"出自《论视力的多种偶然性》(*Dissertations sur les differens accidens de la Vue*, 1685)。
12. 然而，反射光将在人的眼睛和大脑中引起什么反应，并不总是能直接从该光谱中推导出来。
13. M. Sahlins, "Colours and Cultures", *Semiotica* 16 (1976), p. 12.

第三章　火神的熔炉

引语：

Pliny, *Natural History*；引自 V. J. Bruno, *Form and Colour in Greek Painting* (Thames and Hudson, London, 1977), p. 68。

R. Davies, *What's Bred in the Bone* (Penguin, London, 1986), p. 292.

T. Bardwell, *The Practice of Painting* (1756).

1. O. Jones, *Athenaeum*, 21 December 1850, pp. 1, 348.
2. 然而，它也有自己的崇拜者；《伦敦新闻画报》以赞同的口吻称，"整个宫殿产生的效果，从建筑角度显示了树丛景观和林中空地对自然风景所呈现的视野"。
3. 英国生物学家兼科学普及者刘易斯·沃尔珀特并非第一个说"技术不是科学"的

人。但是，在他提出这个看法的《科学的非自然性质》(*The Unnatural Nature of Science*) 一书中包含一个有用的观念，愈发突出了一种重要性，即这种谬误不应该沾事实的光。沃尔珀特说："科学的最终产物是一种观念……技术的最终产物是一件人工制品。"仅这一点就从科学中排除了大部分化学（包括新化学和旧化学）。然而，沃尔珀特的论点基本上没有提到化学；是由于一无所知还是为了论点整洁，我不知道。为什么希腊哲学家们的"错误"观念（他们用这些观念没有得出任何有用的东西），应该被视为比——举个例子——中世纪炼金术士（他们是卓有成效的生
389 产者）的"错误"观念更具科学性，个中原因没有解释。

4. 一管现代的那不勒斯黄很可能含有新近时期的色料，特别是镉黄的混合物。
5. 关于这一点，最近的例证是在公元前2000至前1200年的古埃及化妆粉中发现了合成的羟基氯铅矿和角铅矿，即铅和氯的复杂化合物。它们可能是通过一氧化铅与氯化钠（食盐）反应制成的。见P. Walter *et al.*, "Making make-up in Ancient Egypt", *Nature*, 397 (1999), pp. 483–484。
6. Pliny, *Natural History*, XXXVI, xvi, 191.
7. 引自 W. S. Ellis, *Glass* (Avon Books, New York, 1998), pp. 4–5。
8. 由于发现了硝酸，16世纪的一项创新成为可能：使用黄金来制作最好的红色玻璃。通过将卤砂（氯化铵）加入硝酸中制得的硝酸和盐酸的混合物会使黄金溶解为液体：它是炼金术士的强力王水 (*aqua regia*)。这种金属形成可溶性氯盐，但可以通过蒸发液体并加热残余物来回收。在玻璃制造过程中，黄金作为微小颗粒从氯化金溶液中沉淀下来，它能对光进行强烈散射以赋予半透明的红色色相。这种化学处理需要相当的知识积累和实践技能，两者都来源于在金矿开采的精炼过程中使用王水溶解黄金，在此精炼过程中它必须与银分离开。鉴于黄金与红色的化学关联，这一过程对炼金术士来说具有重大意义就不足为奇了。
9. Pliny, *Natural History*, XXXV, 42.
10. 到中世纪，任何发白的矿物媒染剂都倾向于被称为明矾，不论其化学成分如何。希腊人和罗马人主要使用在火山区域发现的含钾的明矾矿物。
11. 《以赛亚书》1：18。
12. 对于动物学家来说，胭脂虫家族 (kermes family) 的蚧虫从前是（在某些情况下仍然是）由软蜡蚧属 (*Coccus*) 表示的。
13. Theophrastus (transl. Hill)，引自 G. Agricola, *De re metallica*, transl. H. C. and L. H. Hoover (Dover, New York, 1950), p. 440。维特鲁威、迪奥斯科里季斯和普林尼也描述了这个过程。

390 14. 这一卷 (*De coloribus*) 传统上被归于亚里士多德名下，但现在普遍认为其真正作者是他的弟子泰奥弗拉斯托斯。无论如何，我们可以确定它忠实反映了亚里士多德的思想。

15. 引自 D. Thompson, *The Materials and Techniques of Medieval Painting* (Dover, New York, 1956), p. 125。

第四章　秘方

引语：

Theophilus, *On Divers Arts*, transl. J. G. Hawthorne and C. S. Smith (Dover, New York, 1979), pp. 12–13.

G. Duthuit, *The Fauvist Painters* (Wittenborn, Schultz, Inc., New York, 1950).

1. 后来的修正主义科学史学家把《怀疑的化学家》描述为一本反炼金术的小册子。现在很明显的是，波义耳实际上试图把他所认为的“好的”炼金术与“坏的”炼金术分开。
2. Paracelsus, “The Treasure of Treasures for Alchemists”. 见于 *The Water-Stone of the Wise Men: Describing the matter of, and manner how to attain the universal Tincture*, 由伦敦的J. H. 奥克森于1659年出版，“在圣保罗大教堂西端的‘黑色展翼鹰’销售”。
3. Albertus Magnus, *Book of Minerals*, transl. D. Wyckoff (Clarendon Press, Oxford, 1967), IV, i, 2, pp. 207–208.
4. D. V. Thompson, *The Materials and Techniques of Medieval Painting* (Dover, New York, 1956), p. 106.
5. Theophilus, *On Divers Arts*, p. 119.
6. 波义耳说，此过程是由荷兰或比利时的一位精炼商告诉他的；这项发现肯定来自将银与铜分离的采矿实践。
7. C. S. Smith and J. G. Hawthorne (ed. and transl.), *Mappae clavicula: A Little Key to the World of Medieval Techniques*. In *Transactions of the American Philosophical Society* (American Philosophical Society, Philadelphia), new ser., 64 (1974), pt. 4, p. 28.
8. M. P. Merrifield (ed. and transl.), *De coloribus et artibus Romanorum*. In *Original Treatises on the Arts of Painting* (1849), reprinted by Dover (New York, 1967). 赫拉 391
克利乌斯的小册子是在19世纪40年代出土，并被玛丽·梅里菲尔德翻译成英语的一批小册子中的一本，梅里菲尔德受英国政府委托收集与绘画技术方面早期历史相关的意大利手稿。梅里菲尔德是维多利亚时期罕见的女性之一，成功克服了她那个年代的沙文主义，赢得了父权制社会的普遍尊重，对绘画的技术史的贡献影响深远。作为一位艺术家、一名优秀的学者、一个至少有三个孩子的母亲，并且据说“性格刚强，富有幽默感”，她在1844年第一个将琴尼诺的书翻译成英语，并将其他重要的中世纪秘方汇编呈现给众人。
9. Theophilus, *On Divers Arts*, pp. 11–12.
10. Cennino Cennini, *Il Libro dell'Arte* (*c*. 1390), transl. D. V. Thompson (*The Craftsman's Handbook*)(Dover, New York, 1960), p. 3.
11. G. B. Armenini, *De veri precetti della pittura* (1587). 见W. G. Constable, *The Painter's Workshop* (Oxford University Press, London, 1954), p. 66。
12. Kaspar Scheit, *Die fröhliche Heimfahrt* (*The Joyous Journey Home*, 1552). 引自A. Burmester

and C. Krekel, “The relationship between Albrecht Dürer’s palette and fifteenth/sixteenth-century pharmacy price lists: the use of azurite and ultramarine”, in A. Roy and P. Smith(eds), *Contributions to the IIC Dublin Congress, 7–11 September 1998: Painting Techniques: History, Materials and Studio Practice* (International Institute for Conservation of Historic and Artistic Works, London, 1998), p. 101。

13. Cennino Cennini, *The Craftsman's Handbook*, pp. 84–85.
14. 出处同上,pp. 101–102。
15. Heraclius, *De coloribus et artibus Romanorum*.

第五章　光影大师

引语：

392 L. B. Alberti, *On Painting*, transl. C. Grayson (Penguin, London, 1991), p. 85.

1. Alberti, *On Painting*, p. 87.
2. Giorgio Vasari, *Lives of the Artists* (1568), transl. G. Bull (Penguin, London, 1965), p. 284.
3. 出处同上, p. 360。
4. Theophilus, *On Divers Arts*, transl. J. G. Hawthorne and C. S. Smith (Dover, New York, 1979), pp. 27–28, 32.
5. Giorgio Vasari, introduction to *Lives of the Artists* (1550), L. S. Maclehose 译作 *Vasari on Technique* (Dover, New York, 1960), pp. 226, 230。
6. G. Birelli, *Opera* (Florence, 1601), bk 2, pp. 369–370.
7. C. Merret, *The Art of Glass* (1662), translation of Antonio Neri’s *L’Arte Vetraria* (1612).
8. Johann Mathesius, *Sarepta oder Bergpostill* (1562), 引自 G. Agricola, *De re metallica* (1556), transl. H. C. and L. H. Hoover (Dover, New York, 1950), p. 214。
9. Alberti, *On Painting*, p. 85.
10. 引自 M. Doerner, *The Materials of the Artist* (Harcourt Brace and Co., Orlando, FL, 1949) , p. 342。
11. 但是,应该警惕,不要把威尼斯和佛罗伦萨互相列为16世纪的对手。这似乎在很大程度上是19世纪的一个杜撰,不反映时人的感受。然而,瓦萨里要负部分责任。具有讽刺意味的是,他把佛罗伦萨大师中理论倾向最小的米开朗琪罗,与威尼斯画派的提香置于相对立的位置,后者和他一样,对绘画持有直觉的态度。在瓦萨里的《艺术家们的生活》中,提香获得了勉强的赞美和对那些还没有学好绘画的人的含蓄批评,瓦萨里的同胞米开朗琪罗则代表着艺术中令人满意的一切。
12. L. Lazzarini, “Indagini preliminari di laboratorio”, in E. L. Ragni and G. Agosti (eds),

Ilpolittico Averoldi di Tiziano restaurato (Brescia, 1991), p.176.

13. 现代画家弗兰克·奥尔巴赫通常用土质颜料那经过雕琢的厚涂风格来覆盖画布。但是，在为回应提香的画作而受托于1971年创作的那一版《酒神巴库斯与阿里阿德涅》中，他被迫采用了没有典型特征的原色调色板。奥尔巴赫的转绘的灵感来源之所以能够被识别，主要是由于颜色而不是人物。提香的雄黄是用强烈的现代橙色复制的。 393

第六章　古老的黄金

引语：

引自 M. Doerner, *The Materials of the Artist* (Harcourt Brace & Co., Orlando, FL, 1949)，语出德斯康普斯，他将这句评论归于鲁本斯。

出处同上，p. 371。

1. F. Zuccaro, *Idea de'Pittori, Scultori e Architetti* (1607), bk 2, ch. 6.
2. E. Norgate, *Miniatura or the Art of Limning* (1627–1628), 引自 R. D. Harley, *Artists' Pigments c. 1600–1835* (Butterworths, London, 1982), 2nd edn。
3. Leonardo da Vinci, *Treatise on Painting*, ed. and transl. A. P. McMahon (Princeton University Press, Princeton, NJ, 1956).
4. 出处同上。
5. C. S. Wood, *Albrecht Altdorfer and the Origins of Landscape* (Reaktion Books, London, 1993), p. 63.
6. R. de Piles, *Dialogue sur le Coloris* (1699). 引自 E. H. Gombrich, *Art and Illusion* (Phaidon, London, 1977), 5th edn, p. 265。
7. 引自 J. Kirby and D. Saunders, "Sixteenth- to eighteenth-century green colours in landscape and flower paintings: composition and deterioration", in A. Roy and P. Smith (eds), *Contributions to the Dublin Congress, 7–11 September 1998: Painting Techniques: History, Materials and Studio Practice* (International Institute for Conservation of Historic and Artistic Works, London, 1998), p. 155。
8. H. Peacham, *The Compleat Gentleman* (London, 1622).
9. 最近有一种主张，认为这幅画中的颜色其实过于花哨，完全不可能是鲁本斯的作品。国家美术馆断然否认了这个说法。

第七章　多彩的金属

引语：

W. Cullen (*c.* 1766). 见 A. L. Donovan, *Philosophical Chemistry in the Scottish Enlightenment*

(Edinburgh University Press, Edinburgh, 1975), p. 98.

394 J. K. Huysmans, "Turner et Goya", *Certains* (1889).

1. R. Boyle, *The Sceptical Chymist* (1661), 引 自 W. H. Brock, *The Fontana History of Chemistry* (Fontana, London, 1992), p. 57。
2. 出处同上,p. 61。
3. A. Wurtz, *Dictionnaire de chimie pure et appliquée* (1869),引自 Brock, *The Fontana History of Chemistry*, p. 87。七十年后,颜色化学家乔斯林·菲尔德·索普回击称,"化学是一门英国科学,其创始人是令人永远铭记的卡文迪许"。
4. 拉瓦锡的新系统化学在法国占据了主导地位,但是其他地方对它的接受还要靠坚定的拥护者。在德国,没有人比他那个时代最好的分析化学家之一、专业的元素探寻者、药剂师马丁·海因里希·克拉普罗特更热心。作为一名积极的矿物研究者,克拉普罗特的新金属物质名单令人印象深刻:铈、碲和钛都是他发现的,对沥青油矿的研究使他得到一种明亮的黄色化合物;为纪念威廉·赫舍尔发现天王星(Uranus),克拉普罗特将这种新的重元素命名为铀(uranium)。铀盐随后曾短期被作为色料,主要是在橙色陶瓷釉料中。至少自公元1世纪以来,它们就在这种背景下被断断续续地使用。
5. Sir Philiberto Vernatti, in *Philosophical Transactions of the Royal Society*, XII, p. 137 (1678).
6. 一些文本表明这是碘的发现者贝尔纳·库尔图瓦(见第185页)。但是,贝尔纳·库尔图瓦生于1777年,说他在1781年发现锌白很难站得住脚。
7. 这个奇怪名字的起源相当模糊;一些人把它归于帕拉塞尔苏斯名下,帕拉塞尔苏斯喜欢发明奇怪的词汇。
8. 由于矿石中的杂质,这种产物的纯度比法国工序的纯度低,因此高等级的锌白不得不进口到美国。事实上,19世纪的锌白有多个等级:最好的锌白1号是最上等的白色色料,而"石灰色"(stone grey)和"灰色氧化锌"是用于底料或工业涂料的劣质材料。
9. F. Stromeyer, "New details respecting cadmium", *Annals of Philosophy*, transl. from *Annalen der Physik*, 14 (Leipzig, 1819), pp. 269–274.

395 10. 这项发现也被归于一位名叫伊格纳茨·米蒂斯的维也纳化学家。米蒂斯可能在1798年和1814年之间的某个时候制造了乙酰亚砷酸铜,并在晚些时候(如果不是更早的话)以米蒂斯绿或维也纳绿之名制造它。然而,米蒂斯和扎特勒的发现有可能几乎是同时发生的。

11. 引自 S. Garfield, *Mauve* (Faber and Faber, London, 2000), p. 105。
12. 这一早得惊人的日期受到慕尼黑德尔纳学院进行的研究的支持;见R. L. Feller (ed.), *Artists' Pigments* (National Gallery of Art, Washington, DC, 1986), vol. 1, p. 213。
13. 氧化铬已经在透纳的《索默山》(*Somer Hill*, 1812)中得到初步确认。这是一个非常早的用法，无疑佐证了透纳作为新色料的狂热实验者的名声。见E. West Fitzhugh, *Artists' Pigments* (National Gallery of Art, Washington, DC, 1997), vol. 3, p. 275。

14. 沙普塔尔本人就是一名工业化学家，著有《工艺应用化学》(*Chimie appliquée aux arts* ,1807)，对涂料和染料行业的后来几代工业化学家产生了重大影响。
15. J.-F.-L. Mérimée, *De la peinture à l'huile* (1830), p. ix.
16. G. D. Leslie, *Inner Life of the Royal Academy*, 引自 K. E. Sullivan, *Turner* (Brockhampton Press, London, 1996)。
17. 也有例外。霍尔曼·亨特说，透纳在《接近威尼斯》(*Approach to Venice*, 1844) 中使用的柠檬黄是菲尔德的；然而拉斯金在1857年哀叹这幅图画变成了“死亡颜色的可悲残骸”。见J. Gage, *George Field and His Circle* (Fitzwilliam Museum, Cambridge, 1989), p. 42。
18. 乔伊斯·汤森 (私下) 说，碘红已经发现于伦敦国家美术馆所藏透纳的《被拖去解体的战舰“无畏号”》(*Téméraire*)。如果施用时不加上光油，则碘红易于通过升华消失。
19. G. Field, *Chromatics* (1845), 2nd edn.

第八章　光的统治

引语：

L. C. Perry, “Reminiscences of Claude Monet from 1889–1909”, *American Magazine of Art*, XVIIII (1927).

E. Cardon, “Avant le Salon–L'Exposition des Révoltés”, *La Presse*, 29 April 1874. 396

1. Eugène Delacroix, 引自 F. Birren, *History of Color in Painting* (Van Nostrand Reinhold, New York, 1965), p. 13。
2. 出处同上, p. 57。
3. H. von Helmholtz, “Recent progress in the theory of vision”, *Popular Lectures on Scientific Subjects*, II (1901), pp. 121–122.
4. J. Ruskin, *The Art of England*, in *The Works of John Ruskin*, E. Cook and A.Wedderburn (eds)(London, 1908), vol. 23, pp. 272–273.
5. J. Laforgue, *L'Impressionnisme* (对 1883年柏林古利特画廊一次画展的评论)，首次发表于 *Mélanges posthumes. Oeuvres complètes* (Paris, 1903), vol. 3；重印于 *Les Ecrivains devant l'Impressionnisme* (1989)。译本参见L. Nochlin, *Impressionism and Post-Impressionism 1874–1904: Sources and Documents*. (Englewood Cliffs, NJ, 1966), pp. 14–20。
6. 在《应用化学染色讲义》(*Leçons de chimie appliqué à la teinture*, 1829–1830) 中，谢弗勒尔是第一批呼吁对染色化学持系统观点的科学家之一。

7. M.-E. Chevreul, *Les Lois du contraste simultané des couleurs* (*On the Laws of Simultaneous Contrast of Colours*) (Paris, 1839).

8. 在强调了对颜色的兴趣的化学渊源后，他把这本书献给了朋友兼同事、著名的瑞典化学家约恩斯·雅各布·贝采里乌斯。

9. H. von Helmholtz, "Über die Theorie der zusammengesetzten Farben", *Poggendorffs Annalen der Physik und Chemie*, LXXXVII (1852), pp. 45–66; 译作"Sur la théorie des couleurs composées", *Cosmos*, II (1852–1853), pp. 112–120。亥姆霍兹在《光学论文集》(*Treatise on Optics*, 1867) 中详细阐述了他的发现。

10. H. von Helmholtz, "On the relation of optics to painting", transl. E. Atkinson, in *Popular Lectures on Scientific Subjects* (Longmans, Green and Co., London, 1903), vol. 2, p. 118.

11. 同样，土质色料的确出现在19世纪70年代的毕沙罗画作中。而德拉克洛瓦本人已经在1857年呼吁放弃土质颜料。

12. 引自H. A. Roberts, *Records of the Amicable Society of Blues* (Cambridge University Press, Cambridge, 1924), pp. 53–54。

13. 奥古斯特·雷诺阿，出自1910年的一次访谈。引自J. Rewald, *The History of*
397 *Impressionism* (Secker & Warburg, London, 1973), 4th edn。

14. 让这一点接受考验是一个令人不安的想法，但是美国艺术家雪莉·莱文几乎正是这样做的。她的"熔化"系列画作 (1990) 是通过使用计算机，使名画中的颜色呈平均色而获得的单色。《熔化：仿莫奈I》是一种偏暗的银灰色。作为一种减色混合物，它朝向黑色而不是白色变化。不过，平均色相的消色差性证明了莫奈作品在光谱上的包容性。

15. 阳光当然是白色的，不是黄色的；但在印象派画家的感受中，它是金色的 (见第214页)。

16. J. Claretie, *La vie à Paris 1881* (Paris, 1881), p. 266. 评论者阿尔弗雷德·德·洛斯塔洛提出，莫奈实际上有一个极为宽广的视觉范围，能够感知紫外光。

17. O. Rood, *Modern Chromatics* (1879), pp. 279–280 and 139–140.

18. Ruskin, *Elements*, in *Works*, p. 152.

19. 事实上，尚不清楚修拉是否曾经深入研究过鲁德的文本。修拉的光学混合知识似乎主要来自夏尔·勃朗对谢弗勒尔理论的普及。见J. Gage, *Colour and Meaning* (Thames and Hudson, London, 1999), p. 213 and n. 10。

20. F. Fénéon, "Les Impressionnistes", *La Vogue*, 13–20 June 1886.

21. 出处同上。

22. P. Signac, 引自 R. L. Herbert, *Neo-Impressionism* (New York, 1968), p. 108。见 Gage, *Colour and Meaning*, p. 217。

23. C.毕沙罗于1886年11月6日写给保罗·桂兰德–鲁埃尔的信，收录于 L. Venturi, *Les Archives de l'Impressionnisme* (Paris and New York, 1939), vol. 2, p. 24。

24. Paul Gauguin，引自 L. Bolton，*The History and Techniques of the Great Masters: Gauguin* (Tiger Books International，Richmond，VA，1988)，p. 13。在1902年从多米尼克写给沃拉尔的同一封信中，高更要求获得“室内装饰师的颜色”，从而成为20世纪50年代美国艺术家们的先声。他说：“它们的花费只有三分之一，而且质量好多了。”
25. J.-P. Crespelle，*The Fauves* (Oldbourne Press，London，1962).
26. 梵高于1888年6月写给弟弟提奥的信，见于 *The Letters of Vincent van Gogh*，ed. M. Roskill (Flamingo，London，2000)，p. 268。
27. 这种胭脂红色淀可能是由人造茜素制成的新的合成品种，见第247页。
28. *The Letters of Vincent van Gogh*，p. 252. 398

第九章　对紫色的激情

引语：

R. Browning，“Popularity” (1855).

All the Year Round (1859)，引自 S. Garfield，*Mauve* (Faber and Faber，London，2000)，p. 66。

1. Pliny，*Natural History*，IX，xxxvi，126.
2. Aristotle，*Historia Animalium*，bk V，transl. D’A. W. Thompson (Clarendon Press，Oxford，1910).
3. Pliny，*Natural History*，IX，xxviii，134–135.
4. 出处同上，XXXV，46。
5. Julius Caesar，*De Bello Gallico*，bk V.
6. R. Hakluyt，*The Principall Navigations Voiages and Discoveries of the English Nation* (1589)，reprinted in facsimile (Cambridge University Press，Cambridge，1965)，vol. 2，p. 454.
7. 出处同上。
8. W. Cullen (*c*.1766)，引自 A. L. Donovan，*Philosophical Chemistry in the Scottish Enlightenment* (Edinburgh University Press，Edinburgh，1975)，p. 107。
9. 苯是经浓硝酸处理而硝化的（得出硝基，含有氮和氧）。然后产物（即硝基苯）被“还原”，这意味着用氢替代硝基中的氧原子以制备氨基。对于那些不容易被化学的符号形式主义吓倒的人来说，这些化合物的分子结构如下（见下页图）。只要习惯了体系，图片比文字更好懂。字母表示碳、氢、氧和氮的原子，线表示连接它们的键。 399
10. Garfield，*Mauve*，p. 67.
11. 可能有很好的理由来说明，为什么这个日期在今人的描述中有些不一致——因为韦尔古在完成这项发现时是否仍然被拉法尔雇用，或被后来的东家勒纳尔兄弟雇用，或者没有受雇于两者中的任何一家，这对于随后的专利争议有一定的重要性。工业

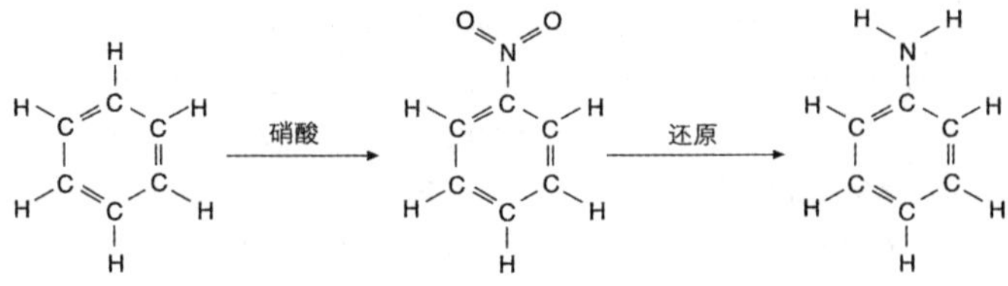

苯　硝基苯　苯胺

间谍活动在这个竞争日益激烈的行业并不陌生。

12. A.W. Hofmann. “On aniline-blue”, *Proceedings of the Royal Society*, 13 (1863), p. 14.
13. 苏格兰化学家阿奇博尔德·斯科特·库珀提出了一个独立于克库勒的碳链的想法，更明确地说是在1858年。但是库珀论文的发表被延误了，让克库勒的论文得以先行发表，库珀由此没有资格主张优先权。随后为获得承认进行的努力使他心灰意冷，以致最终完全放弃了化学。
14. 敏锐的读者会注意到，如此一来每个碳原子就连接到仅仅三个其他原子，而不是四个。不足部分由碳与同一原子形成**多重**键的能力弥补。这在前面的图表中有过说明（注释9），其中两条平行线表示双键。它并非如表面看上去那样，是廉价的脱身。双键真的比单键更强、更短；并且两个键中的一个可以断开，允许另外的原子将其自身连接到碳上，而不切断另一个键。为完整起见必须补充的是，在苯和其他芳香烃中，单键和双键并不真正地围绕着环交替出现。相反，多重键合在所有碳–碳键之间变得“模糊”，使得所有这些连接都是相等的，并且可被视为仿佛每个都由“一个半键”组成。
15. M. Brusatin, *A History of Colors* (Shambala, Boston, 1991), p. 99.

400 16. 分子结构看起来类似于下图：

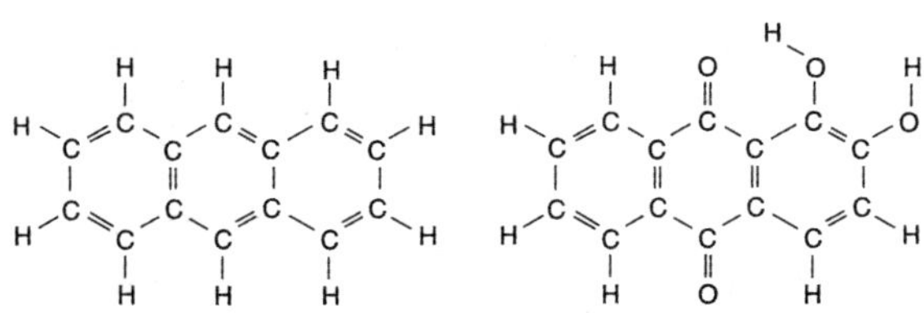

蒽　茜素

17. 贝耶尔实验室的操作方法，是使用试剂将有机化合物分解成碎片或更简单的分子，并用所得到的信息来指导相反的合成过程。为了制造复杂的有机分子，化学家现在通常进行类似的“思想实验”，它被称为逆合成分析。
18. 引自 *Perkin Centenary London: 100 Years of Synthetic Dyestuffs* (Pergamon, London, 1958), p. 23。
19. 靛蓝的结构如下（见下页图）。
20. C. Rawson, “The cultivation and manufacture of indigo in Bengal”, *Journal of the*

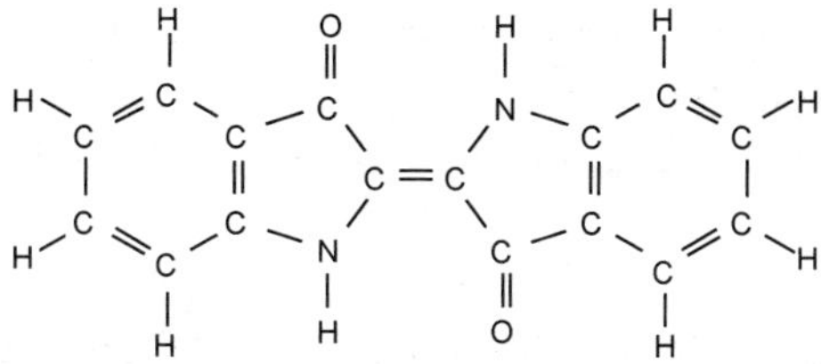

靛蓝

Society of Dyers and Colourists, (July, 1899), p. 174.

21. 茜草红长期以来一直是染料质量的衡量标准，甚至“保障”(guarantee) 一词就来自茜草红的意大利语 *garanza*。
22. M. Doerner, *The Materials of the Artist* (Harcourt Brace & Co., Orlando, FL, 1949), p. 91.

第十章 午夜暗影

引语：

V. Nabokov, *Laughter in the Dark* (Random House, New York, 1989).

P. Cézanne, 引自 D. Jarman, *Chroma* (Vintage, London, 1994)。

1. W. Kandinsky, *Über das Geistige in der Kunst* (1911), transl. M. T. H. Sadler as *The Art of Spiritual Harmony* (Constable and Co., London, 1914) and reprinted as *Concerning the Spiritual in Art* (Dover, New York, 1977), p. 38.
2. R. Boyle, *Experiments & Considerations Touching Colours* (London, 1664), pp. 219–221. 401
3. Marco Polo, *Il milione*, ed. D. Ponchiroli (Einaudi, Turin, 1954), ch. 35, p. 40.
4. Cennino Cennini, *Il Libro dell'Arte* (*The Craftsman's Handbook*), transl. D. V. Thompson (Dover, New York, 1960), pp. 37–38.
5. 出处同上，p. 38。
6. 出处同上，p. 36。
7. J. Itten, *The Elements of Colour* (Van Nostrand Reinhold, New York, 1970), p. 88.
8. P. Hills, *Venetian Colour* (Yale University Press, New Haven, CT, 1999), p. 136.
9. Y. Klein, “Par la couleur . . .”, in *Mon Livre*, unpublished and written in 1957 (Yves Klein Archives). 引自 N. Charlot, *Yves Klein* (Vilo International, 2000), p. 60。
10. 出处同上。

第十一章 时间这个画家

引语：

G. Field, *Chromatography* (Winsor and Newton, London, 1869).

Cennino Cennini, *Il Libro dell'Arte (The Craftsman's Handbook)*, transl. D. V. Thompson (Dover, New York, 1960), p. 25.

M. Doerner, *The Materials of the Artist* (Harcourt Brace & Co., Orlando, FL, 1949), p. 375.

1. 一些专业的颜料制造商现在为保护工作者生产"修饰"颜料，它们颜色稳定，在化学上能与被修复作品中所用的颜料区分开，并且能够用有机溶剂去除。2000年，美国冈布兰艺术家颜料公司推出了一系列具有优异的光学和操作性能的修饰颜料，它们被置于由巴斯夫公司制造的无毒脲醛树脂中。见 L. R. Ember, *Chemical and Engineering News* 79 (30 July 2001), pp. 51–59。
2. E. H. Gombrich, *Art and Illusion* (Phaidon, London, 1977), 5th edn, p. 49.
3. Cennino Cennini, *The Craftsman's Handbook*, p. 26.

402 4. 出处同上，p. 24。
5. Doerner, *The Materials of the Artist*, p. 83.
6. 为了为色料辩护，应该说现代的制备方法似乎能提供保护，使其耐久。但这对18世纪的画家没什么帮助。
7. Field, *Chromatography*, p. 412.
8. 出处同上。
9. 引自 J. Gage, *George Field and His Circle* (Fitzwilliam Museum, Cambridge, 1989), p. 70。
10. Doerner, *The Materials of the Artist*, pp. v–vi.

第十二章　捕捉颜色

引语：

W. Benjamin, "The work of art in the age of mechanical reproduction" (1936), in F. Frascina and J. Harris (eds), *Art in Modern Culture* (Phaidon Press, London, 1992), p. 297.

Sir James Percival, quoted by F. Birren in the introduction to J. C. Le Blon, *Coloritto* (1725), facsimile reprint by Van Nostrand Reinhold (New York, 1980).

J. Berger, *Ways of Seeing* (Penguin, London, 1972), p. 32.

1. Benjamin, "The work of art in the age of mechanical reproduction".
2. Berger, *Ways of Seeing*, p. 21.
3. 甚至在我写下这些文字时，伦敦的城市外立面装饰上，还被人偷贴着提香那穿深红色长袍的圣母形象，尽管该形象所宣传的"文艺复兴"更多地是与俱乐部文化，而不是与"高雅"文化相关。

4. 乔纳森·布朗和卡门·加里多指出，受到讨论最多的西方经典之一——委拉斯开兹的《宫女》(*Las Meninas*)，主要是根据复制品来阐释的。他们说："似乎没有人对作品的材料特征或物理结构感兴趣，或者把它作为绘画表现来欣赏……然而，[1984年] 对此画的清洗……让我们得以将它看作西方文化史上最杰出的艺术代表作之一。"这件事传递的信息是 (除了"把你带到上流社会"之外)，若坚持概念同时忽 403
略材料，我们可能会错过此类作品的真正动人之处。见J. Brown and C. Garrido, *Velázquez: The Technique of Genius* (Yale University Press, New Haven, CT, 1998)。
5. Le Blon, *Coloritto*, Epistle xx.
6. 出处同上，p. 28。
7. 出处同上，p. 30。
8. 勒布隆在将《绘画中的着色和谐》题献给沃波尔时，大概不知道这句评论。
9. R. M. Burch, *Colour Printing and Colour Printers* (Sir Isaac Pitman and Sons Ltd, London, 1910), p. 112.
10. 发表研究结果时，舒尔策取的标题是 *Scotophorus pro Phosphoro Inventus* ——这是在打趣一个事实：实验本意是想制造磷——易燃的"光的使者"，结果产生的是"Scotophorus"——"黑暗使者"。
11. S. F. B. Morse in the *New York Observer*, 引自J. Carey (ed.), *The Faber Book of Science* (Faber and Faber, London, 1996)。
12. J. C. Maxwell, in *Transactions of the Royal Society of Edinburgh*, 21 (1857), p. 275.
13. 据可靠消息，演讲本身相当糟糕，麦克斯韦是一个出了名的蹩脚演说者。
14. J. C. Maxwell, *British Journal of Photography*, 9 (1861), p. 270.
15. H. Collen, *British Journal of Photography*, 12 (1865), p. 547. 柯伦建议根据减色法原色红、蓝和黄进行分色，而不是 (更适当地) 根据麦克斯韦使用的加色法原色。
16. E. J. Wall, *History of Three-Color Photography* (American Photographic Publishing Co., Boston, MA., 1925), p. 9.
17. E. Wind, *Art and Anarchy* (London, 1963), p. 165.
18. Georgia O'Keeffe, 引自 C. A. Riley, *Color Codes* (University Press of New England, Hanover, NH, 1995), p. 169。

第十三章　心胜于物

引语：

S. Delaunay, 引自 *Colour since Matisse*, 爱丁堡国际艺术节上的一次法国画作展览 (Trefoil Books, London, 1985)。 404

H. Matisse (1952), 引自 C. A. Riley, *Color Codes* (University Press of New England, Hanover, NH, 1995)。

1. H. von Helmholtz, “Recent progress in the theory of colour vision”, *Popular Lectures on Scientific Subjects*, II (1901), pp. 121–122.
2. J. Flam (ed.), *Matisse: A Retrospective* (Hugh Lauter Levin, New York, 1988), p. 153.
3. 引自 A. H. Barr Jr., *Matisse: His Art and His Public* (New York, 1951), p. 119。
4. 引自 Riley, *Color Codes*, p. 134。
5. 引自 J. Leymarie, *Fauves and Fauvism* (Editions d'Art Albert Skira S. A., Geneva, 1995)。
6. R. Delaunay, *Du Cubisme à l'Art Abstrait*, ed. P. Francastel (1957), pp.182–183.
7. 引自 H. Read, *A Concise History of Modern Painting* (Thames and Hudson, London, 1974), p. 180。
8. E. Neumann (ed.), *Bauhaus and Bauhaus People* (Van Nostrand Reinhold, New York, 1970), p. 45.
9. P. Cherchi, *Paul Klee teorico* (*Paul Klee*, *Theoretician*)(De Donato, Bari, 1978), pp. 160–161.
10. M. Doerner, *The Materials of the Artist* (Harcourt Brace & Co., Orlando, FL, 1949), pp. 169–170.
11. Cherchi, *Paul Klee teorico*, pp. 160–161.

第十四章　纯粹的艺术

引语：

R. Rauschenberg, 引自 R. Hughes, *The Shock of the New* (BBC Books, London, 1991)。

D. Batchelor, *Chromophobia* (Reaktion Books, London, 2000), pp. 98, 100.

1. P. Leider, “Literalism and Abstraction: Frank Stella's Retrospective at the Modern” (1970), reprinted in F. Frascina and J. Harris (eds), *Art in Modern Culture*
405 (Phaidon Press, London, 1992), p. 319.
2. William Wright 访谈, reprinted in H. Namuth, *Pollock Painting* (New York, 1950)。
3. 然而，存在一种危险，即将太多东西归给波洛克的非传统材料。波洛克有时甚至在他独特的“滴”画中使用油画颜料，虽然显然是从颜料管里直接挤出来的。见 S. Lake, “The challenge of preserving modern art: a technical investigation of paints used in selected works by Willem de Kooning and Jackson Pollock”, *MRS Bulletin*, 26 (1) (2001), p. 56。
4. 瓷漆涂料并不总是在硝化纤维素中结合，该术语仅表示一种坚韧的高光表面。一些早期的瓷漆涂料使用亚麻籽油作为主要的黏合剂，用树脂提高韧性。到后期，醇酸树脂（见下文）提供了黏合剂。
5. 引自 J. Crook and T. Learner, *The Impact of Modern Paints* (Tate Gallery Publishing,

London, 2000), p. 71。

6. *David Hockney: Paintings, Prints and Drawings 1960–1970*，展览目录 (Whitechapel Art Gallery, London, 1970), pp. 11–12。
7. 引自 Crook and Learner, *The Impact of Modern Paints*, p. 97。
8. 我曾见过这部作品和罗斯科的部分作品以上下颠倒的方式被复制：这是抽象带来的危险。我想，没有多少画作能让你付一回钱得到两种景观。但是出版商出现一些混淆情有可原，我们要记住，在画作完成前，连罗斯科自己也并不总是知道一幅作品应该哪边朝上，甚至在画作完成后他有时还会改变主意。
9. 引自 D. Anfam, *Abstract Expressionism* (Thames and Hudson, London, 1990), p. 142。
10. S. Rodman, *Conversations with Artists* (New York, 1957), p. 93.
11. E. Jones, memorandum to Agnes Morgan, acting director of the Fogg Museum, 3 November 1970. 引自 M. B. Cohn (ed.), *Mark Rothko's Harvard Murals* (Harvard University Art Museums, Cambridge, MA, 1988), p. 10。
12. 引自 Hughes, *The Shock of the New*。
13. 引自 N. Welliver, "Albers on Albers", *Art News*, LXIV (1966), pp. 68–69。
14. F. Stella, *Working Space* (Harvard University Press, Cambridge, MA., 1986), p. 71.
15. 出处同上，p. 89。 406
16. Batchelor, *Chromophobia*, p. 10.
17. 2000年，德国化学家M. 扬森与H. P. 莱切特报告了一类新的、不含有毒重金属的红色和黄色无机材料，见 *Nature*, 404(2000), pp. 980–982。它们是含有钙、镧、钽、氧和氮的复杂化合物，是否可以商业化还有待观察。 407

参考书目

Georgius Agricola, *De re metallica* (1556), transl. H. C. and L. H. Hoover (Dover, New York, 1950).

Leon Battista Alberti, *Della Pittura* (1435). Published as *On Painting*, transl. C. Grayson (Penguin, London, 1991).

C. Aldred, *Egyptian Art* (Thames and Hudson, London, 1980).

D. Anfam, *Abstract Expressionism* (Thames and Hudson, London, 1990).

D. Anfam, *Mark Rothko* (National Gallery of Art, Washington, DC,1998).

D. Ashton, *About Rothko* (Oxford University Press, New York, 1983).

J. Ayers, *The Artist's Craft* (Phaidon Press, London, 1985).

J. Balfour-Paul, *Indigo* (British Museum Press, London, 1998).

S. J. Barnes, *The Rothko Chapel: An Act of Faith* (University of Texas Press, Austin, 1989).

D. Batchelor, *Chromophobia* (Reaktion Books, London, 2000).

W. Benjamin, "The work of art in the age of mechanical reproduction" (1936), in F. Frascina and J. Harris (eds), *Art in Modern Culture* (Phaidon Press, London, 1992), p. 297.

J. Berger, *Ways of Seeing* (Penguin, London, 1972).

B. Berlin and P. Kay, *Basic Color Terms* (University of California Press, Berkeley, CA, 1969).

R. S. Berns, *Principles of Color Technology* (John Wiley, New York, 2000).

P. Binski, *Medieval Craftsmen: Painters* (British Museum Press, London, 1991).

F. Birren, *History of Color in Painting* (Van Nostrand Reinhold, New York, 1965).

A. Blunt, *Artistic Theory in Italy 1450–1600* (Oxford University Press, Oxford, 1962).

L. Bolton, *The History and Techniques of the Great Masters: Gauguin* (Tiger Books International, London, 1988).

D. Bomford, C. Brown and A. Roy, *Art in the Making: Rembrandt* (National Gallery Publications, London, 1988).

D. Bomford, J. Dunkerton, D. Gordon and A. Roy, *Art in the Making: Italian Painting before 1400* (National Gallery Publications, London,1989).

D. Bomford, J. Kirby, J. Leighton and A. Roy, *Art in the Making: Impressionism* (National Gallery Publications, London, 1990).

D. Bomford and A. Roy, *Colour* (National Gallery Company Ltd, London, 2000).

W. H. Brock, *The Fontana History of Chemistry* (Fontana, London, 1992).

J. Brown and C. Garrido,*Velázquez: The Technique of Genius* (Yale University Press, New Haven, CT, 1998).

V. J. Bruno, *Form and Colour in Greek Painting* (Thames and Hudson, London, 1977).

M. Brusatin, *A History of Colors* (Shambala, Boston, MA., 1991).

W. Büchner, R. Schliebs, G.Winter and K. H. Buchel, *Industrial Inorganic Chemistry* (VCH, New York, 1989).

S. Bucklow, "Paradigms and pigment recipes: Vermilion, synthetic yellows and the nature of the egg" , *Zeitschrift für Kunsttechnologie*, 13/1 (1999), p. 140.

R. M. Burch, *Colour Printing and Colour Printers* (Sir Isaac Pitman & Sons, London, 1910).

A. Burmester and C. Krekel, "The relationship between Albrecht Dürer's palette and fifteenth/sixteenth-century pharmacy price lists: the use of azurite and ultramarine" , *Proceedings of the IIC Dublin Congress, 7–11 December 1998* (International Institute for Conservation of Historic and Artistic Works, London).

A. Callen, *Techniques of the Impressionists* (New Burlington Books, London, 1987).

Cennino Cennini, *Il Libro dell'Arte* (*c.* 1390), transl. D. V. Thompson as *The Craftsman's Handbook* (Dover, New York, 1960).

N. Charlet, *Yves Klein* (Vilo International, Paris, 2000).

M.-E. Chevreul, *The Principles of Harmony and Contrast of Colours* (Henry G. Bohn, London, 1854). Translated from *De la loi du contraste simultané des couleurs* (1839). Reprinted by Van Nostrand Reinhold (New York, 1981).

A. H. Church, *The Chemistry of Paints and Painting* (Seeley and Co., London, 1890).

B. Clearwater, *Mark Rothko: Works on Paper* (Hudson Hills Press, New York, 1984).

C. Cobb and H. Goldwhite, *Creations of Fire* (Plenum, New York, 1995).

M. B. Cohn (ed.), *Mark Rothko's Harvard Murals* (Harvard University Art Museums, Cambridge, MA., 1988).

B. Cole, *The Renaissance Artist at Work* (John Murray, London, 1983).

W. G. Constable, *The Painter's Workshop* (Oxford University Press, London, 1954).

D. Cranmer, "Ephemeral paintings on 'permanent view' – the accelerated aging of Mark Rothko's paintings" , *Proceedings of ICOM Committee for Conservation, 8th Triennial Meeting, Sydney* (1987), p. 283.

J.-P. Crespelle, *The Fauves* (Oldbourne Press, London, 1962).

J. Crook and T. Learner, *The Impact of Modern Paints* (Tate Gallery Publishing, London, 2000).

E. Cumming and W. Kaplan, *The Arts and Crafts Movement* (Thames and Hudson, London, 1991).

M. de Keijzer, "Microchemical identification of modern organic pigments in cross-sections of artists' paintings", *Proceedings of ICOM Committee for Conservation, 8th Triennial Meeting, Sydney* (1987), p. 33.

I. Dickson Gill, *The History and Techniques of the Great Masters: Titian* (Tiger Books International, London, 1989).

M. Doerner, *The Materials of the Artist* (Harcourt Brace & Co., Orlando, FL, 1949). Reprinted 1984.

J. Dunkerton, A. Roy and A. Smith (1987), "The unmasking of Tura's 'Allegorical Figure': a painting and its concealed image", *National Gallery Technical Bulletin*, 11 (1987), p. 5.

G. Duthuit, *The Fauvist Painters* (Wittenborn, Schultz Inc., New York, 1950).

W. Eamon, *Science and the Secrets of Nature* (Princeton University Press, Princeton, NJ, 1994).

D. Elger (ed.), *Donald Judd, Colorist* (Hatje Cantz, Ostfildern-Ruit, 2000).

W. S. Ellis, *Glass* (Avon Books, New York, 1998).

R. L. Feller (ed.), *Artists' Pigments: A Handbook of Their History and Characteristics* (National Gallery of Art,Washington, DC, 1986), vol. 1.

G. Field, *Chromatography* (Winsor and Newton, London, 1869).

E. West Fitzhugh (ed.), *Artists' Pigments: A Handbook of Their History and Characteristics* (National Gallery of Art,Washington, DC, 1997), vol. 3.

P. Fortini Brown, *The Renaissance in Venice* (Weidenfeld and Nicolson, London, 1997).

R. Fox and A. Nieto-Galan (eds), *Natural Dyestuffs and Industrial Culture in Europe, 1750–1880* (Watson Publishing, Canton, MA., 1999).

J. Gage, *Colour in Turner: Poetry and Truth* (Studio Vista, London, 1969).

J. Gage, *George Field and His Circle* (Fitzwilliam Museum, Cambridge, 1989).

J. Gage, *Colour and Culture* (Thames and Hudson, London, 1993).

J. Gage, Review of *Farbe am Bauhaus: Synthese und Synasthesie*, in Kunst Chronik (February 1998), p. 78.

J. Gage, *Colour and Meaning* (Thames and Hudson, London, 1999).

S. Garfield, *Mauve* (Faber and Faber, London, 2000).

H. F. Gaugh, *De Kooning* (Abbeville, New York, 1983).

H. Gernsheim, *A Concise History of Photography* (Dover, New York, 1986).

R. J. Gettens and G. L. Stout, *Painting Materials: A Short Encyclopaedia* (Dover, New York, 1966).

E. H. Gombrich, *Art and Illusion* (Phaidon Press, London, 1977), 5th edn.

E. H. Gombrich, *The Story of Art* (Phaidon Press, London, 1989), 15th edn.

M. Goodwin, *Artist and Colourman* (Reeves and Son Ltd, Harrow, Middx, 1966).

W. Grohmann, *Klee* (Harry N. Abrams, New York, 1985).

S. Hackney, R. Jones and J. Townsend, *Paint and Purpose* (National Gallery Publications, London, 1999).

M. Hall, *Colour and Meaning: Practice and Theory in Renaissance Painting* (Cambridge University Press, Cambridge, 1992).

R. D. Harley, *Artists' Pigments c.1600–1836* (Butterworths, London, 1982), 2nd edn.

A. Heaton (ed.), *The Chemical Industry* (Blackie Academic, Glasgow, 1994).

H. von Helmholtz, "On the relation of optics to painting" , transl. E. Atkinson, in *Popular Lectures on Scientific Subjects* (Longmans, Green and Co., London, 1903), vol. 2.

P. Hills, *Venetian Colour* (Yale University Press, New Haven, CT, 1999).

H. Hodges, *Technology in the Ancient World* (Michael O'Mara Books, London, 1996).

R. Hughes, *The Shock of the New* (BBC Books, London, 1991).

J. Itten, *The Elements of Colour* (Van Nostrand Reinhold, New York, 1970).

D. Jarman, *Chroma* (Vintage, London, 1994).

V. Jirat-Wasiutynski and H. T. Newton Jr., "Absorbent grounds and the matt aesthetic in post-Impressionist painting" , in A. Roy and P. Smith (eds), *Contributions to the IIC Dublin Congress, 7–11 September 1998: Painting Techniques: History, Materials and Studio Practice* (International Institute for Conservation of Historic and Artistic Works, London, 1998), p. 235.

B. Jonson, *The Alchemist* (*c.* 1610), in *Three Comedies* (Penguin, London, 1966).

W. Kandinsky, *Über das Geistige in der Kunst* (1912), transl. M. T. H. Sadler as *The Art of Spiritual Harmony* (Constable and Co., London, 1914) and reprinted as *Concerning the Spiritual in Art* (Dover, New York, 1977).

M. Kemp, *The Science of Art* (Yale University Press, New Haven, CT, 1990).

J. Kirby, "Fading and colour change of Prussian blue: occurrences and early reports" , *National Gallery Technical Bulletin* (National Gallery Publications, London), 14 (1993), p. 63.

J. Kirby, "The painter's trade in the seventeenth century: Theory and practice" , *National Gallery Technical Bulletin* (National Gallery Publications, London), 20 (1999), p. 5.

J. Kirby, "The price of quality: factors influencing the cost of pigments during the Renaissance" , in G. Neher and R. Shepherd (eds), *Values in Renaissance Art* (Ashgate, London, 2000).

J. Kirby and D. Saunders, "Sixteenth- to eighteenth-century green colours in landscape and flower paintings: composition and deterioration" , in A. Roy and P. Smith (eds), *Contributions to the IIC Dublin Congress, 7–11 September 1998: Painting Techniques: History, Materials and Studio Practice* (International Institute for Conservation of Historic and Artistic Works, London, 1998), p. 155.

J. Kirby and R. White, "The identification of red lake pigment dyestuffs and a discussion of their use" , *National Gallery Technical Bulletin* (National Gallery Publications, London), 17 (1996), p. 56.

T. Lamb and J. Bourriau (eds), *Colour: Art and Science* (Cambridge University Press, Cambridge, 1995).

A. P. Laurie, *The Pigments and Mediums of the Old Masters* (Macmillan, London, 1914).

A. P. Laurie, *The Painter's Methods and Materials* (Seeley Service and Co., London, 1960). Reprinted by Dover (New York, 1967).

J. C. Le Blon, *Coloritto* (1725). Facsimile reprint by Van Nostrand Reinhold (New York, 1980).

H. M. Leicester, *The Historical Background of Chemistry* (Dover, New York, 1971).

J. Leymarie, *Fauves and Fauvism* (Editions d'Art Albert Skira S.A., Geneva, 1995).

A. Lucas, *Ancient Egyptian Materials and Industries* (Arnold and Co., London, 1948), 3rd edn.

E. Lucie-Smith, *Movements in Art Since 1945* (Thames and Hudson, London, 1984).

A. M. Mascheroni (ed.), *Vlaminck* (Park Lane, London, 1993).

M. Menu, "Cave paintings: structure and analysis", *MRS Bulletin*, 21(12) (December 1996), p. 48.

M. P. Merrifield, *Original Treatises on the Arts of Painting* (1849). Reprinted by Dover (New York, 1967).

A. Morrall, *The History and Techniques of the Great Masters: Rembrandt* (Tiger Books International, London, 1988).

A. Morrall, *The History and Techniques of the Great Masters: Rubens* (Tiger Books International, London, 1988).

R. P. Multhauf, *The Origins of Chemistry* (Gordon and Breach, Langhorne, PA, 1993).

K. Nassau (ed.), *Color for Science, Art and Technology* (Elsevier, Amsterdam, 1997).

G. Naylor, *The Bauhaus Reassessed* (Herbert Press, London, 1985).

E. O'Donoghue, R. Romero and J. Dik, "French eighteenthcentury painting techniques", in A. Roy and P. Smith (eds), *Contributions to the IIC Dublin Congress, 7–11 September 1998: Painting Techniques: History, Materials and Studio Practice* (International Institute for Conservation of Historic and Artistic Works, London, 1998), p. 185.

J. Osborne, *Light and Pigments* (John Murray, London, 1980).

N. Penny and M. Spring, "Veronese's paintings in the National Gallery. Technique and materials: Part I", *National Gallery Technical Bulletin* (National Gallery Publications, London), 16 (1995), p. 5.

N. Penny, A. Roy and M. Spring, "Veronese's paintings in the National Gallery. Technique and materials: Part II", *National Gallery Technical Bulletin* (National Gallery Publications, London), 17 (1996), p. 33.

Perkin Centenary London: 100 Years of Synthetic Dyestuffs (Pergamon, London, 1958).

A. Powell, *The Origins of Western Art* (Thames and Hudson, London, 1973).

L. M. Principe, *The Aspiring Adept: Robert Boyle and His Alchemical Quest* (Princeton University Press, Princeton, NJ, 1998).

F. Ratliff, *Paul Signac and Color in Neo-Impressionism* (Rockefeller University Press, New York, 1992).

H. Read, *A Concise History of Modern Painting* (Thames and Hudson, London, 1968).

J. Read, "Alchemy and art", *Proceedings of the Royal Institution*, XXXV (1952), p. 286.

J. Read, *Through Alchemy to Chemistry* (G. Bell & Sons, London, 1957). Reprinted as *From Alchemy to Chemistry* (Dover, New York, 1995).

J. Rewald, *The History of Impressionism* (Secker & Warburg, London, 1973), 4th edn.

D. Rhodes, *Clay and Glazes for the Potter* (Chilton Book Company, Radnor, PA, 1973).

B. Riley, *Mondrian: Nature to Abstraction* (Tate Gallery Publications, London, 1997).

C. A. Riley, *Color Codes* (University Press of New England, Hanover, NH, 1995).

R. Rosenblum, *Ingres* (Thames and Hudson, London, 1990).

H. Rossotti, *Colour* (Princeton University Press, Princeton, NJ, 1983).

A. Roy, "The materials of van Gogh's 'A cornfield with cypresses'", *National Gallery Technical Bulletin* (National Gallery Publications, London), 11 (1987), p. 50.

A. Roy (ed.), *Artists' Pigments: A Handbook of Their History and Characteristics* (Oxford University Press, Oxford, 1993), vol. 2.

A. Roy and P. Smith (eds), *Contributions to the IIC Dublin Congress, 7–11 September 1998: Painting Techniques: History, Materials and Studio Practice* (International Institute for Conservation of Historic and Artistic Works, London, 1998).

N. K. Sandars, *Prehistoric Art in Europe* (Penguin, Harmondsworth, Middx, 1968).

S. Sass, *The Substance of Civilization* (Arcade, New York, 1998).

D. Saunders and J. Kirby, "Light-induced colour changes in red and yellow lake pigments", *National Gallery Technical Bulletin* (National Gallery Publications, London), 15 (1994), p. 79.

L. Sheldon, "Methods and materials of the Pre-Raphaelite circle in the 1850s", *Proceedings of the IIC Dublin Congress, 7–11 December 1998* (International Institute for Conservation of Historic and ArtisticWorks, London, 1998) p. 229.

C. Singer, E. J. Holmyard, A. R. Hall and T. I. Williams (eds), *A History of Technology* (Clarendon Press, Oxford, 1954–1958), vols. 1–4.

H. Skelton, "A colour chemist's history of art", *Review of Progress in Coloration* (1999).

A. M. Spalter, *The Computer in the Visual Arts* (Addison Wesley Longman, Inc., Reading, MA., 1999).

J. Steer, *Venetian Painting* (Thames and Hudson, London, 1970).

K. E. Sullivan, *Turner* (Brockhampton Press, London, 1996).

F. S. Taylor, *A History of Industrial Chemistry* (Heinemann, London, 1957).

Theophilus, *De diversis artibus* (*c.* 1122), transl. J. G. Hawthorne and C. S. Smith as *On Divers Arts* (Dover, New York, 1979).

A. Theroux, *The Primary Colors* (Henry Holt and Co., New York, 1994).

A. Theroux, *The Secondary Colors* (Henry Holt and Co., New York, 1996).

A. Thomas, *The Painter's Practice in Renaissance Tuscany* (Cambridge University Press, Cambridge, 1995).

D. V. Thompson, *The Materials and Techniques of Medieval Painting* (Dover, New York, 1956).

J. H. Townsend, "The materials of J. M.W. Turner: Pigments" , *Studies in Conservation*, 38 (1993), p. 231.

A. S.Travis, *The Rainbow Makers* (Associated University Presses, Cranbury, NJ, 1993).

H. Varley (ed.), *Colour* (Marshall Editions, London, 1980).

G. Vasari, Introduction to *Lives of the Artists* (1550). Published as *Vasari on Technique*, transl. L. S. Maclehose (Dover, New York, 1960).

E. J. Wall, *History of Three-Color Photography* (American Photographic Publishing Co., Boston, MA., 1925).

J. Weiss, *Mark Rothko*, Tate Gallery exhibition catalogue (National Gallery of Art, Washington, DC, 1998).

H. Weitemeier, *Yves Klein* (Benedikt Taschen Verlag, Cologne, 1995).

R. White and J. Kirby, "Rembrandt and his circle: Seventeenth-century Dutch paint media re-examined" , *National Gallery Technical Bulletin* (National Gallery Publications, London), 15 (1994), p. 64.

F. Whitford, *Bauhaus* (Thames and Hudson, London, 1984).

T. I. Williams (ed.), *A History of Technology* (Clarendon Press, Oxford, 1958), vols. 5 and 6.

C. S. Wood, *Albrecht Altdorfer and the Origins of Landscape* (Reaktion Books, London, 1993).

H. Zollinger, *Color: A Multidisciplinary Approach* (VCH, Zürich and Wiley-VCH, Weinheim, 1999).

索引

（条目后的数字为原文页码，见本书边码；斜体页码表示位于图注中。）

Absinthe Drinker, *The* 《喝苦艾酒的人》 261
Abstract Expressionism 抽象表现主义 370, 371—375, 383
abstraction 抽象 362—363
steps towards 趋向 216—221, 344
acetic acid 乙酸 70
acrylic paints 丙烯颜料 365, 368—370, 377, 378, 379
Adam, Edouard 爱德华·亚当 1, 2, 12, 280
Adamson, Robert 罗伯特·亚当森 324
additive mixing 加色混合 42, 44, 47, 122, 183, 197, 312, 336—337
Adoration of the Kings, *The* 《王者来拜》/《三王来朝》/《三贤王的膜拜》 137, 149, 272；彩图 *6.2*
aerial perspective 空气透视 30
Aetion 阿埃蒂翁 75
Aetius 埃蒂乌斯 126
Agfa 爱克发公司 254, 330
Agricola Georgius 乔治·阿格里科拉 89, 113, 133
Agrippa, Cornelius 科尔内留斯·阿格里帕 94
Albers, Josef 约瑟夫·阿尔贝斯 355, 378
Alberti, Leon Battista 莱昂·巴蒂斯塔·阿尔贝蒂 7—8, 20—21, 119, 120, 121, 122, 136, 151, 361
Alchemist, *The*, (play) 《炼金术士》(戏剧) 80
alchemy/alchemists 炼金术/炼金术士 12, 80—115
attraction of arsenic and lead 砷和铅的吸引 88—89
colour and transformation 色彩与转化 82—83, 84—85
image of as charlatans 作为骗子的形象 80—81
influence of theory on pigment manufacture 理论对色料制造的影响 89—91
knowledge of by educated people and artists 受过教育的人和艺术家的认识 81—82
“laborants” and “adepti” “实验者”和“熟手” 83
principal influence on art 对艺术的主要影响 82—83

role in colour innovation and provision of systematic technology, for manufacturing 出于制造目的，在颜色创新和提供制造颜料的系统技术方面的角色 103—115
special significance of red 红色的独特重要性 87—88
and technical handbooks (Books of Secrets) 与技术手册（“秘密之书”） 91—94
and vermilion 与朱砂 86
Alexander of Aphrodisias 阿伏罗底西亚的亚历山大 77
Algerian Women in Their Apartment 《公寓里的阿尔及利亚女人们》 198；彩图 *8.1*
Alhazen 海桑 319
Alinari brothers 阿里纳利氏三兄弟 325
alizarin 茜素 247—249, 255, 257, 345, 400 n. 16
alkyds 醇酸树脂 367—368, 379
Allegorical Figure 《寓言人物》 127, 286—288, *289*, 290；彩图 *11.2*
Allegories (Veronese) 《寓言》（委罗内塞） 293
Allegory on the Blessing of Peace 《和平祝福的寓言》 160—161
Allegory of Love III (Respect) 《爱的寓意 III：尊敬》 299
Altarpiece: Three Saints (Nardo di Cione) 《祭坛：三圣徒》（纳尔多·迪·乔内） 297
Altdorfer, Albrecht 阿尔布雷希特·阿尔特多费尔 158
alum 明矾 65, 100, 107
Ambassadors, The 《使节》 286
American (“direct”) process for making zinc white 制作锌白的美国式（“直接”）过程 170—171
Ammanati, Bartolommeo 巴托罗米奥·阿玛纳蒂 147
aniline 苯胺 237—240, 245, 399 n. 9
aniline blue 苯胺蓝 242
aniline dyes 苯胺染料 37, 237—242, 246, 249, 250, 255, 256, 257, 275
aniline purple 苯胺紫 237—240
aniline red 苯胺红 241—242, 345
aniline violet 苯胺蓝紫 242
aniline yellow 苯胺黄 250
Anne, Countess of Albemarle 《阿尔伯马尔伯爵夫人安妮》 301
Annunciation, The (Titian) 《圣母领报》（提香） 142
Annunciation, with St Emidius 《画有圣埃米丢斯的圣母领报》 137；彩图 *5.6*
anthraquinone dyes 蒽醌染料 255, 256
Anthroposophist movement 人智学运动 187
antiquity 古代 55—79
blue in 古代的蓝色 262—264
chemistry 化学 57—67, 68
dyes 染料 64—67, 72—73, 223—228
glass-making 玻璃制作 61—63
glazes 釉色 63—64
lake pigments 色淀色料 72—73
recipes for colour 颜料配方 67—73
参见 Egypt, ancient; Greeks/Greece
Apelles 阿佩利斯 75, 78, 264
Apollinaire, Guillaume 纪尧姆·阿波里奈尔 351
Apotheosis of Homer, The 《礼赞荷马》

278
apprenticeships 学徒期 98—99
April Love 《四月之爱》 237；彩图*9.2*
aquatinting 飞尘法 316
"Arcanists" "秘术师" 234
Archer, Frederick Scott 弗雷德里克·斯科特·阿彻 321—322
Arena chapel (Padua) 阿雷纳礼拜堂（帕多瓦） 101, 272；彩图*4.3*
Aristotle 亚里士多德 19, 28, 39, 73, 74, 166, 167, 224—225, 263
Armenini, G. B. G. B. 阿尔梅尼尼 101
Arnolfini Marriage 《阿尔诺芬尼夫妇像》 127；彩图*5.5*
arsenic 砷 88—89, 173—174
art galleries 美术馆 307
Artist and His Model in the Studio at Le Havre, The 《画家及其模特在勒阿弗尔的画室中》 261
Arts and Crafts movement 工艺美术运动 8
Arundel Society 阿伦德尔协会 317
arzica 黄木犀草素 113
Ashton, Dore 多尔·阿什顿 374
Assumption, The (Titian) 《圣母升天图》（提香） 308
At the Theatre 《在剧院》 207
"Attic yellow" "阿提卡黄" 263
aureolin 钴黄 179
Autochrome system 彩色底片系统 328
Awakening Conscience, The 《良心觉醒》 188
awo (Japanese colour term) 青（日语色彩词） 15
azo dyes 偶氮染料 249—250, 254—255, 258, 374, 382
azurite 蓝铜矿 69, 103—105, 113, 130, 131, 135, 137, 160, 266, 272, 298

Babylonians 巴比伦人 64
Bacchus and Ariadne 《酒神巴库斯与阿里阿德涅》 5, 141—142, 261, 283—284, 286；彩图*5.7*, *11.1*
Bacon, Roger 罗杰·培根 81
Baeyer, Adolf 阿道夫·贝耶尔 247, 252
Balla, Giacomo 贾科莫·巴拉 350
Bardwell, Thomas 托马斯·巴德韦尔 159
barite 重晶石 171
barium 钡 173
barium chromate 铬酸钡 177
barium sulphate 硫酸钡 171, 176
Baroque period 巴洛克时期 145, 151, 154, 301
BASF 巴斯夫公司 242, 248, 249, 253, 254, 255
Batchelor, David 大卫·巴彻勒 13, 381
Bathers at Asnières 《阿尼埃尔的浴场》 210, 212, 304
Battle Scene from "Sinbad the Sailor" 《来自"水手辛巴达"的战斗场景》 261
Baudelaire, Charles 夏尔·波德莱尔 192
Bauhaus school 包豪斯学校 352—353, 354—356, 357, 380
Baxter, George 乔治·巴克斯特 318, 325；彩图*12.2*
Bayer chemicals company 拜耳化工公司 242, 250, 254
Beaumont, Sir George 乔治·博蒙特爵士 153

Bellini, Giovanni 乔瓦尼·贝利尼 129, 133, 140, 270
Belriguardo chapel 贝利古亚尔多礼拜堂 139
Belshazzar's Feast 《伯沙撒的盛宴》 134
Benjamin, Walter 瓦尔特·本雅明 307, 325
Bense, Max 马克斯·本泽 341
benzene 苯 239, 244, 246, 399 n. 9
Berger, John 约翰·伯格 307
Berlin Aniline Company 柏林苯胺公司 256
Berlin, Brent 布伦特·伯林 16, 17, 59
Berthelot, Marcellin 马塞兰·贝特洛 68
Berthollet, Claude-Louis 克劳德-路易·贝托莱 168, 175, 234
beryllium 铍 175
Berzelius, Jons Jacob 约恩斯·雅各布·贝采里乌斯 345
Betrayal of Christ, The 《背叛基督》 118；彩图*5.1*
Bicci, Neri di 内里·迪·毕奇 137
bice 灰蓝 130—131
binding agents 黏合剂 37—38, 70, 101—102, 280, 364,365, 367—370
Birelli,G. G. 比雷利 129
Birren, Faber 费伯·比伦 386 n. 3
  History of Color in Painting 《绘画色彩史》 4
Birth of Venus, The 《维纳斯的诞生》 111, 134—135
bistre 色料褐 153
bitumen 沥青 153
black 黑色 51, 151, 161, 206, 265
Black Prince 《黑王子》 352
blackening, of pigments 色料变暗 297—298
Blake, Peter 彼得·布莱克 364, 365
Blake, William 威廉·布莱克 187, 275, 317—318
Blanc, Charles 夏尔·勃朗 13, 198
Blaue Reiter, Der (*The Blue Rider*) 《蓝骑士》 261
Blaue Vier, Die (*The Blue Four*) "蓝色四人" 261
bleaches 漂白剂 234
Blind Girl 《盲女》 25
block printing 模版印花 231
blue (s) (诸) 蓝色 11, 49, 161, 178, 260—275
  and antiquity 与古代 262—264
  and azurite 与蓝铜矿 69, 103—105, 113, 130, 131, 135, 137, 160, 266, 272, 298
  blurring of distinction between yellow and 与黄色界限模糊 15, 263, 264
  cobalt 钴蓝 4, 33, 178—179, 180, 277, 279, 304
  Egyptian 埃及蓝 57—58, 63
  and Klein, Yves 与伊夫·克莱因 280—282
  and light scattering 与光的散射 30—31
  luxury of fine 上等蓝色的奢侈 272
  medieval period 中世纪时期 103—105
  mixing with white 与白色混合 270—271
  monastral 单星蓝 36, 279
  Prussian 普鲁士蓝 11, 34, 157, 159,

273—275, 276, 301, 302
recognition as a primary 被认可为原色 262—265
Renaissance 文艺复兴 130—134
and smalt 与大青 133—134, 135, 178, 272, 273, 301
in twentieth-century art 在20世纪艺术中 279—282
Virgin Mary robed in 在圣母马利亚的长袍中 270, 296, 355
and woad 与菘蓝 228
参见 ultramarine
blue bice 蓝色灰蓝 130—131, 133
blue frit 蓝玻璃料 63, 70, 76
参见 Egyptian blue
blue-glazed ornaments 蓝釉装饰品 62
参见 Egyptian faience
Blue Globe 《蓝色地球》 282
Blue Horse I 《蓝马I》 261
Blue Nude 《蓝色裸体》 261
Blue Room, The 《蓝色房间》 261
blue verditer 碳酸铜蓝 131—132, 133, 273
Boating on the Seine 《泛舟塞纳河》 204—205；彩图 8.5
Boccioni, Umberto 翁贝托·波丘尼 350
Böcklin, Arnold 阿诺德·勃克林 79
Bocour, Leonard 伦纳德·博库尔 369, 377
Bolos of Mendes 孟地斯的波洛斯 92
Bonnard, Pierre 皮埃尔·勃纳尔 218
Books of Secrets 秘密之书 91—94
Botticelli, Sandro 桑德罗·波提切利 111
Böttiger, Paul 保罗·伯蒂格 255
Bouts, Dieric 迪里克·鲍茨 108, 133, 135, 298
Bowles 鲍尔斯
Art of Painting in Water-Colours 《水彩绘画艺术》 171
Bowood House (Wiltshire) 博伍德别墅(威尔特郡) 133
Boyle, Robert 罗伯特·波义耳 40, 131
Experimental History of Colours 《颜色实验史》 106
Experiments & Considerations Touching Colours 《关于颜色的实验和考察》 265
Origine of Formes and Qualities 《形式和质量的源头》 91
The Sceptical Chymist 《怀疑的化学家》 9, 83, 166—167
Brandt, Georg 耶奥里·勃兰特 178
brazil 巴西红 107, 108, 155
Brightness 亮度 52, 53, 121
British Celanese Company 英国塞拉尼斯公司 256
British Dyestuffs Corporation 英国染料公司 254, 256
browns 棕色 51, 151—153
Brueghel, Pieter 彼得·勃鲁盖尔 272
Brunelleschi, Filippo 菲利波·布鲁内莱斯基 118—119
Brunck, Heinrich 海因里希·布伦克 253
Brusatin, Manlio 曼利奥·布鲁萨廷 246
Bucklow, Spike 斯皮克·巴克洛 90—91
Burial of Christ, The 《基督下葬》 123
Butler, Samuel 塞缪尔·巴特勒
Hudibras 《休迪布拉斯》 36—37

butterfly wings　蝴蝶翅膀　30—31, *31*
Byzantine art　拜占庭艺术　77, 139
Byzantine churches　拜占庭教堂　109

cadmium　镉　172
cadmium orange　镉橙　45, 172, 345
cadmium red　镉红　35, 344—345, 383
cadmium sulphide　硫化镉　35, 172
cadmium yellow　镉黄　172—173, 180
caeruleum　黄色/蓝色　15
calico-printing industry　棉布印花行业　236, 312
Callcott, Augustus Wall　奥古斯特·沃尔·考尔科特　291
Callen, Anthea　安西娅·卡伦　3—4
Calling of St Matthew, *The*　《圣马太蒙召》　123
calotype process　卡罗摄影法　321, 324
Canal, Martin da　马丁·达·卡纳尔　138—139
Canaletto, Giovanni Antonio　乔凡尼·安东尼奥·卡纳莱托　302
cangiantismo technique　换色法　124, 125, 150
Canini, Giovanni Angelo　乔瓦尼·安杰洛·卡尼尼　301
canvas　画布　139—140
Capa, Robert　罗伯特·卡帕　325
Caravaggio, Michelangelo Merisi da　米开朗琪罗·梅里西·达·卡拉瓦乔　123, 150, 151, 162
Carbon　碳　245
Carlisle, Anne　安妮·卡莱尔　160
carmine lake　胭脂红色淀　72, 73, 344—345
Caro, Heinrich　海因里希·卡罗　248, 252
carotenoids　类胡萝卜素　36, 49
Cartier-Bresson, Henri　亨利·卡蒂埃-布列松　325
Casagemas, Carlos　卡洛斯·卡萨吉马斯　260
Cassel earth pigment　卡塞尔土色料　152, 162, 287
Caulfield, Patrick　帕特里克·考尔菲尔德　365；彩图 *14.1*
caustic soda　苛性苏打　65
cave paintings　洞穴壁画　58, 59—60
Cavendish, Henry　亨利·卡文迪许　167
celluloid　赛璐珞　366
cellulose nitrate　硝酸纤维素　366
Cennino Cennini　琴尼诺·琴尼尼　6, 21, 66, 73, 89, 97, 105, 108, 112, 151, 296
　egg tempera prescriptions　鸡蛋坦培拉配方　102
　fresco techniques　湿壁画技术　101
　on gold　论黄金　109—110, 111, 112
　Il Libro dell' Arte　《艺匠手册》　20, 83, 99
　pigment recipes　色料配方　90
　shading scheme　色彩渐变方案　121
　on ultramarine　论群青　267—268, 280
　on vermilion　论朱砂　86, 87, 297
　on yellow pigments　论黄色色料　113
cerulean blue　天蓝　179
Cesariano, Cesare　切萨雷·切萨里诺　264
Cézanne, Paul　保罗·塞尚　9, 10, 171, 177, 196, 200, 203, 215—217, 279, 343, 344, 347
chalk　白垩　38, 59, 60, 65, 107, 163

Charity (Van Dyck)　《慈善》(凡·戴克)　162；彩图*6.5*
Charles I　查理一世　160
Chaucer, Geoffrey　杰弗里·乔叟
　Canterbury Tales　《坎特伯雷故事》　81
chemical formulae　化学分子式　244
chemical valency　化学价　245
chemistry　化学　2，165—188
　in antiquity　在古代　57—67，68
　and art　与艺术　9—12
　and dyes　与染料　223，232—234，237，243—246，249
　and elements　与元素　166—168
　fear of　对化学的恐惧　10—11
　in fifteenth/sixteenth centuries　在15/16世纪　116—117
　low status of before eighteenth century　18世纪前的低下地位　9
chemists　化学家　6，13，57—67，249
chemotherapy　化学治疗　250
Chevreul, Michel-Eugène　米歇尔-欧仁·谢弗勒尔　41，197—198，212，265
chiaroscuro printing　多版套色印刷　309，*310*，315，318
chiaroscuro painting technique　明暗对照法　72，123，149，151，153，162，196
Child with Aunt　《姑姑身边的孩子》　352
chintz printing　印度印花布印花　232，234
chlorine　氯　173，234
chlorophyll　叶绿素　36，38
chloros　绿色　17，178
Cholmeley, William　威廉·乔姆利　155
chromatic painting　彩色绘画　141
chromatography　色谱法　293—294
Chromatography (George Field)　《色谱法》(乔治·菲尔德)　44—45，183，185，345
chrome green　铬绿　177
chrome orange　铬橙　176
chrome pigments　铬色料　175—177
chrome yellow　铬黄　11，175—176，177，216，303
chromium　铬　32，33，34
chromium oxide green　氧化铬绿　176，180
chromolithography　彩色平版印刷术　316，317
chrysocolla　金色的胶　70
chrysography　金字书写彩饰法　111
Church, Arthur　阿瑟·丘奇　179
Ciba　汽巴公司　242
Cicero　西塞罗　75
CIE diagram　CIE色品图　50，51—52，337—338
cinabrese　红土　89
cinnabar　辰砂　71，72，76—77，85，86，89，102，108
Cione, Nardo di　纳尔多·迪·乔内　297；彩图*5.2*
Citröen, Paul　保罗·西特罗昂　354
City Rises, The　《城市的兴起》　350
clut (colour look-up table)　"查色表"　338
coal-tar dyes　煤焦油染料　235—236，237，238，239，241，246，251，256—258，*259*，329
cobalt　钴　32，133—134，178—179
cobalt blue　钴蓝　4，33，178—179，180，

277, 279, 304
cobalt green 钴绿 179, 180
cobalt violet 钴紫 179, 180
cochineal 胭脂 36, 108, 155, 301
collage 拼贴 360
Collen, Henry 亨利·柯伦 331
collodion process 火棉胶法 321—322
collotype process 珂罗版方法 322, 326
Colour (magazine) 《颜色》(杂志) 334
colour(s) 颜料、颜色、色彩
  Berlin and Kay's hierarchy of 伯林和凯的颜色层级 16
  causes of 成因 28—38
  dependence on circumstances under which we look at 取决于我们的观看环境 38—39
  and emotions 与情感 23
  in Modernism 在现代主义中 343—359
  and linguistics 与语言 14, 15—17
  measuring 测量 50—54
  naming 命名 14—18
  organization of 颜色的组织 21—24
  and perception 与感知 4, 38, 39
colour blindness 色盲 47
Colour Field group 色域画派 352, 371—376
colour gamut 色域 336—339
colour harmony 色彩和谐 20, 56, 121, 123, 124
Colour Index International 《国际色彩指数》 381
colour notation scheme 颜色表示法 52—53
colour space 色彩空间 51, 52
colour vision 色觉 47—50, 265
colour wheels 色轮 41—42, *42*, *43*, 45, 50, 52, 198, 199, 357, 358
colourists, professional 专业着色师 183, 233, 234
colourmen 颜料商 10, 180, 183
complementary colours 互补色 46, 187, 197—200, 211, 212, 351
Compositiones ad tingenda (*Recipes for Colouring*) 《着色配方》 86, 93
computer art 计算机艺术 340—341
computer screens 计算机屏幕 337—338
Concise History of Modern Painting (Read) 《现代绘画简史》(里德) 308
cone cells, in the eye 锥状细胞,位于人眼中 47—49
conservators 保护工作者 285—286, 288
  参见 restoration
Constable, John 约翰·康斯太勃尔 153—154, 181, 183, 184, 275
contrast, of colours 颜色对比 197—200
Conversion of St Hubert, The 《圣休伯特的归附》 136
copper 铜 33, 34, 35
copper blue 铜蓝 130
copper carbonate 碳酸铜 103
copper resinate 树脂酸铜 128, 129—130, 299
copper silicate 硅酸铜 70
Corbichon, Jean 让·科比丘 77
Corot, Camille 卡米耶·柯罗 196
Correggio, Antonio 安东尼奥·柯雷乔 123, 151
cost 成本
  of colour in Renaissance 文艺复兴时

期颜料的 134—138
cotton 棉花 256
Council of Trent 特兰托公会议 146
Counter-Reformation 反宗教改革 146, 147, 148
Courbet, Gustave 居斯塔夫·库尔贝 153, 196, 208—209
Courtois, Bernard 贝尔纳·库尔图瓦 169, 170, 185
Crace Calvert, Frederick 弗雷德里克·格拉斯·卡尔弗特 235, 236, 237
cracks 开裂
in paintings 画作中的 288, *289*, 290
Cranach, Lucas 卢卡斯·克拉纳赫 136, 309—310
craquelure 龟裂纹 288
crimson 绯红 66—67
Crivelli, Carlo 卡洛·克里韦利 137；彩图 *5.6*
crocoite 铬铅矿 175
Crows Flying over a Cornfield 《乌鸦飞过麦田》 260
Crucifixion, *The* (Tintoretto) 《耶稣受难》(丁托列托) 134
Cryla range of paints 克瑞拉系列颜料 368
crystal field 晶体场 33—34
Crystal Palace 水晶宫 55—56
Cubism/Cubists 立体主义/立体主义画家 349, 350, 351, 360
Cullen, William 威廉·卡伦 232—233

D'Agoty, Jacques Gautier 雅克·戈蒂埃·达戈蒂 314
Daguerre, Louis-Jacques-Mandé 路易-雅克-芒代·达盖尔 320—321
D'Allemagna, Giovanni 乔瓦尼·达勒马纳 136
Danae 《达娜厄》 142—143, 308
d'Anastasy, Johann 约翰·达纳斯塔西 67
Dance 《舞蹈》 346
darkening, of pigments 色料变暗 297—299
David, Gerard 杰勒德·大卫 129, 294, 298
David, Jacques Louis 雅克·路易·大卫 193
Davy, Humphry 汉弗莱·戴维 178, 185, 320
De clarea (*On Brightness*) 《论亮度》 102
De coloribus et artibus Romanorum (Heraclius) 《论罗马人的颜色和艺术》(赫拉克利乌斯) 93, 300
de la Chambre, Martin Cureau 马兰·屈罗·德·拉尚布尔 264
De La Rue, Thomas 托马斯·德拉鲁 317
de Mayerne, Sir Theodore Turquet 泰奥多尔·杜尔哥特·德·梅耶内爵士 131, 154
de Montjosieu, Louis 路易·德·蒙洛西耶
Commentary on Painting 《绘画评论》 264
De re metallica (Agricola) 《论矿冶》(阿格里科拉) 133
De Stijl 风格派 359
Death of Actaeon 《阿克泰翁之死》 142
Degas, Edgar 埃德加·德加 204, 208, 324

Déjeuner sur l'Herbe, Le 《草地上的午餐》 209
Delacroix, Eugène 欧仁・德拉克洛瓦 27, 191—194, 198, 207, 208; 彩图 *8.1*
Delaroche, Paul 保罗・德拉罗什 321
Delaunay, Robert 罗贝尔・德劳内 151, 261, 350—351, 352
Delaunay, Sonia 索尼娅・德劳内 151, 310
Democritus 德谟克利特 73—74, 75, 262
Demoiselles d'Avignon 《亚维农的少女》 261
Denis, Maurice 莫里斯・丹尼斯 218, 349
Derain, André 安德烈・德朗 346, 347, 348, 349; 彩图 *13. 1*
Descartes, René 勒内・笛卡尔 26, 39
Descent from the Cross 《耶稣下十字架》 134
Desserte, La 《红色餐桌》 344
Devonshire Hunting Tapestries 德文郡狩猎挂毯 285
Dickens, Charles 查尔斯・狄更斯 241
Diesbach 迪斯巴赫 273—274
digital technology 数字技术 335—340
diketopyrrolo-pyrroles (DPPs) 二酮吡咯并吡咯 383
Dioscorides 迪奥斯科里季斯 126
Dippel, Johann Konrad 约翰・康拉德・迪佩尔 273
direct imaging printing 直接成像印刷 339
discolouration 变色 290, 297—299, 301—302, 304
disegno 线构
  and *colore* 与色彩 8, 10, 120, 124, 145, 181, 190, 362
distempers 胶画颜料 79, 102
Divisionism 分色主义 348—349, 350—351
Doerner Institute 德尔纳学院 304
Doerner, Max 马克斯・德尔纳 78, 101, 126, 152, 153, 257, 258, 259, 284, 297, 304—305, 357
Doesburg, Theo van 特奥・凡・杜斯堡 359
Doge Agostino Barbarigo Kneeling before the Virgin and Child 《阿戈斯蒂诺・巴尔巴里戈总督跪在圣母子面前》 270
Dongen, Kees van 凯斯・凡・东根 346
Dossie, Robert 罗伯特・多西 132, 133, 301
DPPs (diketopyrrolo-pyrroles) 二酮吡咯并吡咯 383
dragonsblood 龙血 76, 77
drugs 药物
  dyes and 染料与 250—251
drying agents 干燥剂 见 siccatives
Duccio 杜乔 彩图 *10.2*
Duchamp, Marcel 马塞尔・杜尚 360
Dufy, Raoul 拉乌尔・杜飞 261, 348
Dughet, Gaspard 加斯帕尔・迪盖 300
DuPont 杜邦公司 366, 367, 382
Dürer, Albrecht 阿尔布雷希特・丢勒 82, 103, 104, 138, 271
dyes 染料 36, 37, 222—259
  aniline 苯胺 见 aniline dyes
  and antiquity 与古代 64—67, 72—73, 223—228
  and artists 与艺术家 257—258

azo 偶氮 249—250, 255, 258, 374, 382
and chemistry/chemists 与化学/化学家 223, 232—234, 237, 243—246, 249
coal-tar 煤焦油 见 coal-tar dyes
and colour photography 与彩色摄影 328—331
colourfast 不褪色 255—256
and cotton 与棉花 256
identification of organic 有机染料的发现 293—294
indigo 靛蓝 227—229, 252—254
influence of chemical theory 化学理论的影响 242—246
and mordants 与媒染剂 64—65, 232, 237, 256
and public taste for colour 与公众对颜料的品味 230—234
purple 紫色 236—241
scarlet 猩红色 229—230
synthetic alizarin 合成茜素 248—249
Tyrian purple 推罗紫 224—225
used as drugs 用作药物 250—251
and wool 与羊毛 223—230

earth pigments 土质色料 32—35, 75, 151—152
use of by cave painters 被洞穴壁画家使用 59—60
East India Company 东印度公司 155, 156
Eastman, George 乔治·伊斯曼 324
École des Beaux-Arts (Paris) 高等美术学院 (巴黎) 190
EDX (energy-dispersive X-ray analysis) 能量色散X射线分析 292
egg tempera 鸡蛋坦培拉 101—102, 126, 127, 297
Egypt, ancient 古埃及 56, 69, 91—92
and chemistry 与化学 57—58
and dyes 与染料 72
glass making 玻璃制作 63
glazes 釉 63
mordanting techniques 媒染技术 64—65
painting 绘画 69
pigments 色料 69—70
Egyptian blue 埃及蓝 57—58, 63
Egyptian faience 埃及彩陶 62, 63
Egyptian frit 埃及玻璃料 见 Egyptian blue
Ehrlich, Paul 保罗·埃利希 250—251
Einstein, Albert 阿尔伯特·爱因斯坦 28
El Greco (Domenikos Theotokopoulos) 埃尔·格列柯 (多米尼柯·狄奥托科普洛) 134, 147, 150
Elderly Man as St Paul, An 《扮圣保罗的长者》 163
elements 元素 32—33, 165, 166 168
Elements of Colour (Itten) 《色彩的元素》(伊滕) 355
emerald green 翡翠绿 149, 174, 177
emotions and colour 情感与颜色 23
Empedocles 恩培多克勒 75
enamel paints 瓷漆涂料 364, 365, 366—367, 380
energy-dispersive X-ray analysis (EDX) 能量色散X射线分析 292
Engelmann, Godefroy 戈德弗鲁瓦·昂热尔曼 316
Enlightenment 启蒙运动 146

Entombment, The (Bouts) 《耶稣下葬》(鲍茨) 133
eosin 曙红 249, 257
Equicola 埃奎科拉 8
Ernst, Max 马克斯·恩斯特 360
Evans, Edmund 埃德蒙·埃文斯 318—319
Expressionism 表现主义 219, 350, 365
extenders 填充剂 60, 171
Ex Voto for the Shrine of St Rita 《圣丽塔神龛的祈愿奉献物》 281—282；彩图 *10.6*
eye 眼睛 47—49, *48*

fading, of pigments 色料的褪色 296, 301—302, 375
Faraday, Michael 迈克尔·法拉第 12
Fauvism 野兽派 218, 246—250, 351
Feast in the Home of Levi 《利未家的宴会》 147, 149
Feininger, Lyonel 莱昂内尔·法宁格 261
Fénéon, Felix 费利克斯·费内翁 213, 214, 215
Fernbach, Franz 弗朗茨·费恩巴赫 302
Field, George 乔治·菲尔德 56, 155—156, 172, 183—185, 188, 224, 275, 343
on cadmium red 论镉红 345
Chromatography 《色谱法》 44—45, 183—184, 185, 345
on chrome yellow 论铬黄 303
on Indian yellow 论印度黄 156
on Prussian blue 论普鲁士蓝 275, 276, 302
and Turner 与透纳 185
and ultramarine 与群青 278
Filarete, A. A. A. A.菲拉雷特 103
Fine Art academies 美术学院 190
Fischer, N. W. N. W.菲舍尔 179
Fischer, Rudolf 鲁道夫·菲舍尔 329—330
Fisherman at Sea 《海上渔夫》 181
flavonoids 类黄酮 36
Flowers in a Terracotta Vase 《陶土花瓶里的花》 159, 302；彩图 *11.6*
folium “书页” 105—107
Fondaco dei Tedeschi (Venice) 德国货栈(威尼斯) 134
fool’s gold 愚人金 266
Foppa, Vincenzo 温琴佐·佛帕 137
Forman, Simon 西蒙·福曼 80—81
four-colour printing 四色印花 234
Fourcroy, Antoine François 安托万·弗朗索瓦·富克鲁瓦 168, 175
Fourier-transform infrared (FTIR) spectroscopy 傅立叶变换红外光谱分析 292
Fox Talbot, William Henry 威廉·亨利·福克斯·塔尔博特 321, 322
François, Jean Charles 让·夏尔·弗朗索瓦 315
Frankenthaler, Helen 海伦·弗兰肯特尔 365, 368, 376
Frankland, Edward 爱德华·弗兰克兰 245
French Academy 法兰西艺术院 190, 191, 194, 195—196, 208
French purple 法国紫 236—237, 240
fresco painting 湿壁画 78—79, 100—101, 124, 272, 298
Friedlander, P. P.弗里德伦德尔 226
Fromentin, Eugène 欧仁·弗罗芒坦

324
fuchsine 复红 241
Futurist painters 未来主义画家 350

Gagarin, Yuri 尤里·加林林 282
Gage, John 约翰·盖奇 3, 53, 308, 334—335, 373
Gainsborough, Thomas 托马斯·庚斯博罗 152, 153, 182, 274, 302
Gainsborough's Forest 《庚斯博罗的森林》 302
gamboge 藤黄 156—157
Gare Saint-Lazare, La 《圣拉扎尔火车站》 206—207
Gauguin, Paul 保罗·高更 215, 217—218, 219, 221, 347, 363
Gay-Lussac, Joseph 约瑟夫·盖伊-吕萨克 178
Geigy 嘉基公司 242
Gelder, Aert de 阿尔特·德·格尔德 144
Géricault, Théodore 泰奥多尔·席里柯 153
Gesner, Conrad 康纳德·格斯纳 167
gesso 底料 100
giallorino/giallolino 黄色 58, 112—113, 137
gilding 镀金、贴金 109—110
Giorgione 乔尔乔内 140, 141
Giotto di Bondone 乔托·迪·邦多纳 101, 117—118, 272；彩图 *4.3*, *5.1*
Girl in a Fur Wrap 《戴毛披肩的女孩》 161
glair 蛋清胶 102
glas (Celtic colour term) 蓝绿色（凯尔特语颜色词） 15, 63
Glass Façade 《玻璃立面》 352
glass-making 玻璃制作 61—63, 133
glazes/glazing 釉/上釉、透明色层/罩色 62, 63—64, 126—127, 159
Gmelin, Christian 克里斯蒂安·格梅林 277
Goethe, Johann Wolfgang von 约翰·沃尔夫冈·冯·歌德 22, 25, 30, 38, 42, 207, 276, 357
on complementary colours 论互补色 45—46
Theory of Colours 《色彩理论》 186—187, 197, 362
gold 黄金 35, 85, 109—112, 136—137
gold leaf 金叶 109—111, 136
Golden, Mark 马克·戈尔登 370
Golden, Sam 萨姆·戈尔登 369
goldsmiths 金匠 97
Gombrich, Ernst 恩斯特·贡布里希 3, 6, 19—20, 289
Gonzaga Cycle 贡萨加·塞科 134
Gossaert, Jan 扬·戈塞特 294
Graebe, Carl 卡尔·格雷贝 247—248
graffiti art 涂鸦艺术 365—366
Grande Jatte, La 见 *Sunday Afternoon on the Island of La Grande Jatt*
Great Exhibition (1851) 世界博览会 (1851) 55—56, 317
Greeks/Greece 希腊人/希腊 56—57, 64, 73—79, 114
and blue 与蓝色 262—263
chemistry of 希腊人的化学 73
colour awareness 颜色意识 17
dislike of pigment mixing 厌恶色料混合 19, 74
four-colour palette 四色调色板 14, 19, 56, 73—77, 161, 263, 264

and light and dark 与亮色和暗色 15, 17, 39, 40, 74
manufacture of Tyrian purple 制造推罗紫 224
painting of sculpture 雕塑绘画 75
and pigments 与色料 75
use of colour 运用颜色 74—75
green (s) (诸) 绿色 17, 113—114, 159, 161, 173—177, 301
chrome 铬绿 177
cobalt 钴绿 179, 180
confusion with red in ancient times 在古代混同于红色 14—15, 108
and copper resinate 与树脂酸铜 128, 129—130, 299
dissatisfaction with by artists 引起艺术家不满 159
emerald 翡翠绿 149, 174, 177
mixing of 混合 159—160
Ostwald and 奥斯特瓦尔德与绿色 357
profusion of prescriptions for 配方大量涌现 158
Scheele's 舍勒绿 173—174
viridian 翠绿 176—177, 216
green verditer 碳酸铜绿 131
grey 灰色 51, 52, 357
Griess, Peter 彼得・格里斯 250
grinding 研磨
of gold 黄金 111
of pigments 色料 32, 98, 202
Groupe des Artistes Indépendants 独立艺术家团体 210
Gropius, Walter 瓦尔特・格罗皮乌斯 353, 354, 355, 356, 357
Guernica 《格尔尼卡》 307
Guignet, C. E. C. E. 吉涅 177
Guildford from the Banks of the Wey 《韦河河畔的吉尔福德》 173
guild 行会 97, 98, 135
medieval 中世纪 97, 98, 135
and dyers 与染料 231—232, 234
Guimet, Jean-Baptiste 让-巴蒂斯特・吉梅 277, 278
Guise, Sir John 约翰・吉斯爵士 313
Guyton de Morveau, Bernard 贝尔纳・居顿・德・莫沃 168, 169, 171

Hakluyt, Richard 理查德・哈克卢特 155, 228—229
half-tone printing 半色调印刷 315—316
Hals, Frans 弗兰斯・哈尔斯 145
Hamilton, Richard 理查德・汉密尔顿 366—367
Handmaid to the Arts, *The* (Dossie) 《艺术的侍女》(多西) 132, 301
Hansa pigments 汉莎色料 258
Hanunoo 汉努诺语 16
Hard Edge school 硬边画派 377—378
Harley, Rosamond 罗莎蒙德・哈利 131
Harvard murals (Rothko) 哈佛壁画 (罗斯科) 374—375
Harvey, Alexander 亚历山大・哈维 237
Haupt, Johann 约翰・豪普特 331
Hauron, Louis Ducos du 路易・迪科・迪・奥龙 331
Hay, D. R. D. R. 海 44
Helena Fourment as Venus 《扮为维纳斯的海伦娜・富尔芒》 161
Hellenistic culture 希腊化时期的文化 77

Hellot, Jean 让·埃洛 274
Helmholtz, Hermann von 赫尔曼·冯·亥姆霍兹 47, 194, 195, 198—199, 343
Heraclius 赫拉克利乌斯 108, 111, 114
De coloribus et artibus Romanorum 《论罗马人的颜色和艺术》 93, 300
Hering, Ewald 埃瓦尔德·黑林 220, 357
Hers Is a Lush Situation 《她在微醺状态中》 366
Heumann, Karl 卡尔·厄曼 253
Highways and Byways 《干道和小径》 352
Hill, David Octavius 戴维·奥克塔维厄斯·希尔 324
Hills, Paul 保罗·希尔斯 270—271
Hillside in Provence 《普罗旺斯的山坡》 216—217；彩图 *8.8*
Hiroshima (Klein) 《广岛》(克莱因) 281
Hockney, David 大卫·霍克尼 341, 364, 368, 369
Hoechst 赫斯特公司 242, 250, 252, 254
Hoffmann, Roald 罗尔德·霍夫曼 227
Hofmann, August Wilhelm 奥古斯特·威廉·霍夫曼 235, 237—238, 242—243, 244, 246, 249
Hogarth, William 威廉·贺加斯 275
Holbein, Hans 汉斯·霍尔拜因 286
Hollyhocks and Other Flowers in a Vase 《花瓶中的蜀葵及其他花卉》 159
Hölzel, Adolf 阿道夫·赫尔策尔 353, 356
Homage to the Square 《向方形致敬》 355
Homer 荷马 17
Hoogstraten, Samuel van 塞缪尔·范·霍赫斯特拉滕 159
Hooke, Robert 罗伯特·胡克 167
Hooker's green 胡克绿 157
Hopkins, Arthur 阿瑟·霍普金斯 88
Houbraken, Arnold 阿诺德·豪布拉肯 163
house paints 家用涂料 365—366
Hoyland, John 约翰·霍伊兰 365, 369, 378, 384
hue 色相 51—52
Hughes, Arthur 阿瑟·休斯 237；彩图 *9.2*
Humanism 人文主义 270
Humans Begin to Fly 《人类开始飞行》 281
Hunt, William Holman 威廉·霍尔曼·亨特 185, 187, 188, 195, 302—303；彩图 *7.2*, *8.2*
Huygens, Christiaan 克里斯蒂安·惠更斯 46—47
Huysmans, Joris Karl 约里斯·卡尔·于斯曼 182, 204, 207, 210
Huysum, Jan van 扬·凡·海瑟姆 159, 302；彩图 *11.6*
Hyatt, John and Isaiah 约翰·海厄特和以赛亚·海厄特 366

ICI (Imperial Chemical Industries) 帝国化学工业公司 254, 256
IG Farben 法本公司 254, 258, 279, 328
Il Libro dell' Arte (Cennino Cennini) 《艺匠手册》(琴尼诺·琴尼尼) 20, 83, 99
illuminated manuscripts 彩饰手抄本 95, 102, 105, 113, 114
Illustrated London News 《伦敦新闻画

报》 318
Immaculate Conception (Velázquez) 《圣灵感孕》(委拉斯开兹) 301
Imperial Chemical Industries 帝国化学工业公司 见ICI
Impression: Setting Sun (*Fog*) 《印象：日落(雾)》 200, 209
Impressionists/Impressionism 印象派画家/印象派 3, 18, 27, 153, 177, 182, 187, 189—221, 347, 349
attitude towards white 对白色的态度 205—206
and black 与黑色 206
challenging conservatism of French Academy 挑战法兰西艺术院的保守主义 191
change in opinion towards 对印象派态度的转变 210
concept of contrast in complementary colours 关于互补色对比的观念 46, 197—200
and Delacroix 与德拉克洛瓦 194
devising of own rules 设计自己的规则 190
and exterior light and shade 与外部的明暗 196
importance of new pigments to goals 新色料对实现目标的重要性 200
not heedful of instability of pigments 没有留意色料的不稳定性 200—201
and open-air painting 与露天绘画 195—197
own exhibitions 自己的画展 209—210
pigments used 所用的色料 204, 205；彩图*8.4*
and purple 与紫色 207
rejection of by Salon 被沙龙拒之门外 208
ridicule and scorn towards 受到的嘲笑和蔑视 191, 208, 209—210
suppliers of pigments and materials to 色料和材料供应商 200—204
technique and use of colour 技法和颜色运用 204—207
use of unmixed colours 运用未混合的颜色 205
参见individual artists
Independent Group (UK) 独立团体(英国) 367
Indian yellow 印度黄 155—156
indigo 靛蓝 36, 65, 76, 105, 226—229, 230, 252—254, 262, 301
as a dye 作为染料 227—229, 231, 232, 255
in oil 在油料中 128—129
and "pencil blue" process 与"铅笔蓝"工序 233
source of 来源 226
as substitute for ultramarine 作为群青的替代 135, 272, 273
synthetic 合成的 252—254
infra-red spectroscopy 红外光谱分析 293
Ingres, Jean-Auguste-Dominique 让-奥古斯特-多米尼克·安格尔 5, 191—192, 193, 194, 198, 278
inks 油墨 331—335, 339—340
intaglio printing methods 凹版印刷术 315
International Klein Blue 国际克莱因蓝 280—281
International Style 国际风格 116

iodine scarlet 碘红 185, 303
ionamine dyes 苯丁胺染料 256
Iqbal, Abdul 阿卜杜勒·伊克巴勒 383
iris green 鸢尾绿 114
iron 铁 33, 34, 154
iron oxides 氧化铁 63, 64, 151, 154
Itten, Johannes 约翰内斯·伊滕 270, 353—354, 355, 356, 357
Ives, Frederick Eugene 弗雷德里克·尤金·艾夫斯 327, 332

Jabir ibn Hayyan 贾比尔·伊本·哈扬 85, 86, 267
James, Henry 亨利·詹姆斯 3
Jawlensky, Alexei von 阿列克谢·冯·亚夫伦斯基 261
Jesuits 耶稣会会士 147
Jones, Owen 欧文·琼斯 55—56, 76, 317
Jonson, Ben 本·琼森
 The Alchemist 《炼金术士》 80
Judd, Donald 唐纳德·贾德 363, 380
Judgement of Paris, *The* (Rubens) 《帕里斯的裁判》(鲁本斯) 161
Jung, Carl 卡尔·荣格 260—261
Juno Discovering Jupiter with Io 《朱诺发现朱庇特与伊欧》 301—302

Kandinsky, Wassily 瓦西里·康定斯基 2, 217, 357, 362—363, 372；彩图 *1.2*
 affinity for blue 对蓝色的亲和力 260, 261
 and Bauhaus school 与包豪斯学校 353, 356
 influence of Theosophy 神智学的影响 22
 Concerning the Spiritual in Art 《论艺术中的精神》 23
 use of colour 颜色的运用 22—23, 354, 371
Kapoor, Anish 阿尼什·卡普尔 11, 275, 380；彩图 *1.1*, *10.4*
Kay Paul 保罗·凯 16, 17, 59
Keats, John 约翰·济慈
 Lamia 《拉米娅》 25
Kekulé, Friedrich August 弗雷德里希·奥古斯特·克库勒 245—246, 249
Kemp, Martin 马丁·肯普 84
kermes 胭脂虫红 66, 72, 107, 108, 230, 296
Kirchner, Ernst Ludwig 恩斯特·路德维希·基希纳 319
Klaproth, Martin 马丁·克拉普罗特 382
Klee, Paul 保罗·克利 27, 261, 352, 353, 354, 356, 357, 359
Klein, Yves 伊夫·克莱因 1—2, 5, 11, 12, 13, 37, 279—282, 362, 378；彩图 *10.5*, *10.6*
Kluver, Billy 比利·克吕弗 340
Kodak 柯达公司 330
Kolbe, Hermann 赫尔曼·科尔贝 250
Kooning, Willem de 威廉·德·库宁 127—128, 376
Köttig, F. A. F. A.克蒂希 277
Kristeva, Julia 朱莉娅·克里斯蒂娃 12
Kunckel, J. J. 孔克尔 134
Kunstbüchlein 技能小册子 94

lac 紫胶 72
Lacaze-Duthiers, Félix Henri de 费利克斯·亨利·德·拉卡兹-迪捷斯 226

Lady in Blue 《蓝衣女人》 261
Laforgue, Jules 朱尔·拉弗格 196
lake pigments 色淀色料 11, 36, 70, 72—73, 107, 113, 135—136, 155, 157, 293, 296
landscape painting 风景画 158—160
Landscape at Sunset 《日落景观》 352
Landscape with Red Trees 《有红色树木的风景》 348
Landscape with Yellow Birds 《有黄鸟的风景》 352
lapis lazuli 青金石 103, 104, 266—268, 293
Large Blue Horses 《大蓝马》 261
laser microspectral analysis 激光微光谱分析 292
Last Judgement 《最后的审判》 146—147
Last Supper, *The* (Bouts) 《最后的晚餐》(鲍茨) 135
Lastman, Pieter 彼得·拉斯特曼 301
Laurent, Auguste 奥古斯特·洛朗 245
Lavacourt under Snow 《雪下的拉瓦格》 205, 207；彩图 *8.6*
Lavoisier, Antoine 安托万·拉瓦锡 165, 167—168, 244
Lawrence, Thomas 托马斯·劳伦斯 175, 184
Layard, George Somes 乔治·索姆斯·莱亚德 287
lazurite 青金石矿物 266
Le Blon, Jacob Christoph 雅各布·克里斯托夫·勒布隆 274, 310—313, 315, 335, 342；彩图 *12.1*
Le Corbusier 勒·柯布西耶 9, 10, 12—13
Le Gray, Gustave 古斯塔夫·勒格雷 324
Le Prince, Jean Baptiste 让·巴蒂斯特·勒普兰斯 316
lead 铅 88, 89, 168, 297
lead antimonate 锑酸铅 58, 112, 113
lead carbonate 碳酸铅 70—71
lead glazes 铅釉 64
lead oxychloride 氯氧化铅 173
lead white 铅白 见 white lead
lead-tin yellow 铅锡黄 91, 160
Leclaire, E. C. E. C.勒克莱尔 170
Leiden papyrus 莱顿纸莎草纸 67, 68, 69, 85, 91, 92
Leider, Philip 菲利普·莱德 363
lemon yellow (strontium chromate) 柠檬黄(铬酸锶) 304
Leonardo da Vinci 莱奥纳多·达·芬奇 7—8, 9, 30, 46, 122—123, 143, 147, 158；彩图 *5.3*
Levi, Primo 普里莫·莱维 13—14, 254
Levinstein, Ivan 伊万·莱文斯坦 254
LeWitt, Sol 索尔·勒维特 373
Liber diversarum artium (*Book of Divers Arts*) 《多种艺术之书》 128
Liberal Arts 博雅艺术 7, 8, 9
Lichtenstein, Roy 罗伊·利希滕斯坦 369—370
Liebermann, Carl 卡尔·利伯曼 247—248
Liebermann, H. H. 利伯曼 382
Liebig, Justus von 尤斯图斯·冯·李比希 174
light 光 35, 37, 46
  and colour 与颜色 28—32, 39
  mixing of 混合 42, 44

particle and wave theories 波粒理论 46—47
light absorption 光吸收 28—29, 37, 53
Light and Colour (Goethe's Theory) — The Morning After the Deluge 《光与色(歌德的理论)——洪水灭世后的清晨》 186
light scattering 光的散射 29—32, 37
Light and So Much Else, The 《光和其余许多》 352
linear perspective 线性透视 118—119
linseed oil 亚麻籽油 37
Linstead, R. Patrick 帕特里克·林斯特德 255
Linton, W., *Ancient and Modern Colours* W. 林顿,《古代和现代颜料》 275
Lippi, Filippino 菲利皮诺·利皮 135, 137, 139
Liquitex 丽唯特涂料 368
lithography 平版印刷术 316—317, 339
Lithol Red 立索尔大红 374
local colour 固有色 213—214
Lomazzo, Giovanni Paolo 乔瓦尼·保罗·洛马佐 300
Lord John Stuart and His Brother, Lord Bernard Stuart 《约翰·斯图尔特勋爵与其兄弟伯纳德·斯图尔特勋爵》 153
Lorrain, Claude 克劳德·洛兰 145, 159, 300
Louis, Morris 莫里斯·路易斯 5, 369, 376—377; 彩图 *14.3*
Lucca manuscript 卢卡手抄本 126
Lumière, Auguste and Louis 奥古斯特·吕米埃和路易·吕米埃兄弟 327—328
Luther, Martin 马丁·路德 81
Lutma, Jean 让·卢特玛 315
Luxe, Calme et Volupté 《奢华、宁静与享乐》 348
lye (caustic soda) 碱液(苛性苏打) 65, 66, 73, 107, 267—268
Lyons, John 约翰·莱昂斯 18

McLuhan, Marshall 马歇尔·麦克卢汉 362
Macquer, Pierre-Joseph 皮埃尔-约瑟夫·马盖 233
madder red 茜草红 36, 73, 108, 155, 184, 232, 234, 247, 249, 301
Madonna (Parmigianino) 《长颈圣母》(帕尔米贾尼诺) 148—149
Madonna Alba 《阿尔巴圣母》 124
Madonna and Child in an Evening Landscape 《夜景下的圣母子》 134
Madonna and Child with Saints John the Baptist and Catherine of Alexandria 《圣母子与施洗者圣约翰和亚历山大的凯瑟琳》 270; 彩图 *10.3*
Madonna del Granduca, The 《大公爵圣母》 124; 彩图 *5.4*
Madonna with Four Saints 《圣母与四圣徒》 136
Madonna of the Harpies 《哈匹圣母》 270
Madonna with Saints and Members of the Pesaro Family 《圣母、圣徒和佩萨罗家族的成员》 141
magenta 洋红 242
magic 魔法 83—84
Magna paints 马格纳颜料 369, 377
Magnus, Albertus 大阿尔伯图斯 81, 85, 89

maiolica 马约利卡陶器 64
malachite 孔雀石 69, 128, 298
Malevich, Kasimir 卡西米尔·马列维奇 378, 380
Man Ray 曼·雷 324
Manet, Édouard 爱德华·马奈 173—174, 208, 210, 324
manganese blue 锰蓝 27
manganese violet 锰紫 180
Mannerism/Mannerists 手法主义/手法主义画家 125, 146, 148—149, 150—151
Mansfield, Charles 查尔斯·曼斯菲尔德 235
Mappae clavicula (*Little Key to Painting*) 《绘画小窍门》 86, 92—93, 107, 111, 114
Marc, Franz 弗朗茨·马克 261
Marcillat, Guillaume de 纪尧姆·德·马尔西拉 137
Marco Polo 马可·波罗 267
Mars pigments 马尔斯色料 11, 154—155, 345
Martyrdom of St Sebastian, *The* 《圣塞巴斯蒂安的殉难》 122
Masaccio/Masolino 马萨乔/马索利诺 彩图 *4.1*
massicot 铅黄 34, 113
mathematics 数学
  and art 与艺术 7, 8
Mathesius, Johann 约翰·马特修斯 133—134
Matisse, Henri 亨利·马蒂斯 5, 219, 261, 344, 345—346, 347, 348, 349, 350
Mauclair, Camille 卡米耶·莫克莱 349
Maule, George 乔治·莫尔 241
mauve 锦葵紫 237, 240—241
Maxwell, James Clerk 詹姆斯·克拉克·麦克斯韦 28, 42, 44, 46, 47, 49, 197, 326—327, 331
measuring, of colour 颜色的测量 50—54
Melanthius 墨兰提俄斯 75
Mengs, Anton Raphael 安东·拉斐尔·门斯 184
mercury 汞 85, 86, 89—90, 111
mercury sulphide 硫化汞 35
Mérimée, J.-F.-L. J.-F.-L.梅里美 155, 180, 202—203, 278
Merret, Christopher 克里斯托弗·梅雷 131
Merrifield, Mary 玛丽·梅里菲尔德 112, 391 n. 8
Mesopotamia 美索不达米亚 62, 64
Messina, Antonello da 安东内洛·德·梅西纳 125
metacinnabar 黑辰砂 35, 297
metallic paints 金属涂料 379
Meteorology (Aristotle) 《气象学》(亚里士多德) 263
mezzotinting 美柔汀法 311, 315
Michelangelo 米开朗琪罗 3, 124—125, 146, 150, 361
microscopic examination of paint surfaces 通过显微镜察看颜料表面 294—295
Middle Ages 中世纪 20, 32, 72, 91, 93, 102—115, 117, 118, 265, 364
  pigments 色料 102—115
  surfaces for painting 绘画表面 100
Milkmaid, *The* 《倒牛奶的女佣》 160
Millais, John Everett 约翰·埃弗里特·米莱斯 25, 187, 317

Miltos 米利都红赭石 74
mineral acids 矿物酸 60
mineral white (permanent white) 矿物白（永固白） 171
minimalism 极少主义 352, 355
minium 红丹 102
Miracle of St Mark Freeing the Slave 《圣马可解救奴隶的奇迹》 150
mixing 混合 27
  additive 加色混合 42, 44, 47, 122, 183, 197, 312, 336
  ancient taboo of and caution towards 古代关于混合的禁忌和提醒 19, 34, 44—45, 74, 120, 299, 311
  loss of brilliance in 造成失去鲜明度 74
  optical 光学混合 140, 211—213, 214, 215
  subtractive 减色混合 44, 122, 183, 211, 311, 312
Moholy-Nagy, László 拉斯洛·莫霍伊-纳吉 324
Mohr, Manfied 曼弗雷德·莫尔 341
Molteni, Giuseppe 朱塞佩·莫尔泰尼 287
Mona Lisa 《蒙娜丽莎》 123, 307
monastral blue 单星蓝 36, 279
Monastral Fast Blue 不褪色单星蓝 255
Mondrian, Piet 皮特·蒙德里安 21, 22, 359
Monet, Claude 克劳德·莫奈 164, 172—173, 194, 195, 196, 200, 201, 205, 206—207, 209, 210, 275；彩图 *8.3*, *8.6*
monks 修士 95, 97
monochrome engravings 单色版画 342
Moorish lustre-ware 摩尔人的虹彩陶器 64
mordants 媒染剂、黏附剂 64—65, 110, 232, 237, 256
Moreau, Gustave 古斯塔夫·莫罗 347
Morisot, Berthe 贝尔特·摩里索 173, 196
Morris, William 威廉·莫里斯 8
Morse, Samuel 塞缪尔·莫尔斯 320—321
mosaic gold 马赛克金 91, 111—112
Motherwell, Robert 罗伯特·马瑟韦尔 375—376
Mountains and Sea 《山和海》 376
Mourning of Christ, The 《哀悼基督》 118
Mousmé, La 《日本姑娘》 275
Mr and Mrs Clark and Percy 《克拉克夫妇和珀西》 369
Mukharji, T. N. T. N. 穆哈尔吉 156
Mulready, William 威廉·马尔雷迪 303
Munch, Edvard 爱德华·蒙克 219, 310
Munsell, Albert 阿尔伯特·孟塞尔 53, 358
Müntz, J. H. J. H. 明茨 78
murexide 骨螺紫 236
music 音乐
  link with colour 与颜色的关联 23
Music 《音乐》 346
Music in the Tuileries Gardens 《杜伊勒里花园音乐会》 173—174

Nabi Group 纳比派 218
Nabokov, Vladimir 弗拉基米尔·纳博科夫 7
Nake, Frieder 弗里德·纳克 341

Naphthol Red 萘酚红 374
Napier, James 詹姆斯·内皮尔 237
Naples yellow 那不勒斯黄 58, 160
National Gallery 国家美术馆 286
natural products 天然产物 36, 243
Needham, Joseph 约瑟夫·尼德汉姆 85
Neo-Impressionists 后印象派画家 27, 215, 348
Newman, Barnett 巴尼特·纽曼 369, 371—372, 373
Newton, Isaac 艾萨克·牛顿 28, 38, 39, 97, 265
  and alchemy 与炼金术 81—82
  colour wheel 色轮 41, *42*
  experiments with coloured powders 用有色粉末实验 197, 212
  experimentum crucis “判决性实验” 26, 186
  Opticks 《光学》 41, 46
  “unweaving the rainbow” “解析彩虹” 25—26, 41, *42*
Nicholson, Edward Chambers 爱德华·钱伯斯·尼科尔森 241
nickel 镍 33
Nicomachos 尼科马库斯 75
Niépce, Joseph Nicéphore 约瑟夫·尼塞福尔·涅普斯 320
Nietzsche, Friedrich 弗雷德里希·尼采 75
Night Café, The 《夜间咖啡馆》 219—220；彩图 *8.10*
nitrocellulose enamel paints 硝化纤维素瓷漆涂料 366—367
Nixon, Francis 弗朗西斯·尼克松 234
Noland, Kenneth 肯尼斯·诺兰德 364, 369, 370, 376—378；彩图 *14.4*
Norgate, Edward 爱德华·诺加特 152, 157
Norris, Richard Hill 理查德·希尔·诺里斯 322

Ochre and Red on Red 《红色上的赭色和红色》 371；彩图 *14.2*
ochre pigments 赭石色料 33, 59, 70, 74, 163, 216
Odalisque with a Slave 《土耳其宫女与奴隶》 5, 192, 198
oil painting/paints 油画/油画颜料 125—129, 140, 300, 365
  advantages 优点 127—128
  modifying of appearance of pigments 改变色料外观 38, 128—129
  origins 起源 102, 125—127, 129
  and ultramarine 与群青 128, 270
O’Keeffe, Georgia 乔治娅·奥基夫 342
Old Woman 《老妇人》 261
Oldenburg, Claes 克拉斯·奥尔登堡 362
Olympia 《奥林匹亚》 209, 324
Ommen, Otmaer 奥特马尔·奥曼 135
Ophelia 《奥费利娅》 187—188
Opie, John 约翰·奥佩 291
optical mixing 光学混合 140, 211—213, 214, 215
orange 橙色 23, 44, 45
  cadmium 镉橙 45, 172, 345
  chrome 铬橙 176
  and realgar 与雄黄 见 realgar
orange vermilion 橘红朱砂 184—185
organic chemistry 有机化学 242—256
Oriental art 东方艺术 71
Orphists/Orphism 俄耳甫斯主义者/俄

耳甫斯主义 151, 351
orpiment 雌黄 69, 89, 112, 136, 139, 159, 300
Osborne, Harold 哈罗德·奥斯本 17
Ostwald, Friedrich Wilhelm 弗里德里希·威廉·奥斯特瓦尔德 12, 356—359
Oud, J. J. P. J. J. P.奥德 359
Our English Coasts 《英国海岸》 195; 彩图*8.2*
oxygen 氧 167
Ozenfant, Amédée 阿梅代·奥藏方 9

painting techniques 绘画技巧
analysis of 对绘画技法的分析 294—295, *295*
Palaeolithic artists 旧石器时代的艺术家 58—59
Palette with a Landscape 《有风景的调色板》 2, 206
Palmer, Samuel 塞缪尔·帕尔默 303—304
panel painting 木板画 101—102, 110
Pannetier 帕内捷 176, 177
Papyrus X 10号纸莎草纸 67
Paracelsus 帕拉塞尔苏斯 81, 91
pararealgar 副雄黄 293
parchment 羊皮纸 100
Parmigianino 帕尔米贾尼诺 148
patent yellow 专利黄 11
patrons 赞助人 97—98, 135, 136
Paul IV, Pope 教皇保罗四世 146, 147
Paxton, Joseph 约瑟夫·帕克斯顿 55
Peacham, Henry 亨利·皮查姆
The Compleat Gentleman 《资深绅士》 159
peacock's colours 孔雀的颜色 31—32
Pelletier 佩尔蒂埃 132
pencil blue process ("English blue" process) 铅笔蓝工序("英国蓝"工序) 233
Pencil of Nature, The (Fox Talbot) 《自然的铅笔》(福克斯·塔尔博特) 321
Perkin, William Henry 威廉·亨利·珀金 238—241, 244, 248—249
Permanent Pigments (paint company) 永固色料(颜料公司) 368
permanent white 永固白 171
Perrin, Jean 让·佩兰 157
Perugino, Pietro 彼得罗·佩鲁吉诺 122, 271
Peruzzi Chapel (Florence) 佩鲁齐礼拜堂(佛罗伦萨) 101
pharmaceuticals 药物
and dyes 与染料 250—251
phenol 苯酚 235, 246
Philosopher's Stone 哲人石 81, 85, 86, 88
Phoenicians 腓尼基人 224, 225
phosphors 磷光体 336, 337, 338
photography 摄影 319—331, 332—333, 335
colour 彩色摄影 325—331
early 早期摄影 319—321
innovations and processes 创新与过程 321—323
painters as photographers 作为摄影师的画家 324
photopigments 感光色素 49—50
phthalocyanine colours 酞菁颜料 255, 279
Physica et mystica 《物理和神秘》 92
Picasso, Pablo 巴勃罗·毕加索 1, 260, 261, 275, 344, 350, 361, 367,

379—380
picric acid 苦味酸 235—236
Piemontese, Alessio 阿莱西奥·皮耶蒙泰塞 94
pigments 色料
ancient recipes 古代配方 67—73
discolouration of and instability 变色与不稳定 200—201, 203, 290, 296—299, 300, 302—303, 304, 397—399
methods in analysing identity of 分析色料身份的方法 291—294
origin of colour in 其中的颜色来源 32—38
suppliers of 供应商 201—202
synthetic 合成的 165—188
taboo about mixing 混合禁忌 19, 34, 44—45, 74, 120, 299, 311
Piles, Roger de 罗歇·德·皮勒 158—159
Elémens de peinture pratique 《绘画的基本原理》 300—301
pinks 粉红 157—158
Pino, Paolo 保罗·皮诺 84
Piombo, Sebastiano del 塞巴斯蒂亚诺·德尔·皮翁博 140
Pissarro, Camille 卡米耶·毕沙罗 2, 191, 194, 200, 206, 215, 221, *295*, 347
Pius IV, Pope 教皇庇护四世 146, 147
Pius V, Pope 教皇庇护五世 147
Planetary Reliefs 《星球救援》 282
plant pigments 植物色素 36
Platnauer, Maurice 莫里斯·普拉特瑙尔 17
Plato 柏拉图 73, 74, 263
Pliny 普林尼 3, 12, 64—65, 66, 71, 75—76, 89, 112, 126, 228
on Egyptian mordanting techniques 论埃及媒染技术 64
four-colour scheme 四色体系 14, 19
and indigo 与靛蓝 226—227
Natural History 《博物志》 91—92, 263—264
and origins of glass 与玻璃的起源 61
and Tyrian purple 与推罗紫 223—224, 225
Plutarch 普鲁塔克 19, 74
pointillism 点彩法 212—215
Pollaiuolo, Antonio del 安东尼奥·德尔·波拉约洛 121, 122; 彩图 *11.5*
Pollock, Jackson 杰克逊·波洛克 362, 364, 372, 376
Polygnotos 波利格诺托斯 75
Pompeii 庞贝古城 14, 56, 78—79
Ponte, Giovanni del 乔瓦尼·达·蓬特 彩图 *4.5*
Pool of London, The 《伦敦桥水域》 346; 彩图 *13.1*
Pop Art 波普艺术 362, 366, 384
Pope, Alexander 亚历山大·蒲柏
The Rape of the Lock 《鬈发遇劫记》 32
Portrait of a Gentleman 《一位绅士的肖像》 175
Portrait of Hendrickje Stoffels 《亨德里克耶·施托费尔斯肖像》 164; 彩图 *6.6*
Portrait of Jacob Trip 《雅各布·特里普肖像》 163
Portrait of a Man 《男子肖像》 142, 161; 彩图 *5.8*

Portrait of Margaretha de Geer 《玛格丽莎·德·吉尔肖像》 163
Portrait of a Woman and Child 《女人和孩子肖像》 162
Portrait with a Green Stripe 《带绿色条纹的马蒂斯夫人像》 349—350
potash 钾碱 61, 106, 273
Poussin, Nicolas 尼古拉·普桑 113, 145, 159, 300
Practice of Painting and Perspective Made Easy, The 《绘画和透视易行法》 159
Pre-Raphaelites 前拉斐尔派 171, 187—188, 364
Previati, Gaetano 加埃塔诺·普雷维亚蒂
  Scientific Principles of Divisionism 《分色主义科学原理》 350
Priestley, Joseph 约瑟夫·普里斯特利 167
primary colours 原色 40—42, 56, 263—265
Principe, Lawrence 劳伦斯·普林西比 9
printing 印刷 309—319
  chiaroscuro 多版套色 309, *310*, 315, 318
  and digital processing 与数字处理 335—339
  half-tone 半色调 315—316
  and inks 与油墨 331—335
  and lithography 与平版印刷术 316—317, 339
Procion dyes 普施安染料 256
Prussian blue 普鲁士蓝 11, 34, 157, 159, 273—275, 276, 301, 302
Pullar, John 约翰·普拉尔 230
Purkinje, J. E. J. E. 普尔基涅 49
purple 紫色 106, 222—223, 230, 301
  aniline 苯胺 237—240
  dyes 染料 236—241
  in Impressionist paintings 在印象派作品中 207
  Tyrian 推罗紫 36, 106, 222, 223—226, 227, 236
purpurine 红紫素 247
Pynchon, Thomas 托马斯·品钦
  Gravity's Rainbow 《万有引力之虹》 254
PVA (polyvinyl acetate) paints 聚乙酸乙烯酯涂料 370

quicksilver (mercury) 水银 (汞) 85
quinacridones 喹吖啶酮 382—383
quinine 奎宁 238, 244

Raft of the Medusa 《梅杜萨之筏》 153
rainbow 彩虹 15, 25—26, 29, *30*, 41, 53
raking light 侧光下 294, *295*
Rand, John 约翰·兰德 202
Ransonnet, Baron 巴龙·朗索内 331—332
Raphael 拉斐尔 123—124, 129, 148, 彩图 *5.4*
Raphael Cartoons 拉斐尔壁画素描大样 314
Ratdolt, Erhard 埃哈德·拉特多尔特 309
Rauschenberg, Robert 罗伯特·劳森伯格 340, 366
realgar 雄黄 69—70, 89, 139, 142, 176, 293, 301
Realists 现实主义画家 18, 196, 208, 209

Récréation italienne 《意大利式休闲》 302
red (s) （诸）红色 17，44，107—109，135—136，154—155，272
brazil as source of 巴西红作为来源 107
cadmium 镉红 35，344—345，383
and cinnabar 与辰砂 71，72，76—77，85，86，89，102，108
and cochineal 与胭脂 36，108，155，301
confusion with green in ancient times 在古代与绿色混淆 14—15，108
confusion of medieval terminology with regard to 中世纪与红色相关术语的混淆 89
Goethe on 歌德论红色 186
madder 茜草红 36，73，108，155，184，232，234，247，249，301
Mars 马尔斯红 154
and scarlet 与猩红 18，229—230
special significance of to alchemy 对炼金术的独特意义 87—88
参见 vermilion
red dyes 红色染料 65—67，107—108，241—242
red lead 红铅 70，71—72，89，135，297
Red Studio，*The* 《红色画室》 5，344
Reeves，William and Thomas 威廉·里夫斯和托马斯·里夫斯 201
refiner's verditer 精炼工的碳酸铜颜料 131
refraction 折射 29，*30*，37
Regatta at Argenteuil 《阿让特伊的赛舟会》 200；彩图 *8.3*
Reinhardt，Ad 阿德·莱因哈特 17
religious art 宗教艺术 20，69，95—97，146—147
Rembrandt 伦勃朗 134，151，153，154，157，161，162—164；彩图 *6.6*
Renaissance 文艺复兴 21，27，72，111，116—143，145，151
blue pigments 蓝色色料 130—134
cost of colour 颜料成本 134—138
debate about *disegno* and *colore* 线构与色彩之争 120
emergence of light and shade 明和暗的出现 117，118—119
and Humanism 与人文主义 117—120
new colours 新的颜色 129—134
and oil paints 与油画颜料 125—129
painting styles 绘画风格 120—125，140—143
Venetian painters 威尼斯画派画家 139—143
Renoir，Pierre Auguste 奥古斯特·皮埃尔·雷诺阿 195，202，204—205，207，209，278；彩图 *8.5*
repainting 重绘 288，402 n. 1
reproduction of art 对艺术的复制 306—342
and digital processing 与数字处理 335—339
and Le Blon's three-colour printing technique 与勒布隆的三色印刷技术 310—314
and photography 与摄影 319—331，332，334，335
printing methods 印刷方法 见 printing
resins 树脂 78，129，301
synthetic 合成的 364—370
restoration 修复 283—285

of Tura's *Allegorical Figure* 修复图拉的《寓言人物》 286—290, *289*

Resurrection (Titian) 《基督复活》(提香) 140

retina 视网膜 47, *48*

retinal, in photopigments 感光色素中的视黄醛 49—50

Reynolds, Joshua 乔舒亚·雷诺兹 152, 153, 182, 187, 291, 301

rhodamine dyes 罗丹明染料 255

Rhodopas M60A 罗多帕M60A 280

Riese, Ferdinand 费迪南德·里泽 248

Riley, Bridget 布里奇特·赖利 4, 24, 370

Ripolin 瑞普林涂料 367

Rohde, Johan 约翰·罗泽 203

Roman painters 古罗马画家 14, 15, 56, 64, 225, 227

Romanticism 浪漫主义 187

Rood, Ogden 奥格登·鲁德 213—214, 346

Modern Chromatics 《现代色彩学》 199—200, *199*, 211

rose pink 玫瑰色粉红 157—158

Rossetti, Dante Gabriel 丹蒂·加布里埃尔·罗塞蒂 187, 271, 272

Rothko, Mark 马克·罗斯科 361, 362, 371, 372—373; 彩图 *14.2*

Harvard murals 哈佛壁画 374—375

relationship with his materials 与其材料的关系 373—375

Rothko Chapel murals 罗斯科礼拜堂壁画 374, 375

Roussel, Ker Xavier 克尔·格扎维埃·鲁塞尔 218

Royal Institution 皇家研究院 318

Rubens, Peter Paul 彼得·保罗·鲁本斯 134, 152, 160—161; 彩图 *6.4*

Rumford, Count 拉姆福德伯爵 318

Runge, Philipp Otto 菲利普·奥托·伦格 52, 187, 358

Ruskin, John 约翰·拉斯金 8, 181, 184, 195, 212, 284, 317

Russ, Friedrich 弗雷德里希·鲁斯 174

Russell, John 约翰·罗素 344

Russell, Morgan 摩根·罗素 351

Ryhiner, Jean 让·赖讷 234

Ryland, William Wynne 威廉·温·赖兰 315—316

Sacks, Oliver 奥利弗·萨克斯 13

saffron 番红花 113, 154

Sahlins, M. M.萨林 53

St Francis Renouncing His Heritage 《圣弗朗西斯放弃遗产》 229

St George and the Dragon 《圣乔治和龙》 150; 彩图 *6.3*

Saints Peter and Dorothy 《圣彼得和多萝西》 105; 彩图 *4.4*

Saladijn de Stoevere 萨拉丁·德·施特弗尔 135, 136

Salon of the French Academy 法兰西艺术院的沙龙 190, 208, 209

Salon d'Automne 秋季沙龙 349

Salon des Indépendants 独立沙龙 348, 349

Salon des Refusés 沙龙拒绝品展 209, 210

Salvarsan 洒尔佛散 251

Salviati, Francesco 弗朗切斯科·萨尔维亚蒂 125

Samson and Delilah 《参孙和大利拉》 161; 彩图 *6.4*

San Vitale mosaics　圣维塔莱教堂镶嵌图案　226
sap green　树液绿　114
Sargent, John Singer　约翰·辛格·萨金特　195
Sarto, Andrea del　安德烈·德尔·萨托　270
Sartre, Jean-Paul　让-保罗·萨特　352
Saskia in Arcadian Costume《穿阿卡迪亚服装的萨斯基亚》　163
Sassetta, Stefano de Giovanni　斯特凡诺·德乔瓦尼·萨塞塔　229
Sattler, Wilhelm　威廉·扎特勒　174
saturation　饱和度　52, 53
Savage, William　威廉·萨维奇　318
scarlet　猩红　18, 229—230
　iodine　碘红　185, 303
Scarmiglioni, Guido Antonio　圭多·安东尼奥·斯卡米廖内　40
Scheele, Carl Wilhelm　卡尔·威尔海姆·舍勒　173, 244
Scheele's green　舍勒绿　173—174
Scheit, Kaspar　卡斯帕·沙伊特　103—104
Schmidt-Rottluff, Karl　卡尔·施密特-罗特卢夫　319
Schoenberg, Arnold　阿诺德·勋伯格　22, 23
Schoenmaekers, M. H. J.　M. H. J. 苏恩梅克尔　22
Schönbein, Christian Friedrich　克里斯蒂安·弗雷德里希·舍恩拜因　366
Schulz, Gottfried　戈特弗里德·舒尔茨　87
Schulze, Johann Heinrich　约翰·海因里希·舒尔策　319
Schürer, Christoph　克里斯托夫·舒雷尔　133
science　科学
　and art　与艺术　6, 7, 9, 11, 25
　division between "pure" and "applied"　"纯粹"与"应用"之间的分野　73
　参见 chemistry
Scream, The　《呐喊》　219
Scriabin, Alexander　亚历山大·斯克里亚宾　22
secco wall painting　干壁画　101
secondary colours　二次色　41
Secreta mulierum (*The Secrets of Women*)《妇女的秘密》　94
Secreti　《秘密之书》　94
Segreti Per Colori (*Secrets of Colours*)《颜色的秘密》　104
selenium　硒　345
Self-portrait (Rembrandt)　《自画像》(伦勃朗)　161
Self-portrait with Maulstick, Palette and Brushes　《手持支腕杖、调色板和画笔的自画像》　164
Self-portrait as Zeuxis　《扮作宙克西斯的自画像》　144—145
Senefelder, John Aloysius　约翰·阿洛伊修斯·塞内费尔德　316
Serusier, Paul　保罗·塞律西埃　218; 彩图 8.9
Seurat, Georges　乔治·修拉　27, 210—213, 215, 304, 348; 彩图 *8.7*
sfumato method　渐隐法　123, 124
Shane, Eric　埃里克·沙恩　182
$he　《她》　367
siccatives　催干剂　126, 170
sienna pigments　赭色色料　151
Signac, Paul　保罗·西涅克　27, 179, 198, 210—211, 213, 214, 215, 348

sil 黄色 264
silver 银 131
"silver-blue" "银蓝" 132
Simpson, George 乔治·辛普森 241
Simpson, Maule and Nicholson 辛普森、莫尔和尼科尔森公司 250
sinoper 华铁丹 89
sinople 红色/绿色 14—15
Siqueiros, David Alfaro 戴维·阿尔法罗·西凯罗斯 364—365, 366
Sistine Chapel 西斯廷礼拜堂 124, 146—147
smalt 大青 133—134, 135, 178, 272, 273, 301
Smith, Cyril Stanley 西里尔·斯坦利·史密斯 92
soap manufacture 肥皂制造 61, 65
Société d'Encouragement pour l'Industrie Nationale 全国工业促进协会 276, 277, 316
soda (sodium carbonate) 苏打 (碳酸钠) 61
Sower, The 《播种者》 220
Spanish gold 西班牙金 90
spectroscopic techniques 光谱技术 292
Stahl, George Ernst 格奥尔格·恩斯特·施塔尔 233, 274
Stella, Frank 弗兰克·斯特拉 363, 365, 377, 378—380, 384; 彩图 *14.5*, *14.6*
Stevens, Wallace 华莱士·史蒂文斯 205—206
Still, Clyfford 克莱福特·斯蒂尔 371, 373
stipple engraving 点刻法 315—316
Stockholm papyrus 斯德哥尔摩纸莎草纸 67—68, 69, 91, 92, 225, 228
Stromeyer, Friedrich 弗雷德里希·施特罗迈尔 172
strontium chromate yellow 铬酸锶黄 180
Strozzi chapel 斯特罗齐礼拜堂 137, 139
subtractive mixing 减色混合 44, 122, 183, 211, 311, 312
sulphur 硫 85, 86, 89—90
Sun Discs 《太阳圆盘》 351
Sun Flowers 《向日葵》 284
Sun Rising through Vapour 《雾中日出》 181
Sunday Afternoon on the Island of La Grande Jatte 《大碗岛的星期天下午》 212, 304; 彩图 *8.7*
suppliers 供应商
  of paints and materials 颜料和材料的 200—204
Symonds, Richard 理查德·西蒙兹 113
synaesthesia 联觉 22, 23
Synchronism 色彩交响主义 351—352
synthetic dyes 合成染料 235—258
synthetic fibres 合成纤维 255—256

Talisman, The 《护身符》 218; 彩图 *8.9*
Tanguy, Julien 朱利安·唐吉 203—204
tapestry 挂毯 314
Tarquin and Lucretia 《塔奎和卢克雷蒂亚》 142
Tassaert, M. M. 塔萨尔特 276
tekhelet 蓝色 227
tempera methods 坦培拉法 70, 101, 127

参见 egg tempera
Tempest, The 《暴风雨》 141
tertiary colours 三次色 52, 184
Thales of Miletos 米利都的泰勒斯 68—69
Thénard, Louis-Jacques 路易-雅克·泰纳尔 178
Theophilus 西奥菲勒斯 86, 87, 90, 94—95, 99, 102, 106, 111, 113, 126, 266
Theophrastus 泰奥弗拉斯托斯 66, 71, 74, 76
Theosophy 神智学 22, 187
Theroux, Alexander 亚历山大·泰鲁 135, 222
thin-layer chromatography 薄层色谱法分析技术 293—294
Thompson, Daniel 丹尼尔·汤普森 76—77, 86—87, 89, 107, 267, 299
three-colour printing 三色印刷 274, 279, 310—314, 332, 333, 335
Timanthes 提曼忒斯 75
tincture of the alchemists 炼金术士的染料 见 Philosopher's Stone 87—91
Tintoretto 丁托列托 129, 134, 139—140, 143, 150；彩图 *6.3*
titanium dioxide (titania) 二氧化钛 11, 382
Titian 提香 3, 5, 56, 128, 134, 139, 140—142, 143, 148, 161, 270；彩图 *5.7*, *5.8*, *10.3*, *11.1*
titration 滴定 106
tonal painting 色调绘画 142, 143
Toulouse-Lautrec, Henri de 亨利·德·图卢兹-劳特累克 310
Travis, Anthony 安东尼·特拉维斯 251
tubes, paints in 颜料管里的颜料 202
Tura, Cosimo 柯西莫·图拉 127, 139, 286；彩图 *11.2*
Turkey red dyeing "土耳其红"染色 247
Turner, James 詹姆斯·特纳 173
Turner, John Mallord William 约瑟夫·马洛德·威廉·透纳 12, 180—183, 186, 195, 309；彩图 *7.1*
  and Field 与菲尔德 183, 185
  influence on Impressionists 对印象派画家的影响 194
  reproduction of works by 作品的复制 309, 317
  sources of pigments 色料来源 183
  use of new synthetic pigments 使用新的合成色料 182—183
  use of synthetic ultramarine 使用合成群青 278
Turner Prize 透纳奖 384
turnsole 巴豆紫 105, 106
Turrell, James 詹姆斯·特里尔 380
Two Openings in Black over Wine 《紫红色上的黑色中的两个开口》 371
Tyrian purple 推罗紫 36, 106, 222, 223—226, 227, 236

ultramarine 群青 2, 38, 97, 103, 120, 135, 265—269, 271—272, 276
  composition 成分 276
  darkening of and discoloration 变暗与变色 297—298
  difficulty in obtaining 难以获取 160
  distinguishing between azurite and 与蓝铜矿的区分 104
  expense 支出 130, 137, 160, 271, 278

indigo as substitute for 靛蓝作为替代 135, 272, 273
mixing with white 与白色混合 270
and oil painting 与油画 128, 270
synthetic 合成的 275—279
technique for making 制作技术 266—269
telling difference between natural and synthetic 天然与合成之间的明显不同 292—293
use of in paintings 在画作中的运用 142
Ulysses Deriding Polyphemus 《尤利西斯嘲弄波吕斐摩斯》 181；彩图 *7.1*
umber pigments 棕土色料 151—152, 163
Umbrellas, The 《伞》 207, 278
unione 统全法 123—124
Utrecht school 乌得勒支画派 162

Valentine Rescuing Sylvia from Proteus 《凡伦丁从普洛丢斯之手拯救出西尔维娅》 188, 303；彩图 *7.2*
van der Weyden, Rogier 罗吉尔·凡·德尔·维登 127, 286
van Dyck, Anthony 安东尼·凡·戴克 134, 144, 145, 152, 153, 154, 160, 161—162, 294—295；彩图 *6.1*, *6.5*
van Eyck, Jan 扬·凡·艾克 125, 126—127, 129；彩图 *5.5*, *9.1*
van Gogh, Vincent 文森特·梵高 2—3, 171, 203, 206, 218—221, 257, 260, 275, 279, 284, 343—344, 384—385；彩图 *8.10*
Vandyke brown 凡·戴克棕 152, 参见 Cassel earth
varnishing 上光 365
Vasari, Giorgio 乔治·瓦萨里 124, 125, 128, 140, 145, 148, 150
Vauquelin, Nicolas Louis 尼古拉·路易·沃克兰 175, 176, 177, 185, 276
Vauxcelles, Louis 路易·沃塞勒 349
"Veil" paintings (Louis) "面纱"系列作品 (路易斯) 377
Velázquez, Diego 迭戈·委拉斯开兹 152, 159, 301
Venetian painters 威尼斯画派画家 139—143, 149
Venice 威尼斯 138—139
Venice: Campo San Vidal and Santa Maria della Carita 《威尼斯：石匠的院子》 302
Venus (Titian) 《维纳斯》(提香) 142
verdigris 铜绿 60, 71, 113—114, 128, 129, 298—299, 300
verditers 碳酸铜颜料 11, 131, 132
Verguin, François-Emmanuel 弗朗索瓦-埃马纽埃尔·韦尔古 241
Vermeer, Jan 扬·维米尔 160；彩图 *12.3*
vermilion 朱砂 23, 38, 67, 85—87, 89 90, 107, 120, 135, 136, 154—155, 293, 296—297, 333—334
darkening of 变暗 297
hazards 风险 35
manufacture of 制造 86
in oil 在油料中 128, 129
Vernatti, Philiberto 菲利贝托·韦尔纳蒂 169
Veronese, Paolo 保罗·委罗内塞 129, 134, 143, 147, 149, 293, 300；彩图 *6.2*
Vessel Burning Blue Lights, A 《燃着蓝色灯光的船》 317
Vibert, Jean-Georges 让-乔治·维贝尔

3, 27, 180, 200, 257
Vie, La (Picasso) 《生命》(毕加索) 261
vinegar 醋 101, 106
violet 蓝紫 23, 207
aniline 苯胺蓝紫 242
cobalt 钴紫 179, 180
dyes 染料 236—237
in Impressionism 在印象派中 207
Virgin Appearing to St Bernard, The 《圣母向圣伯纳德显灵》 122
Virgin of the Canon van der Paele 《凡·德·皮尔教士的圣母子》 127
Virgin with Chancellor Rolin, The 《圣母与洛林大臣》 229；彩图 *9.1*
Virgin and Child, The 《圣母子》 298
Virgin and Child with (?) Leonella D'Este 《圣母子与 (?) 莱奥内洛》 111
Virgin and Child before a Firescreen, The 《炉栏前的圣母子》 296；彩图 *11.4*
Virgin and Child with Saints and a Donor, The 《圣母子与圣徒和供养人》 298
Virgin and Child with Saints Peter and Paul, The 《圣母子与圣彼得和圣保罗》 108
viridian 翠绿 176—177, 216
vision, colour 色觉 47—50
Vision of St Helena, The 《圣海伦娜的灵视》 300
vitriol 矾 93
Vitruvius 维特鲁威 71, 76, 226, 263
Vivarini, Antonio 安东尼奥·维瓦里尼 136
Vlaminck, Maurice de 莫里斯·德·弗拉曼克 347—348
Vogel, Hermann Wilhelm 赫尔曼·威廉·弗格尔 328—329
Vuillard, Edouard 爱德华·维亚尔 218

Wall, E. J. E. J. 沃尔 332
wall paintings 壁画 78, 100—101, 参见 fresco painting
Walpole, Horace 霍勒斯·沃波尔 313
water mordants 水性黏附剂 110
Watteau, Antoine 安托万·华托 274, 302
wax encaustic technique 蜡画法 77—79
Wedgwood, Thomas 托马斯·韦奇伍德 320
Weiditz, Hans 汉斯·威德茨 82；图 *4.1*
weld dye 黄木犀草染料 113
Wheatfield, with Cypresses, A 《麦田和丝柏树》 279
white 白色 11, 50, 52, 265, 381—382
Impressionists' attitude towards 印象派画家对白色的态度 205—206
permanent 永固白 171
titania 钛白 382
zinc 锌白 169—171, 172, 180, 382
white lead 白铅 34, 60, 70—72, 89, 105, 137, 169, 170, 171, 299, 381—382
Who's Afraid of Red, Yellow and Blue III 《谁害怕红色、黄色和蓝色III》 *371*
Widow, The 《寡妇》 303
Wing at the Heart of Things, A 《万物内心之翼》 275；彩图 *10.4*
Winsor and Newton 温莎&牛顿公司 174, 179, 202, 275, 368
Witt, Otto 奥托·维特 250, 331
Wittgenstein, Ludwig 路德维希·维特根斯坦 17
woad 菘蓝 228, 229, 231

Woman and Child, A 《女人和孩子画像》 134
Women in the Garden 《花园中的女人》 209
wood 木头
  as surface for painting 作为绘画表面 100
wood-block printing 木版印刷 318, 319
Wood, Christopher 克里斯托弗·伍德 158
Woodward, John 约翰·伍德沃德 274
Wright, Stanton MacDonald 斯坦顿·麦克唐纳·赖特 351
Wurtz, Adolphe 阿道夫·武尔茨 167

yellow 黄色 23, 44, 91, 111—113, 136, 160, 173, 264, 272, 301
  aniline 苯胺黄 250
  aureolin 钴黄 179
  blurring of distinction between blue and 蓝色与黄色之间界限模糊 15, 263, 264
  cadmium 镉黄 172—173, 180
  chrome 铬黄 11, 175—176, 177, 216, 303
  gamboge 藤黄 156—157
  Indian 印度黄 155—156
  instability of new pigments compared to earlier 与早期黄色相比新色料不稳定 160
  orpiment 雄黄 69, 89, 112, 136, 139, 159, 300
  "pink" "粉红" 157, 158
  as shade of treachery and cowardice 笼罩着背叛和懦弱的阴影 49
  zinc 锌黄 177, 304
Young, Thomas 托马斯·杨 46—47, 212, 265

Zeuxis 宙克西斯 75
zinc 锌 169, 172
zinc white 锌白 169—171, 172, 180, 382
zinc yellow 锌黄 177, 304
Zosimus of Panopolis 帕诺波利斯的佐西莫斯 86, 88
Zuccaro, Federico 费德里科·祖卡罗 147—148, 149